Statistik mit R

Eine praxisorientierte Einführung in R

Statistik mit R

Eine praxisorientierte Einführung in R

Joachim Zuckarelli

Joachim Zuckarelli

Lektorat: Alexandra Follenius
Fachgutachten: Jörg Staudemeyer, Jörg Beyer
Korrektorat: Sibylle Feldmann, www.richtiger-text.de
Satz: III-satz, www.drei-satz.de
Herstellung: Susanne Bröckelmann
Umschlaggestaltung: Michael Oréal, www.oreal.de
Druck und Bindung: M.P. Media-Print Informationstechnologie GmbH, 33100 Paderborn

Bibliografische Information Der Deutschen Nationalbibliothek
Die Deutsche Nationalbibliothek verzeichnet diese Publikation in der Deutschen Nationalbibliografie; detaillierte bibliografische Daten sind im Internet über http://dnb.d-nb.de abrufbar.

ISBN:
Print 978-3-96009-044-1
PDF 978-3-96010-141-3
ePub 978-3-96010-142-0
mobi 978-3-96010-143-7

Dieses Buch erscheint in Kooperation mit O'Reilly Media, Inc. unter dem Imprint »O'REILLY«. O'REILLY ist ein Markenzeichen und eine eingetragene Marke von O'Reilly Media, Inc. und wird mit Einwilligung des Eigentümers verwendet.

1. Auflage 2017

5 4 3 2 1 0

Inhalt

KAPITEL 1

Einführung

Die Verbreitung der Statistiksoftware R hat in den vergangenen Jahren deutlich Fahrt aufgenommen. Kein Wunder also, dass es mittlerweile im Internet eine beträchtliche Menge von Tutorials und Foren gibt, die sich dem Open-Source-Programm widmen. Auch an Fachbüchern herrscht sicherlich kein Mangel.

Die meisten dieser Fachbücher führen systematisch in die *Programmiersprache R* ein und beschäftigen sich der Reihe nach ausgiebig mit den Sprachkonzepten, auf denen R aufgebaut ist. Viele der Bücher sind ausgezeichnete Programmierkurse, die dem Leser die Grundlagen der R-Programmierung vermitteln. Vorerfahrung in anderen Programmiersprachen wird vielleicht nicht notwendigerweise vorausgesetzt, ist dem Verständnis der Materie aber ungemein zuträglich. Gleiches gilt für Kenntnisse über statistische Methoden, deren Umsetzung in R – oftmals auch eher knapp – vorgestellt wird. Wenn sich der Leser mehr für die Hintergründe der statistischen Methodik und ihrer Anwendung interessiert, sei er wiederum auf die einschlägigen Statistiklehrbücher verwiesen.

Dieses Buch geht einen vollkommen anderen Weg.

Statistische Methodik und deren Anwendung in R werden Sie hier *gemeinsam* behandelt finden. Das Ziel dabei ist, ein einführendes Verständnis von – der Titel sagt es bereits – *Statistik mit R* zu vermitteln. Dieses Buch ist also nicht einfach ein Buch über R. Auch nicht über Statistik. Es ist ein Buch über Statistik *mit* R. Deren Verbindung steht im Vordergrund dieser Einführung.

Dementsprechend wiederholen wir an den entsprechenden Stellen im Buch zunächst die statistischen Konzepte, bevor wir sie in R umsetzen. Auch der Interpretation der Ergebnisse messen wir einen hohen Stellenwert bei. Denn das Buch soll Ihnen nicht nur helfen, Ihre statistischen Kenntnisse aufzufrischen und sie erfolgreich in R umzusetzen. Sie sollen auch verstehen, was die Ergebnisse, die Sie auf diese Weise produzieren, eigentlich bedeuten.

Weil wir Wert auf Anwendungsorientierung legen, beschäftigen wir uns zum Beispiel auch mit den am häufigsten anzutreffenden Fehlermeldungen, die gerade Anfänger gern an den Rand der Verzweiflung treiben. Dafür sparen wir uns lange theoretische Erörterungen der Sprachkonzepte von R – so elegant und faszinierend sie auch sein mögen (auf die eine oder andere Randbemerkung konnte der Autor aber nicht verzichten). Mit einem echten Datensatz, den Sie unter *http://downloads.oreilly.de/9783960090441* ebenso von der Website zum Buch herunterladen können wie die Beispielskripte, mit denen wir hier arbeiten, steigen Sie direkt in die praktische Arbeit ein.

Das Buch versteht sich im besten Sinne des Wortes als Einführung, es *führt* Sie systematisch in die Statistik mit R *ein*. Als Nachschlagewerk ist es nicht primär gedacht. Viele Abschnitte beginnen aber mit einer Übersicht, der Sie über die Inhalte des folgenden Texts informiert und die R-Anweisungen zusammenfasst, die in diesem Abschnitt behandelt werden. Lesen Sie die Kapitel am besten der Reihe nach, ihre Anordnung orientiert sich an der Struktur des statistischen Arbeitens – vom Vorbereiten der Daten über die eigentliche Analyse bis hin zur Präsentation der Ergebnisse. Zudem werden Sie viele interessante Erkenntnisse über R entlang des Weges entdecken in Abschnitten, die sich primär einem ganz anderen Thema widmen. Denn hier steht die Anwendung von R für statistische Zwecke im Vordergrund, nicht R selbst. Deshalb behandeln wir R-Techniken dort, wo sie für die Anwendung am meisten Sinn ergeben.

Weil *Statistik mit R* eine Einführung ist, können wir natürlich nicht alle denkbaren statistischen Methoden ausführlich diskutieren. Themen wie Panelmodelle oder Zeitreihenanalyse werden Sie hier vergeblich suchen. Dafür setzen wir nur geringe statistische Vorkenntnisse und überhaupt keine Programmiererfahrung voraus. Alles, was Sie zum Verständnis brauchen, werden Sie beim Lesen lernen bzw. wiederholen. Wenn Sie bereits über entsprechende statistische Kenntnisse verfügen, können Sie die überwiegend in separaten Repetitorien organisierte Wiederholung der statistischen Konzepte natürlich überspringen und sich direkt auf die Umsetzung in R konzentrieren.

In diesem ersten Kapitel erfahren Sie, wie dieses Buch aufgebaut ist und wie Sie es am besten nutzen, um einen reibungslosen Einstieg in die Arbeit mit R zu finden. Außerdem werden Sie einiges über R selbst lernen – was R eigentlich ist, was man damit machen kann und was es so besonders attraktiv macht.

Damit Sie startbereit für die nächsten Kapitel sind, in denen wir in die Arbeit mit R einsteigen, erfahren Sie hier außerdem, wie Sie R installieren und wie Sie sich Hilfe zu R beschaffen, wenn Sie einmal nicht weiterkommen.

R ist ein Open-Source-Programm. Viele engagierte Menschen überall auf der Welt arbeiten hart daran, es fortzuentwickeln und seinen Funktionsumfang ständig zu erweitern. Ohne deren großartigen Einsatz gäbe es weder R noch dieses Buch. Ihre Arbeit verdient allerhöchste Anerkennung.

Bedanken möchte ich mich an dieser Stelle auch bei Alexandra Follenius vom O'Reilly Verlag, die den langen und arbeitsreichen Prozess, der schließlich zu diesem Buch geführt hat, mit Rat und Tat begleitet hat, sowie bei den fachlichen Gutachtern Jörg Beyer und Jörg Staudemeyer, die viele wertvolle Anregungen geliefert und so erheblich zum Gelingen des Buchs beigetragen haben.

Dank gebührt vor allem aber meiner wunderbaren Frau Anja, ohne deren unermüdliche Unterstützung und immense Geduld dieses Buch und so vieles andere nicht möglich wäre.

Jetzt aber viel Spaß bei den ersten Schritten in die faszinierende Welt von R!

An wen richtet sich dieses Buch?

Statistik mit R wird Sie rasch in die Lage versetzen, selbstständig mit R zu arbeiten. Ganz gleich, ob Sie über einem Seminarpapier sitzen, Ihre Bachelor- oder Master-Thesis anfertigen, oder Ihre Dissertation schreiben; ganz gleich, ob Sie R in der akademischen Welt einsetzen, zum Beispiel im betriebswirtschaftlichen, volkswirtschaftlichen, sozial- oder politikwissenschaftlichen Bereich, oder ob Sie beruflich mit Statistik zu tun haben, weil Sie zum Beispiel Finanzmarktdaten auswerten oder an Marktforschungsstudien arbeiten – dieses Buch bietet Ihnen eine pragmatische und praxisorientierte Einführung in die statistische Arbeit mit R.

Aufbau dieses Buchs

Das Buch ist wie folgt aufgebaut:

- In Kapitel 1 lernen Sie die Grundlagen von R kennen, woher Sie R beziehen können, wie Sie es installieren und wie Sie (abgesehen von diesem Buch) weitere Hilfe, Unterstützung und Informationen zu R erhalten.
- Kapitel 2 widmet sich der oft unterschätzten, tatsächlich für systematisches und fehlerfreies Arbeiten aber sehr wichtigen Frage, wie Sie Ihre Arbeit mit R und um R herum geschickt organisieren, um effizient zu sein, Ordnung in Ihren Daten und Dokumenten zu halten und Datenverlusten vorzubeugen.
- In Kapitel 3 beschäftigen wir uns damit, wie man in R mit Daten arbeitet. Insbesondere lernen Sie hier, wie R Daten speichert und wie Sie Ihre Daten in R einlesen können.
- Kapitel 4 ist ganz der Datenaufbereitung gewidmet, also den Vorbereitungen der eigentlichen statistischen Analysen. Hier sehen Sie unter anderem, wie Sie mit unterschiedlichen Datensätzen arbeiten und wie Sie Daten filtern, sortieren und nach Kriterien selektieren können.
- In Kapitel 5 beginnen wir mit der Datenanalyse, zunächst mit deskriptiven Untersuchungen, um den Datensatz genauer kennenzulernen. Dieses Kapitel behandelt nicht nur die praktische Durchführung deskriptiver Analysen in R, sondern umfasst auch ein Repetitorium zur deskriptiven Statistik.
- Kapitel 6 führt in die lineare Regression ein. Auch hier können Sie, sofern Bedarf besteht, zunächst die statistischen Grundlagen wiederholen, bevor Sie

in die eigentliche Arbeit mit R einsteigen. Neben der Schätzung von Regressionsmodellen behandelt dieses Kapitel auch Hypothesentests sowie den Umgang mit Verletzungen der Annahmen des linearen Regressionsmodells.

- In Kapitel 7 wenden wir uns der Analyse kategorialer Daten zu, also Daten, die nicht jeden beliebigen Wert annehmen können, sondern nur bestimmte, festgelegte Ausprägungen. Die Analyse kategorialer Daten ist in vielfacher Hinsicht eine Erweiterung des linearen Regressionsmodells und schließt insofern an das vorangegangene Kapitel an.
- Kapitel 8 beschäftigt sich damit, wie Sie die Ergebnisse, die mit den in den Kapiteln 5, 6 und 7 behandelten Methoden erzielt wurden, in Tabellen und Grafiken aussagekräftig, übersichtlich und ansprechend präsentieren können.
- Kapitel 9 schließlich widmet sich der Programmierung mit R, also der Frage, wie Sie nicht nur einzelne R-Anweisungen ausführen, sondern viele Anweisungen zu ganzen Programmen zusammensetzen können, zum Beispiel, um wiederkehrende Aufgaben effizient zu automatisieren.

Was ist R?

R – das ist der 18. Buchstabe des Alphabets und zugleich der Anfangsbuchstabe der Vornamen von Ross Ilhaka und Robert Gentlemen. Diese beiden Herren schufen Anfang der Neunzigerjahre des letzten Jahrhunderts an der Universität der neuseeländischen Millionenstadt Auckland auf Basis einer älteren Sprache namens *S* eine neue Programmiersprache, deren Haupteinsatzgebiet die Verarbeitung und Analyse statistischer Daten ist und die man heute, was die beiden damals sicherlich nicht zu träumen wagten, ohne zu übertreiben als Welterfolg bezeichnen kann.

R ist heutzutage aus der akademischen Welt nicht mehr wegzudenken und wird zunehmend auch von Unternehmen eingesetzt. Ersteres zeigt sich nicht zuletzt darin, dass neue statistische Methoden heute oft als Erstes in R programmiert und verbreitet werden. Ein gutes Indiz für die wachsende Popularität von R im geschäftlichen Umfeld ist der Umstand, dass immer mehr Unternehmen R in ihre Produkte integrieren und einige große Player der Softwarebranche, darunter Microsoft und Oracle, das *R Consortium* gegründet haben, um die Entwicklung und Anwendung von R weiter zu fördern.

Seinen Erfolg verdankt R nicht zuletzt der Tatsache, dass es für den Anwender kostenlos ist. Darin unterscheidet es sich von den bekannten kommerziellen Statistiksoftwarepaketen, wie beispielsweise SPSS oder Stata, bei denen man für jährliche Lizenzen selbst der einfachsten Programmeditionen durchaus bereits mehrere Hundert Euro zahlen kann. Wer nicht so viel Geld in die Hand nehmen will oder kann, für den ist R eine günstige Alternative.

R wird unter der sogenannten *GNU General Public License* angeboten, bei der es sich, anders als der ungewöhnliche Name vielleicht vermuten lässt, mitnichten um einen Vertrag über die öffentliche Nutzung afrikanischer Antilopen handelt. Es ist vielmehr eine Softwarelizenz, die dem Nutzer einige Grundfreiheiten garantiert, darunter das Recht, seine in R selbst geschriebenen Programme weiterzuverteilen und sogar R selbst zu verändern. Dieser Umstand führt zum zweiten wesentlichen Erfolgsfaktor von R: Neben der eigentlichen R-Software gibt es buchstäblich Tausende von Erweiterungen, die von Benutzern entwickelt worden sind. Mit diesen Erweiterungspaketen, die Sie sich kostenlos aus dem Internet über das *Comprehensive R Archive Network* (*CRAN*, Website: *https://cran.r-project.org/*) herunterladen können, lässt sich der Funktionsumfang von R beträchtlich erweitern. Kaum ein statistisches Verfahren existiert, für das es in R nicht eine passende Implementierung, das heißt eine Umsetzung in ein R-Programm, gibt. Täglich kommen neue Pakete hinzu. Mit R leben Sie gewissermaßen im Schlaraffenland der computergestützten Statistik!

R wird aber nicht nur durch die aktive R-Community weiterentwickelt, die ständig neue Funktionspakete veröffentlicht, auch der Kern von R wird laufend verbessert und erweitert. Darum kümmert sich die *R Foundation* (Website: *https://www.r-project.org/*), die als Non-Profit-Organisation mit Sitz in Wien mit ihrem *R Development Core Team* die Entwicklungsaktivitäten rund um R koordiniert und die Nutzung von R fördert.

Keine Angst vorm Programmieren!

R unterscheidet sich von den kommerziellen Statistikprogrammen nicht nur dadurch, dass es kostenlos ist. Anders als bei kommerziellen Programmen gibt es standardmäßig in R nur eine sehr rudimentäre Benutzeroberfläche. Wenn Sie durch Ihren Umgang zum Beispiel mit Ihrem Betriebssystem oder einem Office-Paket eine hübsche, übersichtliche Oberfläche gewohnt sind, über die Sie alle Funktionen des Programms bequem per Maus ansteuern und deren Ausführung Sie in übersichtlichen Dialogfenstern genau steuern können, wird R Sie massiv enttäuschen. R hat praktisch keine nennenswerte grafische Benutzeroberfläche. Der Kern von R ist stattdessen die gleichnamige Programmiersprache.

Programmiersprache? Moment mal! Ist Programmieren nicht das, was diese Nerds tun, die ihre Computer mit unendlich langen kryptischen Befehlen füttern? Genau so ist es. Programmieren bedeutet, einem Computer mitzuteilen, was er tun soll. Das geschieht in einer künstlichen Sprache, die meist, und so auch im Fall von R, an das Englische angelehnt ist. Und wie in der natürlichen Sprache gibt es nicht nur Wörter, die zur Sprache gehören, sondern auch eine Grammatik, die sogenannte Syntax, die Sie befolgen müssen, sonst werden Sie von Ihrem Gegenüber nicht verstanden.

Über das Programmieren halten sich hartnäckig einige Vorurteile. Es sei schwierig zu erlernen. Es sei nur etwas für »Techies«. Es sei eine weniger werthaltige, sondern eher ausführende Tätigkeit, während »geistigere«, »strategischere« Tätigkeiten wichtiger, wertschaffender und deshalb überlegen seien. Es sei etwas, mit dem sich nur Männer beschäftigten.

Schwierig zu erlernen? Im Vergleich zu Fremdsprachen wie Englisch, Französisch und Spanisch sind Programmiersprachen wie R erheblich *leichter* zu lernen. Der Wortschatz ist überschaubar, Sie müssen nicht ständig Vokabeln pauken, und auf Ihre Aussprache kommt es auch nicht an. Sprachen übt man ja bekanntlich am besten durch Gespräche mit einem Muttersprachler. Das ist bei Programmiersprachen auch so. Und der Muttersprachler für R steht auf Ihrem Schreibtisch, es ist Ihr Computer. Mithilfe eines geeigneten Sprachkurses, wie ihn dieses Buch darstellt, und durch Üben werden Sie ein gutes Sprachniveau erreichen, das es Ihnen erlaubt, fließend zu sprechen. Das heißt im Fall von Programmiersprachen, ohne große Schwierigkeiten funktionsfähige Programme zu schreiben. Im Übrigen gibt es eine ganze Reihe von Konzepten, die in praktisch allen Programmiersprachen sehr ähnlich sind. Wenn Sie eine Programmiersprache wie R beherrschen, wird Ihnen das Erlernen einer weiteren Sprache sehr viel leichter fallen.

Nur etwas für Techies? Mitnichten! Wenn Sie programmieren können, werden Ihnen Dinge möglich sein, die andere nicht können, Sie werden sich an vielen Stellen das Leben leichter machen können und werden andere mit Ihrem Können zum Staunen bringen. *Programming is the closest we have to a superpower* sagte der Gründer eines amerikanischen Start-ups. Diese Superkräfte helfen jedem, ob Techie oder nicht. Außerdem lernen Sie beim Programmieren, Probleme systematisch zu zerlegen und Lösungen zu entwickeln, die schrittweise die Teilaspekte des Problems adressieren. Dieses systematische Nachdenken über Problemlösungen ist etwas unglaublich Alltagsnützliches, das Ihnen in vielen Situationen, die überhaupt nichts mit Computern und Technologie zu tun haben, erheblich nützen wird.

Weniger wertschaffend? Dieses Vorurteil hört man am häufigsten von denjenigen, die wenig Verständnis von und über Software und Programmierung mitbringen und sich auch lieber gar nicht erst damit befassen wollen. Wir leben in einer Welt, in der Software überall ist. Früher war Software etwas, das in Ihrem Computer steckte. Heute steckt Software in Ihrem Telefon, Ihrem Auto, Ihrer Kaffeemaschine, Ihrer Heizung. Wenn Sie Ihre Wohnung verlassen, werden Sie keine drei Minuten gehen können, ohne dass Ihr Blick irgendetwas trifft, in dem Software steckt. Unsere gesamte Lebens- und Arbeitswelt wird durch die Produkte von Programmierern bestimmt. Software wird immer wichtiger. Etwas plakativ könnte man gar sagen: Es ist nicht mehr die reale, physische Welt, die die Software bestimmt, es ist die Software, die die Welt formt. Werte entstehen heute mehr als je zuvor durch Software selbst. Einige der wertvollsten Unternehmen der Welt, die ihre Branchen tiefgreifend verändert haben, sind gerade nicht von im Grunde technologieagnostischen Kaufleuten gegründet worden, die Programmierer beschäftigt haben, um ihre genialen Ideen einfach nur noch umsetzen zu lassen, sondern von Programmierern selbst. Wer heutzutage verstehen will, was die Welt im Innersten zusammenhält, muss in Grundzügen verstehen, wie Software funktioniert. Das lernen Sie durch Programmieren.

Nur etwas für Männer? Alles bisher Gesagte trifft auf Frauen und Männer in gleicher Weise zu. Trotzdem scheinen sich Jungs und Männer eher dafür begeistern zu können, mit Programmen zu »spielen« und selbst welche zu entwickeln. Warum auch immer das so *ist*, es gibt keinen offensichtlichen Grund, warum es so sein *muss*. Und es ist beinahe erstaunlich, wenn man bedenkt, welch große Rolle in der Geschichte Frauen für das Programmieren gespielt haben. Man denke in diesem Zusammenhang an die englische Mathematikerin Ada Lovelace (auch bekannt unter ihrem Geburtsnamen Augusta Ada Byron), die im 19. Jahrhundert nicht nur Programme für Charles Babagges Lochkartenmaschine entwickelte und damit als die erste Programmiererin der Welt gelten kann, sondern die auch viele jener Konzepte entwarf, die in allen modernen Programmiersprachen heutzutage absoluter Standard sind. Oder an Margaret Hamilton, die in den Sechzigerjahren des letzten Jahrhunderts für die NASA die Entwicklung des 40.000 Zeilen umfassenden Programms leitete, das die Apollo-11-Mission mit Neil Armstrong und Buzz Aldrin sicher auf den Mond brachte, und die quasi en passant bahnbrechende Konzepte im Bereich der Interaktion von Mensch und Computer entwickelte.

Es gibt wenig gute Gründe, sich vom Programmieren im Allgemeinen und von der Programmiersprache R im Besonderen abschrecken zu lassen. Dieses Buch ist gewissermaßen Ihr Sprachkurs für die Sprache R. Und es wird kein knochentrockener Sprachkurs sein, sondern einer, der relevant für Ihre praktische Arbeit ist. Deshalb arbeiten wir auch mit realen Beispielen und mit realen Daten. Bevor wir aber ans Werk gehen, müssen Sie R zunächst auf Ihrem Computer installieren. Darum geht es im nächsten Abschnitt.

R installieren

R läuft auf Windows-, Mac OS- und Linux-Systemen gleichermaßen. Die Installation auf einem Windows-Computer oder einem Mac ist in der Regel problemlos innerhalb weniger Minuten abgeschlossen.

Gehen Sie zunächst auf die Website des R-Projekts (Website: *https://www.r-project.org/*). Dort sehen Sie oben links unter der Überschrift *Download* den Hyperlink *CRAN*. Wie Sie bereits wissen, ist CRAN das *Comprehensive R Archive Network*, jener Ort, an dem die Tausende von R-Paketen liegen, die andere R-Benutzer zu Erweiterung des Funktionsumfangs von R entwickelt haben und der interessierten Öffentlichkeit kostenlos zur Verfügung stellen. Von CRAN kann aber auch R selbst heruntergeladen werden. Wenn Sie auf *Download* geklickt haben, gelangen Sie auf eine Seite, auf der Sie aufgefordert werden, einen sogenannten *Mirror* auszuwählen. Das CRAN ist, wie der Name schon andeutet, tatsächlich ein Netzwerk, denn das *Comprehensive R Archive* liegt nicht auf einem einzigen Server, sondern auf einer ganzen Reihe von Servern überall auf der Welt. Alle Server stellen dabei exakt den gleichen Inhalt bereit, sie spiegeln gewissermaßen jeden anderen Server, daher auch der Begriff »Mirror«. Die meisten dieser Mirror-Server werden von Universitäten betrieben. Wählen Sie hier einfach einen der paar deutschen Server (in der Hoffnung, dass die Daten dann nicht um die ganze Welt geschickt werden müssen).

Sie gelangen nun auf die Startseite des ausgewählten Mirror-Servers, von wo aus Sie unter der Überschrift *Download and Install R* zunächst wählen können, für welches Betriebssystem Sie R herunterladen möchten.

Wenn Sie R auf einem Windows-System installieren wollen, klicken Sie auf der folgenden *R for Windows*-Seite auf den Link *Base* oder auf *install R for the first time*. Über beide Links kommen Sie auf eine Seite, auf der Ihnen oben die jeweils aktuellste Version von R zum Download angeboten wird.

Typisch für R ist die aus drei Komponenten bestehende Versionsnummer – zu dem Zeitpunkt, an dem dieses Buch entstand, war das 3.3.1. Die letzte Ziffer wird hochgezählt bei kleineren Updates, die Bugs, also Fehler, korrigieren, die mittlere Ziffer bei »normalen« Änderungen, die nicht in erster Linie fehlergetrieben sind, die erste bei sehr bedeutenden Änderungen. Tatsächlich ist es aber in den meisten Fällen gar nicht so relevant, welche Version genau Sie verwenden. Die Änderungen, die an R vorgenommen werden, finden meist »unter der Haube« statt und bleiben normalen R-Nutzern eher verborgen. Laden Sie daher einfach die aktuellste Version herunter. Auch unter älteren Windows-Betriebssystemen sollte Sie damit keine Probleme bekommen.

Wenn Sie R auf einem Mac-System installieren wollen, werden Sie auf der Seite »R for Mac OS X« feststellen, dass es unterschiedliche R-Versionen je nach Version von Mac OS gibt. Laden Sie, um Probleme zu vermeiden, am besten die für Ihre Version von Max OS gedachte Version von R herunter.

Die Installation läuft unter Windows und auch Mac OS sehr einfach ab: Starten Sie den Installer und folgenden Sie den Anweisungen. Wir benutzen im Buch die englischsprachige Version von R. Das hat den Vorteil, dass man es etwas leichter hat, in Internetforen zum Beispiel nach der Bedeutung von Fehlermeldungen zu suchen, weil es einfach mehr englischsprachige R-Foren gibt und diese mehr Teilnehmer haben als die deutschsprachigen. Sie können aber natürlich ebenso gut während des Installationsprozeses Deutsch als Sprache auswählen.

Nach der Installation können Sie R nun erstmals starten. Ihnen wird sofort die puristisch (und vielleicht auch ein wenig altbacken) anmutende *RGui* (*R Graphi-*

cal User Interface) auffallen – die Standardbenutzeroberfläche von R –, die sie hoffentlich nach dem vorangegangenen Abschnitt nicht mehr verschreckt. Abbildung 1-1 zeigt, wie sich R nach dem ersten Start präsentiert.

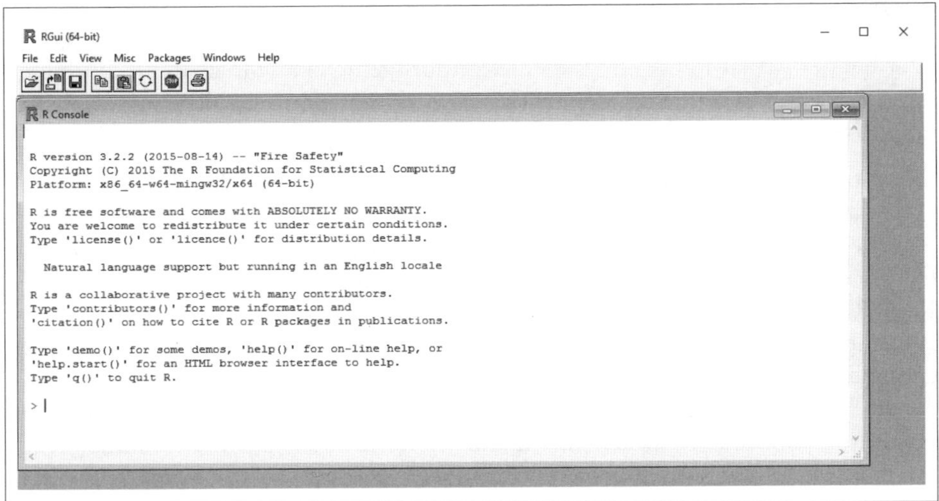

Abbildung 1-1: Die Benutzeroberfläche von R nach dem ersten Start

Das Fenster im Vordergrund ist die sogenannte *R-Konsole*. Hier können nicht nur die R-Befehle eingegeben werden, R zeigt Ihnen in diesem Fenster auch die Ergebnisse der von Ihnen durchgeführten Operationen an. Wenn Sie in der R-Konsole nicht mit dem interaktiven Modus arbeiten, sondern mehrere R-Befehle in einem Skript zusammenfassen möchten, kommt eventuell noch ein weiteres Fenster hinzu, das das aktuell bearbeitete R-Skript anzeigt. (Im interaktiven Modus geben Sie einen R-Befehl ein, R zeigt Ihnen das Ergebnis an, Sie geben den nächsten R-Befehl ein und so fort. Wir schauen uns die beiden Eingabemodi von R im ersten Abschnitt des zweiten Kapitels genauer an.)

Das Menü oben bietet einige rudimentäre Funktionalitäten, zum Beispiel zum Installieren von Packages, also den bereits mehrfach angesprochenen Erweiterungspaketen. Trotz allem ist der Standard-R-Editor RGui eher eine spartanisch ausgestattete Software. Deshalb gibt es eine ganze Reihe von alternativen R-Editoren, mit denen wir uns kurz im nächsten Abschnitt beschäftigen wollen.

Vorher aber, da Sie ja nun R bereits gestartet haben, ein erster kleiner Schritt mit R. Geben Sie in die R-Konsole einmal Folgendes ein:

```
> 2 + 3
[1] 5
```

Sie haben gerade Ihre erste Berechnung mit R ausgeführt! Es ist zugegebenermaßen nicht die anspruchsvollste Berechnung. Aber Sie haben eine Eingabe gemacht, und R zeigt Ihnen das Ergebnis an. R ist natürlich weit mehr als nur der Taschenrechner, als den wir es gerade verwendet haben. Im weiteren Verlauf des Buchs werden Sie ein wenig mehr von den gigantischen Möglichkeiten kennenlernen, die Sie mit R haben.

Komfortabler arbeiten: R-Editoren

Wer bei der Arbeit mit R etwas mehr Komfort genießen will, als ihn RGui bietet, ist auf alternative Editoren angewiesen. An diesen herrscht allerdings wahrlich kein Mangel.

Ein prominentes Beispiel ist der in Abbildung 1-2 dargestellte R Commander (Website: *http://www.rcommander.com/*). Er selbst kommt als R-Package, also als Erweiterungspaket, daher und kann dementsprechend auch als Package `Rcmdr` von CRAN heruntergeladen werden. Wie das genau geht, erfahren Sie im folgenden Kapitel im Abschnitt »Packages verwenden«. Anders als RGui bietet der R Commander die Möglichkeit, über Menüs und Dialoge bequem viele häufig genutzte statistische Funktionen aufzurufen. Der R Commander übersetzt die Eingaben des Benutzers in R-Code und führt diesen im Hintergrund aus. Dieser Bedienkomfort kommt natürlich nicht im Entferntesten an die kommerziellen Statistikpakete heran, mag aber für jemanden, der sich erst mal vorsichtig herantasten möchte, durchaus sehr nützlich sein.

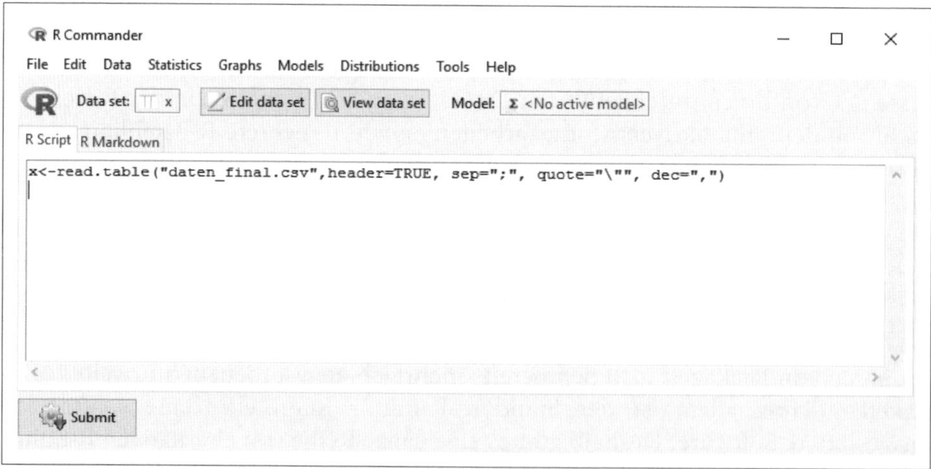

Abbildung 1-2: Der alternative R-Editor R Commander

Ein weiterer alternativer Editor, den ich selbst einsetze, ist *RStudio* (Website: *https://www.rstudio.com/products/rstudio/*). RStudio gibt es in einer kommerziellen und einer kostenfreien Version, die die gleiche Funktionalität bietet wie die kostenpflichtige Variante (die kommerzielle Version bietet darüber hinaus professionellen Support und ermöglicht Unternehmen, R zu nutzen, ohne den strengen Quellcode-Offenlegungspflichten der GNU General Public License genügen zu müssen). RStudio, dessen Oberfläche in Abbildung 1-3 dargestellt ist, unterscheidet sich vom R Commander vor allem dadurch, dass es keinen bequemen Zugriff auf die statistischen Funktionen von R bietet, sondern stattdessen darauf fokussiert ist, die Entwicklung von R-Skripten, also das Programmieren in R, möglichst komfortabel zu gestalten. Zu den Funktionen von RStudio gehört beispielsweise das Syntax-Highlighting, bei dem bestimmte Schlüsselwörter, Variablennamen, Kommentare und andere Elemente von R-Skripten unterschiedlich gefärbt dargestellt werden, was die Lesbarkeit der Skripte deutlich erhöht. Daneben bietet RStudio einfachen Zugriff auf die aktuell verwendeten Datensätze und Variablen, integriert die Befehlshistorie und die Hilfe sehr schön in die Entwicklungsumgebung und stellt ein praktisches Management für R-Packages zur Verfügung. Auf die Historie, die Hilfe und die Packages kommen wir an späterer Stelle noch detaillierter zu sprechen.

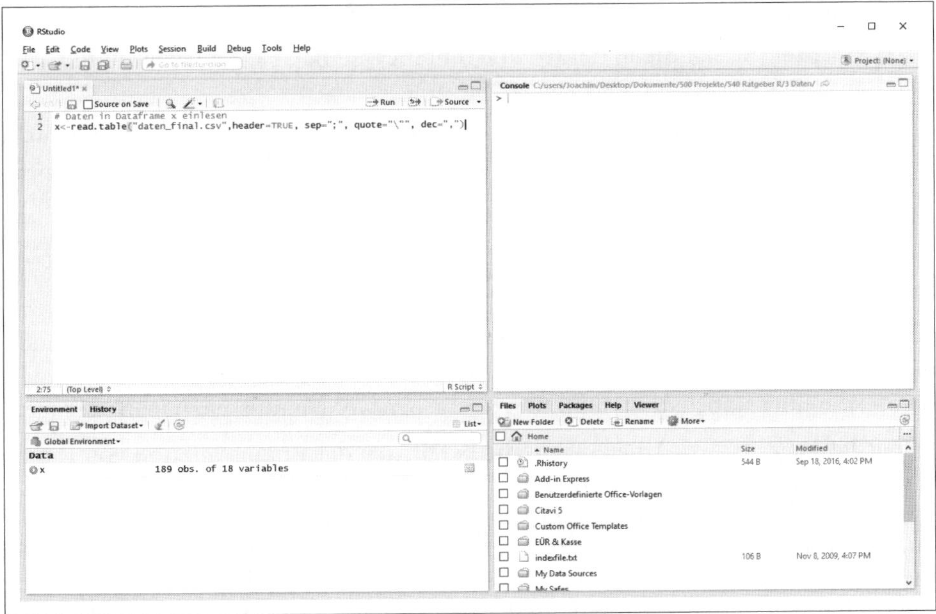

Abbildung 1-3: Der alternative R-Editor RStudio

R Commander und RStudio sind nur zwei Beispiele einer ganzen Reihe von Entwicklungsumgebungen, die die Arbeit mit R erleichtern sollen. Sucht man im Internet zum Beispiel nach »R editors«, stößt man sofort auf unzählige Blogs und Webseiten, die das Thema diskutieren. An den beiden hier kurz vorgestellten Beispielen sehen Sie aber bereits, dass die verschiedenen Editoren unterschiedliche Schwerpunkte setzen.

Auch wenn wir in diesem Buch RStudio einsetzen: Welchen R-Editor Sie verwenden sollten, ist letztlich eine Frage der persönlichen Präferenzen. Probieren Sie ruhig einige Programme aus. Finden Sie heraus, mit welchen Sie gut zurechtkommen und welche die Funktionen bieten, die für Sie in Ihrer täglichen Arbeit am wichtigsten sind.

Hilfe zu R bekommen

In diesem Abschnitt erfahren Sie,

- wie Sie die eingebaute Hilfe von R verwenden,
- welche externen Informationsquellen rund um R Sie einsetzen können.

Folgende R-Funktionen werden in diesem Abschnitt behandelt:

- **`?`** / **`help()`**: Zeigt Hilfeinformationen zu einer R-Funktion an.
- **`??`** / **`help.search()`**: Durchsucht die R-Hilfe nach einem Begriff.
- **`args()`**: Zeigt die Argumente einer Funktion an, das heißt die Werte, die ihr übergeben werden müssen.
- **`example()`**: Zeigt die in der R-Hilfe hinterlegten Beispiele zu einer Funktion an.
- **`vignette()`**: Zeigt eine Vignette – also eine weiterführende Erläuterung im PDF-Format, die typischerweise auch statistische Hintergrundinformationen beinhaltet – zu einer oder mehreren Funktionen oder auch einem ganzen Package an.
- **`vignettes()`**: Listet alle verfügbaren Vignettes in einer Übersicht auf.

Nicht nur als Anfänger braucht man von Zeit zu Zeit Hilfe. Auch wenn man schon eine Weile mit R gearbeitet hat, ergibt sich immer wieder der Bedarf, z. B. die Argumente, die einer statistischen Funktion übergeben werden müssen, nachzuschlagen.

Alle R-Packages, sowohl diejenigen, die bereits bei der Erstinstallation von R mitinstalliert werden und zum Kern von R gehören, als auch die Erweiterungspackages, die Sie sich nach Bedarf von CRAN herunterladen können, beinhalten jeweils Hilfeinformationen. Diese Hilfeinformationen sind zwar – und hier erkennt man die unterschiedliche Herangehensweise der Autoren der Packages – durchaus verschieden in Hinblick auf Umfang und Verständlichkeit, im Allgemeinen aber sehr gut, und sie helfen wirklich weiter. Die Hilfeseiten wirken gerade für Anfänger im statistischen Metier nicht selten recht komplex und sind in Teilen ohne umfangreicheres statistisches Hintergrundwissen einigermaßen unverständlich. Lassen Sie sich nicht davon abschrecken, dass Sie nicht alles verstehen! Die R-Funktionen (also die R-Anweisungen, die wir aufrufen können, um unsere Daten zu bearbeiten und zu analysieren), die wir in diesem Buch behandeln, können in der Regel noch viel mehr, als wir uns hier anschauen wollen. Um sinnvoll mit ihnen zu arbeiten, benötigen Sie aber häufig nur einen Bruchteil der in der Hilfe erläuterten Funktionalität. Möchten Sie dann über die Standardverfahren hinaus etwas fortgeschrittenere statistische Methoden anwenden, werden Sie positiv überrascht sein, wie viel davon die R-Funktionen bereits von Haus aus mitbringen.

Wenn Sie zu einer bestimmten Funktion Hilfe benötigen, geben Sie in Ihren R-Editor einfach den Namen der Funktion mit einem vorangestellten Fragezeichen ein, und schon liefert Ihnen R Informationen zu dieser Funktion. Mit `?median` rufen Sie die Hilfeinformationen zur Funktion `median` auf, die den Median einer Variablen berechnet. Alternativ können Sie auch `help(median)` eingeben. R zeigt sogleich eine Hilfeseite an. Wenn Sie RGui, den Standardeditor von R, verwenden, ruft R die Hilfeseite in Ihrem Webbrowser auf. Dazu bedarf es jedoch keiner Internetverbindung, denn die Hilfedateien werden beim Installieren der R-Packages mit heruntergeladen. Sie können dieselben Hilfeseiten aber auch im Internet aufrufen, denn CRAN stellt diese für alle Packages öffentlich bereit. Wenn Sie genau wissen, wonach Sie suchen – wie in unserem Beispiel oben –, bietet es sich an, direkt über R zu suchen. Das erspart Ihnen die mitunter mühselige Suche nach dem richtigen Link in den Web-Suchergebnissen. Nutzen Sie RStudio, wird die Hilfeseite direkt in RStudio angezeigt (Abbildung 1-4).

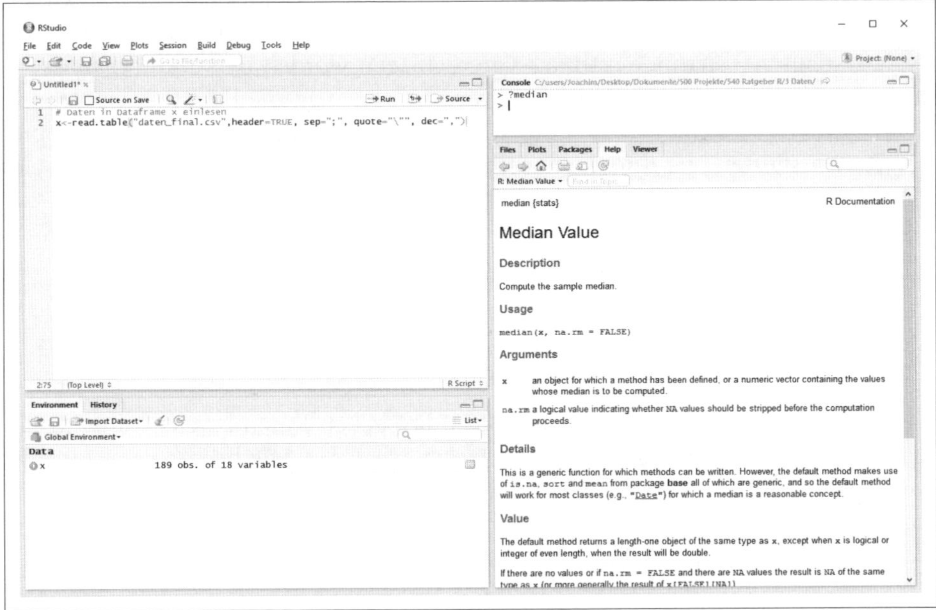

Abbildung 1-4: Anzeige der Hilfeseite für die Funktion median in RStudio

Die Hilfeseiten sind immer gleich aufgebaut: Unter *Description* sehen Sie zunächst einen kurzen Überblick darüber, was die Funktion leistet, oftmals tatsächlich nur ein Satz. Im Abschnitt *Usage* erfahren Sie, wie die Funktion aufgerufen wird, das heißt, welche Argumente ihr beim Aufruf übergeben werden müssen. Im Beispiel unserer Funktion `median` ist das natürlich die Variable, deren Median bestimmt werden soll, und darüber hinaus eine Angabe, die bestimmt, ob leere Datenpunkte, sogenannte *Missings*, ignoriert werden sollen (mit der Rolle von Missings beschäftigen wir uns im Abschnitt »Mit Missings umgehen« auf Seite 46 ausführlicher). Wenn Sie einmal direkt aus R heraus schnell sehen wollen, welche Argumente eine Funktion hat, können Sie, statt die Hilfe aufzurufen, auch einfach die Anweisung `args(funktionsname)` eingeben. Sie erhalten dann die Liste der Argumente der Funktion `funktionsname`, wie im Folgenden für die Funktion `median` gezeigt (ignorieren Sie die Ausgabe `NULL` in der zweiten Zeile, sie hat eher technische Gründe):

```
> args(median)
function (x, na.rm = FALSE)
NULL
```

Aber zurück zur Hilfe. Unter dem Abschnitt mit den Argumenten der Funktion sehen Sie einen Abschnitt *Value*, der beschreibt, wie der Rückgabewert der Funktion zu interpretieren ist. In unserem Beispiel sagt uns »The default method returns a length-one object of the same type as x«, dass wir, wenn wir der Funktion `median` als Argument einen Vektor von Ganzzahlvariablen (zum Beispiel `1,3,7`) übergeben, als Rückgabewert wiederum eine Ganzzahlvariable erwarten dürfen, und zwar von der Länge 1, denn das Ergebnis des Medians unseres Vektors mit drei Elementen ist natürlich nur *eine* Zahl. Weitere Standardabschnitte auf einer R-Hilfeseite (verdeckt in Abbildung 1-4) sind *References*, in dem auf relevante Literatur verwiesen wird (zum Beispiel auf die Monografie oder den Journal-Artikel, in dem die betreffende statistische Methode erstmals vorgeschlagen worden ist), und *Examples*, in dem Sie anhand von Beispielen sehen können, wie man die Funktion verwendet. Diese Beispiele sind sofort in R lauffähig. Sie können sie also in den R-Editor kopieren, dort ausführen und ihre Ergebnisse unmittelbar auswerten. Das Herauskopieren des Beispiels aus der Hilfeseite können Sie sich auch sparen, indem Sie sich mittels der Funktion `example` das Beispiel direkt im R-Editor anzeigen lassen:

```
> example(median)
median> median(1:4)                # = 2.5 [even number]
[1] 2.5
median> median(c(1:3, 100, 1000)) # = 3 [odd, robust]
[1] 3
```

Einige R-Editoren, wie beispielsweise RStudio, geben Ihnen bereits während der Eingabe eine Hilfestellung. In Abbildung 1-5 sehen Sie, wie bereits nach Eingabe weniger Buchstaben eine Einblendung erscheint. Diese zeigt ähnlich wie eine Autovervollständigung mögliche Funktionen an, die Sie aufrufen können, und teilt Ihnen direkt mit, was die Funktion leistet und welche Argumente sie benötigt.

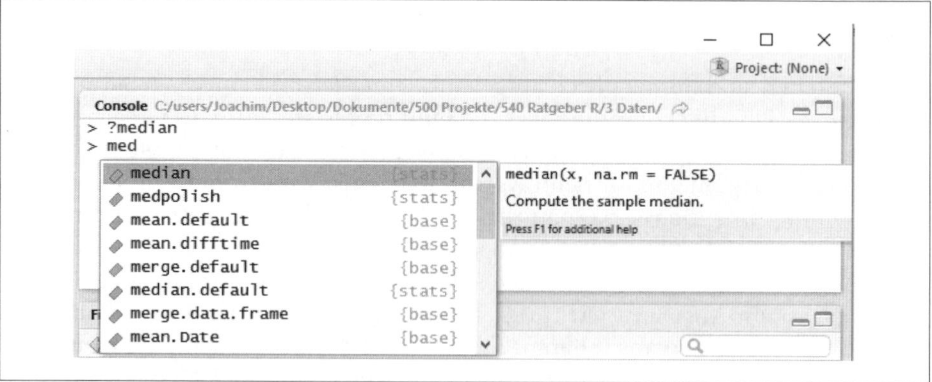

Abbildung 1-5: Kontextsensitive Hilfe in RStudio

Wenn Sie noch nicht genau wissen, nach welcher Funktion Sie suchen wollen, können Sie die Funktion `help.search` verwenden. Wollen Sie beispielsweise erfahren, welche Funktionen zum Thema »Varianz« angeboten werden, rufen Sie einfach `help.search("variance")` oder alternativ auch einfach `??variance` (hier ohne Anführungszeichen!) auf. Das Ergebnis dieser Suche ist in Abbildung 1-6 dargestellt. Links sehen Sie stets eine R-Funktion, rechts eine kurze Beschreibung dieser Funktion. Wenn Sie mit RStudio arbeiten, ist es ebenfalls möglich, im Register *Help* einen Suchbegriff in das Suchfeld rechts oben einzugeben. Sie bekommen dann eine Vorschlagsliste von Sucheinträgen, die mit dem von Ihnen eingegebenen Suchbegriff beginnen.

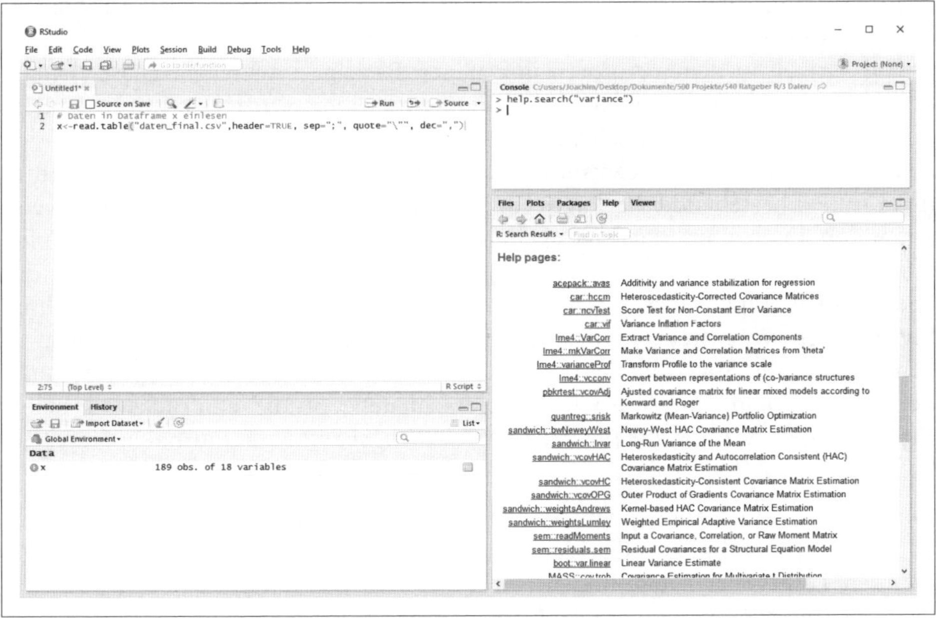

Abbildung 1-6: Ergebnisse der Suche nach variance

Zu vielen R-Packages gibt es neben der eigentlichen Hilfe noch eine weitere Informationsquelle, die bei der Package-Installation frei Haus geliefert wird: die sogenannten *Vignettes*. Diese sind kein obligatorischer Bestandteil der R-Hilfe, das heißt, Package-Autoren können ihr Paket mit einem oder mehreren diese Zusatzdokumente versehen, müssen aber nicht. Bei den Vignettes handelt es sich um PDF-Dokumente, die ein R-Package bzw. eine oder mehrere zusammenhängende Funktionen daraus näher beleuchten und dabei in der Regel nicht nur auf die praktische Verwendung der Funktionen eingehen, sondern auch in Grundzügen ihren statistischen Hintergrund beleuchten sowie die Interpretation ihrer Ergebnisse erläutern. Wenn Sie wissen wollen, welche Vignettes Ihnen durch die aktuell installierten Packages zur Verfügung stehen, können Sie dies mit `vignette(all =TRUE)` leicht überprüfen. Mit `vignette("packagename")` rufen Sie eines dieser Dokumente auf, die dann in Ihrem PDF-Reader geöffnet werden; so können Sie sich beispielsweise mit `vignette("lmtest")` die Vignette des Packages `lmtest` anzeigen lassen, das wir später zur Diagnostik von Annahmeverletzungen des klassischen linearen Regressionsmodells benutzen werden. Der Einsatz einer Vignette setzt voraus, dass das Package, zu dem die Vignette gehört, installiert und geladen ist. Die Arbeit mit Packages schauen wir uns im folgenden Kapitel im Abschnitt »Packages verwenden« genauer an.

Viele der Vignettes sind (gekürzte) Versionen von Artikeln, die im *R Journal* (Website: *https://journal.r-project.org/*) erschienen sind. Das *R Journal* ist eine kostenlose, online publizierte Zeitschrift mit *Peer Review*, das heißt einer Qualitätssicherung der veröffentlichten Artikel durch Experten auf dem jeweiligen Gebiet. Neben diversen anderen Informationen zu R beinhaltet das *R Journal* auch regelmäßig Artikel, in denen Autoren ihre neuen Packages vorstellen. Diese Artikel, deren Inhalt sich nicht selten in den Vignettes widerspiegelt, sind insbesondere lesenswert, wenn man entscheiden möchte, ob ein bestimmtes Package für den eigenen Anwendungsfall relevant ist. Auch ordnen die Autoren ihr Package oft in den Kontext bestehender Packages ein. Dieser Vergleich kann wertvolle Hinweise auf andere interessante Packages geben. Neben dem *R Journal* ist auch das *Journal of Statistical Software* (Website: *https://www.jstatsoft.org*) zu empfehlen, das ebenfalls eine Open-Access-Zeitschrift mit Peer Review ist und in dem regelmäßig R-Pakete vorgestellt werden. Das *Journal of Statistical Software* geht zwar generell auf alle Statistikpakete ein, tatsächlich dominiert R aber seinen Inhalt deutlich, wie eine im Journal selbst erschienene Studie eindrucksvoll belegt (Lanage, Fox [2016]: *R and the Journal of Statistical Software*, Journal of Statistical Software 73 [2]).

Eine weitere Informationsquelle, die Sie anzapfen können, um festzustellen, welches Package für Ihre jeweilige Aufgabe besonders gut geeignet ist, sind die sogenannten *Task Views*. Diese finden Sie, ebenso wie das *R Journal*, auf der CRAN-Website (*https://cran.r-project.org/*) im Navigationsbereich auf der linken Seite. Tasks Views sind redaktionell bearbeitete Übersichten über die für ein bestimmtes Themengebiet relevanten R-Pakete (z. B. »Statistics for the Social Sciences«, »Econometrics« oder »Time Series«). Sie beschreiben kurz, übersichtlich und im thematischen Zusammenhang, was die dort aufgenommenen Pakete leisten. Natürlich können die Tasks Views nicht vollständig sein, allein schon weil dies eine ständige Aktualisierung voraussetzen würden, die die ehrenamtlichen Autoren nicht leisten können. Trotzdem können Task Views sehr hilfreich sein – gerade wenn man beginnt, sich mit einem Themenfeld zu befassen. Hat man ein interessant klingendes Package gefunden, kann man sich dann genauer darüber informieren.

Neben all diesen mehr oder weniger »offiziellen« Informationsquellen können Sie natürlich auf der Suche nach hilfreichen Informationen auch eines der vielen Internetforen frequentieren. Empfehlenswert ist hier unter anderem das *stackoverflow-*

Forum (Website: *http://stackoverflow.com/questions/tagged/r*). Hier tummeln sich oft auch die Autoren der R-Packages, um die sich die Diskussionen drehen, und Sie erhalten Informationen und Hilfe »aus erster Hand«. Bevor Sie selbst eine Anfrage zu einem Thema stellen, sollten Sie zunächst durch eine einfache Suche ermitteln, ob es nicht bereits einen Diskussionsthread gibt, der eine Antwort auf Ihre Frage liefern könnte. Verblüffend oft hat sich ein anderer R-Nutzer bereits mit dem gleichen Problem konfrontiert gesehen wie Sie. Weiterhin empfiehlt es sich, einmal einen Blick in die Nutzungsregeln des Forums zu werfen. So hilfsbereit die Foristen im Allgemeinen auch sind, so strikt pochen einige auf die bedingungslose Einhaltung der Regeln, und so harsch kann mitunter die Reaktion ausfallen, wenn Sie es nicht tun.

CRAN
Mirrors
What's new?
Task Views
Search

About R
R Homepage
The R Journal

Software
R Sources
R Binaries
Packages
Other

Documentation
Manuals
FAQs
Contributed

CRAN Task View: Statistics for the Social Sciences

Maintainer: John Fox
Contact: jfox at mcmaster.ca
Version: 2016-08-18
URL: https://CRAN.R-project.org/view=SocialSciences

Social scientists use a wide range of statistical methods, most of which are not unique to the social sciences. Indeed, most statistical data analysis in the social sciences is covered by the facilities in the base and recommended packages, which are part of the standard R distribution. In the package descriptions below, I identify base and recommended packages on first mention; packages that are not specifically identified as "R-base" or "recommended" are contributed packages.

Other Relevant Task Views:

Beyond the base and contributed packages, many of the methods commonly employed in the social sciences are covered extensively in other CRAN task views, including the following. I will try to minimize duplicating information present in these other task views, given here in alphabetical order.

- Bayesian: Methods of Bayesian inference in a variety of settings of interest to social scientists, including mixed-effects models.
- Econometrics and Finance: In addition to methods of specific interest to economists and financial analysts, these task views covers a variety of commonly used regression models and methods, instrumental-variables estimation, models for panel data, and some time-series models.
- MetaAnalysis: Methods of meta analysis for combining results from primary studies. If data on individuals in each study are available, meta analysis can be performed using mixed-effects models .
- Multivariate: A broad, if far from exhaustive, catalog of methods implemented in R for analyzing multivariate data, from data visualization to statistical modeling, and including correspondence analysis for multivariate categorical data.
- OfficialStatistics: Covers not only official statistics but also methods for collecting and analyzing data from complex sample surveys, such as the survey package.
- Psychometrics: Extensively covers methods of scale construction, including item-response theory, multidimensional scaling, and classical test theory, along with other topics of interest in the social sciences, such as structural-equation modeling.

Abbildung 1-7: Auszug aus einem Task View auf CRAN

Beispieldateien zum Download

Im Internet finden Sie unter *http://downloads.oreilly.de/9783960090441* unseren Beispieldatensatz zum Download.

Darüber hinaus können Sie alle Beispiel-R-Skripte, die wir uns im Buch ansehen, herunterladen. So müssen Sie den R-Code nicht selbst abtippen, wenn Sie die Beispiele in R nachvollziehen wollen.

KAPITEL 2

Die eigene Arbeit organisieren

In diesem Kapitel werden Sie die unterschiedlichen Arten, R zu bedienen, kennenlernen. Darüber hinaus beschäftigen wir uns damit, wie Sie Ihre Arbeit in (und außerhalb von) R möglichst effizient organisieren. Dazu zählen insbesondere ein kluger Umgang mit den eigenen R-Dateien, die Nutzung der R-Packages, die, wie Sie im ersten Kapitel bereits gesehen haben, eine große Stärke von R sind, und Vorkehrungen gegen möglichen Datenverlust.

Eingabemodi von R

In diesem Abschnitt erfahren Sie,

- was den interaktiven Modus und den Skriptmodus (auch Batchmodus) auszeichnet – die beiden unterschiedlichen Wege, wie R Befehle von Ihnen entgegennimmt,
- wann es sinnvoll ist, im interaktiven Modus zu arbeiten, und wann sich der Skriptmodus empfiehlt.

Folgende R-Funktion wird in diesem Abschnitt behandelt:

- **`history()`**: Zeigt eine Liste der zuvor ausgeführten R-Befehle an.

Sie haben bereits gesehen, dass Sie in R nicht nur mit dem Standardeditor RGui arbeiten können, der automatisch installiert wird, wenn Sie R aus dem Internet herunterladen, sondern dass Sie ebenso andere Editoren (wie beispielsweise das RStudio) einsetzen können, die typischerweise einen erweiterten Funktionsumfang bieten und komfortabler zu bedienen sind.

Unabhängig davon, ob Sie mit dem Standard-R-Editor oder mit einer anderen R-Umgebung arbeiten, können Sie R in zwei Modi betreiben, dem interaktiven und dem Skriptmodus.

Im *interaktiven* Modus geben Sie eine R-Anweisung in die Konsole ein, bestätigen Ihre Eingabe mit *Enter* und bekommen von R sofort das Ergebnis Ihrer Anweisung angezeigt. Angenommen, Sie haben eine Variable `x` und wollen den arithmetischen Mittelwert dieser Variablen bestimmen. In R machen Sie das mit der Funktion `mean`. Wir werden später genauer auf `mean` und andere Funktionen der deskriptiven Statistik eingehen. An dieser Stelle benutzen wir `mean` nur, um die Funktionsweise der Eingabemodi von R zu demonstrieren. Die R-Konsole zeigt Ihnen durch ein Größer-Zeichen (>), den sogenannten *Prompt*, die Bereitschaft an, eine Angabe von Ihnen entgegenzunehmen. Wenn Sie früher noch mit kommandozeilenorientierten Betriebssystemen wie MS-DOS gearbeitet haben, kennen Sie die Idee eines Prompts bereits.

Wenn Sie nun `mean(x)` eingeben, teilen Sie R dadurch mit, dass Sie gern den Mittelwert der Variablen `x` sehen möchten. Die Variable `x` ist dabei einfach eine Sammlung einzelner Werte, in unserem Beispiel 1, 2, 3 und 5, vergleichbar mit dem aus der linearen Algebra bekannten Konzept des Vektors, der mehrere Elemente beinhalten kann. Diese Werte/Elemente können wir einfach unter ihrem Namen `x` ansprechen. Der Mittelwert der vier in der Variablen `x` enthaltenen Einzelwerte ist, wie man leicht von Hand nachrechnen kann, 2,75. Und genau dieses Ergebnis zeigt R uns an:

```
> mean(x)
[1] 2.75
```

Zwei Dinge sind an der Ausgabe von R bemerkenswert: Zum einen benutzt R standardmäßig den Punkt als Dezimaltrennzeichen, und zwar unabhängig davon, was Sie in Ihrem Betriebssystems als Standardtrennzeichen eingestellt haben. Wir werden auf diesen Punkt zurückkommen, wenn wir später Daten nach R einlesen. Wichtig wird das auch, wenn Sie einmal Ergebnisse aus R direkt nach Excel kopieren und dort weiterverarbeiten möchten. Zum anderen schreibt R vor seine Ausgabe eine Eins in eckigen Klammern. Diese sagt Ihnen, dass hier das erste Ergebnis kommt. Wir werden später sehen, dass dieser »Ergebniszähler« sehr hilfreich sein kann.

Übrigens: R zeigt Ihre Eingabe (einschließlich des Prompt-Zeichens >) und seine Reaktion darauf in unterschiedlichen Farben an. Das gilt typischerweise auch für R-Editoren von Drittanbietern. Welche Farben das sind, ist der Kreativität des Editoranwenders anheimgestellt. Hier im Buch werden wir statt in unterschiedlichen Farben Ihre Eingaben jeweils in `normaler Schrift` darstellen, die Ausgaben von R in **`fetter Schrift`**.

Den interaktiven Modus kann man sich also beinahe wie ein Gespräch mit R vorstellen. Sie fragen etwas, R antwortet.

Neben dem interaktiven Modus kennt R den Batch- oder Skriptmodus. Im *Skriptmodus* können Sie mehrere R-Befehle hintereinander aufschreiben und diese dann am Stück der Reihe nach ausführen lassen. R wartet also nicht nach jeder Ausführung einer Anweisung auf eine Eingabe von Ihnen, sondern führt einfach die nächste Anweisung aus, die Sie aufgeschrieben haben. Einzelne Anweisungen können Sie durch einen Zeilenumbruch oder – in R eher untypisch – durch ein Semikolon voneinander trennen.

Diese Folgen von Anweisungen, die wir hier im Buch auch als R-Skripte bezeichnen werden, können Sie in einer normalen Textdatei speichern. Diese Textdateien bekommen typischerweise die Dateiendung *.r*, damit man sie als R-Skripte identifizieren kann. Notwendig ist das aber nicht. Wenn Sie Ihre Dateien lieber auf *.rcode* enden lassen, stört R sich nicht daran.

Nun stellt sich natürlich die Frage, mit welchem der beiden Modi Sie arbeiten sollten. Die Frage lässt sich offenbar nicht eindeutig beantworten, denn gäbe es den allein glücklich machenden Eingabemodus, hätte der andere Modus wohl nicht lange überlebt. In der Tat dienen beide Modi unterschiedlichen Zwecken. Der interaktive Modus erlaubt Ihnen, Ihre Daten »direkt zu befragen«. Sie können ad hoc eine Analyse vornehmen und sehen unmittelbar deren Resultat. Sie können ausprobieren, ob eine bestimmte R-Anweisung das Ergebnis hervorruft, das Sie erwarten. Vor allem zu Beginn Ihrer Arbeit, wenn Sie sich erst mal einen Überblick über Ihren Datensatz verschaffen und Ihre Daten richtig kennenlernen wollen, sind Sie im interaktiven Modus sicherlich richtig unterwegs. Gleichwohl hat auch der Skriptmodus unbestreitbare Vorteile. Denn wenn Sie die R-Anweisungen aufschreiben und speichern, können Sie sie später erneut in R ausführen. Damit haben Sie zugleich eine Dokumentation Ihrer Verarbeitungsschritte und Analysen. Um zu verstehen, wie wichtig das ist, kann man entweder tief in die Wissenschaftstheorie greifen und Karl Poppers Forderung nach intersubjektiver Nachvollziehbarkeit wissenschaftlichen Arbeitens bemühen oder sich einfach vor Augen führen, wie viel leichter Sie sich tun werden, wenn Ihr Doktorvater, Thesis-Betreuer oder Auftraggeber danach fragt, wie Sie eigentlich zu Ihren Ergebnissen gekommen sind. Und auch Sie selbst werden irgendwann einmal froh sein, wenn Sie das vor Wochen oder Monaten zustande Gebrachte nachvollziehen können, selbst wenn Sie über ein erheblich besseres Gedächtnis verfügen als ich.

Über den reinen Dokumentationsaspekt hinaus bieten R-Skripte die Möglichkeit, bestimmte Anweisungskonstruktionen zu verwenden, die Ihnen das Leben erheblich vereinfachen können. Dazu gehören beispielweise Schleifenanweisungen und bedingte Anweisungen. Vielleicht kennen Sie diese Konzepte schon aus anderen künstlichen Computersprachen. Falls nicht, macht das überhaupt nichts. Für die »normale« Arbeit mit R benötigen Sie diese Konzepte nicht. Wenn Sie dennoch in die Welt der R-Programmierung einsteigen möchten: Im letzten Kapitel dieses Buchs werden wir uns die wichtigsten Konstrukte anschauen.

Zurück zur Frage der Eingabemodi: In der praktischen Arbeit mit R werden Sie typischerweise mit beiden Modi arbeiten. Eine bewährte Vorgehensweise ist, Anweisungen zunächst im interaktiven Modus auszuprobieren und sie, sobald sie funktionieren und das von Ihnen gewünschte Ergebnis liefern, in Ihr R-Skript zu kopieren und so zu sichern.

Übrigens: Wenn Sie sich im interaktiven Modus vertippen, brauchen Sie nicht die ganze Anweisung noch einmal einzutippen. Dankenswerterweise verfügt R über eine History-Funktion: Drücken Sie auf der Tastatur die Pfeil-Hoch-Cursortaste, schreibt R Ihre letzte Eingabe in die Prompt-Zeile. Auf diese Weise können Sie nicht nur die letzte Eingabe »zurückholen«, sondern sich auch durch Ihre vorherigen Eingaben bewegen, sobald Sie die Pfeil-Hoch-Taste mehrfach drücken. Ebenso können Sie mit der Pfeil-Runter-Taste in der History wieder zurück in Richtung Ihrer letzten Eingabe navigieren. R-Editoren bieten zudem üblicherweise eine Möglichkeit, die komplette History in einem eigenen Fensterbereich zu sehen. RStudio erlaubt Ihnen, aus dieser History heraus Anweisungen direkt in die Konsole zu übernehmen oder Ihrem R-Skript hinzuzufügen. Im Standard-R-Editor können Sie durch Eingabe der Anweisung `history()` ebenfalls jederzeit eine Liste der zuletzt eingegebenen Befehle aufrufen, wenngleich nicht ganz so komfortabel wie in RStudio.

Packages verwenden

In diesem Abschnitt erfahren Sie,

- wie Sie mithilfe von R-Packages den Funktionsumfang von R erheblich erweitern können,
- wie Sie Packages kostenlos aus dem Internet herunterladen, installieren und laden können.

Folgende R-Funktionen werden in diesem Abschnitt behandelt:

- **`installed.packages`**`()`: Zeigt die installierten Packages an.
- **`install.packages`**`()`: Lädt ein Package aus dem Internet herunter und installiert es.
- **`library`**`()`: Lädt ein bereits installiertes Package, sodass seine Funktionen in R verwendet werden können.

Im ersten Kapitel des Buchs haben Sie bereits gesehen, dass eine große Stärke von R in den Packages liegt, den buchstäblich Tausenden von Erweiterungspaketen, die von R-Anwendern entwickelt worden sind und sich kostenlos aus dem *Comprehensive R Archive Network* (CRAN) herunterladen lassen. So gibt es Packages, mit denen Sie Zugang zu speziellen statistischen Funktionen erhalten (zum Beispiel `tseries` für die Analyse von Zeitreihendaten oder `sandwich` für heteroskedastie- und autokorrelationsrobuste Standardfehler), Packages, mit denen Sie attraktive, publikationsfertige Grafiken erstellen können (zum Beispiel `ggplot2`), oder Packages, die Sie bei der tabellarischen Darstellung Ihrer Ergebnisse unterstützen (zum Beispiel das Package `stargazer`, das angenehm formatierte Ergebnistabellen als Text, LaTex- oder HTML-Code produziert).

Mit Packages können Sie den Funktionsumfang von R drastisch erweitern. Wenn Sie vor einem bestimmten Problem stehen, lohnt es sich daher immer, zu recherchieren, ob es für diesen besonderen Zweck nicht bereits ein R-Package gibt, das Sie verwenden können, anstatt den entsprechenden Code mühsam selbst zu schreiben (und zu testen). Sie werden überrascht sein, was schon alles gebrauchsfertig für Sie bereitsteht!

Da die R-Packages immer mit dem zugehörigen R-Code geliefert werden, können Sie sogar auf den Funktionen des Packages aufsetzen und diese nach Ihren Bedürfnissen verändern oder erweitern. Das ist im Übrigen vollkommen legal, denn eine der Grundfreiheiten, die Sie bei Verwendung freier Software wie R genießen, ist es, den Quellcode nach eigenen Wünschen modifizieren zu dürfen. Typischerweise werden Sie dabei allerdings Kenntnisse der richtigen R-Programmierung benötigen, das heißt der in R verwendeten Kontrollstrukturen, wie Wenn-Dann-Bedingungen und Wiederholungsschleifen. Diese Kontrollstrukturen schauen wir uns in Kapitel 9 etwas genauer an.

Mit der Erstinstallation von R haben Sie, ohne es zu bemerken, bereits eine Reihe von Packages mitinstalliert, die Grundfunktionalitäten von R sowie häufig verwendete Statistik- und Grafikfunktionen bereitstellen. Mit dem R-Befehl `installed.packages()` können Sie sich eine Übersicht über die aktuell installierten R-Pakete anzeigen lassen. Vergessen Sie bei der Eingabe des Befehls die Klammern nicht! Ohne die Klammern wird Ihnen nicht das Ergebnis der Ausführung des Befehls, hier also die Liste der Packages, angezeigt, sondern der R-Code der Funktion selbst, also derjenige Programmquelltext, der ausgeführt wird, wenn Sie die Funktion aufrufen. Der Output von `installed.packages()` ist eine breite Tabelle, deren Spalten in Ihrer R-Konsole möglicherweise nicht alle nebeneinander dargestellt werden können. Wenn Sie RStudio verwenden (funktioniert in RGui leider nicht), können Sie mit `View(installed.packages())` eine angenehmere Darstellung der Ergebnisse erreichen.

Die Liste der installierten Packages enthält neben dem Namen noch eine Reihe weiterer Informationen zu jedem Paket, unter anderem wo genau das Package physisch auf Ihrem Laufwerk liegt (`LibPath`) und von welchen anderen Paketen dieses Package abhängt (`Depends` und `Imports`; der Unterschied zwischen beiden ist eher technischer Natur und soll uns hier nicht weiter interessieren). Diese Abhängigkeiten entstehen, weil die R-Packages ihrerseits wiederum auf Funktionen aus anderen Paketen zugreifen. Oft werden Sie unter `Depends` eine Angabe wie `R (>= 3.2.0)` sehen. Das bedeutet, dass Sie, um dieses Package nutzen zu können, mindestens Version 3.2.0 von R installiert haben müssen. Dies ist, wie bereits im ersten Kapitel erwähnt, eine der wenigen Gelegenheiten, bei denen es wirklich relevant ist, welche R-Version genau Sie benutzen. Manchmal sind auch andere R-Packages, von denen das installierte Paket abhängt, mit einer Minimum-Version versehen.

Bequemer ist die Anzeige der installierten Packages mit RStudio. Hier bekommen Sie im Register *Packages* (Abbildung 2-1) eine Package-Liste präsentiert, in der Ihnen für jedes Paket anhand des kleinen Häkchens vor seinem Namen auch direkt angezeigt wird, ob das Package aktuell geladen ist oder nicht. Denn Packages sind nach der Installation nicht einfach verfügbar, sondern müssen vor Gebrauch geladen werden. Das geschieht in R durch den Befehl `library(packagename)`, wobei `packagename` der Name des betreffenden Pakets ist. In RStudio können Sie auch einfach das kleine Häkchen vor das Paket setzen, um es zu laden. Wenn Sie RGui verwenden, erlaubt Ihnen die Option *Load Package* im Menü *Package*, das zu ladende Paket auch über ein Dialogfenster auszuwählen.

Files Plots Packages Help Viewer

Install | Update

	Name	Description	Version
User Library			
☑	abind	Combine Multidimensional Arrays	1.4-5
☐	acepack	ace() and avas() for selecting regression transformations	1.3-3.3
☑	car	Companion to Applied Regression	2.1-3
☐	chron	Chronological Objects which can Handle Dates and Times	2.3-47
☐	colorspace	Color Space Manipulation	1.2-6
☐	data.table	Extension of Data.frame	1.9.6
☐	dichromat	Color Schemes for Dichromats	2.0-0
☐	digest	Create Compact Hash Digests of R Objects	0.6.10
☑	e1071	Misc Functions of the Department of Statistics, Probability Theory Group (Formerly: E1071), TU Wien	1.6-7
☐	Formula	Extended Model Formulas	1.2-1
☐	ggplot2	An Implementation of the Grammar of Graphics	2.1.0
☐	gridExtra	Miscellaneous Functions for "Grid" Graphics	2.2.1
☐	gtable	Arrange 'Grobs' in Tables	0.2.0
☐	Hmisc	Harrell Miscellaneous	3.17-4
☐	labeling	Axis Labeling	0.3
☐	latticeExtra	Extra Graphical Utilities Based on Lattice	0.6-28
☐	lme4	Linear Mixed-Effects Models using 'Eigen' and S4	1.1-12
☐	magrittr	A Forward-Pipe Operator for R	1.5
☐	MatrixModels	Modelling with Sparse And Dense Matrices	0.4-1
☐	minqa	Derivative-free optimization algorithms by quadratic approximation	1.2.4
☐	munsell	Utilities for Using Munsell Colours	0.4.3

Abbildung 2-1: Liste der Packages in RStudio

Haben Sie ein interessantes Package gefunden, das Sie installieren möchten (zum Beispiel in einem Internetforum, im *R Journal* oder über die *CRAN Task Views*), wählen Sie in RGui aus dem Menü *Packages* die Option *Install package(s)*. Es erscheint ein schlichter Auswahldialog, mit dessen Hilfe Sie ein oder mehrere Packages auswählen und dann installieren können. R lädt das Package selbst sowie darüber hinaus diejenigen Packages, von denen es abhängig ist, selbstständig aus dem Internet herunter und entpackt die komprimierten Dateien. Danach können Sie das Paket mit `library(packagename)` laden.

In RStudio können Sie die Installation mithilfe der Option *Install Packages* im Menü *Tools* einleiten. In dem sich dann öffnenden Dialogfenster können Sie entscheiden, ob Sie das Package von CRAN herunterladen möchten oder ob Sie ein Package installieren möchten, das Sie bereits, zum Beispiel direkt über die CRAN-

Website, auf Ihr Laufwerk heruntergeladen haben (das funktioniert im Übrigen über die Option *Install package(s) from local files* im Menü *Packages* auch in RGui). RStudio lässt Sie außerdem entscheiden, ob Sie die Pakete, von denen Ihr zu installierendes Package abhängt, mitinstallieren wollen, was generell zu empfehlen ist (daher macht RGui das, ohne Sie vorher um Erlaubnis zu bitten). Im RStudio-Dialogfenster müssen Sie den Namen des Packages selbst eingeben, aber es öffnet sich, sobald Sie ein paar Buchstaben eingetippt haben, sofort eine Autovervollständigungsliste, aus der Sie dann Ihr Package auswählen können.

Wenn Ihnen die Auswahl über das Dialogfenster zu mühselig ist, können Sie R genauso gut mit einem Befehl anweisen, Ihr Paket zu installieren: `install.packages("packagename")`. Beachten Sie bitte, dass der Name des Packages dabei in Anführungszeichen stehen muss.

Wir verwenden im Laufe des Buchs verschiedene Packages. In den Überblicksdarstellungen, die Sie am Anfang vieler Abschnitte finden, werden Ihnen unter anderem die in diesem Abschnitt hauptsächlich verwendeten R-Funktionen vorgestellt. Wenn die Funktionen aus Packages stammen, die nicht standardmäßig in R installiert sind und beim Start von R geladen werden, finden Sie jeweils hinter dem Namen der Funktion in geschweiften Klammern den Namen des Packages, zu dem die Funktion gehört. Das sieht dann zum Beispiel so aus: `gqtest()` {Package `lmtest`}.

Noch ein abschließender Hinweis: Manchmal bitten die Entwickler der Packages in der Dokumentation ihres Packages oder durch eine Meldung beim Laden des Packages darum, zitiert zu werden, wenn man das Package verwendet. Das sollten Sie tun! Die Autoren haben viel Zeit und Mühe in die Entwicklung ihrer Packages investiert und Ihnen dadurch bei Ihrer eigenen Arbeit entsprechend Zeit erspart. Sie sollten das honorieren, indem Sie in Ihren Publikationen durch eine Zitation darauf hinweisen, dass Sie das entsprechende Package benutzt haben. Die Package-Entwickler werden es Ihnen danken.

Ein Arbeitsverzeichnis aufbauen

In diesem Abschnitt erfahren Sie,

- wie Sie Ihre Dateien für die Arbeit mit R effektiv organisieren können,
- was das Arbeitsverzeichnis in R ist und wie Sie R mitteilen können, welches Ihr Arbeitsverzeichnis ist.

Folgende R-Funktion wird in diesem Abschnitt behandelt:

- **`setwd()`**: Setzt das Arbeitsverzeichnis.

Die eigene Arbeit will gut organisiert sein. Während Ihres Projekts werden sich zahlreiche Dateien ansammeln, ganz gleich ob Sie nun eine Seminararbeit, Ihre

Bachelor- oder Master-Thesis oder gar Ihre Promotion in Angriff nehmen. Datendateien, Literatur, R-Skripte, Notizen, die von Ihnen verfassten Texte – all das sollten Sie gut strukturiert ablegen. Denn auch wenn es zu Beginn Ihrer Arbeit noch nicht danach aussehen mag, unterschätzen Sie nie, wie schnell eine Unmenge unterschiedlicher Dokumente zusammenkommt. Daher lohnt es sich, sich *direkt am Anfang* der eigenen Bemühungen Gedanken darüber zu machen, wie man seine Dateien strukturiert ablegen möchte. Viel schwieriger ist es dagegen, später, wenn man in der riesigen Menge an Dokumenten vollends den Überblick zu verlieren droht, damit zu beginnen, die Unterlagen in eine Struktur zu bringen.

Gute Ordnerstrukturen können sehr unterschiedlich aussehen und natürlich auch stark von der Art und gegebenenfalls sogar vom Fachbereich des Vorhabens abhängen. Den *einen* Königsweg gibt es sicher nicht. Abbildung 2-2 zeigt daher eher exemplarisch, wie eine Verzeichnisstruktur aussehen kann, in der man seine Dateien nicht lange suchen muss.

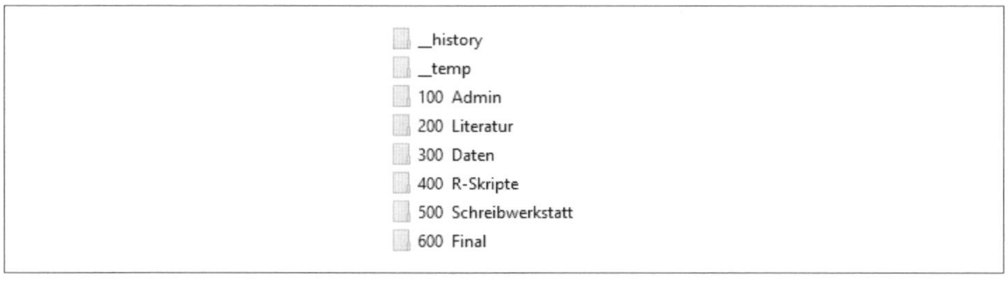

Abbildung 2-2: Beispiel für eine Verzeichnisstruktur

Das Verzeichnis *100 Admin* kann dazu verwendet werden, administrative Dokumente abzulegen, die keinen inhaltlichen Bezug zu Ihrer Arbeit haben (zum Beispiel den Antrag auf Zulassung der Arbeit oder, falls man einen solchen Plan pflegt, den »Projektplan« des Vorhabens). Die Verzeichnisse *200 Literatur*, *300 Daten* und *400 R-Skripte* enthalten, was ihr Name suggeriert, während das Verzeichnis *500 Schreibwerkstatt* dasjenige ist, in dem die eigentlichen Texte der Arbeit entstehen. Im Verzeichnis *600 Final* können schließlich die fertigen Versionen der wesentlichen Dateien abgelegt werden. Das ist sehr hilfreich, wenn man mit einigem zeitlichen Abstand auf seine damaligen Ergebnisse zurückgreifen möchte.

Ihnen ist vielleicht aufgefallen, dass es noch zwei weitere Verzeichnisse gibt, die bezüglich der Namungskonvention ein wenig von den übrigen abweichen: *_history* und *_temp*. Das Verzeichnis *_history* ist dazu gedacht, alte Dateiversionen aufzunehmen, die man zwar eigentlich nicht mehr braucht, aber dennoch nicht wegwerfen möchte. Das kann einerseits interessant sein als eine Art Backup für den Fall, dass an der aktuellen Arbeitsdatei technisch oder inhaltlich etwas »beschädigt« wird und man deshalb auf einen älteren Stand zurückgehen möchte. Oder aber die »alten« Dateien enthalten etwas, das Sie zwar nicht in die finale Version Ihrer Arbeit aufnehmen wollen, das Sie aber behalten möchten, weil es gegebenenfalls für andere Vorhaben noch von Interesse sein könnte. Das History-Verzeichnis wird sich natürlich während Ihrer Arbeit sehr rasch füllen. Deshalb ist es empfehlenswert, ein solches Verzeichnis nicht nur auf der höchsten Ebene Ihrer Verzeichnisstruktur, sondern auch auf darunterliegenden Ebenen anzulegen. So kann es zum Beispiel innerhalb des Verzeichnisses *500 Schreibwerkstatt* ein Unterverzeichnis *__history* geben, das die Zwischenstände Ihres Texts aufnimmt.

Das zweite Verzeichnis, das etwas aus der Reihe fällt, ist *__temp*. Diesen Ordner können Sie dazu benutzen, Dateien vorläufig – eben »temporär« – abzulegen, deren Nutzen Sie noch nicht genau einschätzen können. Sie haben ein Dokument aus dem Internet heruntergeladen, sind sich aber nicht sicher, ob es wirklich für Ihr Thema relevant ist? Sie haben einige Nebenrechnungen in Excel gemacht, die Sie voraussichtlich nicht behalten wollen? Das Verzeichnis *__temp* ist ein guter Ort, solche Dateien abzulegen. Dort sollten die Dateien aber nicht für immer bleiben. Prüfen Sie regelmäßig den Inhalt Ihres Temp-Verzeichnisses und sortieren Sie die Dateien entweder in Ihre Verzeichnisstruktur ein, wenn Sie sie behalten wollen, oder löschen Sie sie, falls das nicht der Fall ist.

Ihnen ist sicher aufgefallen, dass die Namen der meisten Verzeichnisse in der vorgeschlagenen Ordnerstruktur mit einer dreistellen Zahl beginnen. Das hat den Vorteil, dass Sie Ihre Verzeichnisse so in eine logische Reihenfolge bringen können, die von der alphabetischen Reihenfolge abweichen kann. Auch auf Ebene der Unterverzeichnisse können Sie diese Art der logischen Strukturierung fortzusetzen. So könnten Sie zum Beispiel innerhalb des Verzeichnis *300 Daten* weitere Unterordner anlegen wie etwa *310 Rohdaten IWF* und *320 Rohdaten Weltbank*, und können auch diese Verzeichnisse wiederum über die Zehnerstellen der Nummerierung in eine logische Reihenfolge bringen, während durch die führende »3«, die Hunderterstelle, sofort klar ist, dass diese Unterordner zum Verzeichnis *300 Daten* gehören.

Warum sollten Sie sich so intensiv damit beschäftigen, wie Sie Ihre Dateien organisieren? Nun, zum einen ist natürlich eine saubere Ablage von Dateien eine Voraussetzung für eine strukturierte Arbeit. Zum anderen ist es aber auch für R relevant, wo Ihre Dateien liegen.

Ein R-Projekt besteht typischerweise aus mindestens einem R-Skript sowie wenigstens einer Datendatei. Oftmals bleibt es aber nicht dabei. Sie werden vielleicht mehrere Datendateien in R laden und möglicherweise auch Ihr R-Skript auf mehrere Dateien aufteilen. Wie das geht, schauen wir uns im nächsten Abschnitt an.

In all diesen Fällen muss R wissen, wo es nach Ihren Dateien suchen soll. Standardmäßig versucht R, eine Datei, die Sie in ein R-Skript einbinden, im gleichen Verzeichnis zu finden, in dem das R-Skript selbst liegt. Befindet sich die Datei tatsächlich aber in einem anderen Verzeichnis, können Sie beim Laden der Datei deren genauen Pfad angeben. Das ist in vielen Fällen jedoch etwas mühselig. Stellen Sie sich vor, Sie wollten aus Ihrem im Verzeichnis *400 R-Skripte* liegenden R-Skript zehn Dateien laden, die alle im Verzeichnis *300 Daten* liegen. In diesem

Fall ergibt es Sinn, das Datenverzeichnis als *Arbeitsverzeichnis* zu deklarieren. Das geschieht mit dem Befehl setwd, der für *set working directory* steht:

```
> setwd("c:/users/mustermann/Masterarbeit/300 Daten")
```

Damit teilen Sie R mit, wo Ihr Arbeitsverzeichnis liegt und wo R zukünftig immer dann, wenn kein anderer Pfad angegeben ist, Ihre Dateien suchen soll.

Beachten Sie die Schreibweise: Der Pfad muss in Anführungszeichen gesetzt werden, damit R ihn als zusammenhängende Zeichenkette erkennt, und Sie müssen den normalen Schrägstrich (/) zur Trennung der einzelnen Pfadelemente verwenden. Wenn Sie mit Linux oder MacOS als Betriebssystem arbeiten, kommt das für Sie wenig überraschend, von Windows-Benutzern, die an dieser Stelle den Backslash (\) gewohnt sind, wird es aber gern übersehen. Schauen wir einmal, was passiert, wenn wir irrtümlich den Backslash verwenden:

```
> setwd("c:\users\mustermann\Masterarbeit\300 Daten")
Error: '\u' used without hex digits in character string starting ""C:\u"
```

Diese Fehlermeldung wirkt etwas kryptisch. Offenbar glaubt R, Sie würden hier mit hexadezimalen Zahlen arbeiten wollen. Das klingt merkwürdig angesichts der Tatsache, dass Sie ja eigentlich R nur Ihr Arbeitsverzeichnis mitteilen wollten. Warum R Ihre Eingabe so interpretiert, werden wir an etwas späterer Stelle besser verstehen. Hier sei nur gesagt, dass die Fehlermeldung unterschiedlich ausfällt, je nachdem, welcher Buchstabe nach dem ersten \ folgt.

Typischerweise deklariert man sein Arbeitsverzeichnis zu Beginn eines R-Skripts. Sie können aber, wenn es sinnvoll ist, Ihr Arbeitsverzeichnis auch mehrfach im Skript wechseln. Beachten Sie bitte, dass die Beispielskripte, die Sie von der Website des Buchs herunterladen können, keine setwd-Anweisungen enthalten, damit der R-Code auch auf Ihrem Computer direkt lauffähig ist, ohne dass Sie das in setwd angegebene Verzeichnis ändern müssen. Das bedeutet also, R sucht alle Dateien im dem Verzeichnis, in dem Sie auch das R-Skript selbst abgelegt haben.

Arbeitsstände sichern und wiederherstellen

In diesem Abschnitt erfahren Sie,

- wie Sie R-Objekte (zum Beispiel Datensätze und einzelne Variablen) dauerhaft speichern und wiederherstellen können, um später mit ihnen weiterzuarbeiten.

Folgende R-Funktionen werden in diesem Abschnitt behandelt:

- **save()**: Speichert die angegebenen R-Objekte in einer Datei.
- **save.image()**: Speichert alle aktuell existierenden R-Objekte in einer Datei und erzeugt so eine gespeicherte Abbildung der aktuellen Arbeitsumgebung.

- **load()**: Lädt ein oder mehrere zuvor mit save oder save.image gespeicherte R-Objekte nach R und macht sie so zur Weiterarbeit verfügbar.

Manchmal werden Sie den aktuellen Zustand von R einfach »einfrieren«, R schließen und später an derselben Stelle wieder weiterarbeiten wollen, an der Sie zuletzt aufgehört haben. Oder Sie möchten aus Gründen der Sicherheit oder Bequemlichkeit einmal einige bestimmte oder sogar alle R-Objekte wie etwa Datensätze und Variablen speichern, etwa weil Sie eine komplizierte und langwierige Berechnung durchgeführt haben und das Ergebnis dieser Berechnung beim nächsten Mal einfach direkt laden wollen, anstatt die zeitraubende Berechnung noch einmal durchführen. R enthält Funktionen, um den aktuellen Arbeitsstand ganz oder teilweise zu sichern.

Sie werden an späterer Stelle spezielle Funktionen kennenlernen, mit denen Sie R-Datensätze in Dateien zurückschreiben können. Manche R-Objekte, die wir noch kennenlernen werden, sind aber erheblich komplexer aufgebaut als Datensätze, die ja einfach eine Zeilen-Spalten-Struktur darstellen. Das Ergebnis einer linearen Regression zum Beispiel ist in R ebenfalls ein Objekt. Es beinhaltet die Koeffizienten, deren Standardfehler und p-Werte, darüber hinaus R^2, das Ergebnis des F-Tests auf gemeinsame Signifikanz aller Koeffizienten und eine ganze Reihe weiterer Informationen. Dementsprechend hat dieses Objekt natürlich eine komplexere Struktur und kann nicht mehr als Tabelle dargestellt werden. Um ein solches Objekt dauerhaft zu speichern, sind die in diesem Abschnitt vorgestellten Funktionen unerlässlich.

Mit der Anweisung save.image(dateiname) speichert R alle Datensätze und sonstigen Objekte Ihrer aktuellen R-Sitzung (also eine komplette Abbildung, ein *Image*) in die Datei dateiname, und zwar in das zuvor mit setwd gesetzte Arbeitsverzeichnis, es sei denn, dateiname beinhaltet eine komplette Pfadbeschreibung. Damit wird Ihre Arbeitsumgebung, Ihr Workspace, gesichert.

Wenn Sie das Verzeichnis, in das Sie das Image schreiben wollen, explizit in dateiname angeben, beachten Sie bitte, dass, wie auch schon zuvor im Fall der Funktion setwd, die einzelnen Ordnerhierarchieebenen nicht mit dem unter Windows üblichen Backslash (\), sondern mit / zu trennen sind, Sie also statt

```
save.image("C:\MeineDaten\sicherung.rdata")
```

schreiben müssen:

```
save.image("C:/MeineDaten/sicherung.rdata").
```

Wie Sie die Datei benennen, ist Ihnen überlassen. Standardmäßig nennt R die Datei, wenn Sie keine Dateinamen angeben und einfach nur save.image() aufrufen, .RData. Das mutet, zumindest für den Windows-Nutzer, schon ein wenig seltsam an, deshalb vergeben Sie am besten einfach einen aussagekräftigen Dateinamen Ihrer Wahl.

Anstatt einfach alle R-Objekte zu speichern, können Sie auch selektiver vorgehen. Mit der Funktion save speichern Sie ebenfalls R-Objekte in einer Datei, dieses Mal können Sie aber genau auswählen, welche R-Objekte Sie mit einbeziehen möchten. Angenommen, Sie haben die zwei Datensätze `thesisdata` und `thesisdata.selection`. Dann können Sie mit `save(thesisdata, thesisdata.selection, file = "thesis.rdata")` beide Datensätze in eine Datei namens `thesis.rdata` speichern. Das `file =` könnten Sie auch weglassen, es macht den Funktionsaufruf allerdings leichter verständlich.

R speichert die Daten in einem Binärformat. Wenn Sie eine mit `save` oder `save.image` gespeicherte Datei in einem Texteditor öffnen, werden Sie nicht viel erkennen können. Mit dem Funktionsargument `ascii` bringen Sie R aber dazu, die Daten in einem für Menschen lesbaren Format zu speichern. In unserem obigen Beispiel würde die Anweisung dann also lauten: `save(thesisdata, thesisdata.selection, file="thesis.rdata", ascii=TRUE)`. Eine solcherart generierte Datei ist zwar gut lesbar, aber auch größer als die Binärdatei gleichen Inhalts, da R die Binärdatei automatisch komprimiert.

Das Laden einer gespeicherten Datei geschieht mithilfe der Funktion `load`. Im obigen Beispiel würden Sie also mit der Anweisung `load("thesis.rdata")` die in `thesis.rdata` gespeicherten R-Objekte zur Bearbeitung in R wieder verfügbar machen.

KAPITEL 3

Mit Daten arbeiten

Nachdem Sie R installiert haben, können wir uns jetzt dem eigentlichen »Werkstoff« von Statistik zuwenden: den Daten.

Dazu werden wir uns ansehen, wie R Daten speichert, sodass Sie mit ihnen arbeiten können. Zunächst betrachten wir *einfache Variablen*, die zum Beispiel eine einzelne Zahl aufnehmen. Danach werden Sie *Vektoren* kennenlernen, spezielle Variablen, die mehrere gleichartige Datenpunkte speichern, zum Beispiel alle Ergebniswerte einer Reihe von Messungen. *Dataframes* schließlich bestehen wiederum aus mehreren Vektoren und sind das Vehikel, mit dem Sie in R ganze Datensätze bearbeiten. Wenn Sie sich mit diesen grundlegenden Konzepten vertraut gemacht haben, können wir im letzten Abschnitt dieses Kapitels zur Tat schreiten und erstmals unseren Beispieldatensatz nach R einlesen.

Einfache Variablen und Zuweisungen

In diesem Abschnitt erfahren Sie,

- was Variablen in R sind und wozu sie verwendet werden,
- wie Sie Variablen Werte zuweisen,
- wie Sie sich den Wert von Variablen anzeigen lassen,
- welche Typen von Variablen es gibt und welche Art von Daten sie aufnehmen können,
- wie Sie Variablen in eine Variable eines anderen Typs konvertieren,
- wie Sie Variablen köschen können.

Folgende R-Funktionen werden in diesem Abschnitt behandelt:

- **`<-`**: Weist einer Variablen einen Wert zu.
- **`class()`**: Zeigt den Typ einer Variablen an oder weist einer Variablen einen bestimmten Typ zu.
- **`levels()`**: Zeigt die möglichen Ausprägungen einer Faktorvariablen, das heißt einer kategorialen Variablen, an.

- `ls()`: Listet alle aktuell existierenden Variablen auf.
- `rm()`: Löscht eine oder mehrere Variablen.

Variablen als Datenspeicher

In diesem Kapitel beginnen wir die eigentliche Arbeit mit R. Dazu müssen wir im ersten Schritt die Daten, die wir analysieren wollen, nach R importieren. R speichert Daten in *Variablen*. Deshalb ist es wichtig, dass Sie, bevor wir das erste Mal unseren Datensatz nach R laden, zunächst das Konzept der Variablen und die Art, wie R Daten speichert und manipuliert, verstehen.

Variablen in R haben die gleiche Funktion wie jene Variablen, die Sie aus der Mathematik kennen. Es sind Platzhalter für Werte. So, wie Sie im realen Leben Gegenstände in einen Karton legen und diesen beschriften können, so können Sie in R Ihre Daten in Variablen ablegen und diesen einen Namen geben. Fortan können Sie diesen Namen verwenden, um auf den Inhalt, das heißt die Daten, zuzugreifen.

Diejenigen, die sich vielleicht schon etwas genauer mit R befasst haben, wissen, dass es in R eigentlich gar nicht die Variable selbst ist, die den Wert beinhaltet. Die Variable ist tatsächlich nur ein *Symbol*, das auf ein anderes Objekt zeigt. Dieses Objekt trägt den eigentlichen Wert. Sie können sich das Symbol wie einen Griff vorstellen, mit dem Sie Ihren Karton hochheben. Der Wert ist im Karton, aber Sie nutzen den Griff, um an ihn heranzukommen. Wir werden diese feine Unterscheidung im Sprachkonzept von R in diesem Buch nicht weiter berücksichtigen und stattdessen nur noch von »Variablen« sprechen. Den Begriff »Objekt« verwenden wir synonym dazu. Eine genaue Kenntnis vom Konzept der Symbole wäre für die praktische Arbeit in R überhaupt nicht wichtig, wenn nicht manche der hin und wieder auftretenden Fehlermeldungen, die in R (ebenso wie in den meisten Programmiersprachen) nicht eben vor Verständlichkeit und Klarheit strotzen, von »Symbolen« sprechen würden. Wir werden uns einige dieser Fehlermeldungen noch genauer anschauen.

Die Inhalte, die in Variablen gespeichert werden, können sehr unterschiedlich sein. Sie denken wahrscheinlich am ehesten an Zahlen. Statistik, das ist doch schließlich eine Arbeit mit Zahlen, oder? Und in der Tat nehmen Variablen natürlich oftmals Zahlen auf. Gleichwohl können auch ganz andere Arten von Daten den Inhalt von Variablen bilden, zum Beispiel Zeichen (etwa Buchstaben) oder logische Werte, also die Wahrheitswerte *wahr* und *falsch* (bzw., da R wie die meisten Programmiersprachen seine Schlüsselwörter der englischen Sprache entnimmt, `TRUE` und `FALSE`). In den folgenden Abschnitten werden Sie die wichtigsten dieser Variablentypen eingehender kennenlernen.

Manche Programmiersprachen verlangen, dem Programm vor der erstmaligen Verwendung einer Variablen mitzuteilen, dass man gern mit einer Variablen dieses

Namens arbeiten möchte. Man muss, wie man auch sagt, die Variable *deklarieren*, das heißt beim Programm anmelden. Dadurch werden die Programme robuster gegenüber Tippfehlern: Wenn Sie sich nämlich beim Schreiben eines Variablennamens vertippen, merkt das Programm, dass hier eine Variable verwendet werden soll, die es gar nicht gibt, die also noch nicht deklariert ist. Das Programm kann Sie dann mit einer entsprechenden Meldung auf den Fehler hinweisen. Das geht nicht in Programmiersprachen, in denen Variablen überhaupt nicht deklariert werden müssen. Zu diesen Sprachen zählt auch R. Wenn Sie sich in R beim Schreiben eines Variablennamens vertippen, denkt R, Sie wollten einfach eine neue Variable erzeugen, und legt eine für Sie an. Der Wert, der gegebenenfalls bereits in der Variablen mit dem richtig geschriebenen Namen gespeichert war, ist in der irrtümlich neu erzeugten Variablen natürlich nicht vorhanden. Dementsprechend tut Ihr Programm, wenn es mit der neu erzeugten Variablen arbeitet, gegebenenfalls nicht das, was es eigentlich sollte. Der Vorteil, Variablen nicht deklarieren zu müssen, ist andererseits natürlich, dass Sie flexibel sind und jederzeit einfach damit beginnen können, mit einer Variablen zu arbeiten. Und genau das machen wir jetzt!

Variablen erzeugen und mit Werten versehen

Betrachten Sie die folgende Codezeile:

```
> x <- 1
```

Hier weisen wir einer Variablen x (die wir in diesem Moment praktisch aus dem Nichts erzeugen) den Wert 1 zu. Beachten Sie den Pfeil! Das ist der Zuweisungsoperator. Er deutet an, welche Seite der Zuweisung diejenige ist, deren Wert ersetzt wird, in diesem Beispiel x. Man könnte also diese Codezeile auch lesen als »schreibe den Wert 1 in die Variable x«. Anders als in der Mathematik benutzt R nicht das Gleichheitszeichen, um Zuweisungen vornehmen, sondern den Pfeil. Zwar wird auch das Gleichzeitszeichen von R als Zuweisungsoperator erkannt (was gut ist, denn Sie werden besonders am Anfang oft aus Versehen das Gleichheitszeichen statt des Pfeils einsetzen), aber der empfohlene Standard ist in R der Pfeil. Dieser hat den Vorteil, dass er die Richtung der Zuweisungsbeziehung mit angibt. Und wenn die Richtung der Beziehung durch den Pfeil bestimmt wird, sind wir eigentlich nicht mehr darauf angewiesen, dass diejenige Seite der Zuweisung, deren Wert verändert wird, stets die linke ist. Versuchen wir es doch einmal umgekehrt:

```
> 1 -> y
```

Auch das ist eine gültige Zuweisung. Um das zu sehen, müssen wir uns den Inhalt der Variablen x und y anschauen. Das ist in R denkbar einfach:

```
> x
[1] 1
> y
[1] 1
```

Geben Sie einfach den Namen der Variablen in die R-Konsole ein, drücken Sie *Enter*, und schon zeigt Ihnen R, welchen Wert Ihre Variable hat. Das Angabe [1] sagt Ihnen, dass diese Zeile der R-Ausgabe mit dem ersten Wert beginnt. Das ist in unserem Beispiel nicht überraschend, schließlich beinhaltet unsere Variable ja nur einen Wert. Wenn wir uns später aber Vektoren anschauen, werden Sie sehen, dass die Information, mit welchem Element die Ausgabezeile beginnt, durchaus sehr hilfreich sein kann.

Lassen Sie uns nun auf die gleiche Art den Wert der Variablen z anzeigen:

```
> z
Error: object 'z' not found
```

R weist Sie mit dieser Fehlermeldung darauf hin, dass die Variable z gar nicht existiert.

Grundsätzlich wäre z aber ein *zulässiger* Variablenname. *Unzulässig* sind dagegen Variablennamen, die mit einer Ziffer beginnen. Versuchen Sie, eine Variable solchen Namens zu benutzen, verweigert R Ihnen die Gefolgschaft:

```
> 2maleins <- 2*1
Error: unexpected symbol in "2maleins"
```

Wenn schon Ziffern als erste Zeichen eines Variablennamens unzulässig sind, wie steht es dann mit Sonderzeichen? Die Antwort auf diese Frage hängt vom verwendeten Sonderzeichen ab. Während die Zuweisung

```
> .nullkommnull <- 0.0
```

tatsächlich eine gültige Zuweisung ist, führt zum Beispiel

```
> _pi <- 3.1415926535
Error: unexpected input in "_"
```

zu einer in diesem Zusammenhang eher kryptischen Fehlermeldung. Wählen Sie deshalb am besten stets Variablennamen, die mit einem Buchstaben beginnen, um allen Problemen aus dem Weg zu gehen.

Variablennamen in R beinhalten oft einen Punkt, zum Beispiel `subsample.a`, `subsample.b`. Der Punkt wird hier als Trennzeichen verwendet, um den zusammengesetzten Namen besser lesbar zu machen. In manchen Programmiersprachen hat der Punkt eine besondere Bedeutung und kann deshalb nicht in Variablenamen verwendet werden. Das ist in R anders. Deshalb werden Sie in R (und so auch in diesem Buch) häufiger Variablennamen sehen, die einen Punkt enthalten, als in anderen Programmiersprachen, in denen stattdessen andere Zeichen eingesetzt werden, zum Beispiel der Unterstrich (_) – etwa `subsample_a`, `subsample_b`. Natürlich sind Sie in der Wahl Ihrer Variablennamen in R frei und können, wenn Ihnen der Unterstrich mehr zusagt, auch diesen ausgiebig nutzen.

Anders als der Punkt und der Unterstrich sind bestimmte andere Zeichen in Variablennamen nicht erlaubt, insbesondere Operatoren wie beispielsweise +, * oder auch logische Operatoren wie &, die Sie später kennenlernen werden.

Vorsichtig sein müssen Sie ebenfalls mit der Groß- und Kleinschreibung. R unterscheidet nämlich zwischen beiden, wie das folgende Beispiel illustriert:

```
> einevariable <- 2
> einevariable
[1] 2
> EineVariable
Error: object 'EineVariable' not found
```

Die Programmierer unter Ihnen werden vielleicht den englischen Fachterminus »case sensitive« für diese Eigenschaft von R kennen.

Eine gute Strategie, Probleme mit der Groß- und Kleinschreibung zu umgehen, ist deshalb, grundsätzlich alle Variablennamen kleinzuschreiben und, wo nötig, den Punkt oder den Unterstrich dazu zu verwenden, verschiedene Namensbestandteile voneinander abzugrenzen.

Numerische Variablen

Numerische Variablen sind, wie der Name sagt, Variablen, die Zahlen aufnehmen. Solche Variablen haben Sie bereits im vorangegangenen Abschnitt kennengelernt. Neben ganzen Zahlen (engl. *Integer*) können numerische Variablen auch Fließkommazahlen aufnehmen. Dabei ist zu berücksichtigen, dass in R der Punkt, nicht das Komma, das Dezimaltrennzeichen ist.

Die Zuweisung

```
> x <- 3,5
Error: unexpected ',' in "x <- 3,"
```

führt daher zu einer Fehlermeldung.

Richtig dagegen ist eine Zuweisung dieser Form:

```
> x <- 3.5
```

Zeichenketten

Bisher haben wir Variablen lediglich mit Zahlen »beladen«. Variablen können aber genauso gut Zeichenketten aufnehmen:

```
> name.hund <- "Wuffi"
> name.hund
[1] "Wuffi"
```

Dabei ist es übrigens gleichgültig, ob Sie den Text in doppelte Anführungszeichen oder einfache Anführungszeichen einschließen.

Wenn Sie die Anführungszeichen vergessen, denkt R, Sie wollten der Variablen `name.hund` den Wert einer anderen Variablen mit dem Namen `Wuffi` zuweisen. Da eine solche Variable aber nicht existiert, erhalten Sie konsequenterweise eine Fehlermeldung:

```
> name.hund <- Wuffi
Error: object 'Wuffi' not found
```

Zeichenkettenvariablen werden in R auch *Character-Variablen* genannt (vom englischen Begriff *Character* – Zeichen).

Logische Werte

Ein wichtiger Datentyp neben Zahlen und Zeichenketten sind logische Variablen oder Wahrheitswerte, die angeben, ob ein logischer Ausdruck wahr oder falsch ist. Wenn Sie mit anderen künstlichen Computersprachen vertraut sind, kennen Sie diese Art von Variablen möglicherweise unter dem Namen *Bool'sche* (oder englisch *Boolean*) *Variablen*, benannt nach dem englischen Mathematiker *George Boole*, der im 19. Jahrhundert bemerkenswerte Fortschritte auf dem Gebiet der formalen Logik erzielte. Die formale Logik beschäftigt sich mit dem Wahrheitswert logischer Aussagen.

Eine häufig auftretende Art solcher logischen Aussagen ist der Vergleich zweier Werte. Das tun Sie in R mit dem Vergleichsoperator `==`. Anders als in der Mathematik wird in R ein doppeltes Gleichheitszeichen für Vergleiche verwendet. Sie erinnern sich, dass R Zuweisungen nicht nur mit dem normalen Zuweisungsoperator `<-` erlaubt, sondern auch mit dem Gleichheitszeichen. Damit Zuweisungen von Vergleichen leicht unterschieden werden können, ist der Vergleichsoperator ein doppeltes Gleichheitszeichen. Um nun zu prüfen, ob die Variable `name.hund` den Wert `Wauzi` hat, können Sie einfach den Vergleich in die R-Konsole eingeben:

```
> name.hund == "Wauzi"
[1] FALSE
```

R antwortet mit einem unmissverständlichen `FALSE`, die Werte auf beiden Seiten des Gleichheitsoperators entsprechen sich also nicht. Das Ergebnis dieses Vergleichs können Sie auch in einer neuen Variablen speichern:

```
> z <- name.hund == "Wauzi"
```

Diese vielleicht auf den ersten Blick etwas merkwürdig anmutende Anweisung bedeutet nichts anderes als: Vergleiche, ob die Variable `name.hund` den Wert `Wauzi` hat, und speichere das Ergebnis in der Variablen `z`. Um zu überprüfen, ob R diese Anweisung genau so verstanden hat, lassen Sie sich den Wert von `z` einfach mal anzeigen:

```
> z
[1] FALSE
```

Wir haben also den Wert von `z` durch den Vergleich `name.hund == "Wauzi"` ermittelt. Sie können aber ebenso gut einer Variablen direkt einen logischen Wert zuweisen:

```
> z <- TRUE
```

Beachten Sie hier, dass TRUE nicht von Anführungszeichen umschlossen ist. Die Wahrheitswerte TRUE und FALSE sind Konstanten, die R direkt als Wahrheitswerte erkennt. Nur indem Sie auf die Anführungszeichen verzichten, weiß der R-Interpreter, dass die Variable z einen logischen Wert beinhalten soll. Die Zuweisung

```
> z <- "TRUE"
```

dagegen lässt R denken, dass z eine Zeichenkette beinhaltet.

Die Konstanten TRUE und FALSE können Sie in R übrigens auch kürzer als T und F schreiben:

```
> z <- T
```

Allerdings empfiehlt es sich, TRUE und FALSE stets auszuschreiben, da nur so ausgeschlossen werden kann, dass Sie irrtümlich mit einer gleichnamigen Variablen arbeiten. Hätten Sie eine Variable T, würde im Beispiel durch z <- T der Variablen z nicht etwa der Wert TRUE, sondern der Wert der Variablen T zugewiesen werden. Dieses Missverständnis können Sie verhindern, indem Sie mit den Konstanten TRUE und FALSE arbeiten.

Wahrheitswerte sind, wie Sie später sehen werden, in der Welt der computergestützten Statistik viel nützlicher, als Sie nach dem Genuss von (theoretischen) Statistikvorlesungen und -büchern vermuten werden. Deshalb ist es durchaus entscheidend, ob ein Wert ein echter logischer Wert oder aber eine Zeichenkette ist.

Ist Ihnen aufgefallen, dass wir TRUE immer in Großbuchstaben geschrieben haben? Sie erinnern sich sicher, dass R strikt zwischen Groß- und Kleinschreibung unterscheidet und TRUE daher für R etwas gänzlich anderes ist als true. Achten Sie also auch bei den logischen Konstanten stets auf die korrekte Groß- und Kleinschreibung!.

Übrigens: Auch wenn R Ihnen logische Werte immer mit den »hübschen« Konstanten TRUE und FALSE anzeigt und es Ihnen erlaubt, logische Werte über diese Konstanten zu bearbeiten, so speichert R doch »unter der Haube« statt TRUE den numerischen Wert 1 und statt FALSE den Wert 0. Das scheint auf den ersten Blick nicht weiter wichtig (schließlich können Sie ja stets mit den Konstanten TRUE und FALSE arbeiten), aber es hat eine interessante Konsequenz: Sie können mit logischen Werten auch rechnen:

```
> z <- TRUE
> z*5
[1] 5
```

Da R intern den logischen Wert TRUE durch 1 repräsentiert (und FALSE durch 0), führt die Multiplikation dieses Werts mit einer Zahl wiederum zu einer Zahl. Was an dieser Stelle noch wie Spielerei aussehen mag, wird sich an späterer Stelle als sehr nützlich erweisen.

Faktoren

Ein weiterer wichtiger Datentyp sind *Faktoren*. Variablen dieses Typs sind Ihnen in der Statistik möglicherweise schon unter dem Namen *kategoriale Variablen* begegnet. Dies sind Variablen, die nur eine bestimmte endliche Menge an Ausprägungen annehmen können.

Stellen Sie sich vor, Sie legen einen Datensatz über die Hunde an, die in einer Hundeschule angemeldet sind. Jeder Hund gehört einer bestimmten Hunderasse an, die Sie im Datensatz mit der besonderen Variablen `hunde.rasse` erfassen. »Dalmatiner«, »Golden Retriever«, »Boxer« und »Dackel« sind einige Ausprägungen von Hunderassen. Vermutlich werden Sie in der Hundeschule mehr als einen Hund haben, der einer bestimmten Rasse angehört. Welche Ausprägungen Ihre Faktorvariable annehmen kann, können Sie sich mit dem Befehl `levels` anzeigen lassen:

```
> levels(hunde.rasse)
[1] "Boxer" "Dackel" "Dalmatiner" "Golden Retriever"
```

Wenn Sie sich wie üblich durch Eingabe des Namens der Variablen deren Inhalt anschauen möchten, zeigt Ihnen R bei einer Faktorvariablen als zusätzliche Information die *Levels*, also die möglichen Ausprägungen, der Variablen an:

```
> hunde.rasse
[1] Golden Retriever
Levels: Boxer Dackel Dalmatiner Golden Retriever
```

Faktoren eignen sich also hervorragend dazu, kategoriale Variablen abzubilden. In unserem Datensatz ist übrigens die Variable `INCOMEGROUP` eine solche kategoriale Variable. `INCOMEGROUP` reflektiert das Einkommensniveau der Länder und hat die Levels `High income: nonOECD`, `High income: OECD`, `Upper middle income`, `Lower middle income` und `Low income`. Sie ist damit im Wesentlichen eine *ordinale Variable*, das heißt eine Variable, deren Ausprägungen sich zwar in eine natürliche Reihenfolge bringen lassen, bei der aber nicht notwendigerweise zwei benachbarte Ausprägungen gleich weit voneinander entfernt liegen: Der Einkommensunterschied zwischen `Low income` und `Lower middle income` einerseits und `Lower middle income` und `Upper middle income` andererseits mag durchaus unterschiedlich sein, abhängig von den zugrunde liegenden Definitionen. Nun wäre es bei den Einkommenskategorien noch prinzipiell möglich, dass die Kategorien gleich weit voneinander entfernt liegen. Das liegt daran, dass den Einkommenskategorien eine *metrische Variable*, nämlich das Einkommen, zugrunde liegt. Diese metrische Variable zeichnet sich dadurch aus, dass sie auf einer fortlaufenden quantitativen Skala gemessen wird, bei der die Abstände zwischen zwei Ausprägungen immer gleich sind: Der Einkommensunterschied zwischen 2.000 und 3.000 Euro ist derselbe wie der zwischen 11.000 und 12.000 Euro. Unsere Einkommenskategorien sind durch Aufteilung der metrischen Skala in einzelne Klassen oder Abschnitte entstanden, die (außer im Fall der `High income`-Kategorien, die natürlich nach oben offen sind) eine bestimmte Breite und damit auch einen Mittelpunkt besitzen. Aber es gibt auch ordinale Variablen, bei denen sofort klar wird, dass es grundsätzlich unmöglich ist, die Abstände der Kategorien auch nur zu ermitteln. Denken Sie an die Frage, wie Ihr Gesamteindruck von der Qualität der letzten Statistikvorlesung ist: `Sehr gut`, `gut`, `mittel`, `weniger gut`, `schlecht`. Es ist logisch, dass hier der Unterschied zwischen `gut` und `sehr gut` und zwischen `mittel` und `gut` nicht zwingend de gleiche sein muss (und wie würden wir diesen Unterschied überhaupt bestimmen wollen?). Trotzdem lassen sich die Ausprägungen der Variablen in eine Reihenfolge bringen. Genau das zeichnet ordinale Variablen aus. Und genau diese Eigenschaft fehlt der zweiten Art kategorialer Variablen, den *nominalen Variablen*. Ein Beispiel für nominale Variablen sind die Hunderassen. Zwar gibt es eine endliche Zahl von Hunderassen und damit von Ausprägungen unserer Variablen, doch diesen Kategorien liegt keine natürliche Reihenfolge zugrunde. Die Ausprägungen stehen einfach gleichberechtigt nebeneinander.

Ganz gleich, ob den Ausprägungen Ihrer Variablen eine Ordnung (lateinisch *ordo*) zugrunde liegt, es sich also um eine ordinal skalierte Variable handelt, oder ob die Ausprägungen Ihrer Variablen lediglich Namen (lateinisch *nomen*) darstellen und Sie es deshalb mit einer nominal skalierten Variablen zu tun haben: Faktoren eignen sich für beide Arten kategorialer Variablen gleichermaßen.

Bleiben wir nach diesem kurzen Ausflug in die Unterscheidung von Variablenarten noch kurz einen Moment bei unserem Beispiel mit den Hunderassen.

Angenommen, Sie stellen fest, dass der Hund, den Sie sich gerade anschauen, irrtümlich als Golden Retriever klassifiziert wurde, obwohl es sich um einen Boxer handelt. Um das zu korrigieren, müssen Sie der Variablen `hunde.rasse` das Level `Boxer` zuweisen:

```
> hunde.rasse
[1] Golden Retriever
Levels: Dalmatiner Golden Retriever Boxer Dackel
> hunde.rasse <- "Boxer"
> hunde.rasse
[1] Boxer
Levels: Dalmatiner Golden Retriever Boxer Dackel
```

Wie Sie sehen, weisen Sie also eine Faktorvariable genau so zu wie eine Zeichenkette, nämlich indem Sie den zugewiesenen Wert in Anführungszeichen setzen. Anders als bei Zeichenketten sind aber auf der rechten Seite der Zuweisung nicht alle möglichen Werte erlaubt, sondern nur die Levels, das heißt die zulässigen Ausprägungen des Faktors.

An diesem Punkt ist große Vorsicht geboten! Wenn Sie einer einzelnen Variablen vom Typ Faktor eine Zeichenkette zuweisen, die nicht zu den Levels des Faktors gehört – und sei es auch nur, weil Sie die Groß- und Kleinschreibung anders handhaben als in den eigentlichen Levels des Faktors –, wandelt R Ihre Variable in eine Zeichenkette um:

```
> hunde.rasse <- "boxer"
> hunde.rasse
[1] boxer
```

Sie sehen, dass unter der Ausgabe von R die für Faktoren typische Angabe der Levels fehlt. Das liegt daran, dass Ihre Variable gar kein Faktor mehr ist. R hat sie klammheimlich in eine Zeichenkette, also eine Character-Variable, umgewandelt, damit die Variable den Wert, den Sie ihr zuweisen wollen, auch aufnehmen kann.

Datentypen von Variablen ermitteln und konvertieren

Wie Sie am Ende des vergangenen Abschnitts gesehen haben, kann es interessant sein, festzustellen, von welchem Typ eine bestimmte Variable eigentlich ist. Das ist in R mit der Funktion `class` leicht möglich:

```
> class(hunde.rasse)
[1] "factor"
```

Die Variable `hunde.rasse` ist also vom Typ Faktor. Weitere wesentliche Typen neben `factor` sind: `character` für Zeichenketten, `logical` für Wahrheitswerte sowie `numeric` und `integer` für Zahlen.

Zu beachten ist hier, dass R für Zahlen zwei verschiedene Typen verwendet. Der Typ `numeric` ist dabei der allgemeinere, während `integer` von R nur für solche Variablen verwendet wird, die eindeutig Ganzzahlen sind. Sie brauchen sich um diesen Unterschied keine weiteren Gedanken zu machen, wichtig zu erinnern ist lediglich, dass beides Typen für Variablen sind, die Zahlen aufnehmen können.

Für diejenigen, die schon etwas Programmiererfahrung mitbringen und später vielleicht tiefer in die R-Programmierung einsteigen wollen, sei an dieser Stelle kurz darauf hingewiesen, dass der Name der Funktion `class` daran erinnert, dass R, obwohl es auf den ersten Blick vielleicht nicht den Anschein hat, eine objektorientierte Sprache ist und damit auf einem Klassenkonzept aufsetzt. Objekte haben eine `class`-Eigenschaft, die mit dieser Funktion abgefragt wird.

Die Funktion `class` ist aber keine Einbahnstraße: Sie können sie auch dazu verwenden, den Typ von Variablen zu *ändern*. Betrachten Sie den folgenden Codeabschnitt:

```
> x <- "10"
> x*5
Error in x * 5 : non-numeric argument to binary operator
```

Hier wird eine Variable `x` erzeugt, und ihr wird der Wert `"10"` zugewiesen. Wie Sie mittlerweile wissen, führt das Umschließen des zugewiesenen Werts in Anführungszeichen dazu, dass die Variable eine Zeichenkette, eine Variable vom Typ `character`, wird. Mit Zeichenketten kann natürlich nicht gerechnet werden. Und deshalb gibt R Ihnen beim Versuch, die `character`-Variable `x` mit 5 zu multiplizieren, eine (zugegeben) etwas kryptische Fehlermeldung aus. Wie können Sie nun diese Variable in eine numerische Variable umwandeln? Hier machen wir uns die Möglichkeit zunutze, die Funktion `class` auch umgekehrt, das heißt zum Festlegen des Typs, zu verwenden:

```
> class(x) <- "numeric"
> x*5
[1] 50
```

Nach der Umwandlung der character-Variablen in eine numerische Variable kann damit auch gerechnet werden.

Diese Umwandlung oder *Konvertierung* von Variablen geht natürlich auch mit anderen Typen ...

```
> x <- "TRUE"
> x
[1] "TRUE"
> class(x)
[1] "character"
> class(x) <- "logical"
> x
[1] TRUE
> class(x)
[1] "logical"
```

... und in andere Richtungen. Zum Beispiel können Sie so auch eine Zahl in eine Zeichenkette umwandeln.

Was immer Sie wohinein umwandeln: Vergewissern Sie sich zuerst, dass die Variable, die Sie umwandeln wollen, auch wirklich einen Inhalt hat, der für den Zielvariablentyp Sinn ergibt. Ein Beispiel, in dem das nicht der Fall ist:

```
> x <- "20 Hunde"
> class(x) <- "numeric"
> class(x)
[1] "numeric"
> x
[1] NA
```

Hier wird versucht, die Zeichenkette "20 Hunde" in eine numerische Variable zu konvertieren, was natürlich nicht gelingt. Anstatt aber den Versuch mit einer Fehlermeldung zurückzuweisen, konvertiert R die Variable wie gewünscht, ändert aber ihren Inhalt zu NA. Wir werden uns im nächsten Abschnitt mit der Bedeutung dieses NA näher auseinandersetzen, weil es für die statistische Arbeit mit echten Daten von großer Bedeutung ist. An dieser Stelle sei aber schon einmal gesagt, dass NA (die Abkürzung des englischen Begriffs *Not Available* – nicht verfügbar) anzeigt, dass Ihre Variable keinen Inhalt hat. R hat also, ohne uns darüber zu informieren, zwar den Typ der Variablen wie gefordert geändert, aber den Inhalt der Variablen gelöscht, weil er nicht zu dem neuen Typ passt. Achten Sie daher genau darauf, welche Inhalte Ihre Variablen haben, bevor Sie sie in andere Typen konvertieren.

Sie können übrigens Variablen nicht nur dadurch konvertieren, dass Sie ihnen mit class einen neuen Typ zuweisen. R stellt auch eine Reihe von Funktionen zur Verfügung, die einen Typkonvertierung erlauben, darunter die Funktionen as.numeric, as.character, as.logical und as.factor. Diese Funktionen konvertieren die ihnen übergebene Variable bzw. den ihnen übergebenen Wert in den jeweiligen Typ, der im Funktionsnamen genannt wird. Ein Beispiel:

```
> wahr <- "TRUE"
> class(wahr)
[1] "character"
> wahr <- as.logical(wahr)
> wahr
[1] TRUE
> class(wahr)
[1] "logical"
```

Die Variable `wahr` ist zunächst eine Zeichenkettenvariable. Durch Anwendung von `as.logical` machen wir sie zu einer logischen Variablen.

Variablen löschen

Nun haben Sie schon einiges über den Umgang mit einzelnen Variablen gelernt, eines aber noch nicht: Wie werden Sie eine Variable, die Sie einmal angelegt haben, wieder los? In den vorherigen Abschnitten haben wir eine ganze Reihe von Variablen angelegt. Diese Variablen können Sie sich mit der Funktion `ls` anzeigen lassen:

```
> ls()
[1] "hunde.rasse" "name.hund"   "x"           "y"           "z"
```

R listet die bisher angelegten Variablen alphabetisch auf (`ls` ist eine Kurzschreibweise für *list*). Beachten Sie, dass die Funktion `ls` mit den Klammern, also `ls()`, aufgerufen werden muss. Was zunächst vielleicht merkwürdig anmutet, hat eine einfache Erklärung: Funktionen in R können, wie den Funktionen in der Mathematik auch (denken Sie zum Beispiel an Sinus und Kosinus), Argumente übergeben werden. Das haben wir eben bei der Funktion `class` gesehen, der Sie als Argument eine Variable übergeben und die Ihnen dann den Typ dieser Variablen anzeigt. Anders als in der Mathematik *muss* eine Funktion in R aber keine Argumente haben. `ls` ist ein gutes Beispiel für eine Funktion, die ohne Argumente auskommt. Da Funktionen in R aber grundsätzlich so angelegt sind, dass sie Argumente übernehmen können, müssen eben dann, wenn eine Funktion keine Argumente besitzt, leere Klammern angegeben werden. Sollten Sie die Klammern vergessen, gibt Ihnen R den Quellcode der Funktion aus. Funktionen – das werden wir später lernen – sind im Kern eine Abfolge von R-Befehlen. Und diese Befehle zeigt Ihnen R an, wenn Sie die Funktion ohne Klammern eingeben. Wenn es Sie also schon immer mal interessiert hat, wie eine bestimmte Funktion programmiert ist: Lassen Sie einfach mal die Klammern weg. Probieren Sie es aus!

Nun nehmen wir an, Sie wollten die Variable `hunde.rasse` löschen. Das geschieht in R mit der Funktion `rm`:

```
> rm(hunde.rasse)
```

`rm`, die Kurzschreibform für *remove*, also *löschen*, erwartet als Argument die zu löschende Variable. Mit `ls()` können Sie sich rasch überzeugen, dass R die Variable tatsächlich entfernt hat:

```
> ls()
[1] "namehund"    "x"            "y"            "z"
```

Warum nun aber sollten Sie Variablen nach ihrer Verwendung löschen? Können die Variablen nicht einfach (ungenutzt) weiterexistieren? Das können sie natürlich. Die Zeiten, in denen Arbeitsspeicher ein stark limitierender Faktor war und Bill Gates angeblich seinen berühmten Ausspruch: »640K ought to be enough for anybody« (640 Kilobytes sollten genug für jeden sein) von sich gegeben haben soll (was er im Übrigen dementiert), sind lange vorbei. Trotzdem kann es vorkommen – gerade wenn Sie mit sehr großen Datensätzen oder mit Funktionen arbeiten, die als Ergebnis große Objekte zurückgeben –, dass der Speicher stark ausgelastet ist und R Ihnen im Extremfall gar den Dienst verweigert. In solchen Fällen ist eine kleine Variablenbereinigung oft der einzig gangbare Weg. Zudem schaffen Sie natürlich auch etwas mehr Übersicht, wenn Sie nicht mehr Benötigtes entfernen. Das gilt insbesondere in *Dataframes*, die wir uns später anschauen.

Vektoren

In diesem Abschnitt erfahren Sie,

- wie ein Vektor mehrere gleichartige Datenelemente zu einem R-Objekt zusammenfasst,
- wie Sie Vektoren erzeugen,
- wie Sie auf einzelne Elemente eines Vektors zugreifen und diese verändern,
- wie Sie die Länge von Vektoren ermitteln und verändern können,
- wie Sie mit fehlenden Daten, sogenannten Missings (`NA`), in einem Vektor umgehen.

Folgende R-Funktionen werden in diesem Abschnitt behandelt:

- **`c`**`()`: Erzeugt einen Vektor aus mehreren einzelnen Variablen oder Werten.
- **`length`**`()`: Gibt die Länge, das heißt die Anzahl der Elemente, eines Vektors zurück oder ändert die Länge eines Vektors.
- **`NROW`**`()`: Gibt die Länge eines Vektors zurück.
- **`is.na`**`()`: Prüft, ob eine einzelne Variable oder einzelne Elemente eines Vektors Missings, also ohne Daten, sind.

Vektoren anlegen

Bis hierher haben Sie einfache Variablen kennengelernt, Variablen, die genau einen Wert aufnehmen, eine Zahl, eine Zeichenkette, einen Wahrheitswert, einen

Faktor. Aber in der statistischen Arbeit haben wir es typischerweise mit mehr als nur einem Wert zu tun. So haben wir beispielsweise in unserem Datensatz die Staatsausgaben in Prozent des Bruttoinlandsprodukts *für alle Länder*.

R kennt ein spezielles Konstrukt, um mehrere gleichartige Werte aufzunehmen, den *Vektor*. Viele Funktionen in R erwarten einen Vektor als Argument, so zum Beispiel die Funktion `mean`, die wir uns später eingehender ansehen werden und die den arithmetischen Mittelwert einer Menge von Einzelwerten berechnet.

Vektoren werden in R mit einer speziellen Funktion erzeugt, der Funktion `c` (vom englischen Begriff *create* – erschaffen):

```
> x <- c(5,3,7)
> x
[1] 5 3 7
```

Die Funktion `c` nimmt als Argumente die Elemente des Vektors. Da Vektoren natürlich unterschiedlich groß sein können, ist die Zahl der Argumente von `c` variabel. Sie können auf diese Weise auch Vektoren erzeugen, die nur ein einziges Element enthalten. Damit stellen sich die einfachen Variablen, die Sie in den vorangegangenen Abschnitten kennengelernt haben, als Spezialfälle von Vektoren dar. Das heißt

```
> x <- 3
```

bewirkt dasselbe wie

```
> x <- c(3)
```

nämlich dass ein Vektor der Länge 1 mit dem Wert 3 angelegt wird.

Die Elemente müssen natürlich nicht unbedingt numerische Werte sein. Auch dies ist ein gültiger Vektor:

```
> sieliebtmich <- c(TRUE, TRUE, TRUE, FALSE, TRUE)
> sieliebtmich
[1]  TRUE  TRUE  TRUE FALSE  TRUE
```

Sie können der Funktion `c` nicht nur direkt »echte« Werte übergeben, sondern Vektoren auch aus anderen Variablen erzeugen:

```
> x <- 5
> y <- c(3)
> z <- 7
> koordinate <- c(x,y,z)
koordinate
[1]  5 3 7
```

Die Variablen, aus denen Sie einen Vektor erzeugen, können selbst wiederum Vektoren sein:

```
> x <- c(1,2)
> y <- c(3,4,5)
> z <- c(x,y)
> z
[1] 1 2 3 4 5
```

Mit der Anweisung z<-c(x,y) legen wir einen Vektor an, der die Elemente der beiden Input-Vektoren x und y kombiniert und sie in der angegebenen Reihenfolge aneinanderhängt. Die Input-Vektoren werden dabei also aufgelöst.

Was passiert nun, wenn die Elemente, aus denen ein Vektor bestehen soll, nicht vom selben Typ sind? Testen wir das mit einem Beispiel:

```
> z <- c(5, "Eine Zeichenkette", TRUE)
> z
[1] "5"                 "Eine Zeichenkette" "TRUE"
```

Auf den ersten Blick scheint die ungewöhnliche Vektorerzeugung gut gegangen zu sein. Keine Fehlermeldung, die Elemente werden angezeigt. Auf den zweiten Blick sehen Sie jedoch, dass alle drei Elemente des Vektors, auch die Zahl 5 und der Wahrheitswert TRUE, von Anführungszeichen umschlossen sind. R behandelt die drei Elemente also alle als Zeichenketten. Das können Sie ja mittlerweile leicht überprüfen:

```
> class(z)
[1] "character"
```

R hat also automatisch einen Datentyp gesucht, der alle drei Werte aufnehmen kann. Der einzige Datentyp, der das in unserem Beispiel vermag, ist character, also eine Zeichenkette. Noch ein weiteres Beispiel dieser Art:

```
> z <- c(5, FALSE, TRUE)
> z
[1] 5 0 1
```

Hier sehen Sie erneut, dass R die Vektorelemente auf den »kleinsten gemeinsamen Nenner« konvertiert hat. Das ist in diesem Fall ein numerischer Typ. Die beiden Wahrheitswerte werden dabei als 0 und 1 abgebildet – wie R sie auch intern ablegt.

Merken Sie sich also, dass die Elemente von Vektoren immer vom selben Typ sein müssen.

In manchen Situationen ist es hilfreich, zu wissen, wie lang ein Vektor eigentlich ist, das heißt, wie viele Elemente er besitzt. Das können Sie in R mit den Funktionen NROW und length leicht feststellen:

```
> NROW(z)
[1] 3
> length(z)
[1] 3
```

Weiter oben hatten Sie am Beispiel der Funktion class gesehen, dass man in R manche Funktionen gewissermaßen »umdrehen« kann, um sich nicht eine bestimmte Eigenschaft von Variablen *anzeigen* zu lassen, sondern diese Eigenschaft zu *setzen*. Das funktioniert auch mit der Länge von Vektoren:

```
> length(z) <- 2
> z
[1] 5 0
```

Hier verkürzen wir der Vektor z auf zwei Elemente. Wenn Sie dasselbe mit der Funktion NROW versuchen, erhalten Sie eine Fehlermeldung. Die Länge eines Vektors ändern können Sie also nur mit length.

Auf die gleiche Art können Sie einen Vektor verlängern, das heißt zusätzliche Elemente anhängen:

```
> length(z) <- 5
> z
[1]  5  0 NA NA NA
```

Hier sehen Sie, dass R die neu hinzugefügten Elemente mit NA aufgefüllt hat. R kann nicht wissen, welche Werte diese neuen Vektorelemente besitzen sollen. Deshalb markiert R die neuen Elemente als *missing*, also fehlend. Was Missings genau sind und wie mit ihnen umzugehen ist, schauen wir uns im nächsten Abschnitt etwas eingehender an.

Bevor wir das tun, sei noch kurz auf eine praktische Operation in R hingewiesen: Sie werden manchmal Vektoren für ganze Zahlen benötigen, zum Beispiel die natürlichen Zahlen von 3 bis 10. Einen solchen Vektor können Sie in R ganz einfach erzeugen:

```
> n <-3:10
> n
[1] 3 4 5 6 7 8 9 10
```

R generiert dann einfach alle ganzen Zahlen zwischen den durch den Doppelpunkt getrennten Werten.

Mit Missings umgehen

Der »Wert« NA, den jede Variable in R annehmen kann, bedeutet *Not Available* und steht in R für ein *Missing*, also einen fehlenden Wert.

Missings sind ein wichtiges Konzept in der praktischen Statistik, denn oft werden Ihre Daten unvollständig sein, zum Beispiel weil Sie manche Daten einfach nicht haben finden können. Auch in unserem Beispieldatensatz gibt es Missings. Die Arbeitslosenquote für Angola beispielsweise war im World Economic Outlook des Internationalen Währungsfonds nicht enthalten. An dieser Stelle steht deshalb in unserem Datensatz ein Missing. Im Zusammenhang mit Missings ist es wichtig, zu verstehen, dass ein Unterschied besteht zwischen einem Datenpunkt, der den Wert 0 hat, und einem Datenpunkt, der gar keinen Wert hat, also ein Missing ist. Nehmen wir als Beispiel die Variable WOMENPARL, die in unserem Datensatz den Prozentsatz von Parlamentssitzen angibt, die von Frauen gehalten werden. Hat WOMENPARL den Wert 0, bedeutet dies, dass keine Frauen im Parlament sitzen, was in unserem Datensatz in Mikronesien, Palau und Katar der Fall ist. Wollten wir nun beispielsweise eine Aussage darüber treffen, wie hoch der *durchschnittliche* Frauenanteil in den Parlamenten der Länder in unserem Datenbestand ist, würden die Datensätze von Mikronesien, Palau und Katar in diesen Durchschnitt eingehen. Ein Datensatz, dessen »Wert« für WOMENPARL dagegen NA ist, würde im Durchschnitt nicht berücksichtigt werden. Merken Sie sich also, dass 0 ein echter Wert ist und dass ein Missing dagegen anzeigt, dass kein echter Wert vorliegt und der betroffene Datenpunkt deshalb nicht sinnvoll in statistische Analysen einbezogen werden kann.

Dass ein Missing nicht sinnvoll verarbeitet werden kann, sehen Sie am folgenden einfachen Beispiel:

```
> x <- NA
> x*5
[1] NA
```

Hier wird zunächst eine Variable x mit NA belegt, also zu einem Missing gemacht. Dann wird versucht, die Variable mit 5 zu multiplizieren. Das führt aber wiederum zu einem Missing. Mit einem fehlenden Wert kann einfach nicht gerechnet werden. Auch hier sehen Sie sehr plastisch den Unterschied zum Wert 0.

In vielen Situation ist es hilfreich, zu ermitteln, ob eine Variable ein Missing ist. Das können Sie natürlich tun, indem Sie sich einfach den Wert der Variablen anzeigen lassen. Aber wenn Sie zum Beispiel die Missings aus einem ganzen Vektor herausfiltern wollen, wäre ein solches Vorgehen unglaublich mühselig. Hier hilft R Ihnen mit der Funktion is.na:

```
> is.na(x)
[1] TRUE
```

Die Funktion gibt einen logischen Wert zurück, der anzeigt, ob die Variable, die Sie der Funktion als Argument übergeben haben, ein Missing ist. Sie können is.na natürlich auch auf einen Vektor anwenden. Das Ergebnis der Funktion ist in diesem Fall wiederum ein Vektor, nämlich ein Vektor von Wahrheitswerten, der anzeigt, an welchen Stellen des der Funktion is.na als Argument übergebenden Vektors Missings stehen. Angewendet auf unseren Vektor z mit den Werten 5, 0, NA, NA, NA, bedeutet das:

```
> is.na(z)
[1] FALSE FALSE  TRUE  TRUE  TRUE
```

Auf einzelne Elemente eines Vektors zugreifen

Häufig werden Sie in der praktischen statistischen Arbeit Vektoren als Ganzes betrachten und bearbeiten. Manchmal ist es aber auch nötig, auf einzelne Elemente eines Vektors zuzugreifen. Das geschieht in R durch die Angabe des Index des Vektorelements, das heißt seiner fortlaufenden Nummer, in eckigen Klammern. Betrachten wir wieder unseren Vektor z mit den fünf Elementen 5, 0, NA, NA, NA:

```
> z
[1]  5  0 NA NA NA
> z[1]
[1] 5
> z[3]
[1] NA
```

Genauso können Sie einzelne Elemente eines Vektors ändern:

```
> z[5] <- 7
> z
[1]  5  0 NA NA  7
```

Durch die Zuweisung `z[5]<-7` wird das fünfte Element des Vektors, das zuvor `NA` gewesen war, durch den Wert `7` ersetzt.

Vermutlich ohne weiter davon Kenntnis zu nehmen, haben Sie gerade en passant gelernt, dass die Indizierung von Vektorelementen bei `1` beginnt. Das mag Ihnen möglicherweise selbstverständlich vorkommen, ist es in der Welt der künstlichen Computersprachen aber keineswegs. Tatsächlich kommen viele Programmierfehler durch falsche Indizierung zustande. Falsche Indizierung kann Ihnen natürlich auch in R passieren:

```
> z[8]
[1]  NA
```

Hier wird versucht, auf das achte Element des Vektors zuzugreifen, obwohl er nur aus fünf Elementen besteht. Das achte Element ist demnach nicht verfügbar, R gibt konsequenterweise ein Missing (`NA`) aus.

Bisher haben wir Vektoren mit einfachen natürlichen Zahlen indiziert. Tatsächlich kann der Index aber selbst ein Vektor sein:

```
> index <- c(3,5)
> z[index]
[1] NA  7
```

Wir definieren im ersten Schritt einen Vektor `index` mit zwei Elementen: `3` und `5`. Diesen Vektor nutzen wir zum Zugriff auf die Elemente des Vektors `z`. R gibt uns entsprechend die an den Positionen 3 und 5 gesetzten Elemente des Vektors `z` zurück, das erste der beiden `NA` und den Wert `7`.

Könnten wir die mehrfache Indizierung auch direkt vornehmen, indem wir die Indizes einfach in den eckigen Klammern hintereinander auflisten? Probieren wir es:

```
> z[3,5]
Error in z[3, 5] : incorrect number of dimensions
```

Das geht also nicht. R denkt hier, wir wollten auf ein zweidimensionales Datenkonstrukt zugreifen, und zwar auf das dritte Zeilenelement und das fünfte Spaltenelement. Unser Vektor ist aber ein eindimensionales Gebilde. Tatsächlich haben wir hier versucht, mit zwei verschiedenen Vektoren, die jeweils nur aus einem einzigen Element bestehen, zu indizieren. Wir hätten also genauso gut `z[c(3), c(5)]` schreiben können. Damit wird aber auch die Lösung des Problems deutlich: Wir müssen R einfach mitteilen, dass unsere beiden Indizes `3` und `5` in Wirklichkeit nur *ein* Vektor sind. Und das machen wir natürlich, indem wir einen Vektor mit der Funktion `c` erzeugen:

```
> z[c(3,5)]
[1] NA  7
```

Die Indexvektoren haben natürlich weniger Elemente als die Vektoren, die indiziert werden, denn wir wollen ja eine Teilmenge aller Elemente des indizierten Vektors ermitteln.

Eine zweite Art der Indizierung nutzt einen Vektor von logischen Werten, der genauso lang ist wie der Vektor, der indiziert wird. Jeder einzelne Wahrheitswert gibt an, ob das im indizierten Vektor an der gleichen Stelle stehende Element indiziert ist oder nicht:

```
> index <- c(FALSE, FALSE, FALSE, TRUE, FALSE, TRUE)
> z[index]
[1] NA  7
```

An den Positionen 3 und 5 steht in unserem Indexvektor `index` der logische Wert `TRUE`, an allen anderen Stellen steht `FALSE`. R selektiert nun aus dem indizierten Vektor `z` alle Elemente, die an denselben Positionen wie die `TRUE`-Werte im Indexvektor stehen. Das Ergebnis ist dasselbe wie bei der Indizierung `z[c(3,5)]`.

Diese zweite Art der Indizierung ist viel mehr als nur eine Spielerei. In der Praxis ist sie sogar höchst relevant. So werden Sie zum Beispiel Variablen häufiger filtern müssen, um die Missings zu eliminieren. Das können Sie nun mit der gerade beschriebenen Technik wie folgt bewerkstelligen:

```
> z[is.na(z) == FALSE]
[1] 5 0 7
```

Dieser zusammengesetzte Ausdruck sieht kompliziert aus, lässt sich aber sehr einfach in seine Bestandteile zerlegen und aif diese Weise verstehen. Gehen wir also Schritt für Schritt vor: Der Index, der hier verwendet wird, um Elemente aus `z` zu selektieren, ist `is.na(z)==FALSE`. Der linke Teil ist die mittlerweile bekannte `is.na`-Funktion. Sie liefert

```
> is.na(z)
[1] FALSE FALSE  TRUE TRUE FALSE
```

An den Positionen 3 und 4 stehen in `z` Missings, also ist das Ergebnis von `is.na` dort `TRUE`. Mit dem Gleichheitsoperator `==` wird geprüft, ob der Wert von `is.na` falsch ist, also *kein* Missing vorliegt. Dieser Vergleich wird auf Ebene der einzelnen Elemente des Ergebnisvektors von `is.na` durchgeführt und ist daher selbst wieder ein Vektor:

```
> is.na(z) == FALSE
[1] TRUE TRUE FALSE FALSE TRUE
```

Und genau dieser Vektor wird zur Indizierung verwendet. Damit werden aus `z` die Elemente an den Positionen 1, 2 und 5 selektiert. Die gleiche Wirkung ergibt eine Indizierung, bei der der Indexvektor direkt angegeben wird:

```
> z[c(TRUE, TRUE, FALSE, FALSE, TRUE)]
[1] 5 0 7
```

Der Vorteil an der Formulierung `z[is.na(z)==FALSE]` besteht allerdings darin, dass sie sehr allgemein ist: Man muss nicht wissen, wo genau die Missings stehen, dazu dient die Funktion `is.na`.

Übrigens: Wann immer Sie bei einem Wahrheitswert nicht explizit eine Vergleichsgröße angeben, vergleicht R automatisch mit `TRUE`. Sie können also statt `is.na(z)==TRUE` auch einfach `is.na(z)` schreiben. Und deshalb kann statt der etwas umständlichen Schreibweise `is.na(z)==FALSE` auch einfach `!is.na(z)`eingegeben werden. Das Ausrufezeichen ist in R der *Negationsoperator*, das logische NICHT. Er dreht den Wahrheitswert eines logischen Ausdrucks um:

```
> !TRUE
[1] FALSE
```

Demnach lautet die kürzestmögliche Formulierung Ihrer Indizierung:

```
> z[!is.na(z)]
[1] 5 0 7
```

Dataframes

In diesem Abschnitt erfahren Sie,

- wie ein Dataframe einen ganzen Datensatz aufnimmt und so das zentrale Datenkonstrukt in R ist,
- wie Sie einen Dataframe erzeugen,
- wie Sie Dataframes anzeigen lassen und verändern können,
- wie Sie auf einzelne Variablen (Spalten) und einzelne Beobachtungen (Zeilen) in einem Dataframe zugreifen,
- wie Sie Variablen aus einem Dataframe löschen.

Folgende R-Funktionen werden in diesem Abschnitt behandelt:

- **`data.frame()`**: Erzeugt einen Dataframe aus mehreren Variablen.
- **`View()`**: Zeigt einen Dataframe in einem separaten R-Fenster an.
- **`edit()`**: Öffnet einen Dataframe zur manuellen Bearbeitung im R-Editor.

Nachdem Sie nun ein grundlegendes Verständnis von Vektoren entwickelt haben, ist es Zeit, das letzte wichtige Datenkonstrukt von R kennenzulernen.

Üblicherweise haben Sie es in der Statistik nicht mit einer einzelnen Variablen zu tun, sondern meist mit ganzen Datensätzen, so etwa unserem Beispieldatensatz. Dort gibt es, wie Sie noch sehen werden, für jedes Land eine ganze Reihe von Variablen, zum Beispiel die Staatsausgaben oder den Urbanisierungsgrad. Ein typischer Fall für einen Dataframe.

Dataframes sind tabellenartige Datenschemata, die man sich aus mehreren Vektoren als Spalten zusammengesetzt vorstellen kann. Jeder Vektor stellt dabei eine

Variable des Datensatzes dar. In den Zeilen des Datensatzes stehen die einzelnen Dateneinträge, die dadurch gekennzeichnet sind, dass sie für jede der Variablen einen einzelnen Wert besitzen. Wir werden diese Zeilen fortan als *Beobachtungen* bezeichnen. Dieser Ausdruck spiegelt natürlich die aus der wissenschaftlicen Anwendung herrührende Vorstellung wider, dass man bestimmte Variablen für unterschiedliche »Objekte« in der Realität *beobachtet* und ihre Ausprägungen pro »Objekt« notiert hat. Das »Objekt« kann zum Beispiel der Befragte einer Meinungsumfrage, ein Land, eine Materialprobe oder auch ein Zeitpunkt sein. Jedes »Objekt« bekommt eine eigene Zeile im Datensatz. Wenn Sie Erfahrung mit Datenbanken haben, können Sie diese Beobachtungen natürlich auch als *Records* bezeichnen. Wie auch immer Sie sie nennen mögen – letztendlich sind es die Träger jener Eigenschaften, die wir in den Variablen (das heißt den Spalten des Datensatzes) messen.

Wenn wir einen Datensatz als ein Konstrukt mehrerer Variablen betrachten, können wir seine Repräsentation in R, den Dataframe, natürlich sehr einfach aus Vektoren erzeugen:

```
> vorname <- c("Hanna", "Peter", "Sophie", "Ulrike", "Thomas")
> alter <- c(21, 20, 22, 20, 19)
> semester <- c(3, 3, 5, 3, 1)
> studenten <- data.frame(vorname, alter, semester)
```

Hier legen wir zunächst drei Vektoren an, `vorname`, `alter` und `semester`. So weit dürfte Ihnen alles bekannt vorkommen. Im nächsten Schritt erzeugen wir einen Dataframe mithilfe der Funktion `data.frame`. Diese Funktion übernimmt die Vektoren, die Sie zu einem Dataframe verbinden wollen, als Argumente und gibt als Wert einen Dataframe zurück, in unserem Beispiel den Dataframe `studenten`. Mit einer einfachen Anweisung haben wir also die drei Variablen zu einem einzigen Datensatz »zusammenmontiert«. Achten Sie auf den Punkt im Funktionsnamen! Wie Sie zuvor schon gelernt haben, ist der Punkt ein gültiges Zeichen im Namen von Variablen, und Gleiches gilt für Funktionen. Der Punkt hat, anders als in anderen künstlichen Computersprachen, keine besondere Bedeutung. Es ist also mitnichten so, dass die Funktion `data.frame` »aus zwei Teilen besteht« oder Ähnliches. Viel einfacher: Die Funktion heißt einfach `data.frame`. Punkt.

Ein häufiger Fehler beim Aufbau von Dataframes aus einzelnen Vektoren besteht darin, dass nicht alle Vektoren die gleiche Länge besitzen. Betrachten wir das folgende leicht abgewandelte Beispiel von oben:

```
> vorname <- c("Hanna", "Peter", "Sophie", "Ulrike", "Thomas")
> alter <- c(21, 20, 22, 20)
> semester <- c(3, 3, 5, 3, 1)
> studenten <- data.frame(vorname, alter, semester)
Error in data.frame(vorname, alter, semester) :
  Argumente implizieren unterschiedliche Anzahl Zeilen: 5, 4
```

R weist Sie darauf, dass Ihr Datensatz nicht in allen Variablen die gleiche Zahl von Zeilen hat. Und in der Tat haben wir, wie Sie leicht sehen können, beim Vektor alter das letzte Element gelöscht, er ist im Vergleich zum ursprünglichen Beispiel oben also um ein Element kürzer als die anderen beiden Vektoren. Aus Vektoren unterschiedlicher Länge kann natürlich kein sinnvoller Datensatz aufgebaut werden. In unserem Beispiel hätte Thomas kein Alter. Könnte es nicht aber sein, dass wir das Alter von Thomas nicht kennen und dass deshalb der Vektor alter kürzer ist als die anderen beiden Variablen? Selbstverständlich könnte Thomas eitel sein und uns sein Alter nicht genannt haben, aber in diesem Fall müsste der Vektor alter an der Stelle, an der Thomas' Alter erfasst ist, ein Missing (NA) haben. Sie erinnern sich, dass fehlende Daten in R mit einem Missing dargestellt werden. Stünde bei Thomas ein Missing, hätte der Vektor alter wieder die gleiche Länge wie die beiden anderen Vektoren, und wir könnten ohne Probleme einen Datensatz aus diesen drei Variablen aufbauen.

Leider sagt uns R nicht, welche Variable die zu kurz geratene ist. Sie müssten dies im Zweifel mit den Funktionen length() oder NROW() ermitteln, wie Sie es bereits gelernt haben.

Wir haben in den Beispielen oben Datensätze aus einzelnen Vektoren zusammengebaut. Von Zeit zu Zeit werden Sie tatsächlich auch einmal einen Datensatz aus einzelnen Vektoren erzeugen müssen. Meistens aber werden Sie Ihre Daten natürlich aus einer externen Quelle einlesen. Wie das genau funktioniert, werden wir uns im folgenden Abschnitt anschauen. Dann beginnen wir auch die Arbeit mit unserem Beispieldatensatz.

Wie bei jedem anderen Variablentyp in R können Sie sich auch bei Dataframes den Inhalt der Variablen dadurch anzeigen lassen, dass Sie deren Namen als Anweisung in die R-Konsole eingeben:

```
> studenten
  vorname alter semester
1   Hanna    21        3
2   Peter    20        3
3  Sophie    22        5
4  Ulrike    20        3
5  Thomas    19        1
```

Hier sehen Sie, dass wir nun einen sauberen Datensatz haben, der aus den drei Ausgangsvariablen besteht. R gibt Ihnen – wie jeden anderen Output auch – den Datensatz direkt in der Konsole aus. Das kann bei großen Datensätzen wie unserem Beispieldatensatz aber etwas unpraktisch sein. Wenn Sie viele Variablen haben, können diese nicht alle nebeneinander in der Konsole dargestellt werden. Auch ist wiederholtes Hoch- und Runterscrollen des Konsoleninhalts nicht gerade bequem, wenn Sie sich den Datensatz, nachdem Sie bereits in der Konsole weitergearbeitet haben, noch mal anschauen möchten. Daher kennt R eine alternative Möglichkeit, sich Datensätze anzeigen zu lassen. Der Befehl

```
> View(studenten)
```

öffnet ein Extrafenster, in dem Ihr Datensatz übersichtlich als Tabelle dargestellt wird. Das funktioniert sowohl in RGui als auch in RStudio (Abbildung 3-1). Allerdings ist die Funktion in RStudio etwas komfortabler ausgestaltet. So kann man in RStudio in der angezeigten Tabelle die Variablen auch noch filtern.

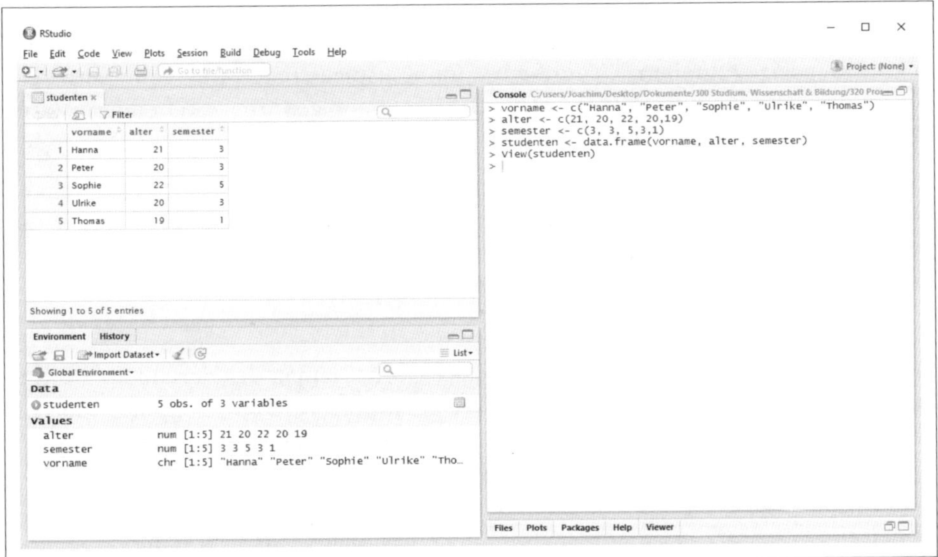

Abbildung 3-1: Datenfenster in RStudio

Beachten Sie beim Einsatz von `View`, dass diese Funktion zur seltenen Spezies jener R-Funktionen gehört, die mit großem Anfangsbuchstaben geschrieben werden. Schreiben Sie das »v« hingegen klein, wird R nicht verstehen, was Sie wollen.

Wir haben `View` dazu verwendet, Datensätze zu betrachten. Die Funktion `View` können Sie aber genauso gut dazu nutzen, sich einzelne Vektoren anzeigen zu lassen. Das ist gerade dann hilfreich, wenn ein Vektor sehr lang ist. Stellen Sie sich vor, Sie haben eine Vektor `n`, der einfach die natürlichen Zahlen von 1 bis 70 enthält.

Möchten Sie sich dessen Inhalt nun wie gewohnt durch Eingabe seines Namens in die R-Konsole anzeigen lassen, gibt R Ihnen folgenden Output:

```
> n
 [1]  1  2  3  4  5  6  7  8  9 10 11 12 13 14 15 16 17 18 19 20
[21] 21 22 23 24 25 26 27 28 29 30 31 32 33 34 35 36 37 38 39 40
```

R stellt also die Elemente des Vektors einfach in einer Zeile hintereinander dar. Wenn eine Zeile nicht ausreicht, bricht R sie um und schreibt zu Beginn der Zeile die Nummer des ersten Elements der neuen Zeile in eckige Klammern. Das mag zwar bei der Navigation durch die Elemente des Vektors etwas helfen (in unserem Beispiel mit der Zahlenfolge natürlich ohnehin kein großes Problem), aber stellen Sie sich vor, Sie wollten aus einem solchen Vektor schnell mal eben das 33. Element herausfinden. Dann beginnt das große Zählen. Wenn Sie sich den Vektor dagegen mit `View` anschauen, zeigt Ihnen R den Vektor senkrecht und vor jedem Element dessen Nummer, das heißt die Position innerhalb des Vektors, an. Das 33. Element wäre damit schnell gefunden.

Nun wollen Sie Ihren Datensatz natürlich nicht nur anschauen, sondern auch mit ihm arbeiten. Dazu müssen Sie häufig auf einzelne Variablen (also Spalten) aus dem Datensatz zugreifen. Wenn wir zum Beispiel später Regressionsmodelle bauen, müssen wir R mitteilen, welche die unabhängigen (die erklärenden) Variablen sind und welche die abhängige (die erklärte) Variable ist.

Angenommen, Sie wollten sich aus Ihrem Datensatz die Variable `alter` betrachten, ohne zugleich den gesamten Datensatz anzuschauen. Irgendwie müssen Sie R also mitteilen, dass Sie nur auf die Variable `alter` innerhalb des Datensatzes `studenten` zugreifen wollen. Und das machen Sie so:

```
> View(studenten$alter)
```

Das Dollarzeichen trennt dabei den Datensatz vom Namen der Variablen. Sie können also diesen Codeausdruck lesen als »zeige mir die Variable `alter` im Datensatz `studenten` an«. Damit ist auch klar, dass das Dollarzeichen kein zulässiges Zeichen in Variablennamen sein kann. Hätten Sie eine Variable `aktueller$kurs`, würde R denken, Sie wollten auf die Variable `kurs` im Datensatz `aktueller` zugreifen. Da weder ein Datensatz noch ein Vektor solchen Namens existiert, würden Sie eine Fehlermeldung erhalten.

`studenten$alter` ist also ein Vektor, und Sie können mit ihm alles tun, was Sie mit einem Vektor in R anstellen können. Insbesondere können Sie `studenten$alter` einer Funktion übergeben, die explizit einen Vektor als Argument erwartet. Wir haben schon einmal zuvor die Funktion `mean` angewendet, die den Mittelwert eines Vektors berechnet. Um das Durchschnittsalter der Studenten in unserem Datensatz zu ermitteln, können Sie also wie folgt vorgehen:

```
> mean(studenten$alter)
[1] 20.4
```

Wie Sie zuvor bereits gesehen haben, können Sie auf die Elemente von Vektoren zugreifen, indem Sie den Index des Elements, also die Position des Elements innerhalb des Vektors, in eckige Klammern schreiben. Da `studenten$alter` ein ganz normaler Vektor ist, geht das natürlich auch hier. Sollten Sie also feststellen, dass die Ulrike in unserem kleinen Datensatz doch nicht 20, sondern bereits 21 Jahre alt ist, können Sie das leicht korrigieren:

```
> studenten$alter[4]<-21
```

Da Ulrikes Beobachtung an der vierten Position im Datensatz steht, ändert diese Zuweisung die Variable `alter` in Ulrikes Datensatzzeile auf 21 Jahre.

Wir können bei der Indizierung unseres Datensatzes sogar noch einen Schritt weitergehen: Im Gegensatz zu den eindimensionalen Vektoren haben wir ja mit dem

Dataframe ein zweidimensionales Gebilde vor uns. Die Variablen stehen in den Spalten und die einzelnen Einträge des Datensatzes, die Beobachtungen, in den Zeilen. Dementsprechend können Sie nun auch zweidimensional indizieren:

```
> studenten[4,2]
[1] 21
```

Sie sehen sofort den Unterschied zu der Indizierung aus dem vorangegangenen Beispiel: Wir indizieren nicht mehr einen speziellen Vektor aus dem Datensatz, sondern den Datensatz selbst. Dazu benötigen wir einen weiteren Index, denn jetzt müssen wir R nicht nur sagen, auf welche Zeile, auf welche Behachtung im Datensatz wir zugreifen wollen, sondern auch, auf welche Spalte, also auf welche Variable. Diese beiden Indizes stehen in den eckigen Klammern. Getreu der Ihnen vielleicht aus der Schule oder aus Lineare-Algebra-Vorlesungen bekannten Eselsbrücke »Zeile zuerst, Spalte später« bezeichnet der erste Index die angesprochene Zeile, der zweite die Spalte, also die Variable. Die Information, die wir aus dem Datensatz abfragen wollen, steht also in der vierten Zeile (das ist Ulrikes Beobachtung) und in der zweiten Spalte (das ist die Variable `alter`).

Im Sinne der Lesbarkeit Ihres R-Codes ist es empfehlenswert, wann immer möglich mit einer Notation der Form `studenten$alter[4]` zu arbeiten, denn so wissen Sie sofort, auf welche Variable Ihres Datensatzes hier zugegriffen wird. Dennoch gibt es Anwendungsfälle, in denen die zuletzt gesehene zweidimensionale Indizierung große Vorteile birgt, insbesondere wenn Sie einen Datensatz in einem R-Skript systematisch mit einer Schleife durchlaufen wollen. Schleifen schauen wir uns aber erst in Kapitel 9 etwas genauer an.

Sie haben eben gesehen, wie Sie durch eine Zuweisung Ihren Datensatz verändern können. Auf den ersten Blick ist die Arbeit mit solchen Zuweisungen natürlich etwas mühselig, vor allem wenn Sie mehrere Änderungen vornehmen wollen. Wäre es nicht viel schöner, Sie könnten die Daten ähnlich wie in einer Tabellenkalkulation bearbeiten? R bietet mit der Funktion `edit` tatsächlich eine Möglichkeit, Daten in einem Spreadsheet zu bearbeiten. Die Zeile

```
> studenten<-edit(studenten)
```

öffnet einen Dateneditor, wie Sie ihn im Fall des Aufrufs aus RStudio heraus in Abbildung 3-2 sehen. Die Funktion `edit` gibt den nach dem Bearbeiten geänderten Datensatz zurück. Um ihren Rückgabewert »aufzufangen«, weisen Sie ihn einer Variablen zu, in diesem Fall unserem ursprünglichen Datensatz. Der wird dadurch mit dem geänderten Datensatz überschrieben. Beachten Sie, dass ohne diese Zuweisung (bei einem auf `edit(studenten)` beschränkten Aufruf) die Änderungen, die Sie am Datensatz vornehmen, zwar nach dem Schließen des Editorfensters in der Konsole angezeigt werden, aber für die weitere Verwendung verloren sind, weil sie nicht in einer Variablen gesichert worden sind. Der ursprüngliche Datensatz bliebe so unverändert.

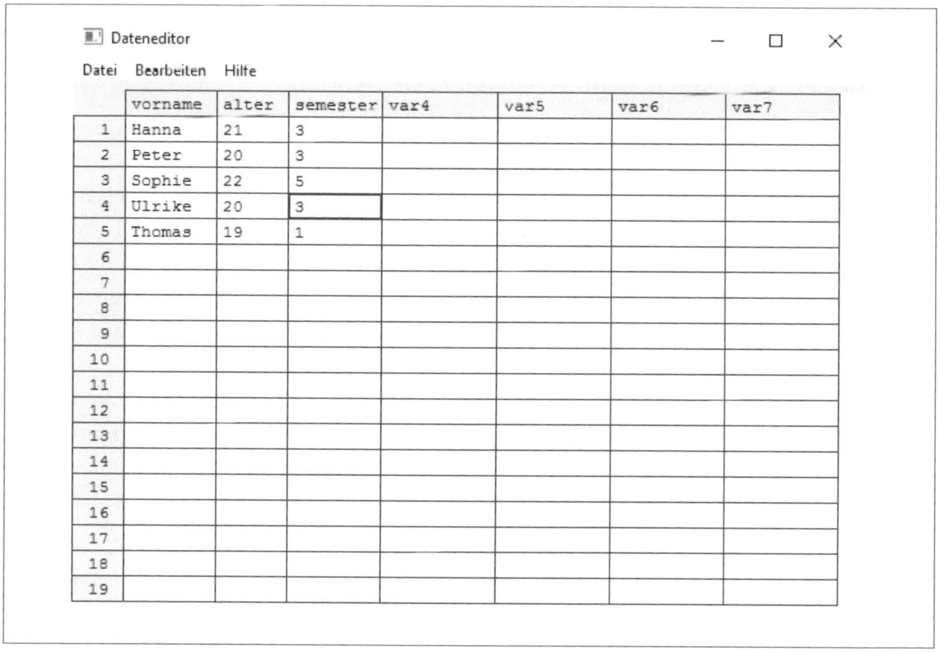

Dateneditor

Datei Bearbeiten Hilfe

	vorname	alter	semester	var4	var5	var6	var7
1	Hanna	21	3				
2	Peter	20	3				
3	Sophie	22	5				
4	Ulrike	20	3				
5	Thomas	19	1				
6							
7							
8							
9							
10							
11							
12							
13							
14							
15							
16							
17							
18							
19							

Abbildung 3-2: Dateneditor in RStudio

Was zunächst wie eine bequeme Funktionalität aussieht, die den Umgang mit Daten in R leichter macht, birgt gleichzeitig eine immense Gefahr: Änderungen, die Sie hier vornehmen, sind nicht dokumentiert und dementsprechend später sehr viel schwerer nachvollziehbar. Es ist deshalb sehr zu empfehlen, möglichst wenig mit dem Dateneditor zu arbeiten und stattdessen Änderungen an den Daten in abgespeicherten R-Skripten vorzunehmen, sodass die Änderungen dokumentiert und reproduzierbar sind.

Manchmal werden Sie nicht nur die Werte einzelner Variablen in einzelnen Beobachtungen Ihres Datensatzes ändern, sondern gleich eine ganze Variable hinzufügen wollen, die Sie erst generieren, nachdem Sie den Datensatz bereits in R geladen haben. So könnten Sie sich im Beispiel von oben besonders für jene Studenten interessieren, die im dritten Semester sind. Um nun diese Datensätze zu »markieren«, führen Sie eine weitere Variable `drittes.semester` ein:

```
> studenten$drittes.semester <- studenten$semester == 3
```

Danach sieht Ihr Datensatz so aus:

```
> studenten
  vorname alter semester drittes.semester
1   Hanna    21        3             TRUE
2   Peter    20        3             TRUE
3  Sophie    22        5            FALSE
4  Ulrike    20        3             TRUE
5  Thomas    19        1            FALSE
```

Die Anweisung ist eine Zuweisung an eine bis jetzt noch nicht existierende Variable drittes.semester in unserem Datensatz studenten. Sie hatten bereits zuvor gesehen, dass in R Variablen dadurch generiert werden, dass man ihnen einfach einen Wert zuweist. Genau das tun wir hier. Nur ist die Variable dieses Mal Teil eines Datensatzes.

Der Wert der Variablen ist studenten$semester==3. Hier wird also, wie wir es ebenfalls schon zuvor gesehen haben, ein Vergleich der Variablen studenten$semester mit dem Wert 3 durchgeführt. Das Ergebnis dieses Vergleichs ist ein Vektor vom Typ logical, wie sie mit

```
> class(studenten$drittes.semester)
[1] "logical"
```

leicht überprüfen können. Diese neue Variable hat in all jenen Beobachtungen den Wert TRUE, in denen der Wert von semester gleich 3 ist, was Sie an der obigen Ausgabe des modifizierten Datensatzes leicht nachvollziehen können. Die Anweisung studenten$drittes.semester <- c(studenten$semester==3), in der Sie mithilfe der Funktion c einen neuen Vektor erzeugen, hätte im Übrigen den gleichen Effekt. Allerdings erkennt R hier sofort, dass Sie einen neuen Vektor anlegen möchten, weshalb Sie auf den Einsatz von c auch verzichten können.

Irgendwann, wenn Sie mit der gerade angelegten Variablen nicht mehr arbeiten wollen, möchten Sie sie vielleicht aus dem Datensatz entfernen. Wie Sie zuvor schon gelernt haben, ist das Löschen von Variablen zwar nicht unbedingt nötig, da sie in aller Regel die Grenzen, die durch den verfügbaren Speicher gesetzt sind, nicht erreichen werden. Doch trägt natürlich das Löschen von nicht mehr benötigten Variablen zur Übersichtlichkeit Ihres Datensatzes bei. Unsere Variable drittes.semester löschen Sie wie folgt:

```
> studenten$drittes.semester <- NULL
```

Durch Anzeigen des Datensatzes können Sie sich leicht davon überzeugen, dass die Variable »verschwunden« ist. Erreicht wurde das durch die Zuweisung des Werts NULL. Genauso wie TRUE, FALSE und NA ist auch NULL ein spezieller Wert in R. NULL repräsentiert nicht etwa den Wert 0, denn ansonsten hätten wir mit der obigen Anweisung die Variable drittes.semester nicht gelöscht, sondern ihr einfach den Wert 0 zugewiesen (den sie dann in allen fünf Beobachtungen unseres Datensatzes hätte) und damit auch zugleich den Typ der Variablen in numeric geändert, weil die Variable statt eines Wahrheitswerts nun plötzlich eine Zahl aufnehmen würde. NULL meint auch nicht »Missing«, denn sonst hätten wir die Variable drittes.semester sozusagen »geleert«, indem wir alle ihre Elemente als nicht verfügbar (NA) markiert hätten, ohne aber die Existenz der Variablen an sich anzutasten. Vielmehr bedeutet NULL einfach »nicht existent«, und genau in diesen Zustand haben wir unsere Variable drittes.semester überführt. Beachten Sie, dass die nach dem bisher Gelernten naheliegende Anweisung zu einer Fehlermeldung führt:

```
> rm(studenten$drittes.semester)
Error in rm(studenten$drittes.semester) :
  ... muss Namen oder Zeichenketten enthalten
```

Nachdem Sie nun mit den Dataframes das zentrale Konzept zur Arbeit mit Datensätzen in R kennengelernt haben, sind wir bereit, endlich einen »echten« Datensatz, nämlich unseren Beispieldatensatz, einzulesen und mit der Arbeit zu beginnen.

Einlesen von Daten nach R

Bisher haben Sie einiges darüber gelernt, wie R Daten speichert. Im Besonderen haben Sie die unterschiedlichen Datentypen sowie die beiden grundlegenden Datenkonstrukte kennengelernt, mit denen Sie in R tagtäglich zu tun haben werden – Vektoren und Dataframes. Dataframes, die im Zentrum der Arbeit mit *ganzen Datensätzen* (im Unterschied zu nur *einzelnen Variablen*, die in Vektoren abgelegt werden) stehen, haben wir bislang stets aus Vektoren zusammengebaut, die wir in R erzeugt und befüllt haben. In der praktischen Arbeit werden Sie aber typischerweise Daten »von außerhalb« nach R laden. Genau darum geht es in diesem Abschnitt.

Damit beginnen wir zugleich die Arbeit mit unserem Beispieldatensatz, den wir uns zunächst etwas genauer anschauen wollen und dessen Analyse Sie durch den Rest des Buchs begleiten wird. Alle R-Skripte, die wir von nun an verwenden, finden Sie auch im Internet, sodass Sie sie nicht abtippen müssen, wenn Sie die Beispiele nachvollziehen wollen.

Der Beispieldatensatz

Nichts ist trockener als Statistik, die nur theoretisch betrieben wird. Nichts ist unanschaulicher als abstrakte Erklärungen zu einem Statistikprogramm, das man nicht in Aktion sieht. Keine Sorge, beides wird Ihnen mit diesem Buch nicht widerfahren. Im Gegenteil: Sie werden R in den folgenden Kapiteln sehr praxisnah kennenlernen. Und deshalb arbeiten wir natürlich auch mit realen Daten und versuchen, mit diesen Daten beispielhaft eine echte wissenschaftliche Fragestellung empirisch zu beantworten.

Diese Fragestellung, die Sie in vielen Beispielen durch das ganze Buch hinweg begleiten wird, ist eine ökonomische, und zwar die Frage nach den Faktoren, die die Höhe der Staatsausgaben bestimmen. Warum geben einige Länder einen höheren Anteil ihrer Wirtschaftskraft für öffentliche Leistungen aus als andere? Diese Frage ist nicht nur deshalb relevant, weil vom Umfang der Staatsausgaben natürlich der Finanzierungsbedarf des Staats abhängt und von diesem wiederum die Höhe der Steuerlast, die Sie und wir alle in unterschiedlicher Form zu tragen haben. Auch politisch ist die Frage interessant, ist doch der Umfang der Staatstätigkeit, der sich in der Höhe der Staatsausgaben widerspiegelt, regelmäßig Gegenstand heftiger politischer Diskussionen, und das nicht nur in den USA, sondern auch hierzulande.

Um die Frage nach den Gründen für die unterschiedliche Höhe der Staatsausgaben beantworten zu können, wurde ein Datensatz zusammengestellt. Die Daten kommen (wie wahrscheinlich bei Ihrem Forschungsvorhaben auch) aus unterschiedlichen Quellen, in unserem Fall aus dem World Economic Outlook des Internationalen Währungsfonds, aus der Datenbank der Weltbank, der *Database on Political Institutions* (DBPI), die ebenfalls von der Weltbank bereitgestellt wird, sowie von Transparency International.

Teilweise sind die Daten ökonomischer Natur, teilweise benutzen wir aber auch Daten der Landes- und Bevökerungsstatistik sowie Daten, die politisch-institutionelle Gegebenheiten abbilden.

Im Einzelnen beinhaltet unser Datensatz folgende Daten:

- `ISO` und `COUNTRY`: Das Land, dessen Daten wir betrachten. `ISO` ist der Landescode der International Standards Organization, `COUNTRY` der Langname des Landes. Für Deutschland zum Beispiel ergibt sich so ein Pärchen aus »DEU« und »Germany« für diese beiden Variablen.
- `EXPEND`: Der Anteil der Staatsausgaben am Inlandsprodukt. Wir verwenden einen Fünfjahresdurchschnitt (2009 bis 2013), damit »zufällige« Schwankungen unsere Analyse nicht zu sehr verzerren.
- `GDPTOTAL`: Das Bruttoinlandsprodukt in Milliarden US-Dollar (ebenfalls ein Fünfjahresdurchschnitt).
- `GROWTH`: Das Wirtschaftswachstum als Durchschnitt der jährlichen Wachstumsraten in dem von uns betrachteten Fünfjahreszeitraum.
- `UNEMPLOY`: Die durchschnittliche Arbeitslosenquote zwischen 2009 und 2013.
- `INCOMEGROUP`: Die von der Weltbank vorgenommene Klassifizierung der Länder in »Low income«, »Lower middle income«, »Upper middle income«, »High income: OECD« und »High income: nonOECD«. Hier wird also die wirtschaftliche Leistungsfähigkeit bewertet, wobei bei den High-Income-Ländern noch mal unterschieden wird zwischen OECD-Ländern und solchen Ländern, die nicht zu den 34 Mitgliedern der Organisation für wirtschaftliche Zusammenarbeit und Entwicklung gehören.
- `POPULATION`: Die Anzahl der Einwohner (in Millionen).
- `POPSENIORS`: Der Anteil der Einwohner, die 65 Jahre alt sind oder älter.
- `POPCHILDREN`: Der Anteil der Einwohner, die jünger sind als 15 Jahre.
- `URBAN`: Der Urbanisierungsgrad, also der Anteil der Bevölkerung, der in Städten wohnt.
- `AREA`: Die Fläche des Landes in Quadratkilometern.

- `MILITARY`: Gibt an, ob an der Spitze der Exekutive des jeweiligen Landes ein Militäroffizier steht.
- `PLURALITY`: Gibt an, ob die Abgeordneten des nationalen Parlaments nach dem Mehrheitswahlrecht gewählt werden.
- `DEMOCRATIC`: Gibt an, ob das Land demokratisch ist. Dabei wird sowohl berücksichtigt, wie das nationale Parlament gewählt wird, als auch, wie die Spitze der Regierung bestellt wird.
- `WOMENPARL`: Der Anteil der weiblichen Abgeordneten im nationalen Parlament.
- `CPIVAL`: Der Index der wahrgenommenen Korruption (*Corruption Perception Index*, CPI) von Transparency International. Dieser bewegt sich innerhalb des Intervalls 0 bis 100, wobei 100 eine besonders niedrig wahrgenommene Korruption bedeutet. Der Einfachheit halber stammen diese Daten aus dem Jahr 2015, sind also ausnahmsweise kein Fünfjahresdurchschnitt).
- `CPIRANK`: Die Rangziffer, die das Land gemäß dem Index der wahrgenommenen Korruption einnimmt (eine höhere Platzierung bedeutet dabei ein geringeres Maß an wahrgenommener Korruption).

Der Datensatz deckt 189 Länder ab, jede Zeile im Datensatz repräsentiert ein Land. Das bedeutet aber keineswegs, dass für jedes Land jede der eben vorgestellten Variablen vorliegt. Der Datensatz ist also in gewissem Sinne »löchrig«. Mit anderen Worten: Er enthält Missings. Diese schränken die Zahl der Länder, die wir in unseren Analysen berücksichtigen können, mitunter ein.

Einige Tipps zur Arbeit mit Daten

Sie genießen hier den unschätzbar wertvollen Komfort, einen fertigen Datensatz vorzufinden. In aller Regel ist das natürlich anders, und Sie werden – teilweise mit großer Mühe – Ihren Datensatz selbst zusammenbauen müssen.

Insbesondere dann, wenn Sie Primärdaten erheben, das heißt nicht auf andere (sogenannte sekundäre) Datenquellen zurückgreifen (wie wir es hier in unserem Beispiel tun), sondern Ihre Daten selbst generieren (zum Beispiel indem Sie eine Befragung durchführen oder eine Messung vornehmen), werden Sie einen erheblichen Aufwand investieren müssen, um Ihre Daten zu erzeugen und vorzubereiten. Das kann, gerade im Fall der Primärerhebung, deutlich mehr Zeit in Anspruch nehmen als die eigentliche Datenanalyse. Aber auch wenn Sie ausschließlich mit Sekundärdaten arbeiten, müssen Sie immer mit einigem Aufwand rechnen, weil die Daten aus den unterschiedlichen Datenquellen möglicherweise in vollkommen unterschiedlichen Formaten vorliegen (verschiedene Dateiformate, unterschiedliche Spalten-/Zeilenstrukturen, uneinheitliche Dezimaltrennzeichen etc.). Berücksichtigen Sie also bei der Planung Ihres Forschungsvorhabens, dass bereits einige Arbeit zu leisten ist, bevor Sie richtig mit Ihren Analysen loslegen können!

Sie werden später lernen, wie Sie in R Daten aus unterschiedlichen Datensätzen kombinieren und weiterverarbeiten können. Auch wenn R eine Vielzahl nützlicher Funktionen bereitstellt, um mit Daten zu arbeiten, so ist doch eine pragmatische Herangehensweise an das wichtige Thema der Datenzusammenstellung und -aufbereitung zu empfehlen: Wann immer Sie mit anderen Werkzeugen als R schneller und einfacher zum Ziel kommen, setzen Sie diese Werkzeuge ein! Der Datensatz, der hier im Buch verwendet wird, wurde mit Microsoft Excel generiert. Es wäre zweifellos aufwendiger gewesen, alle Datensätze der unterschiedlichen Datenquellen nach R zu laden und sie dort zum Gesamtdatensatz zusammenzubauen. Trotzdem hätte der Einsatz von R auch einen großen Vorteil mit sich gebracht: Alle Schritte wären sauber dokumentiert worden und dadurch später leichter nachvollziehbar.

Wenn Sie also mit anderen Werkzeugen als R arbeiten, dokumentieren Sie nicht nur, woher Ihre Daten kommen (das sollten Sie in jedem Fall tun – auch wenn Sie mit R arbeiten), sondern auch, welche Bearbeitungsschritte Sie genau vollzogen haben. Sie müssen diese Dokumentation natürlich nicht zwingend in Fließtextform niederschreiben. Auch Excel-Formeln machen die Bearbeitung, die Sie Ihren Daten haben angedeihen lassen, sehr transparent. Wichtig ist nur, dass Sie (und gegebenenfalls andere) später noch nachvollziehen können, was mit den Daten geschehen ist.

Importieren der Daten

In diesem Abschnitt erfahren Sie,

- wie Sie Daten nach aus uncodierten (Text-)Dateien (zum Beispiel im CSV-Format) nach R importieren können,
- wie Sie die tpyischen Fallstricke beim Datenimport, die oft eine lange Fehlersuche nach sich ziehen, vermeiden,
- wie Sie Daten in codierten – also nicht von Menschen lesbaren – Formaten wie Excel und aus anderen Statistikpaketen (z. B. SPSS, Stata) importieren.

Folgende R-Funktionen werden in diesem Abschnitt behandelt:

- **`read.table`**`()`: Liest Daten aus einer uncodierten (Text-)Datei ein und bietet maximale Auswahlmöglichkeiten, um R die Struktur der einzulesenden Daten zu beschreiben.
- **`read.csv`**`()`, **`read.csv2`**`()`, **`read.delim`**`()`, **`read.delim2`**`()`: Lesen Daten aus einer uncodierten (Text-)Datei ein und setzen dabei unterschiedliche Standardwerte für die wichtigsten Argumente von `read.table`.
- **`read.spss`**`()`, **`read.dta`**`()`, **`read.ssd`**`()`, **`read.xls`**`()`: Lesen Daten aus den Statistikpaketen SPSS, Stata und SAS sowie aus Excel ein.
- **`names`**`()`: Zeigt die Namen der Variablen eines Dataframes an.

Die gute Nachricht gleich vorweg: Daten nach R einzulesen, ist ein sehr einfaches Unterfangen. Trotzdem gibt es einige mögliche Fallstricke, die einem problemlosen Datenimport im Weg stehen und die wir uns deshalb im Folgenden genauer anschauen werden.

Um zu verstehen, was beim Import nach R passiert, ist es ratsam, sich zunächst einmal den Datensatz anzuschauen. Wenn Sie Microsoft Excel installiert haben und doppelt auf die Datei unseres Beispieldatensatz klicken, wird sich aller Voraussicht nach Excel öffnen und Ihnen den Datensatz in einem hübsch aufbereiten Tabellenblatt mit klarer Zeilen- und Spaltenstruktur darstellen. Das liegt daran, dass Excel seinerseits beim Einlesen des Datensatzes die importierten Informationen in einer bestimmten Weise interpretiert. Tatsächlich aber sieht unser Datensatz – zumindest auf den ersten Blick – sehr viel weniger attraktiv aus. Öffnen Sie ihn mit einem Texteditor, wird sich Ihnen ein Bild wie das in Abbildung 3-3 bieten.

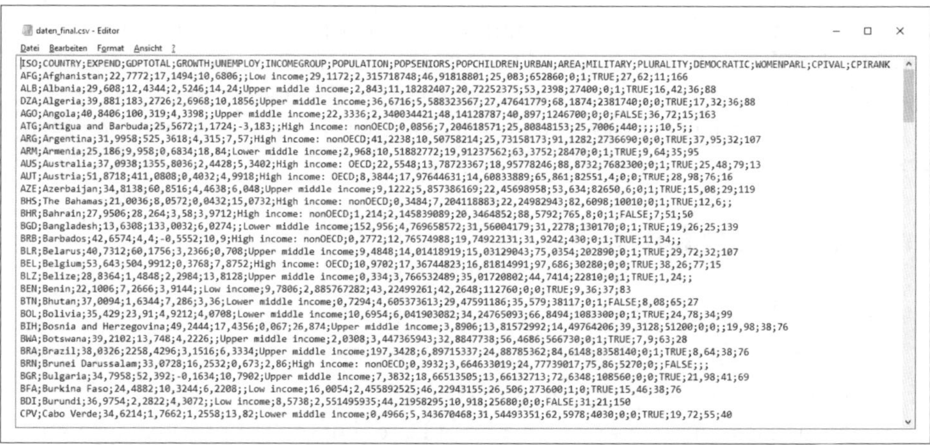


```
ISO;COUNTRY;EXPEND;GDPTOTAL;GROWTH;UNEMPLOY;INCOMEGROUP;POPULATION;POPSENIORS;POPCHILDREN;URBAN;AREA;MILITARY;PLURALITY;DEMOCRATIC;WOMENPARL;CPIVAL;CPIRANK
AFG;Afghanistan;22,7772;17,1494;10,6806;;Low income;29,1172;2,315718748;46,91818801;25,083;652860;0;1;TRUE;27,62;11;166
ALB;Albania;29,608;12,4344;2,5246;14,24;Upper middle income;2,843;11,18282407;20,72252375;53,2398;27400;0;1;TRUE;16,42;36;88
DZA;Algeria;39,881;183,2726;2,6968;10,1856;Upper middle income;36,6716;5,588323567;27,47641779;68,1874;2381740;0;0;TRUE;17,32;36;88
AGO;Angola;40,8406;100,319;4,3398;;Upper middle income;22,3336;2,340034421;48,14128787;40,897;1246700;0;0;FALSE;36,72;15;163
ATG;Antigua and Barbuda;25,5672;1,1724;-3,183;;High income: nonOECD;0,0856;7,204618571;25,80848153;25,7006;440;;;;10,5;;
ARG;Argentina;31,9958;525,3618;4,315;7,57;High income: nonOECD;41,2238;10,50758214;25,73158173;91,1282;2736690;0;0;TRUE;37,95;32;107
ARM;Armenia;25,186;9,958;0,6834;18,84;Lower middle income;2,968;10,51882772;19,91237562;63,3752;28470;0;1;TRUE;9,64;35;95
AUS;Australia;37,0938;1355,8036;2,4428;5,3402;High income: OECD;22,5548;13,78723367;18,95778246;88,8732;7682300;0;1;TRUE;25,48;79;13
AUT;Austria;51,8718;411,0808;0,4032;4,9918;High income: OECD;8,3844;17,97644631;14,60833889;65,861;82551,4;0;0;TRUE;28,98;76;16
AZE;Azerbaijan;34,8138;60,8516;4,4638;6,048;Upper middle income;9,1222;5,857386169;22,45698958;53,634;82650,6;0;1;TRUE;15,08;29;119
BHS;The Bahamas;21,0036;8,0572;0,0432;15,0732;High income: nonOECD;0,3484;7,204118883;22,24982943;82,6098;10010;0;1;TRUE;12,6;;
BHR;Bahrain;27,9506;28,264;3,58;3,9712;High income: nonOECD;1,214;2,145839089;20,3464852;88,5792;765,8;0;1;FALSE;7;51;50
BGD;Bangladesh;13,6308;133,0032;6,0274;;Lower middle income;152,956;4,769658572;31,56004179;31,2278;130170;0;1;TRUE;19,26;25;139
BRB;Barbados;42,6574;4,4;-0,5552;10,9;High income: nonOECD;0,2772;12,76574988;19,74922131;31,9242;430;0;1;TRUE;11,34;;
BLR;Belarus;40,7312;60,1756;3,2366;0,708;Upper middle income;9,4848;14,01418919;15,03129043;75,0354;202890;0;1;TRUE;29,72;32;107
BEL;Belgium;53,643;504,9912;0,3768;7,8752;High income: OECD;10,9702;17,36744823;16,81814991;97,686;30280;0;0;TRUE;38,26;77;15
BLZ;Belize;28,8364;1,4848;2,2984;13,8128;Upper middle income;0,334;3,766532489;35,01720802;44,7414;22810;0;1;TRUE;1,24;;
BEN;Benin;22,1006;7,2666;3,9144;;Low income;9,7806;2,885767282;43,22499261;42,2648;112760;0;0;TRUE;9,36;37;83
BTN;Bhutan;37,0094;1,6344;7,286;3,36;Lower middle income;0,7294;4,605373613;29,47591186;35,579;38117;0;1;FALSE;8,08;65;27
BOL;Bolivia;35,429;23,91;4,9212;4,0708;Lower middle income;10,6954;6,041903082;34,24765093;66,8494;1083300;0;1;TRUE;24,78;34;99
BIH;Bosnia and Herzegovina;49,2444;17,4356;0,067;26,874;Upper middle income;3,8906;13,81572992;14,49764206;39,3128;51200;0;0;;19,98;38;76
BWA;Botswana;39,2102;13,748;4,2226;;Upper middle income;2,0308;3,447365943;32,8847738;56,4686;566730;0;1;TRUE;7,9;63;28
BRA;Brazil;38,0326;2258,4296;3,1516;6,3334;Upper middle income;197,3428;6,89715337;24,88785362;84,6148;8358140;0;1;TRUE;8,64;38;76
BRN;Brunei Darussalam;33,0728;16,2532;0,673;2,86;High income: nonOECD;0,3932;3,664633019;24,77739017;75,86;5270;0;;FALSE;;;
BGR;Bulgaria;34,7958;52,392;-0,1634;10,7902;Upper middle income;7,3832;18,66513505;13,66132713;72,6348;108560;0;0;TRUE;21,98;41;69
BFA;Burkina Faso;24,4882;10,3244;6,2208;;Low income;16,0054;2,455892525;46,22943155;26,506;273600;1;0;TRUE;15,46;38;76
BDI;Burundi;36,9754;2,2822;4,3072;;Low income;8,5738;2,551495935;44,21958295;10,918;25680;0;0;FALSE;31;21;150
CPV;Cabo Verde;34,6214;1,7662;1,2558;13,82;Lower middle income;0,4966;5,343670468;31,54493351;62,5978;4030;0;0;TRUE;19,72;55;40
```

Abbildung 3-3: Beispieldatensatz im Texteditor

Was zunächst auffällt, ist, dass die erste Zeile deutlich anders aussieht als die übrigen. Sie erkennen in dieser Zeile sofort die Namen unserer Variablen, getrennt jeweils durch ein Semikolon. Unter dieser ersten Zeile, die als *Header* bezeichnet wird, weil sie den Tabellenkopf beschreibt, sehen Sie die eigentlichen Daten. Auch hier sind die einzelnen Spalten, das heißt die Variablen unseres Datensatzes, jeweils durch ein Semikolon getrennt. Solcherlei Art von Dateien, in denen Daten als Text in einer von Menschen lesbaren Form dargestellt werden und einzelne Spalten durch ein *Trennzeichen*, in unserem Beispiel ein Semikolon, getrennt sind, werden auch als CSV-Dateien (vom englischen Begriff *Comma Separated Values* – kommagetrennte Werte) bezeichnet, auch wenn das Trennzeichen tatsächlich gar kein Komma ist, wie der Name eigentlich nahelegt.

Beim Einlesen dieser CSV-Datei interpretiert Excel die Semikola als Spaltentrennzeichen und weiß daher genau, wo eine Spalte beginnt. Excel kann aber nicht nur

CSV-Datensätze lesen, sondern auch erzeugen. Das erlaubt Ihnen, beim Erstellen Ihres Datensatz auf die gut ausgebaute Funktionalität von Excel zurückzugreifen. Wenn Sie beim Speichern Ihrer Daten in Excel dann als Dateityp im *Speichern unter*-Dialog *CSV (Trennzeichen-getrennt) (*.csv)* auswählen, erzeugt Excel eine CSV-Datei für Sie.

So einfach das Erzeugen von CSV-Dateien erscheint, ein Wort der Vorsicht ist dennoch angebracht: Je nach Spracheinstellungen in Excel und Ihrem Betriebssystem entscheidet sich Excel beim Erzeugen der CSV-Datei für jeweils unterschiedliche Spaltentrennzeichen und Dezimaltrennzeichen. Letzteres ist in unserem Datensatz das Komma, eine englischsprachige Excel-Version mag hier einen Punkt setzen. Öffnen Sie deshalb vor dem Einlesen der Datei Ihre Daten einmal in einem Texteditor und vergewissern Sie sich, welches Spaltentrennzeichen und welches Dezimaltrennzeichen tatsächlich verwendet worden sind!

Das eigentliche Einlesen der Daten ist mithilfe der Funktion `read.table` sehr einfach:

```
> x <- read.table("daten_final.csv", header = TRUE, sep = ";",
  dec = ",")
```

Wenn Sie diese Anweisung in die Konsole eingeben, erhalten Sie einige Warnmeldungen. Bevor wir deren Ursachen genauer betrachten, schauen wir uns erst den Funktionsaufruf selbst etwas genauer an. Zunächst wird der Name der Datei angegeben, die eingelesen werden soll. Die Datei wird standardmäßig in dem zuvor mithilfe von `setwd` gesetzten Arbeitsverzeichnis gesucht. Liegt die Datei tatsächlich an einem anderen Ort, müssen Sie den vollständigen Verzeichnispfad zu Ihrer Datei angeben. Beachten Sie dabei, dass – ebenso wie bei `setwd` – in R-Pfadangaben stets der normale Schrägstrich (/) anstelle des sonst in der MS-DOS- und Windows-Welt üblichen Backslashs (\) verwendet werden muss.

Die übrigen Argumente der Funktion sind optional. Werden sie nicht explizit angegeben, verwendet R für sie festgelegte Standardwerte. Welche das sind, können Sie jederzeit in der Hilfe nachlesen, indem Sie die Anweisung `?read.table` ausführen. Trotz dieser Standardwerte ergibt eine explizite Angabe insbesondere des Spaltenseparators `sep` sowie des Dezimaltrennzeichens `dec` Sinn, nicht nur, weil die von Ihnen gewünschten Werte natürlich von den Standardwerten abweichen können (und es in unserem Beispiel auch tun!), sondern auch, weil hier beim Einlesen der Daten die meisten Fehlerquellen liegen. Daher schadet es nicht, auf den ersten Blick im R-Code sehen zu können, welches Spalten- und welches Dezimaltrennzeichen verwendet worden ist. Die Argumentangabe `header=TRUE` teilt R mit, dass in der ersten Zeile unserer Daten die Variablennamen stehen, also zum Beispiel `EXPEND` für die Staatsausgabenquote und `UNEMPLOY` für die Arbeitslosenquote. Auch dieses optionale Argument müssen wir hier explizit angeben, denn standardmäßig geht R davon aus, dass die Daten keinen Spaltenheader enthalten (`header=FALSE`).

Wie Sie beim Aufruf von ?read.table sehen werden, besitzt die Funktion read.table eine ganze Reihe weiterer Argumente, mit denen Sie den Import der Daten noch genauer steuern können. Für unsere Zwecke reicht hier aber der oben dargestellte einfache Aufruf der Funktion.

Lesen wir nun also unsere Daten ein:

```
> x <- read.table("daten_final.csv", header = TRUE, sep = ";",
  dec = ",")
Warning messages:
1: In scan(file, what, nmax, sep, dec, quote, skip, nlines, na.strings,  :
  EOF within quoted string
2: In scan(file, what, nmax, sep, dec, quote, skip, nlines, na.strings,  :
  number of items read is not a multiple of the number of columns
```

Wir erhalten eine eher kryptisch anmutende Warnmeldung. Was ist passiert?

Zeichenkettenvariablen und Faktorvariablen können in CSV-Dateien in Anführungszeichen (engl. *Quote*) stehen. Das hat den Vorteil, dass dann innerhalb des durch die Anführungszeichen abgegrenzten Bereichs auch das Spaltentrennzeichen verwendet werden kann, ohne dass es R »aus dem Tritt« bringt, weil es fälschlicherweise eine neue Spalte anzeigt. Ein in einer Character-Variablen gespeicherter Text wie zum Beispiel der Kommentar Interessante Studie; bitte informieren Sie mich über die Ergebnisse würde, da wir als Spaltenseparator das Semikolon verwenden, von R in zwei Spalten getrennt werden. Um so etwas zu vermeiden, kann der Text in Anführungszeichen gesetzt werden. Der Funktion read.table können wir über das Argument quote sagen, welches Zeichen es als Anführungszeichen interpretieren soll. Auch dieses Argument ist ein optionales. Weil wir es beim Aufruf von read.table weggelassen haben, verwendet R einen Standardwert. Für das Argument quote gibt es sogar zwei Standardwerte: das doppelte Anführungszeichen (") sowie das einfache Anführungszeichen ('). Leider kommt Letzteres in unserem Datensatz vor, und zwar im französischen Namen der Elfenbeinküste, Côte d'Ivoire. Dort findet allerdings nur ein einziges einfaches Anführungszeichen Verwendung, während R natürlich eine links und rechts durch Anführungszeichen begrenzte Zeichenkette erwartet. R kann damit nicht umgehen und gibt dementsprechend eine Warnung aus. Die Lösung des Problems ist zum Glück einfach: Wir sagen R, dass das Anführungszeichen (das in unserem Datensatz überhaupt nicht vorkommt) nicht das einfache, sondern das doppelte Anführungszeichen ist:

```
> x <- read.table("daten_final.csv", header = TRUE, sep = ";", quote = "\"",
  dec = ",", na.strings = "")
```

Da Zeichenketten in R selbst von Anführungszeichen umschlossen werden, müssen wir dabei im Argument quote einen Backslash (\) vor das Anführungszeichen setzen. Würden wir stattdessen """ schreiben, würde R denken, die ersten beiden Anführungszeichen begrenzten eine Zeichenkette, und das dritte Anführungszeichen würde eine weitere Zeichenkette öffnen, die dann aber nicht mehr geschlossen wird. Daher teilen wir R durch den vorangestellten Backslash mit, dass das

Anführungszeichen an dieser Stelle nicht dazu dient, eine Zeichenkette zu begrenzen, sondern gewissermaßen der Inhalt des Arguments `quote` ist. Außerdem fügen wir noch ein weiteres Argument hinzu: `na.strings`. Damit sagen wir R, dass Elemente einer Faktorvariablen, die leer sind, also keinen Text enthalten, als Missing betrachtet werden sollen. Machen wir das nicht, haben wir nachher in unserer Faktorvariablen `INCOMEGROUP` ein Level `""`. Das Argument `na.strings` nimmt einen ganzen Vektor entgegen, wir hätten also zum Beispiel mit `na.strings=c("","-")` dafür sorgen können, dass auch Werte, die nur einen Bindestrich enthalten, kein eigenes Faktorlevel erhalten, sondern zu Missings gemacht werden.

Lernen können Sie aus diesem kleinen und bewusst herbeigeführten Problem, dass, obwohl das Einlesen von Daten in R mit einer einzigen Anweisung zu bewerkstelligen ist, trotzdem unerwartet Probleme auftreten können, deren Ursache sich auf den ersten Blick nicht erschließt. Schauen Sie sich daher beim Einlesen Ihrer Daten den Datensatz stets genau an und überlegen Sie, ob die Spalten- und Dezimaltrennzeichen sowie das von R verwendete Quote-Zeichen Probleme bereiten könnten, weil diese Zeichen im Datensatz möglicherweise auch noch anders verwendet werden.

Ihnen wird aufgefallen sein, dass wir beim Aufruf der Funktion `read.table` die Namen der Funktionsargumente explizit angegeben haben, z. B. `sep=";"` für den Dezimalseparator. Das ist in R nicht zwingend erforderlich, solange Sie die Reihenfolge der Argumente einhalten.

Statt

```
> x <- read.table("daten_final.csv", header = TRUE, sep = ";",
  quote = "\"", dec = ",")
```

hätten wir also auch schreiben können:

```
> x <- read.table("daten_final.csv", TRUE, ";", "\"", ",")
```

Allerdings ist hier natürlich nicht mehr erkennbar, welcher Wert zu welchem Argument gehört. Zudem müssen Sie die vorgeschriebene Reihenfolge der Argumente genau einhalten, wenn Sie auf die Argumentnamen verzichten. Denn ohne Argumentnamen kann R nur auf Basis der Reihenfolge die Werte den unterschiedlichen Argumenten zuordnen. Schreiben Sie stattdessen die Argumentnamen aus, können Sie die Reihenfolge der Argumente vollkommen selbst bestimmen. Deshalb ist es empfehlenswert, die Argumentnamen zu verwenden. Ganz konsequent sind wir damit aber nicht gewesen: Das erste Argument, der Dateiname, wird nicht mit seinem Argumentnamen, `file`, übergeben. Das könnnte man natürlich machen (`file="daten_final.csv"`). Da allerdings an erster Stelle in der Argumentenliste immer das wichtigste Argument steht und üblicherweise recht klar ist, welches das ist, verzichten wir hier darauf.

Wenn Sie die R-Hilfe durchstöbern oder andere R-Bücher zurate ziehen, werden Sie vielleicht feststellen, dass neben `read.table` noch diverse andere Funktionen existieren, um Daten einzulesen, zum Beispiel `read.csv`, `read.csv2`, `read.delim` und `read.delim2`. Diese sind im Grunde identisch mit der Funktion `read.table`, haben aber jeweils unterschiedliche Standardwerte für die wichtigsten optionalen Argumente `header`, `sep`, `quote` und `dec`. Diese Standardwerte sehen Sie in Tabelle 3-1. So geht beispielsweise die Funktion `read.csv2` von genau der Kombination von Argumenten aus, die wir auch oben in unserem Aufruf von `read.table` verwenden. Die Anweisung `read.csv("daten_final.csv")` hätte also die gleiche Wirkung wie unser `read.table` gehabt. Trotzdem ist es vorteilhaft, die Funktion `read.table` einzusetzen und die Argumente ausdrücklich aufzuschreiben, weil es die Lesbarkeit des R-Codes und damit die Fehlersuche und Problembehebung erleichtert. Dabei müssen Sie natürlich darauf achten, auch wirklich alle (relevanten) Argumente anzugeben, sonst verwendet R für diese Argumente die jeweiligen Standardwerte, und Sie haben keine zusätzliche Transparenz gewonnen.

Tabelle 3-1: Standardwerte der wichtigsten Argumente der von read.table abgeleiteten Funktionen

Funktion	Header (Tabellenkopf vorhanden)	sep (Spaltentrennzeichen)	quote (Zeichenkettenbegrenzer)	dec (Dezimalseparator)
read.csv	Ja	Komma	Anführungszeichen	Punkt
read.csv2	Ja	Semikolon	Anführungszeichen	Komma
read.delim	Ja	Tabulator	Anführungszeichen	Punkt
read.delim2	Ja	Tabulator	Anführungszeichen	Komma

Neben der genannten Funktion, die Dateien im Textformat (also solche, die man mit einem einfachen Texteditor öffnen und lesen kann) zu importieren, gibt es noch einige weitere Funktionen, die spezielle Dateiformate wie etwa die der Statistiksoftwarepakete SPSS (`read.spss`), Stata (`read.dta`) und SAS (`read.ssd`) einlesen können.

Wenn Sie Ihre Daten in Microsoft Excel bearbeiten und sie direkt aus einer Excel-Datei einlesen wollen, statt den Umweg über eine CSV-Datei gehen zu müssen, können Sie mit der Funktion `read.xls` aus dem Package gdata arbeiten, das Sie in diesem Fall zunächst mit `install.packages("gdata")` installieren und mit `library("gdata")` laden müssen. Die Funktion `read.xls` kommt, anders als der Name suggeriert, auch mit dem neuen XLSX-Format von Excel klar.

Wenn Ihre Excel-Datei beispielsweise *daten.xlsx* heißt und der Datensatz, den Sie einlesen wollen, auf dem Excel-Arbeitsblatt *Final* zu finden ist, können Sie die Daten mit folgender Anweisung einlesen:

```
> x <- read.xls("daten.xslx", sheet = "Final")
```

Die Funktion `read.xls` tut übrigens auch nichts anderes, als die Daten aus Excel in einer CSV-Datei zwischenzuspeichern und von dort aus nach R einzulesen.

Eine letzte Möglichkeit, irgendwie Daten nach R zu schaffen – die ich Ihnen zwar nicht empfehlen, aber dennoch nicht vorenthalten möchte –, ist, die Daten in die Zwischenablage zu kopieren (zum Beispiel wiederum aus Excel) und sie von dort in R einzufügen. So können Sie mit der Anweisung

```
> x <- readClipboard
```

die aktuell in der Zwischenablage befindlichen Daten als Dataframe `x` in R einfügen. Das mag hilfreich sein, um Daten schnell zum »Ausprobieren« nach R zu befördern. Wenn Sie aber dauerhaft mit einem stabilen Datensatz arbeiten wollen, sollten Sie diesen in einer Datei speichern und ihn dann aus dieser Datei in R einlesen. Das ist nicht nur sicherer, sondern vor allem auch gut in ein längeres R-Skript integrierbar, an dessen Anfang das Einlesen der Daten steht. Ansonsten müssten Sie immer sicherstellen, dass sich, wenn Sie Ihr R-Skript laufen lassen, Ihre Daten auch wirklich gerade in der Zwischenablage befinden.

Aber nun wirklich zurück zu unseren Daten. Es ist endlich geschafft! Der Datensatz ist eingelesen, und zwar in einen Dataframe mit dem Namen `x`. Wenn Sie nicht mit mehreren Datensätzen hantieren, wählen Sie am besten einen kurzen Namen für Ihren Dataframe. Auch wenn dieser Name dann nicht selbsterklärend ist, so spricht doch ein gewichtiges Argument für ihn: Sie werden ihn sehr oft tippen müssen.

Den eingelesenen Dataframe können Sie sich jetzt wie gewohnt durch Eingabe des Namens in R oder mit der Anweisung `View(x)` anzeigen lassen. Letztere hat den Vorteil, dass sie zu einer übersichtlichen tabellarischen Darstellung führt, die bei großen Datensätzen, vor allem solchen mit vielen Variablen, auf jeden Fall zu bevorzugen ist.

Wenn Sie nicht die gesamten Daten, sondern lediglich die Namen der Variablen, die im Datensatz enthalten sind, angezeigt bekommen möchten, verwenden Sie die Funktion `names`.

```
> names(x)
 [1] "ISO"        "COUNTRY"     "EXPEND"      "GDPTOTAL"
 [5] "GROWTH"     "UNEMPLOY"    "INCOMEGROUP" "POPULATION"
 [9] "POPSENIORS" "POPCHILDREN" "URBAN"       "AREA"
[13] "MILITARY"   "PLURALITY"   "DEMOCRATIC"  "WOMENPARL"
[17] "CPIVAL"     "CPIRANK"
```

KAPITEL 4

Daten aufbereiten

Im vorangegangenen Kapitel haben Sie gesehen, wie Daten in R behandelt werden und wie man sie in R einliest. Damit beginnt die eigentliche Arbeit aber erst. Denn selten liegen die Daten bereits genau so vor, wie Sie sie für Ihre statistischen Analysen benötigen. Deshalb beschäftigen wir uns in diesem Kapitel mit Techniken, um Daten zu bearbeiten, zum Beispiel aus unterschiedlichen Quellen zusammenzuführen, zu filtern, zu sortieren und zu bereinigen.

Datenaufbereitung mit R – muss das sein?

Vor den Freuden der Analyse stehen die Mühen der Datenaufbereitung. Meistens (und in der Hinsicht stellt dieses Buch eher eine Ausnahme dar) bekommen Sie Ihren Datensatz nicht bereits genau so, dass Sie direkt mit der Analysearbeit beginnen können. In aller Regel werden Sie, auch nachdem Sie die Daten bereits beschafft haben (was natürlich selbst schon mit immensem Aufwand verbunden sein kann), erhebliche Anstrengung investieren müssen, die Daten aus den unterschiedlichen Quellen so zusammenzuführen und aufzubereiten, dass sie für die Untersuchung Ihrer Fragestellung geeignet sind. Sie haben vielleicht schon einmal gehört, dass in der Regel 80 % der Zeit für Datengewinnung und -aufbereitung und (nur) 20 % für die eigentliche Analyse aufgewandt werden. Das ist natürlich von Fall zu Fall unterschiedlich. Allerdings sollten Sie den Aufwand, den Sie in die Datenaufbereitung stecken müssen, nicht unterschätzen und entsprechend berücksichtigen, wenn Sie Ihre Seminar-, Bachelor, Master- oder Promotionsarbeit zeitlich planen.

Wie bereits im Einführungskapitel erwähnt, können Sie die Datenaufbereitung einerseits in R vornehmen. Wie genau, erfahren Sie in diesem Kapitel. Andererseits bieten moderne Tabellenkalkulationsprogramme wie Microsoft Excel vielfältige Funktionen an, die bei der Datenaufbereitung nützlich und zudem einfach anzuwenden sind. Auch mit großen Datenmengen kommt Excel heute erheblich besser zurecht als noch vor wenigen Jahren. Welchen Weg nun also einschlagen? Für R spricht die bessere Dokumentation Ihrer Arbeitsschritte und die damit einhergehende Modifizierbarkeit und Reproduzierbarkeit. Was Sie einmal als R-Skript geschrieben haben, können Sie jederzeit wieder anschauen, um zu verstehen, was mit Ihren Daten geschehen ist. Auch können Sie das Skript anpassen und noch einmal laufen lassen. Das ist vor allem dann interessant, wenn die Aufbereitungsschritte eher komplex sind und Sie die Datenaufbereitung wiederholen möchten, beispielsweise weil ein neuer, aktuellerer Datensatz verfügbar geworden ist und Sie Ihre Analyse auf Basis dieses Datensatzes noch einmal durchführen möchten. Wenn Sie dann eine Reihe von manuellen (und möglicherweise schlecht dokumentierten) Datenaufbereitungsschritten in Excel ausführen müssen, ist das mühsamer und fehleranfälliger, als wenn Sie einfach Ihr bereits vorhandenes R-Skript noch einmal auf dem neuen Datensatz laufen lassen. Dennoch ist, gerade für das Hin- und Herkopieren von Daten, die Excel-Funktionalität sicherlich sehr praktisch – und umso mehr, je unsicherer Sie sich noch in R fühlen. Ein »Richtig« oder »Falsch« gibt es bei dieser Frage also nicht, und tatsächlich lassen sich beide Wege sogar gut kombinieren, indem man den Rohdatensatz aus den unterschiedlichen Datenquellen zunächst in Excel zusammenbaut und alle weiteren Datentransformationen danach in R vornimmt. Wenn man nicht erwartet, das »Zusammenbauen« des Datensatzes wiederholen zu müssen (oder dieses »Zusammenbauen« nur wenige einfache Schritte erfordert), ist das ein gangbarer Weg, der auch bei unserem Beispieldatensatz zur Anwendung kam.

Bisher haben wir von »Datenaufbereitung« gesprochen, ohne genauer zu definieren, was wir darunter verstehen wollen. In diesem Kapitel werden wir uns in den folgenden Abschnitten damit beschäftigen, wie Datensätze aus mehreren Datenquellen *zusammengefügt* und so zu einem Analysedatensatz kombiniert werden und wie umgekehrt große Datensätze *wieder geteilt* werden können bzw. wie Sie auf Teile eines Datensatzes zugreifen können, wenn Sie mal nicht mit dem gesamten Datensatz arbeiten möchten. Darüber hinaus werden Sie erfahren, wie Daten *bereinigt* werden. Hierbei betrachten wir insbesondere die *Rekodierung* von Variablen, das heißt die planmäßige Veränderung von Ausprägungen der Variablen, sowie die *Klassierung*, das heißt die Ableitung einer kategorialen Variablen aus einer metrischen Variablen. Weiterhin werden wir uns damit beschäftigen, wie man geschickt mit *Duplikaten* im Datensatz umgeht, wie man Daten sortiert und wie Sie schließlich den veränderten *Datensatz speichern* können. Damit haben Sie das nötige Handwerkszeug, um Ihre Daten für die Analyse vorzubereiten.

Datensätze zusammenführen

In diesem Abschnitt erfahren Sie,

- wie Sie zwei Dataframes miteinander kombinieren können, indem Sie einem Dataframe die Variablen (Spalten) oder Datensätze (Zeilen) eines anderen Dataframes hinzufügen (wenn die beiden Dataframes in der jeweils anderen Dimension, das heißt Zeilen oder Spalten, strukturgleich sind),

- wie Sie einem Dataframe die Variablen eines anderen Dataframe hinzufügen können, ohne dass die beiden Dataframes bezüglich ihrer Zeilenstruktur gleich sind.

Folgende R-Funktionen werden in diesem Abschnitt behandelt:

- **cbind()**: Hängt an einen Dataframe die Spalten eines anderen Dataframes an (nur verwendbar, wenn die Zeilenstrukturen beider Dataframes gleich sind).
- **rbind()**: Hängt an einen Dataframe die Zeilen/Datensätze eines anderen Dataframes an (nur verwendbar, wenn beiden Dataframes bezüglich ihrer Spalten/Variablen gleich sind).
- **merge()**: Fügt die Variablen/Spalten von zwei Dataframes zusammen, ohne dass die Zeilenstruktur der beiden Dataframes gleich sein muss. Entspricht der aus Excel bekannten Funktion `SVERWEIS/VLOOKUP`.

Datensätze mit gleicher Struktur

Wenn die Datensätze, die Sie verbinden wollen, hinsichtlich der Struktur ihrer Beobachtungen, also der Zeilen, identisch sind, also einfach nur unterschiedliche Variablen (Spalten) für die gleichen Beobachtungen beinhalten, können Sie die Variablen des einen Datensatzes zu denen des anderen Datensatzes hinzufügen und bekommen so für das gemeinsame Set von Beobachtungen einen »breiteren« Datensatzes mit mehr Variablen.

Sind dagegen die beiden zu verbindenden Datensätze hinsichtlich ihrer Spalten, also der enthaltenen Variablen, identisch, aber beinhalten unterschiedliche Beobachtungen, können Sie die Beobachtungen des einen Datensatzes an die des anderes anhängen. Auf diese Weise erhalten Sie einen »längeren« Datensatz mit mehr Beobachtungen über das gleiche Set von Variablen.

Daten spaltenweise verbinden

In unserem Beispieldatensatz repräsentiert jede Zeile ein Land. Angenommen, wir sind gerade dabei, unseren Datensatz aus unterschiedlichen Datenquellen zusammenzubauen. Wir haben einerseits einen Datensatz, der die Höhe der Staatsausgaben jedes Landes beinhaltet – nennen wir ihn `expcountry` –, und einen weiteren Datensatz, der einige ökonomische Variablen für die Länder beinhaltet – nennen wir ihn `economics`. Die beiden Datensätze sehen wie folgt aus (wir beschränken uns hier des Umfangs wegen auf die ersten vier Zeilen):

```
> expendit
  ISO     COUNTRY  EXPEND
1 AFG Afghanistan 22.7772
2 ALB     Albania 29.6080
3 DZA     Algeria 39.8810
4 AGO      Angola 40.8406
```

```
> economics
  ISO  GDPTOTAL UNEMPLOY
1 AFG   17.1494       NA
2 ALB   12.4344  14.2400
3 DZA  183.2726  10.1856
4 AGO  100.3190       NA
```

Diese Datensätze (und alle übrigen, die wir in den weiteren Beispielen verwenden) können Sie mithilfe der begleitenden R-Skripte zum Buch leicht erzeugen, sodass Sie die Beispiele mühelos selbst in R nachvollziehen können.

Anhand der ISO-Ländercodes sehen Sie, dass beide Datensätze die gleiche Zeilenstruktur haben, die Länder stehen also in der gleichen Reihenfolge. In diesem günstigen (und in der Realität natürlich eher raren Fall) können Sie nun mit der Funktion `cbind` (für *column bind* – Spalten verknüpfen) die beiden Datensätze kombinieren:

```
> fulldata <- cbind(expendit, economics)
> fulldata
  ISO     COUNTRY  EXPEND ISO GDPTOTAL UNEMPLOY
1 AFG Afghanistan 22.7772 AFG  17.1494       NA
2 ALB     Albania 29.6080 ALB  12.4344  14.2400
3 DZA     Algeria 39.8810 DZA 183.2726  10.1856
4 AGO      Angola 40.8406 AGO 100.3190       NA
```

Weil R einfach die Spalten der beiden Datensätze `expendit` und `economics` »nebeneinanderstellt«, haben wir plötzlich zwei Variablen namens `ISO` im Datensatz, denn diese Variable war Bestandteil beider Quelldatensätze (wenn Sie mit `fulldata$ISO` auf die Variable zugreifen, sprechen Sie übrigens immer die erste Variable an, also die im Dataframe weiter links stehende). Um diese Dopplung zu vermeiden, können Sie, nachdem Sie sich von der gleichen Zeilenreihenfolge der beiden Dataframes überzeugt haben, statt des gesamten Dataframes `economics` gezielt nur die interessierenden Variablen herausgreifen und sie mit dem `expendit`-Dataframe zum neuen Datensatz `fulldata` kombinieren:

```
> fulldata <- cbind(expendit, economics$GDPTOTAL,
  economics$UNEMPLOY)
> fulldata
  ISO     COUNTRY  EXPEND economics$GDPTOTAL economics$UNEMPLOY
1 AFG Afghanistan 22.7772            17.1494                 NA
2 ALB     Albania 29.6080            12.4344            14.2400
3 DZA     Algeria 39.8810           183.2726            10.1856
4 AGO      Angola 40.8406           100.3190                 NA
```

Sie werden bemerkt haben, dass R die hinzugekommenen Variablen genauso benannt hat, wie Sie sie in der `cbind`-Funktion übergeben haben, also z. B. `economics$GDPTOTAL`. Das lässt sich zum Glück leicht ändern. Wie Sie bereits wissen, gibt die Funktion `names` einen Vektor mit den Variablennamen eines Datensatzes zurück:

```
> names(fulldata)
[1] "ISO"                "COUNTRY"            "EXPEND"
[2] "economics$GDPTOTAL" "economics$UNEMPLOY"
```

Im vorangegangenen Kapitel haben wir anhand von Funktionen wie class und length bereits gesehen, dass man in R viele Funktionen nicht nur zur Anzeige einer bestimmten Eigenschaft (wie eben des Datentyps mit class und der Länge einer Variablen mit length) nutzen kann, sondern auch, um diese Eigenschaften zu setzen. Und genau das tun wir jetzt mit den Variablennamen, die uns die Funktion names zurückgibt. Da deren Rückgabewert ein Vektor ist, können wir ausgewählte Elemente dieses Vektors mit neuen Werten belegen:

```
> names(fulldata)[4] <- "GDPTOTAL"
> names(fulldata)[5] <- "UNEMPLOY"
```

Dabei ist names(fulldata)[4] der Name der vierten Variablen im Datensatz fulldata. Das gesamte Konstrukt names(fulldata) ersetzt R beim Ausführen der Funktion durch den Vektor der Namen. Das vierte und das fünfte Element dieses Vektors verändern wir dann durch die Zuweisung neuer Werte. Indem Sie sich den Datensatz fulldata oder mit names(fulldata) die Namen der Variablen im Datensatz anschauen, können Sie sich schnell davon überzeugen, dass die Umbenennung erfolgreich war:

```
> names(fulldata)
[1] "ISO"      "COUNTRY" "EXPEND"    "GDPTOTAL" "UNEMPLOY"
```

Daten zeilenweise verbinden

Mit cbind haben wir Spalten aneinandergehängt. In ähnlicher Weise können Sie mit rbind (*row bind* – Zeilen verbinden) auch zwei Datensätze, die sich in der Spaltenstruktur nicht unterscheiden, miteinander verbinden. Betrachten Sie dazu das folgende Beispiel, in dem wir zwei Dataframes, die jeweils vier Länderbeobachtungen (das heißt vier Zeilen) beinhalten, zusammensetzen:

```
> firstfour
  ISO     COUNTRY  EXPEND
1 AFG Afghanistan 22.7772
2 ALB     Albania 29.6080
3 DZA     Algeria 39.8810
4 AGO      Angola 40.8406
> secondfour
  ISO             COUNTRY  EXPEND
5 ATG Antigua and Barbuda 25.5672
6 ARG           Argentina 31.9958
7 ARM             Armenia 25.1860
8 AUS           Australia 37.0938
> firsteight <- rbind(firstfour, secondfour)
> firsteight
  ISO             COUNTRY  EXPEND
1 AFG         Afghanistan 22.7772
2 ALB             Albania 29.6080
3DZA             Algeria 39.8810
4 AGO              Angola 40.8406
5 ATG Antigua and Barbuda 25.5672
6 ARG           Argentina 31.9958
7 ARM             Armenia 25.1860
8 AUS           Australia 37.0938
```

Sowohl cbind als auch rbind setzen also eine gewisse strukturelle Gleichheit der Quelldaten voraus. Bei cbind muss die Zeilenstruktur (in unserem Fall die Länder) in allen Quelldatensätzen die gleiche sein. Das betrifft sowohl die *Länge* der Quelldatensätze (Zeilenzahl) als auch die *Reihenfolge* der einzelnen Zeilen. R prüft, ob die Quelldatensätze die gleiche Länge haben. Angenommen, im obigen cbind-Beispiel hätte der economics-Dataframe eine Zeile mehr. Dann würde beim Aufruf von cbind eine Fehlermeldung ausgeben werden:

```
> economics
  ISO GDPTOTAL UNEMPLOY
1 AFG  17.1494       NA
2 ALB  12.4344  14.2400
3 DZA 183.2726  10.1856
4 AGO 100.3190       NA
5 ATG   1.1724       NA
> fulldata <- cbind(expendit,economics)
Error in data.frame(..., check.names = FALSE) :
  arguments imply differing number of rows: 4, 5
```

Die Länge der Quelldaten wird also durch R automatisch kontrolliert. Ob Ihre Quelldaten tatsächlich bei gleicher Länge die gleiche Reihenfolge der Zeilen aufweisen, kann R dagegeben natürlich nicht prüfen, da es ohne unser Zutun nicht weiß, an welchem Kriterium sich diese Gleichheit festmacht. Im nächsten Abschnitt lernen Sie eine Funktion kennen (merge), die es erlaubt, ein solches Vergleichskriterium explizit anzugeben.

Bei rbind müssen die Spaltenstrukturen der beiden Datensätze, deren Zeilen zu einem Dataframe kombiniert werden sollen, identisch sein. Anderenfalls erhalten Sie auch hier eine Fehlermeldung.

Datensätze mit unterschiedlicher Struktur

In der Realität werden Sie es meist mit Situationen zu tun haben, in denen Daten, die aus unterschiedlichen Quellen kommt, nicht die für die Verwendung von cbind und rbind notwendige Strukturgleichheit aufweisen. Unsere Daten zur wahrgenommenen Korruption (Variablen CPIVAL, CPIRANK) zum Beispiel liegen nicht für alle Länder vor, die wir untersuchen wollen. Hier ist also eine R-Funktion gefragt, die nicht wie cbind und rbind »blind« Daten kombiniert, sondern Beobachtungen verbindet, die einem gemeinsamen Kriterium genügen, die also irgendwie »zusammenpassen«. Diese R-Funktion ist merge.

Um deren Funktionsweise genauer zu verstehen, schauen wir uns den Datensatz cpi.data mit Daten zum Ausmaß der wahrgenommenen Korruption an:

```
> cpi.data
  ISO CPIVAL CPIRANK
1 AFG   11     166
2 ALB   36      88
3 DZA   36      88
4 AGO   15     163
5 ARG   32     107
```

Wie Sie an den Zeilennummern der Datensätze erkennen können, ist dieser Beispieldatensatz eine Selektion der Beobachtungen 1, 2, 3, 4 und 5 unseres Hauptdatensatzes.

Die Daten in diesem Datensatz wollen wir mit einem Datensatz namens exp.data verbinden, der wie folgt aussieht:

```
> exp.data
  ISO             COUNTRY  EXPEND
1 AFG         Afghanistan 22.7772
2 ALB             Albania 29.6080
3 DZA             Algeria 39.8810
4 AGO              Angola 40.8406
5 ATG Antigua and Barbuda 25.5672
6 ARG           Argentina 31.9958
```

Sie werden sofort festgestellt haben, dass wir dieses Problem mit der Funktion cbind nicht lösen können. Denn zum einen sind die Datensätze unterschiedlich lang, da keine Daten zur wahrgenommenen Korruption für den Commonwealth-Inselstaat Antigua und Barbuda vorliegen. Zum anderen ist die Reihenfolge der Länder in den beiden Datensätzen verschieden. Wir können die Datensätze also nur über ein gemeinsames Kriterium verbinden, und das ist in unserem Beispiel der Länder-ISO-Code, der in beiden Dataframes vorkommt:

```
> combined <- merge(exp.data, cpi.data, by = "ISO")
> combined
  ISO     COUNTRY  EXPEND CPIVAL CPIRANK
1 AFG Afghanistan 22.7772     11     166
2 AGO      Angola 40.8406     15     163
3 ALB     Albania 29.6080     36      88
4 ARG   Argentina 31.9958     32     107
5 DZA     Algeria 39.8810     36      88
```

Die Funktion merge erwartet als Argumente die beiden zu kombinierenden Datensätze und den Namen der Variablen, die in beiden Datensätze als »Schlüssel« dient, das heißt die das gemeinsame Kriterium darstellt, anhand dessen R entscheidet, ob zwei Beobachtungen aus den zu kombinierenden Dataframes zusammenpassen oder nicht. R kombiniert also zwei Beobachtungen aus den beiden Datenquellen genau dann, wenn sie den gleichen ISO-Code besitzen.

Wie Sie bereits im vorangegangenen Kapitel gesehen haben, können Sie die Argumente beim Aufruf einer Funktion mit ihrem Namen ansprechen, so auch hier bei merge mit dem Argument by. Das hat zum einen den Vorteil, dass man anhand des Argumentnamens etwas besser erkennt, worum es sich eigentlich handelt, zum anderen kann man so von der von R vorgegebenen Reihenfolge, in der die Argumente einer Funktion übergeben werden, bedenkenlos abweichen, da R durch die Angabe des Namens weiß, welches Argument hier übergeben wird.

Sollten die »Schlüssel« in den beiden Datensätzen unterschiedlich benannt sein, zum Beispiel ISO in exp.data und COUNTRYCODE in cpi.data, können Sie merge die unterschiedlichen Variablennamen mitteilen:

```
> combined <- merge(exp.data, cpi.data, by.x = "ISO",
  by.y = "COUNTRYCODE")
```

Die Argumente by.x und by.y bezeichnen dabei die Namen der Schlüsselvariablen im ersten (x) bzw. zweiten (y) Datensatz.

Wenn Sie sich den Dataframe combined, der beim Einsatz von merge entstanden ist, genauer anschauen, werden Sie feststellen, dass er keine Beobachtung für Antigua und Babuda enthält. merge hat nur solche Datensätze kombiniert, deren Wert der Schlüsselvariablen (ISO) in *beiden* Datensätzen vorkommt. Das ist aber eigentlich in unserem Beispiel unerwünscht. Denn natürlich wollen wir Antigua und Barbuda im Datensatz behalten, da wir das Land in Analysen, für die nicht gerade die Daten zur wahrgenommenen Korruption benötigt werden, durchaus berücksichtigen können. Wie sich merge in solchen Fällen verhalten soll, können Sie über die Argumente all.x und all.y steuern. Der Wahrheitswert all.x gibt an, dass merge im kombinierten Datensatz auch dann eine Zeile mit Daten aus dem ersten Dataframe anlegen soll, wenn im zweiten Dataframe kein Pendant gefunden werden konnte. Umgekehrt gibt all.y an, dass alle Zeilen des zweiten Datensatzes erhalten bleiben sollen, auch wenn für einen Wert des Schlüssels aus dem zweiten Datensatz kein Pendant im ersten Datensatz gefunden werden kann.

Probieren wir es aus. Wir wollen erreichen, dass unsere Daten zu den Staatsausgaben (exp.data) vollständig erhalten bleiben und mit Daten zur wahrgenommenen Korruption, soweit vorhanden, ergänzt werden:

```
> combined <- merge(exp.data, cpi.data, by = "ISO", all.x = TRUE)
> combined
  ISO             COUNTRY  EXPEND CPIVAL CPIRANK
1 AFG         Afghanistan 22.7772     11     166
2 AGO              Angola 40.8406     15     163
3 ALB             Albania 29.6080     36      88
4 ARG           Argentina 31.9958     32     107
5 ATG Antigua and Barbuda 25.5672     NA      NA
6 DZA             Algeria 39.8810     36      88
```

Wie Sie sehen, ist nun in der Tat eine Beobachtung für Antigua und Barbuda vorhanden. Da es für dieses Land aber keine Daten zur wahrgenommenen Korruption gibt, füllt merge die entsprechenden Werte mit NA auf.

Wenn Sie etwas intensiver mit Microsoft Excel arbeiten, kennen Sie vielleicht die Formelfunktion SVERWEIS (in der englischen Version VLOOKUP). Diese bewirkt letztlich nichts anderes als ein merge mit all.x=TRUE. Falls Sie bereits mit der Datenbankabfragesprache SQL (*Structured Query Language*) in Berührung gekommen sind, haben Sie vielleicht schon von *Inner Joins* und *Outer Joins* gehört. Auch diese sind Äquivalente zu merge mit unterschiedlichen Ausprägungen von all.x und all.y.

Bei der Arbeit mit merge ist es empfehlenswert, sich stets die Ergebnisse genau anzuschauen. Dass R keine Fehlermeldung anzeigt, heißt noch nicht, dass die Operation genau das Ergebnis erbracht hat, das Sie sich wünschen. Ein genauer Blick auf den resultierenden Datensatz schafft Klarheit.

Daten selektieren

In diesem Abschnitt erfahren Sie,

- wie Sie Daten (einzelne Variablen, einzelne Beobachtungen oder gar einzelne Werte von bestimmten Variablen für ausgewählte Beobachtungen) mithilfe ihrer Zeilen/Spalten-Koordinaten aus einem Dataframe herausgreifen können,
- wie Sie Daten aus einem Dataframe herausgreifen können, die bestimmten Bedingungen genügen.

Im vorangegangenen Abschnitt haben Sie gesehen, wie mehrere Dataframes zu einem Gesamtdatensatz verbunden werden können. Oftmals möchten Sie aber nur eine Teilmenge der Daten in Ihrem Datensatz selektieren, weil Sie zum Beispiel für eine Analyse nicht mit allen Daten arbeiten wollen. Das ist unter anderem immer dann interessant, wenn Sie die Robustheit Ihrer empirischen Ergebnisse dadurch prüfen, dass Sie die Analyse mit nur einem Teil Ihrer Stichprobe wiederholen und schauen, ob sich die Ergebnisse in der Gesamtstichprobe auch mit der Teilstichprobe bestätigen lassen.

In Kapitel 3 haben wir uns, als wir uns mit dem Konzept der Dataframes vertraut gemacht haben, bereits in einem Überblick damit befasst, wie man auf Teile eines Dataframes zugreift. Das wollen wir in diesem Abschnitt etwas vertiefen.

Selektion mit festen Indexwerten

Wie Sie bereits wissen, ist ein Dataframe ein rechteckiges Datenschema mit Zeilen (Beobachtungen) und Spalten (Variablen). Dementsprechend können Sie auch entlang dieser beiden Dimensionen Daten selektieren. Betrachten wir dazu den kleinen Datensatz `combined`, den wir im vorangegangenen Abschnitt mit der Funktion `merge` erzeugt haben:

```
> combined
  ISO             COUNTRY  EXPEND CPIVAL CPIRANK
1 AFG         Afghanistan 22.7772     11     166
2 AGO              Angola 40.8406     15     163
3 ALB             Albania 29.6080     36      88
4 ARG           Argentina 31.9958     32     107
5 ATG Antigua and Barbuda 25.5672     NA      NA
6 DZA             Algeria 39.8810     36      88
```

Bekanntlich können Sie eine einzelne Variable des Datensatzes in der Form `dataframe$variable` ansprechen:

```
> combined$EXPEND
[1] 22.7772 40.8406 29.6080 31.9958 25.5672 39.8810
```

R gibt daraufhin den Vektor der Staatsausgaben zurück. Auch haben wir bereits gesehen, dass durch Indizierung, das heißt die Angabe der Nummer des Elements, auf das man zugreifen will, aus diesem Vektor wiederum ein einzelner Wert herausgegriffen werden kann:

```
> combined$EXPEND[3]
[1] 29.608
```

Das sind die Staatsausgaben von Albanien. Albanien ist die dritte Zeile in unserem Dataframe, durch `combined$EXPEND[3]` greifen wir also genau auf diesen Wert zu.

Was würden wir nun tun, wenn wir an den Staatsausgaben sowohl von Albanien als auch von Algerien (der sechsten Zeile unseres Dataframes) interessiert wären? Die naheliegende Lösung ist, den Index des Dateneintrags von Algerien ebenfalls mit anzugeben:

```
> combined$EXPEND[c(3,6)]
[1] 29.608 39.881
```

Beachten Sie dabei, dass die beiden Indizes mithilfe der Funktion `c` zunächst zu einem Vektor verbunden werden müssen. Schauen wir uns an, was passiert, wenn wir darauf verzichteten:

```
> combined$EXPEND[3,6]
Error in combined$EXPEND[3, 6] : incorrect number of dimensions
```

Mit dieser Fehlermeldung teilt R uns mit, dass wir hier versuchen, auf mehr Dimensionen zuzugreifen, als der Vektor `combined$EXPEND` eigentlich hat. Der Vektor ist eindimensional, er ist einfach eine Aneinanderreihung von Werten. Dementsprechend können wir Indexwerte auch nur für eine Dimension angeben. Damit R versteht, dass unsere Indexwerte `3` und `6` die gleiche Dimension bezeichnen, müssen wir sie zu einem Vektor verbinden.

Wir können aber auf die Elemente des zweidimensionalen Gebildes »Dataframe« nicht nur in der Form `dataframe$variable[indizes]`, sondern auch in der Form `dataframe[indizes.x, indizes.y]` zugreifen. Um also wieder die Staatsausgaben Albaniens zu erhalten, genügt die Abfrage

```
> combined[3,3]
[1] 29.608
```

Damit greifen wir auf die Beobachtung/Zeile (erster Index) im Dataframe zu und greifen daraus den Wert der dritten Spalte/Variablen (zweiter Index) heraus, das heißt den Wert der Staatsausgaben (`EXPEND`). Zeilenindex und Spaltenindex sind dabei jeweils ein Vektor. Das mag man hier vielleicht nicht erkennen, weil der Vektor jeweils nur ein Element hat, allerdings hätten wir mit dem gleichen Effekt auch `combined[c(3), c(3)]` schreiben können. Wichtig wird dieser Umstand aber, wenn wir wie eben neben den albanischen auch die algerischen Staatsausgaben selektieren möchten:

```
> combined[c(3,6), 3]
[1] 29.608 39.881
```

Hier müssen wir R nun explizit mitteilen, dass sich die beiden ersten Indizes auf die gleiche Dimension, nämlich die Zeilen unseres Dataframes beziehen. Das geschieht durch die Verbindung der Indexwerte zu einem Vektor.

Nun haben wir bislang stets ganz genau angegeben, welche Beobachtungen (Zeilen) und Variablen (Spalten) wir sehen wollen. Es könnte aber sein, dass Sie einfach die im Datensatz enthaltenen Daten für Albanien und Algerien sehen wollen, nicht nur die Staatsausgaben. Das könnten Sie natürlich so erreichen:

```
> combined[c(3,6), c(1,2,3,4,5)]
  ISO COUNTRY EXPEND CPIVAL CPIRANK
3 ALB Albania 29.608     36      88
6 DZA Algeria 39.881     36      88
```

Aber es ist schon ein wenig mühselig, alle Variablen, also Spalten, explizit anzugeben. Auch müssten Sie Ihre Indizierung erweitern, wenn Sie Ihrem Datensatz zusätzliche Variablen hinzufügen.

Bedeutend einfacher und robuster gegenüber Veränderungen der Variablen im Datensatz ist folgende Notation:

```
> combined[c(3,6),]
  ISO COUNTRY EXPEND CPIVAL CPIRANK
3 ALB Albania 29.608     36      88
6 DZA Algeria 39.881     36      88
```

Wie Sie sehen, haben wir einfach den Spaltenindex weggelassen! In diesem Fall selektiert R *alle* Spalten.

Genauso können wir mit den Zeilenindizes vorgehen. Um nun die dritte Variable, also die Staatsausgaben, im Datensatz anzeigen zu lassen, können Sie entweder die bekannte Anweisung `combined$EXPEND` verwenden oder aber folgende Selektion ausführen:

```
> combined[,3]
[1] 22.7772 40.8406 29.6080 31.9958 25.5672 39.8810
```

Genauso können Sie mehrere Variablen gleichzeitig abfragen:

```
> combined[,c(3,4)]
   EXPEND CPIVAL
1 22.7772     11
2 40.8406     15
3 29.6080     36
4 31.9958     32
5 25.5672     NA
6 39.8810     36
```

In diesem Fall wechselt R zu einer Darstellung, bei der die Vektoren senkrecht ausgegeben werden. So erhält man eher den Eindruck, wirklich einen Ausschnitt aus dem Gesamtdatensatz zu sehen.

Da wir den Zeilenindex oder den Spaltenindex weglassen können und R dann einfach alle Zeilen bzw. alle Spalten selektiert, können wir dann auch den Zeilenindex *und* den Spaltenindex weglassen? Selbstverständlich:

```
> combined[,]
  ISO             COUNTRY  EXPEND CPIVAL CPIRANK
1 AFG         Afghanistan 22.7772     11     166
2 AGO              Angola 40.8406     15     163
3 ALB             Albania 29.6080     36      88
4 ARG           Argentina 31.9958     32     107
5 ATG Antigua and Barbuda 25.5672     NA      NA
6 DZA             Algeria 39.8810     36      88
```

Damit wird der gesamte Datensatz ausgegeben, da alle Zeilen und alle Spalten selektiert werden. Die Anweisung `combined[,]` hat also die gleiche Wirkung wie `combined`.

Als Selektionsindizes können Sie natürlich auch Vektoren verwenden:

```
> v <- c(2:5)
> combined[v,]
  ISO             COUNTRY  EXPEND CPIVAL CPIRANK
2 AGO              Angola 40.8406     15     163
3 ALB             Albania 29.6080     36      88
4 ARG           Argentina 31.9958     32     107
5 ATG Antigua and Barbuda 25.5672     NA      NA
```

Hier erzeugen wir zunächst einen Vektor `v` und nutzen diesen dann als Zeilenindex zur Selektion der zweiten bis fünften Zeile unseres Datensatzes. Sie erinnern sich, dass die Formulierung `2:5` eine praktische Kurzschreibweise für `2,3,4,5` ist.

Selektion mit Bedingungen

Bislang haben wir stets mit Indexwerten selektiert, die konkrete Zahlen waren. Dieses Vorgehen erfordert, dass Sie sich genau anschauen, wo in Ihrem Datensatz die für Sie interessanten Informationen stehen, und deren »Koordinaten« dann mit Indizes beschreiben. Das ist in einem kleinen, überschaubaren Datensatz wie unserem `combined` noch möglich. Im Gesamtdatensatz mit 189 Beobachtungen und 18 Variablen ist dieser Ansatz kaum umsetzbar. Deshalb können Sie in R Daten auch dadurch selektieren, dass Sie allgemeine, logische Bedingungen formulieren, denen die zu selektierenden Daten genügen müssen. Angenommen, Sie wollten alle Länder selektieren, deren Staatsausgabenquote größer als 30 % des Bruttoinlandsprodukts ist. Das können Sie in R so erreichen:

```
> combined[combined$EXPEND > 30,]
  ISO   COUNTRY  EXPEND CPIVAL CPIRANK
2 AGO    Angola 40.8406     15     163
4 ARG Argentina 31.9958     32     107
6 DZA   Algeria 39.8810     36      88
```

Statt konkret anzugeben, dass wir die Zeilen 2, 4 und 6 des Datensatzes selektieren wollen, teilen wir R eine Bedingung mit, die jene Zeilen beschreibt, die uns interessieren. Die Bedingung lautet: `combined$EXPEND>30`.

Sie werden sehen, dass hinter dieser Bedingung eine weitere Art zu selektieren steckt, nämlich auf Basis von Wahrheitswerten. Der Ausdruck `combined$EXPEND>30` erzeugt einen Vektor von Wahrheitswerten, der für jede Zeile des Datensatzes angibt, ob die Bedingung erfüllt ist oder nicht. Das sieht man leicht, wenn man den Ausdruck einfach in die R-Konsole eingibt:

```
> combined$EXPEND > 30
[1] FALSE  TRUE FALSE  TRUE FALSE  TRUE
> class(combined$EXPEND > 30)
[1] "logical"
```

Wenn wir nun R als Zeilenindizierung nicht die Nummern der Zeilen angeben, die ausgewählt werden sollen, sondern einen Vektor mit Wahrheitswerten, selektiert R alle Zeilen, für die der Index den Wert `TRUE` hat. Einmal teilen wir R also ganz exakt mit, welche *Zeilennummern* wir selektieren möchten, und beim zweiten Ansatz sagen wir R für jede *einzelne Zeile, ob* wir sie selektieren möchten oder nicht.

Der Vorteil der Selektion über logische Indexvektoren ist natürlich, dass wir diese Indexvektoren über allgemein formulierte Bedingungen wie `combined$EXPEND>30` erzeugen können und eben noch nicht genau wissen müssen, in welchen Zeilen die für uns interessanten Daten stehen.

Die Selektionsbedingungen müssen nicht immer so einfach aufgebaut sein wie in unserem Beispiel. Sie können ohne Weiteres auch unterschiedliche Bedingungen miteinander verknüpfen. Angenommen, Sie wollten die Dateneinträge von Ländern sehen, die hohe Staatsausgaben und zugleich eine hohe wahrgenommene Korruption haben. Das würden Sie so bewerkstelligen:

```
> combined[combined$EXPEND > 30 & combined$CPIVAL < 20,]
  ISO COUNTRY  EXPEND CPIVAL CPIRANK
2 AGO  Angola 40.8406     15     163
```

Hier sehen Sie in den eckigen Klammern zwei Bedingungen: die altbekannte Bedingung bezüglich der Staatsausgaben und die Bedingung `combined$CPIVAL<20`, die alle Länder selektiert, deren *Corruption Perception Index* (CPI) kleiner als 20 ist (der CPI ist umso kleiner, je größer das wahrgenommene Ausmaß der Korruption ist). Beide Bedingungen sind durch das kaufmännische Und-Zeichen (&) verknüpft. Dieses wird in R als Zeichen für das logische UND verwendet. Die Gesamtbedingung ist also nur dann erfüllt, wenn beide Teilbedingungen erfüllt sind.

Sie können die Bedingungen natürlich auch durch ein logisches ODER verknüpfen. In diesem Fall ist die Gesamtbedingung genau dann erfüllt, wenn *mindestens eine* der Teilbedingungen erfüllt ist. Das logische ODER ist also nicht äquivalent zum umgangssprachlichen entweder … oder, bei dem *genau eine* der beiden Bedingungen erfüllt sein muss. Beim logischen ODER können auch beide Bedingungen erfüllt sein. Das logische ODER wird in R durch den horizontalen Strich (|) beschrieben. Mit logischem ODER würde unsere obige Abfrage also lauten:

```
> combined[combined$EXPEND > 30 | combined$CPIVAL < 20,]
    ISO     COUNTRY  EXPEND CPIVAL CPIRANK
1   AFG Afghanistan 22.7772     11     166
2   AGO      Angola 40.8406     15     163
```

```
4    ARG    Argentina 31.9958      32      107
NA <NA>          <NA>      NA      NA       NA
6    DZA      Algeria 39.8810      36       88
```

Überraschend erscheint zunächst die vierte Zeile der Ergebnisse, eine Zeile, die vollständig aus NA besteht. Diese Zeile gehört zum Inselstaat Antigua und Barbuda. Für Antigua und Barbuda haben wir keinen CPI-Wert, die Ausprägung an dieser Stelle ist also NA. Die Bedingung combined$CPIVAL<20, die auf diesem Wert aufsetzt, führt selbst zu NA, denn ein fehlender Wert – und nichts anderes bedeutet NA, das ein Missing repräsentiert – kann nicht im Sinne einer Bedingung ausgewertet werden. Die erste Teilbedingung, combined$EXPEND>30, ist für Antigua und Barbuda mit einem Staatsausgabenanteil von etwas über 25 % nicht erfüllt. Beide Bedingungen sind mit logischem ODER verknüpft. Aufgrund des Staatsausgabenanteils allein dürften Antigua und Barbuda also nicht zu den Ergebnissen zählen. Also muss die zweite Teilbedingung zurate gezogen werden. Die aber ist NA. Über ihren Wahrheitswert kann keine Aussage getroffen werden. Ob Antigua und Barbuda nun also die Gesamtbedingung erfüllen, ist nicht auswertbar. Daher schreibt R eine NA-Zeile in die Ergebnisse.

Beachten Sie, dass bei der Verknüpfung der beiden Bedingungen mit logischem UND keine NA-Zeile auftritt. Das liegt daran, dass R in diesem Fall die Gesamtbedingung sehr wohl auswerten kann, obwohl die zweite Teilbedingung combined$EXPEND>30 immer noch NA ist. Denn die erste Teilbedingung combined$EXPEND>30 ist für Antigua und Barbuda nicht erfüllt. Folglich kann, da beide Teilbedingungen mit logischem UND verknüpft sind, auch die Gesamtbedingung nicht erfüllt sein. Schon vor der Auswertung der zweiten Bedingung ist klar, dass die Gesamtbedingung niemals den Wert TRUE annehmen wird. Daher schreibt R *keine* Zeile für Antigua und Barbuda in die Ergebnisse. Das ist bei der obigen Verknüpfung der beiden Teilaussagen mit logischem ODER anders. Hier kann R allein auf Grundlage der auswertbaren Bedingung (combined$EXPEND>30) nicht sagen, ob die Gesamtbedingung erfüllt sein wird oder nicht. Das hängt von der zweiten Teilbedingung ab, aber die ist ja nicht auswertbar. Wäre dagegen der EXPEND-Wert für Antigua und Barbuda größer als 30, würde das Land in den Ergebnissen auftauchen. Denn dann wäre schon aufgrund der Teilbedingung combined$EXPEND>30 klar, dass Antigua und Barbuda zur Ergebnismenge gehören müssen, die nicht auswertbare zweite Teilbedingung wäre irrelevant.

Um die etwas unschöne NA-Zeile zu vermeiden, können Sie die Bedingung ein wenig modifizieren:

```
> combined[combined$EXPEND > 30 | (combined$CPIVAL < 20 & !is.na(combined$CPIVAL)),]
  ISO     COUNTRY  EXPEND CPIVAL CPIRANK
1 AFG Afghanistan 22.7772     11     166
2 AGO      Angola 40.8406     15     163
4 ARG   Argentina 31.9958     32     107
6 DZA     Algeria 39.8810     36      88
```

Hier sehen Sie gleich mehrere interessante Neuerungen: Zum einen nutzt die Bedingung Klammern, um die Vorrangigkeit der Auswertung der inneren Ausdrücke zu gewährleisten. Zum zweiten haben wir die hintere Teilbedingung um die mit UND verknüpfte Komponente `!is.na(combined$CPIVAL)` erweitert. Wie Sie aus Kapitel 3 aus dem Abschnitt »Mit Missings umgehen« auf Seite 46 wissen, ist `is.na` eine Funktion, die prüft, ob der ihr als Argument übergebende Wert `NA`, also ein Missing ist. Das Ausrufezeichen ist der Negationsoperator, er dreht den Wahrheitswert einer Aussage herum. Daher ist `!is.na(combined$CPIVAL)`genau dann wahr, wenn `combined$CPIVAL` kein `NA` ist. Die Teilaussage `(combined$CPIVAL<20 & !is.na(combined$CPIVAL))` ist also auf jeden Fall `FALSE`, wenn `combined$CPIVAL` den Wert `NA` annimmt. Denn wenn `combined$CPIVAL` `NA` ist, ist `!is.na(combined$CPIVAL)` automatisch `FALSE`, und die aus diesen beiden Teilbedingungen (mit logischem UND) zusammengesetzte Gesamtbedingung kann nur noch `FALSE` sein, obwohl R die Teilbedingung `combined$CPIVAL<20` nicht auswerten kann. Wenn aber die gesamte hintere Teilbedingung `(combined$CPIVAL<20 & !is.na(combined$CPIVAL))` immer entweder `TRUE` oder `FALSE`, aber niemals `NA` ist, kann auch die Gesamtbedingung `combined$EXPEND>30 | (combined$CPIVAL<20 & !is.na(combined$CPIVAL))` immer ausgewertet werden. Daher kann für jede Datenzeile genau entschieden werden, ob sie zu der Ergebnismenge gehört oder nicht. Dementsprechend werden Antigua und Barbuda nicht in den Ergebnissen angezeigt, und es wird auch keine `NA`-Zeile ausgegeben.

Wir haben uns bisher die Ergebnisse unserer Selektionen immer in der R-Konsole ausgeben lassen. Tatsächlich können Sie aber auch einfach einen neuen Dataframe erzeugen, der die Ergebnisse aufnimmt:

```
> selection <- combined[combined$EXPEND > 30 &
  combined$CPIVAL < 20,]
```

Daten rekodieren

In diesem Abschnitt erfahren Sie,

- wie Sie die Levels, das heißt die Ausprägungen einer kategorialen Variablen (Faktor), umbenennen können,
- wie Sie Levels eines Faktors zusammenfassen können.

Folgende R-Funktion wird in diesem Abschnitt behandelt:

- **`levels`**`()`: Wird in diesem Abschnitt dazu verwendet, die Ausprägungen eines Faktors zu bearbeiten (statt wie bisher einfach nur anzuzeigen).

Der Einsatz von Bedingungen ist nicht nur interessant, wenn Sie Daten in einen Datensatz selektieren wollen, um diese Daten in einen Extradatensatz herauszulösen, sondern auch, wenn Sie gezielt Werte Ihrer Variablen in Ihrem Datensatz ändern wollen.

Schauen wir uns dazu folgenden Auszug aus unserem Beispieldatensatz an:

```
> xauswahl <- x[c(62,110,143,179,178), c(1:3,7,16)]
> xauswahl
    ISO      COUNTRY  EXPEND          INCOMEGROUP WOMENPARL
62  DEU      Germany 45.3770    High income: OECD     33.58
110 MEX       Mexico 27.5470  Upper middle income     30.72
143 SAU Saudi Arabia 34.6694 High income: nonOECD      3.98
170 TGO         Togo 23.9104           Low income     11.96
178 UKR      Ukraine 47.7516  Lower middle income      8.56
```

Wie Sie sehen, erzeugen wir hier einen Teildatensatz namens `xauswahl` durch eine Selektion von Zeilen (nämlich der Zeilen `62`, `110`, `181`, `170`, `178`) und Spalten, also Variablen (und zwar der Spalten `1` bis `3` sowie `7` und `16`). Statt `1:3` hätten wir natürlich auch `1,2,3` schreiben können.

Die Variable `INCOMEGROUP` ist eine Faktorvariable, die das Einkommenslevel der Länder gemäß Klassifikation der Weltbank angibt. Sie erinnern sich aus Kapitel 3, Abschnitt »Datentypen von Variablen ermitteln und konvertieren« auf Seite 40, dass Sie mit

```
> class(xauswahl$INCOMEGROUP)
[1] "factor"
```

leicht feststellen können, dass es sich bei der Variablen um einen Faktor handelt und dass Sie sich mit

```
> levels(xauswahl$INCOMEGROUP)
[1] "High income: nonOECD" "High income: OECD"
[3] "Low income"  "Lower middle income"  "Upper middle income"
```

die Ausprägungen des Faktors, die sogenannten *Levels*, anzeigen lassen können. Wenn Sie Daten mithilfe der Funktion `read.table` einlesen, erzeugt R aus Spalten der Quelldatei, die Zeichenketten enthalten, standardmäßig Faktorvariablen. Das ergibt im vorligenden Fall auch Sinn. Wollen Sie die Zeichenketten der Quelldatei aber als Character-Variablen einlesen, was regelmäßig dann der Fall ist, wenn es sich nicht um eine Kategorisierung handelt, sondern um andere textuelle Informationen, zum Beispiel Personennamen, müssen Sie beim Aufruf von `read.table` das optionale Argument `stringsAsFactors` auf `FALSE` setzen.

Die Weltbankklassifizierung unterscheidet bei den High-Income-Ländern nach OECD- und Nicht-OECD-Mitgliedsländern. Das könnte für Ihre Untersuchung aber vollkommen unerheblich sein. Vielleicht ist für Sie nur interessant, ob ein Land überhaupt zur Klasse der High-Income-Länder gehört – unabhängig von seiner OECD-Mitgliedschaft. Um nun die Unterscheidung zwischen OECD- und Nicht-OECD-Ländern zu beseitigen, müssen wir die Ausprägungen der Variablen anpassen. Man spricht auch von *Rekodieren*.

Die beiden High-Income-Länder in unserem kleinen Datensatz sind Deutschland und Saudi-Arabien. Diesen wollen wir nun für die Variable `INCOMEGROUP` ein neues Faktorlevel `High income` zuordnen. Da wir diese Operation natürlich nicht nur auf

Deutschland und Saudi-Arabien anwenden wollen, sondern auf alle Länder, die als Ausprägung von INCOMEGROUP entweder High income: OECD oder High income: nonOECD haben, wäre es naheliegend, diese Beobachtungen zu selektieren und ihnen die neue Ausprägung zuzuweisen:

```
> xauswahl[xauswahl$INCOMEGROUP == "High income: OECD" |
  xauswahl$INCOMEGROUP == "High income: nonOECD", 4] <-
  "High income"
Warning message:
In `[<-.factor`(`*tmp*`, iseq, value = c("High income", "High income",  : invalid
factor level, NA generated
```

Hier selektieren wir zunächst alle Beobachtungen, bei denen die Variable INCOMEGROUP die für uns interessanten Ausprägungen hat, und sprechen die vierte Spalte in unserem Datensatz, also wiederum die Variable INCOMEGROUP an. Die so selektierten Ausprägungen von INCOMEGROUP versuchen wir, auf den Wert High income zu ändern. Das lässt R aber nicht zu, denn High income ist kein gültiges Level der Variablen INCOMEGROUP. Hier sehen Sie noch mal deutlich den Unterschied zwischen Faktoren und Zeichenketten. Wäre INCOMEGROUP eine Zeichenkette, also in R-Terminologie eine Character-Variable, hätte die obige Zuweisung überhaupt keine Probleme verursacht. Bei einem Faktor sind aber eben nur seine Levels als Ausprägungen zulässig. Wenn wir die konkreten Ausprägungen der Faktorvariablen in unserem Datensatz ändern wollen, müssen wir also direkt die Levels des Faktors ändern. Wie wir oben gesehen haben, gibt der Aufruf levels(xauswahl$INCOMEGROUP) die möglichen Ausprägungen als Vektor zurück. Genauso wie die Funktion length, die Sie im Zusammenhang mit Vektoren bereits kennengelernt haben, kann die Funktion levels nicht nur verwendet werden, um eine Eigenschaft (hier eben die Faktorlevels) einer Variablen anzuzeigen, sondern auch, um diese Eigenschaft zu verändern. Dazu müssen Sie der Funktion, die eigentlich ja dazu gedacht ist, einen Wert *zurückzugeben*, lediglich einen Wert *zuweisen*:

```
> levels(xauswahl$INCOMEGROUP)
[1] "High income: nonOECD" "High income: OECD"    "Low income"
[4] "Lower middle income"  "Upper middle income"
> levels(xauswahl$INCOMEGROUP)[1] <- "High income"
> levels(xauswahl$INCOMEGROUP)[2] <- "High income"
> levels(xauswahl$INCOMEGROUP)
[1] "High income" "Low income" "Lower middle income"
[4] "Upper middle income"
```

Zunächst lassen wir uns die Levels noch mal anzeigen. Die beiden High-Income-Levels, die wir jetzt modifizieren wollen, befinden sich in dem von levels zurückgegebenen Vektor an den Positionen 1 und 2. Diesen Vektorelementen weisen wir nun die neue Ausprägung High income zu. Dabei referenziert levels(xauswahl$INCOMEGROUP)[1] auf das erste Element des von levels zurückgegebenen Vektors. Hier sehen Sie, dass Sie mit der Rückgabe von levels genau so wie mit jedem anderen Vektor arbeiten können. Die Besonderheit liegt an dieser Stelle allerdings eben darin, dass die Änderung des Rückgabewerts der Funktion levels eine Änderung der von levels abgefragten Eigenschaft der Variablen, nämlich der Faktorlevels, zur Folge hat. Wie Sie nach dem erneuten Aufruf von levels sehen, hat die Änderung tatsächlich funktioniert. Die beiden Levels High income: OECD und High income: nonOECD existieren nicht mehr, stattdessen gibt nur noch ein Level, nämlich High income. Diese Änderung ist auch in unserem Datensatz angekommen, wovon Sie sich leicht überzeugen können:

```
> xauswahl
    ISO      COUNTRY  EXPEND          INCOMEGROUP WOMENPARL
62  DEU      Germany 45.3770          High income     33.58
110 MEX       Mexico 27.5470 Upper middle income     30.72
143 SAU Saudi Arabia 34.6694          High income      3.98
170 TGO         Togo 23.9104           Low income     11.96
178 UKR      Ukraine 47.7516 Lower middle income      8.56
```

Beachten Sie, dass wir bei diesem Rekodieren ein neues Faktorlevel geschaffen haben. Einfacher ist die Situation, wenn Sie lediglich die Ausprägungen einiger Beobachtungen auf ein bestehendes Faktorlevel ändern wollen. Zum Beispiel könnten wir die beiden Ausprägungen Low income und Lower middle income zusammenfassen, indem wir einfach Lower middle income auf Low income umkodieren. Da das Level Low income bereits existiert, können Sie hier tatsächlich eine einfache Zuweisung verwenden:

```
> xauswahl[xauswahl$INCOMEGROUP == "Lower middle income", 4]
  <- "Low income"
> xauswahl
    ISO      COUNTRY  EXPEND          INCOMEGROUP WOMENPARL
62  DEU      Germany 45.3770    High income: OECD     33.58
110 MEX       Mexico 27.5470  Upper middle income     30.72
143 SAU Saudi Arabia 34.6694 High income: nonOECD      3.98
170 TGO         Togo 23.9104           Low income     11.96
178 UKR      Ukraine 47.7516           Low income      8.56
```

Bei dieser Anweisung müssen Sie natürlich wissen, dass INCOMEGROUP die vierte Variable im Datensatz ist. Da das dafür erforderliche »Abzählen« bei Datensätzen mit vielen Variablen entsprechend mühsam werden kann, können Sie stattdessen auch direkt über den Namen der Variablen zugreifen:

```
> xauswahl$INCOMEGROUP[xauswahl$INCOMEGROUP == "Lower middle income"] <- "Low
income"
```

Hier selektieren Sie aus dem Vektor xauswahl$INCOMEGROUP all diejenigen Fälle, in denen die Variable selbst die Ausprägung Lower middle income hat, und weisen ihnen den neuen Wert zu. Der Vorteil dieser Notation ist natürlich nicht zuletzt die bessere Lesbarkeit Ihres R-Codes, denn Sie sehen unmittelbar, welche Variable hier bearbeitet wird.

Ein Wort der Vorsicht zum Abschluss: Beachten Sie, wenn Sie mit Levels von Faktoren arbeiten, die Groß- und Kleinschreibung. Für R sind Lower middle income und Lower middle income zwei verschiedene Faktorlevels!

Daten klassieren

In diesem Abschnitt erfahren Sie,

- wie Sie die Werte einer Vektors zu Abschnitten zusammenfassen und daraus eine neue, kategoriale Variable erzeugen können.

Folgende R-Funktionen werden in diesem Abschnitt behandelt:

- **cut()**: Unterteilt den Wertebereich eines Vektors gemäß Ihren Vorgaben in Abschnitte und übersetzt den Originalvektor in eine Faktorvariable, die diese Abschnitte widerspiegelt.
- **as.factor()**: Erzeugt aus einem Vektor eine Faktorvariable.

Manchmal möchte man eine metrische Variable (z. B. das Wachstum des Bruttoinlandsprodukts) künstlich in Bereiche – oder *Klassen* – einteilen, um sie besser auswerten zu können. So entsteht eine neue Variable mit wenigen diskreten Ausprägungen. Die Einteilung der Länder nach dem Einkommensniveau ist ein Beispiel für eine solche Klassierung.

R bietet mit der Funktion cut einen einfachen Weg, eine Variable zu klassieren. Betrachten wir als Beispiel den Frauenanteil in den nationalen Parlamenten, den wir in unserem Beispieldatensatz in der Variablen WOMENPARL abgebildet haben. Wenn Sie statt des genauen Prozentsatzes lieber eine Einteilung in wenige Klassen verwenden wollen, können Sie die Variable wie folgt klassieren:

```
> xauswahl$WOMENPARL.F <- cut(xauswahl$WOMENPARL,
  breaks = c(0,10,25,50,100), labels = c("sehr niedrig",
  "niedrig", "mittel", "hoch"))
> xauswahl
    ISO      COUNTRY  EXPEND WOMENPARL  WOMENPARL.K
62  DEU      Germany 45.3770     33.58       mittel
110 MEX       Mexico 27.5470     30.72       mittel
143 SAU Saudi Arabia 34.6694      3.98 sehr niedrig
170 TGO         Togo 23.9104     11.96      niedrig
178 UKR      Ukraine 47.7516      8.56 sehr niedrig
```

Hier erzeugen wir in unserem Datensatz xauswahl – den wir zuvor um die Variable INCOMEGROUP reduziert haben, um die Ergebnisse besser darstellen zu können – eine neue Variable namens WOMENPARL.F (das F deutet an, dass die Variable ein Faktor ist). Das erste Argument der Funktion cut ist die Variable, die klassiert werden soll. Das zweite Argument, breaks, ist ein Vektor, der die Klassengrenzen enthält. In unserem Beispiel reicht also die erste Klasse von 0 bis 10, die zweite von 10 bis 25 und so weiter. Wenn Sie statt eines Vektors nur einen einzigen Wert angeben, bestimmt R die Klassengrenzen selbst und schneidet den Wertebereich der zu klassierenden Variablen zwischen dem kleinsten und dem größten im Datensatz auftretenden Wert gleichmäßig in die von Ihnen angegebene Zahl von Klassen. Das letzte Argument, labels, ist ein Vektor mit den Namen der Klassen, das heißt den Faktorlevels. Dieses Argument ist optional, kann also weggelassen werden. In diesem Fall benennt R die Faktorlevels automatisch:

```
> xauswahl$WOMENPARL.K <- cut(xauswahl$WOMENPARL,
  breaks = c(0,10,25,50,100))
> xauswahl
    ISO      COUNTRY  EXPEND WOMENPARL WOMENPARL.K
62  DEU      Germany 45.3770     33.58     (25,50]
110 MEX       Mexico 27.5470     30.72     (25,50]
143 SAU Saudi Arabia 34.6694      3.98      (0,10]
170 TGO         Togo 23.9104     11.96     (10,25]
178 UKR      Ukraine 47.7516      8.56      (0,10]
```

In der Ausgabe des Ergebnisses oben sehen Sie an der mathematisch üblichen Darstellung der Intervallgrenzen, dass die Klassen stets nach links offen und nach rechts geschlossen sind. Deutschland fällt also in das Intervall mit einem Frauenanteil im Parlament von (echt) größer 25 % und höchstens (einschließlich) 50 %. Wollen Sie die Intervalle stattdessen links geschlossen und rechts offen haben, können Sie das der Funktion `cut` mit dem optionalen Argument `right` mitteilen, das in diesem Fall den Wert `FALSE` annehmen muss. Der Funktionsaufruf würde dann lauten:

```
> xauswahl$WOMENPARL.K <- cut(xauswahl$WOMENPARL,
  breaks = c(0,10,25,50,100), right = FALSE)
```

Anstatt die praktische Funktion `cut` zu verwenden, hätte man auch manuell eine Variable anlegen und ihr durch Anwendung geeigneter Selektionen die entsprechenden Ausprägungen zuweisen können:

```
> xauswahl$WOMENPARL.K2[xauswahl$WOMENPARL < 10] <- "Sehr niedrig"
> xauswahl$WOMENPARL.K2[xauswahl$WOMENPARL >= 10 & xauswahl$WOMENPARL <= 25]
  <- "Niedrig"
> xauswahl$WOMENPARL.K2[xauswahl$WOMENPARL < 10] <- "Sehr niedrig"
> xauswahl$WOMENPARL.K2[xauswahl$WOMENPARL >= 10 & xauswahl$WOMENPARL < 25]
  <- "Niedrig"
> xauswahl$WOMENPARL.K2[xauswahl$WOMENPARL >= 25 & xauswahl$WOMENPARL < 50]
  <- "Mittel"
> xauswahl$WOMENPARL.K2[xauswahl$WOMENPARL > 50] <- "Hoch"
> xauswahl
    ISO      COUNTRY  EXPEND WOMENPARL WOMENPARL.K WOMENPARL.K2
62  DEU      Germany 45.3770     33.58 (26.2,33.6]       Mittel
110 MEX       Mexico 27.5470     30.72 (26.2,33.6]       Mittel
143 SAU Saudi Arabia 34.6694      3.98 (3.95,11.4] Sehr niedrig
170 TGO         Togo 23.9104     11.96 (11.4,18.8]      Niedrig
178 UKR      Ukraine 47.7516      8.56 (3.95,11.4] Sehr niedrig
```

Dieser Weg ist ungleich aufwendiger. Zudem erzeugen Sie so lediglich einen Character-Vektor, keinen Faktor. Wenn die Variable `WOMENPARL.K2` ein Faktor sein soll, muss sie noch mithilfe der Funktion `as.factor` in einen Faktor konvertiert werden:

```
> class(xauswahl$WOMENPARL.K2)
[1] "character"
> xauswahl$WOMENPARL.K2 <- as.factor(xauswahl$WOMENPARL.K2)
> class(xauswahl$WOMENPARL.K2)
[1] "factor"
```

Manchmal möchte man aber einfach nur eine binäre Variable generieren, die anzeigt, ob der Wert einer anderen Variablen in einem bestimmten Bereich liegt. Zum Beispiel könnten wir eine (logische) Variable erzeugen, die den Wert TRUE annimmt, wenn der Frauenanteil im Parlament kleiner oder gleich 25 % ist, und FALSE, falls er bei mehr als 25 % liegt:

```
> xauswahl$WOMENPARL.KLEINER25 <- xauswahl$WOMENPARL <= 25
```

Auf der rechten Seite der Zuweisung steht ein logischer Ausdruck, xauswahl$WOMENPARL<=25. R wertet diesen Ausdruck für alle Beobachtungen aus und schreibt das Ergebnis in die Variable WOMENPARL.KLEINER25. Auf diese Weise lässt sich im Handumdrehen eine Variable in zwei Klassen gruppieren. Das Ergebnis ist ein Vektor logischer Werte, der wiederum mit as.factor in einen Faktor (mit zwei Levels) konvertiert werden könnte.

Duplikate bereinigen

In diesem Abschnitt erfahren Sie,

- wie Sie Duplikate (das heißt komplett identische Beobachtungen) in einem Dataframe aufspüren können,
- wie Sie Duplikate aus einem Dataframe entfernen können.

Folgende R-Funktionen werden in diesem Abschnitt behandelt:

- **duplicated**(): Gibt einen Vektor von Wahrheitswerten zurück, der pro Beobachtung im Dataframe anzeigt, ob die Beobachtung mindestens zum zweiten Mal vorkommt (das erste Vorkommen wird nicht als Duplikat markiert).
- **unique**(): Gibt für einen Dataframe die eindeutigen (das heißt Nicht-Duplikat-)Beobachtungen als neuen Dataframe zurück.

Oftmals ist das Auftreten von Duplikaten, also identischen Beobachtungen, in Ihrem Datensatz unerwünscht. R bietet mit der Funktion duplicated eine einfache Möglichkeit, Duplikate zu finden.

In unserem Datensatz hat jedes Land genau einen Eintrag. Um den Umgang mit Duplikaten zu demonstrieren, wurde deshalb im Teildatensatz xauswahl, den wir schon im vorherigen Abschnitt verwendet haben, ein Duplikat hinzugefügt (Saudi-Arabien).

```
> xauswahl
    ISO      COUNTRY  EXPEND WOMENPARL
62  DEU      Germany 45.3770     33.58
110 MEX       Mexico 27.5470     30.72
143 SAU Saudi Arabia 34.6694      3.98
170 TGO         Togo 23.9104     11.96
```

```
178   UKR      Ukraine 47.7516       8.56
143.1 SAU Saudi Arabia 34.6694       3.98
```

Die Funktion duplicated gibt Ihnen einen Vektor von Wahrheitswerten zurück, der die gleiche Länge wie die Variablen Ihres Datensatzes haben und der genau dort TRUE annimmt, wo ein Duplikat vorliegt:

```
> duplicated(xauswahl)
[1] FALSE FALSE FALSE FALSE FALSE  TRUE
```

Wie Sie sehen, wird nur einer der beiden zum Duplikat gehörenden Beobachtungen markiert (nämlich der letzte) und nicht beide.

Das gibt Ihnen eine einfache Möglichkeit, Duplikate aus einem Datensatz zu entfernen:

```
> xauswahl.ohnedupl <- xauswahl[!duplicated(xauswahl),]
```

Hier selektieren wir aus dem Datensatz xauswahl diejenigen Zeilen, die die Bedingung !duplicated(xauswahl) erfüllen. Mit dem Negationsoperator (!) drehen wir dabei zunächst die Wahrheitswerte herum, die von der Funktion duplicated zurückgegeben werden, sodass nun die Elemente des Vektors den Wert TRUE tragen, an deren Position im Datensatz kein Duplikat steht. Den auf diese Weise generierten Vektor verwenden wir als Index und selektieren aus dem Datensatz xauswahl alle Werte, für die der Index TRUE ist. Die Duplikate sind so entfallen.

Noch einfacher ist die Entfernung von Duplikaten mit der Funktion unique. Diese gibt aus einem Dataframe nur die Zeilen zurück, die kein Duplikat sind:

```
> unique(xauswahl)
    ISO      COUNTRY  EXPEND WOMENPARL
62  DEU      Germany 45.3770     33.58
110 MEX       Mexico 27.5470     30.72
143 SAU Saudi Arabia 34.6694      3.98
170 TGO         Togo 23.9104     11.96
178 UKR      Ukraine 47.7516      8.56
```

Beachten Sie also, dass die Rückgaben von duplicated und unique sehr unterschiedlich sind. Während duplicated einen Vektor von Wahrheitswerten zurückgibt, der anzeigt, welche Beobachtungen Duplikate sind, gibt unique direkt den um Duplikate bereinigten Gesamtdatensatz zurück.

Sowohl duplicated als auch unique lassen sich natürlich nicht nur auf ganze Datensätze, sondern in gleicher Weise auch auf einzelne Variablen anwenden:

```
> unique(xauswahl$COUNTRY)
[1] Germany      Mexico       Saudi Arabia Togo         Ukraine
189 Levels: Afghanistan Albania Algeria Angola Antigua and Barbuda Argentina
Armenia Australia ... Zimbabwe
> duplicated(xauswahl$COUNTRY)
[1] FALSE FALSE FALSE FALSE FALSE TRUE
```

Daten sortieren

In diesem Abschnitt erfahren Sie,

- wie Sie eine Variable (einen einzelnen Vektor) nach ihren Werten sortieren,
- wie Sie einen ganzen Datensatz nach den Werten einer oder mehrerer seiner Variablen sortieren.

Folgende R-Funktionen werden in diesem Abschnitt behandelt:

- **sort**(): Sortiert eine Variable nach ihren Werten.
- **order**(): Erzeugt eine Sequenz von Indexwerten, die die Sortierreihenfolge eines Datensatzes angeben, wenn man ihn nach einer oder mehreren Variablen sortiert; wird zum Sortieren von ganzen Datensätzen eingesetzt

Für die R-Funktionen, die wir im Rahmen dieses Buchs einsetzen, ist es unerheblich, in welcher Reihenfolge die einzelnen Datensätze in Ihrem Dataframe stehen. Allerdings kann es hilfreich sein, den Datensatz in geeigneter Weise zu sortieren, wenn Sie sich die Rohdaten direkt anschauen möchten.

Das Sortieren von einzelnen Variablen ist in R sehr einfach. Betrachten wir wieder den Teildatensatz `xauswahl`, den wir bereits in den vorangegangenen beiden Abschnitten verwendet haben:

```
> sort(xauswahl$WOMENPARL)
[1] 3.98  8.56 11.96 30.72 33.58
```

R gibt die aufsteigend sortierten Werte der Variablen `WOMENPARL` zurück. Mit dem optionalen Argument `decreasing` (absteigend) lässt sich die Sortierreihenfolge umkehren:

```
> sort(xauswahl$WOMENPARL, decreasing = TRUE)
[1] 33.58 30.72 11.96  8.56  3.98
```

Besonders aussagekräftig ist diese Sortierung ohne Zuordnung der Werte zu den Ländern allerdings nicht. Um ein aussagekräftigeres Bild zu erhalten, müssten wir die anderen Variablen des Datensatzes mit einbeziehen, mithin also den gesamten Datensatz nach den Werten der Variablen `WOMENPARL` sortieren lassen.

Leider ist das Sortieren von Datensätzen in R nicht sehr intuitiv. Gehen wir Schritt für Schritt vor.

```
> xauswahl
    ISO      COUNTRY  EXPEND WOMENPARL  WOMENPARL.K
62  DEU      Germany 45.3770     33.58       mittel
110 MEX       Mexico 27.5470     30.72       mittel
143 SAU Saudi Arabia 34.6694      3.98 sehr niedrig
170 TGO         Togo 23.9104     11.96      niedrig
178 UKR      Ukraine 47.7516      8.56 sehr niedrig
> ind <- order(xauswahl$WOMENPARL)
```

```
> ind
[1] 3 5 4 2 1
```

Zunächst erzeugen wir mit order einen Vektor ind mit Indexwerten. Auf jeder Position innerhalb des Vektors steht der Index des Originaldatensatzes, der entsprechend der Sortierung an dieser Position stehen müsste. Das erste Element des Vektors ist in unserem Beispiel 3. Das heißt, wenn nach der Variablen WOMENPARL sortiert wird, müsste der dritte Datensatz (nämlich der von Saudi-Arabien) ganz oben stehen. An zweiter Stelle müsste der Datensatz stehen, der im aktuellen Dataframe die Position 5 (Ukraine) hat, und so weiter.

Diesen Indexvektor nutzen wir jetzt im nächsten Schritt, um die Reihenfolge der Zeilen im Originaldatensatz anzupassen:

```
> xauswahl[ind,]
    ISO      COUNTRY  EXPEND WOMENPARL  WOMENPARL.K
143 SAU Saudi Arabia 34.6694      3.98 sehr niedrig
178 UKR      Ukraine 47.7516      8.56 sehr niedrig
170 TGO         Togo 23.9104     11.96      niedrig
110 MEX       Mexico 27.5470     30.72       mittel
62  DEU      Germany 45.3770     33.58       mittel
```

Dieses Vorgehen ist ein Beispiel für eine Indizierung mit festen Werten, wie Sie sie bereits zuvor kennengelernt haben.

Auch bei order können Sie die Reihenfolge der Sortierung natürlich wieder umdrehen. Ebenso wie bei sort gibt es das Argument decreasing, das zu einer absteigenden Sortierreihenfolge führt, wenn Sie es auf TRUE setzen.

Indem Sie bei order mehrere Variablen angeben, nach denen sortiert werden soll, können Sie festlegen, wie Datensätze, die bezüglich der ersten Sortiervariablen gleich sind, sortiert werden sollen.

```
> xauswahl[order(xauswahl$WOMENPARL.K, xauswahl$EXPEND,
  decreasing = TRUE),]
    ISO      COUNTRY  EXPEND WOMENPARL  WOMENPARL.K
62  DEU      Germany 45.3770     33.58       mittel
110 MEX       Mexico 27.5470     30.72       mittel
170 TGO         Togo 23.9104     11.96      niedrig
178 UKR      Ukraine 47.7516      8.56 sehr niedrig
143 SAU Saudi Arabia 34.6694      3.98 sehr niedrig
```

Hier haben wir auf den Zwischenschritt, zunächst eine Indexvariable ind zu berechnen, verzichtet, und die Funktion order direkt als Index verwendet. Sortiert wird primär nach der Variablen WOMENPARL.K, der Kategorie des Frauenanteils im Parlament. Ist diese aber für zwei Beoabchtungen gleich, wird mit EXPEND, der Höhe der Staatsausgaben, ein zweites Kriterium zur Sortierung herangezogen.

Mit sort und order können Sie natürlich nicht nur numerische Variablen – wie in den vorangegangenen Beispielen – sortieren, sondern auch Zeichenketten. Dabei gilt:

- Kleinbuchstaben kommen bei absteigender Sortierung stets *vor* Großbuchstaben,

- Umlaute jeweils *hinter* den Vokalen, aus denen sie hervorgegangen sind (also beispielsweise *ü* hinter *u*),
- Sonderzeichen, wie der Bindestrich oder der Unterstrich, *vor* den Buchstaben und
- Ziffern *hinter* den Sonderzeichen, aber *vor* den Buchstaben.

Betrachten Sie dazu das folgende Beispiel. Hier verwenden wir `letters` und `LETTERS`, zwei Zeichenkettenvektoren, die in R standardmäßig verfügbar sind und die Buchstaben des lateinischen Alphabets enthalten (allerdings ohne Umlaute). Aus diesen beiden Vektoren und einigen weiteren Zeichen setzen wir einen neuen Character-Vektor zusammen, den wir dann mit `sort` sortieren:

```
> zeichen<-c(letters, LETTERS, "ü", "Ü","ä","Ä","ö","Ö","#","-
  ","_","*","0","1","10")
> sort(zeichen)
 [1] "-"  "#"  "*"  "_"  "0"  "1"  "10" "a"  "A"  "ä"  "Ä"  "b"
[13] "B"  "c"  "C"  "d"  "D"  "e"  "E"  "f"  "F"  "g"  "G"  "h"
[25] "H"  "i"  "I"  "j"  "J"  "k"  "K"  "l"  "L"  "m"  "M"  "n"
[37] "N"  "o"  "O"  "ö"  "Ö"  "p"  "P"  "q"  "Q"  "r"  "R"  "s"
[49] "S"  "t"  "T"  "u"  "U"  "ü"  "Ü"  "v"  "V"  "w"  "W"  "x"
[61] "X"  "y"  "Y"  "z"  "Z"
```

Anhand dieses R-Outputs können Sie die oben beschriebenen Regeln zur Sortierreihenfolge der einzelnen Zeichentypen leicht nachvollziehen.

Geänderten Datensatz speichern

In diesem Abschnitt erfahren Sie,

- wie Sie einen Datensatz (Dataframe), den Sie in R bearbeitet haben, in eine Datei zurückschreiben können und dabei die tpyischen »Fallen«, wie falsch angegebene Spaltentrennzeichen, umgehen.

Folgende R-Funktion wird in diesem Abschnitt behandelt:

- **`write.table()`**: Schreibt einen Dataframe in eine Datei.

In diesem Kapitel haben wir uns bislang damit beschäftigt, wie Sie Ihren Datensatz für die eigentliche Analysearbeit vorbereiten können. Diese Vorbereitungen haben wir ausschließlich mit R durchgeführt, jeder Schritt ist durch den R-Code dokumentiert und könnte jederzeit wiederholt werden. Insofern besteht auf den ersten Blick eigentlich wenig Grund, die Änderungen an den Daten selbst zu speichern. Es gibt jedoch mindestens zwei Situationen, in denen eine dauerhafte Sicherung der Änderungen durchaus Sinn ergeben kann: zum einen, wenn Sie den Datensatz ohne die R-Skripte weitergeben möchten (z. B. indem Sie ihn im Internet der interessierten Öffentlichkeit zur Verfügung stellen), und zum anderen, wenn das Ausführen der Operationen im Zuge der Vorbereitung Ihrer Daten sehr lange dauert. Das ist zwar bei den in diesem Kapitel vorgestellten Arten der Datenbearbeitung kaum zu erwarten, es gibt aber, wenn Sie sehr komplexe Datentransformationen programmieren (die typischerweise auch von komplexeren R-Programme ausgeführt werden), durchaus Situationen, in denen man nicht jedes Mal so lange warten möchte, bis R die Schritte zur Datenvorbereitung ausgeführt hat. Dann ist es praktisch, den bereits vorbereiteten Datensatz einfach zu laden.

Deshalb schauen wir uns zum Abschluss des Kapitels in diesem Abschnitt noch an, wie Sie den geänderten Datensatz speichern können.

Analog zu der im Abschnitt »Importieren der Daten« auf Seite 61 besprochenen Funktion `read.table` können Sie mit `write.table` Daten in eine Datei zurückschreiben.

```
> write.table(xauswahl,file = "datensatz.txt", sep = ";",
  na = "", dec = ",", row.names = FALSE)
```

Die Funktion `write.table` erwartet als Argumente zwingend den Namen des Datensatzes (in unserem Beispiel `xauswahl`) sowie den Namen der Datei, in die geschrieben werden soll. Alle anderen Argumente sind optional, müssen also nicht zwingend angegeben werden. Wenn Sie sie weglassen, füllt R sie mit Standardwerten auf. Die optionalen Argumente, die wir hier setzen, sind `sep`, `na`, `dec` und `row.names`.

Mit `sep` wird das Separatorzeichen festgelegt – jenes Zeichen, das die einzelnen Variablen, also die Spalten, in Ihrem Datensatz voneinander trennt (Sie erinnern sich an die Diskussion beim Einlesen von Daten in Kapitel 3). Das Argument `na` bestimmt das Symbol, das Missings im Datensatz kennzeichnet. Standardmäßig wählt R hier `NA`. In unserem Beispiel lassen wir Datenfelder, die ein Missing beinhalten, einfach leer. Mit `dec` wird das Dezimaltrennzeichen festgelegt. Die Argumentangabe `row.names=FALSE` schließlich weist R an, dass es keine Zeilennummern in den Datensatz mit hineinschreiben soll. Zeilennummern können Excel verwirren, weil die Spalte mit den Zeilennummern keine Überschrift hat. Deshalb denkt Excel, die erste Zeile in der Datei, also jene, die die Variablen-/Spaltennamen beinhaltet, hätte eine Spalte weniger als die eigentlichen Daten. Das führt dazu, dass die Spaltenüberschriften nach dem Import nicht mehr zu den Daten passen, wie Sie in Abbildung 4-1 sehr schön sehen können. Um solche Probleme zu vermeiden, verzichten wir auf die im Allgemeinen wenig nützlichen Zeilennummern.

	A	B	C	D	E
1	ISO	COUNTRY	EXPEND	WOMENPARL	
2	62	DEU	Germany	45,377	33,58
3	110	MEX	Mexico	27,547	30,72
4	143	SAU	Saudi Arabia	346,694	3,98
5	170	TGO	Togo	239,104	11,96
6	178	UKR	Ukraine	477,516	8,56

Abbildung 4-1: Verschobene Variablennamen durch Export der Zeilennummern

Ihnen ist vielleicht aufgefallen, dass die zu exportierende Datei die Endung *.txt* hat und nicht *.csv* wie der Datensatz, den wir hier im Buch verwenden. Der Grund dafür ist ein ganz einfacher: Wenn Sie eine Textdatei in Excel öffnen (was Sie natürlich nur aus dem Programm heraus und nicht per Doppelklick tun können, da Textdateien regelmäßig nicht mit Excel verknüpft sind), fragt Excel Sie, wie genau Sie die in der Textdatei enthaltenen Daten einlesen möchten.

Wählen Sie dazu in dem von Excel beim Öffnen der Datei automatisch angezeigten Textkonvertierungsassistenten (Abbildung 4-2) im ersten Schritt *Getrennt*, um Excel mitzuteilen, dass die Spalten keine feste Breite haben, sondern durch ein spezielles Zeichen voneinander getrennt sind. Im nächsten Schritt sagen Sie Excel dann, um welches Spaltentrennzeichen es sich genau handelt.

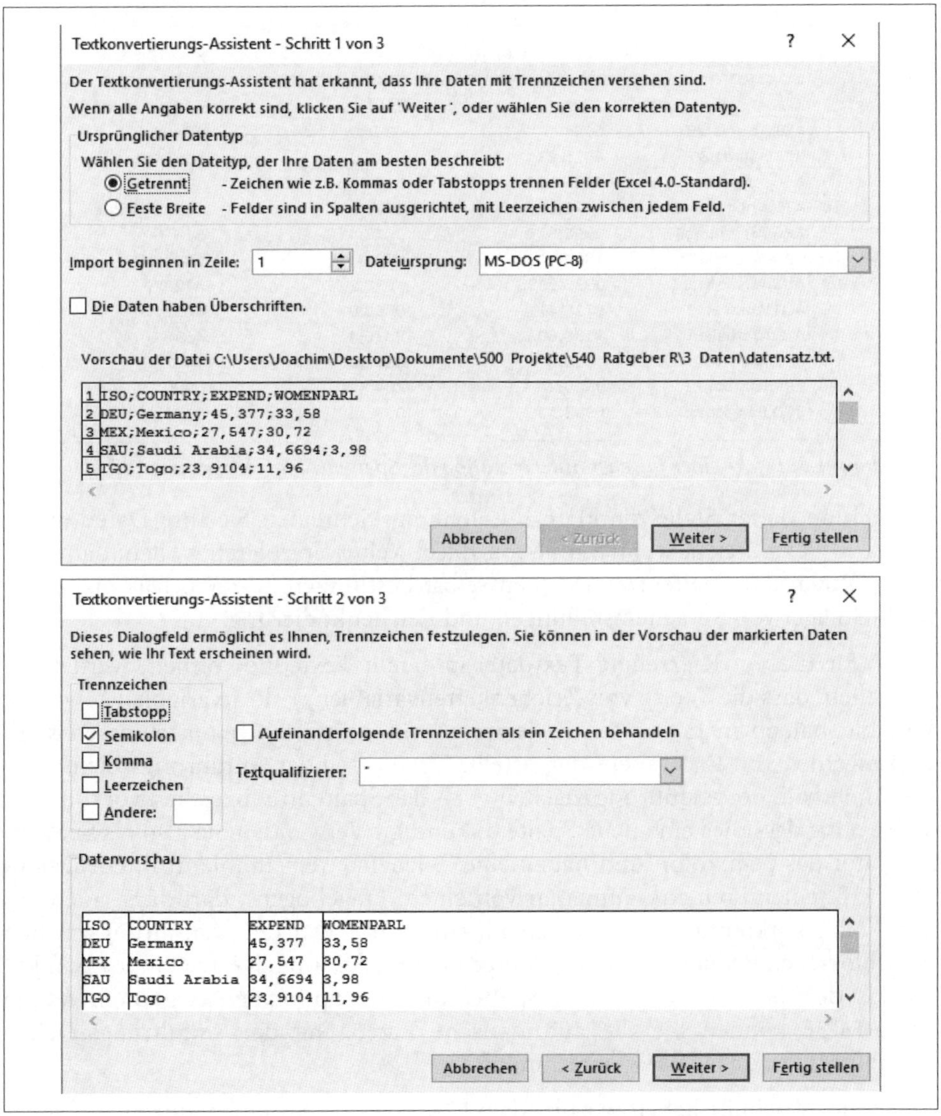

Abbildung 4-2: Textkonvertierungsassistent in Excel beim Einlesen von R-Daten

So können Sie das Separatorzeichen explizit angeben. Würden wir statt der Textdatei eine (inhaltsgleiche) CSV-Datei generieren, würde Excel Sie nicht nach dem Separatorzeichen fragen. Stattdessen würde es abhängig von den eigenen Spracheinstellungen und denen des Betriebssystems sowie der Zeichenkodierung der Datei selbst das Zeichen wählen. Das kann dazu führen, dass die Datei nicht richtig eingelesen wird. Ein Beispiel für ein solcherart »verunglücktes« Einlesen sehen Sie in Abbildung 4-3. Hier hat Excel irrtümlich das Komma für den Spaltenseparator gehalten, die im Datensatz vorkommenden Dezimalzahlen in ihren Vor- und den Nachkommaanteil zerlegt und beide Teile in unterschiedliche Spalten geschrieben.

	A	B	C	D
1	ISO;COUNTRY;EXPEND;GDPTOTAL;GROWTH;UNEMPLOY;INCOMEGROUP;POPULATION;PC			
2	AFG;Afghanistan;22	7772;17	1494;10	6806;;Low inc
3	ALB;Albania;29	608;12	4344;2	5246;14
4	DZA;Algeria;39	881;183	2726;2	6968;10
5	AGO;Angola;40	8406;100	319;4	3398;;Upper r
6	ATG;Antigua and Barbud:	5672;1	1724;-3	183;;High incc
7	ARG;Argentina;31	9958;525	3618;4	315;7
8	ARM;Armenia;25	186;9	958;0	6834;18
9	AUS;Australia;37	0938;1355	8036;2	4428;5
10	AUT;Austria;51	8718;411	0808;0	4032;4
11	AZE;Azerbaijan;34	8138;60	8516;4	4638;6
12	BHS;The Bahamas;21	0036;8	0572;0	0432;15
13	BHR;Bahrain;27	9506;28	264;3	58;3
14	BGD;Bangladesh;13	6308;133	0032;6	0274;;Lower r

Abbildung 4-3: Effekt einer falschen Interpretation des Spaltentrennzeichens in Excel

Deshalb an dieser Stelle die klare Empfehlung: Schreiben Sie Ihre Daten aus R immer in Textdateien, wenn Sie sie mit Excel weiterverarbeiten wollen, damit Sie beim Öffnen das Spaltentrennzeichen selbst bestimmen können. Das macht Sie unabhängiger von Spracheinstellungen und Zeichenkodierung.

Wenn Sie die mit R erzeugte Textdatei in einem Texteditor öffnen, werden Sie feststellen, dass die Werte von Zeichenkettenvariablen, Faktorvariablen sowie die Variablennamen in der ersten Zeile mit Anführungszeichen umschlossen sind. Diese werden von Excel nicht dargestellt. Der Vorteil der Anführungszeichen ist, dass innerhalb der Anführungszeichen auch das Spaltentrennzeichen vorkommen kann, ohne dass dies eine neue Spalte ankündigt. Verwenden Sie also als Spaltenseparator das Semikolon und haben eine Zeichenkettenvariable in Ihrem Datensatz (z. B. einen Freitextkommentar von einem Fragebogen), darf darin auch das Semikolon vorkommen. Da es sich innerhalb des von den Anführungszeichen umschlossenen Bereichs befindet, interpretiert weder R noch Excel dieses Semikolon als den Beginn einer neuen Spalte. Mit der optionalen Argumentsetzung `quote=FALSE` können Sie die automatische Erzeugung der Anführungszeichen durch `write.table` jederzeit unterbinden.

In diesem Abschnitt haben wir uns damit befasst, wie Sie einen einzelnen Datensatz speichern. Wie Sie aus dem Abschnitt »Arbeitsstände sichern und wiederherstellen« auf Seite 28 wissen, können Sie auch den gesamten aktuellen *Workspace* in eine Datei sichern – also alle R-Objekte, ganz gleich ob Datensätze, einzelne Vektoren oder gar selbst geschriebene und geladene Funktionen. Diese können Sie, weil sie ganz unterschiedliche Arten von Objekten beinhalten kann und R daraus standardmäßig eine komprimierte Binärdatei erzeugt, jedoch nicht mehr sinnvoll mit einem Texteditor oder einer Tabellenkalkulation öffnen und bearbeiten, sondern eben nur mit R. Dafür steht Ihnen nach dem Laden der Datei in R genau die Arbeitsumgebung zur Verfügung, die Sie verlassen haben.

KAPITEL 5

Daten deskriptiv analysieren

Wir gehen hier der Frage nach, welche Faktoren die Höhe der Staatsausgaben erklären. Das bedeutet, wir versuchen, eine möglichst *generelle* Aussage zu treffen, im Idealfall eine, die für *alle* Länder und *alle* Zeiten gilt. Das ist natürlich ein hochgestecktes und in der Realität nicht erreichbares Ziel. Aber ein Ergebnis, das nur für einige Länder und nur für die Jahre 2009 bis 2013 (die Jahre, aus denen die Daten unserer Stichprobe stammen) gilt, ist offensichtlich von geringerem Nutzen als eine allgemeinere Aussage, deren Gültigkeit weniger Einschränkungen hinsichtlich Ländern und Zeit unterliegt. Denn mit einer solch allgemeineren Aussage können insbesondere auch Vorhersagen für die Zukunft getroffen werden, zum Beispiel in Hinblick auf die Wirksamkeit verschiedener Politikansätze. Unser Ziel ist es also, Aussagen darüber zu treffen, was man in der Statistik die *Grundgesamtheit* nennt, in unserem Fall alle Länder zu allen Zeiten. Um das zu erreichen, haben wir tatsächlich nur eine beschränkte Menge an Daten zur Verfügung, nämlich eine *Stichprobe* aus dieser Grundgesamtheit.

Mit der Frage, wie wir aus dieser beschränkten Stichprobe allgemeine Aussagen über die Grundgesamtheit ableiten können, beschäftigen wir uns im nächsten Kapitel. Wir widmen uns dann unserer eigentlichen Fragestellung und behandeln das Thema *induktive* oder auch *Inferenzstatistik*, also die *schließende Statistik*.

Oft ist es aber bereits von Interesse, Aussagen über die Stichprobe als solche zu treffen und diese zu charakterisieren. Das ist Gegenstand der *deskriptiven*, also *beschreibenden Statistik*.

Daneben kommt deskriptive Statistik auch dann zum Einsatz, wenn Ihr Datensatz gar keine Stichprobe ist, sondern bereits die volle Grundgesamtheit widerspiegelt. Das ist zum Beispiel der Fall, wenn Sie die Ergebnisse von Wahlen untersuchen. In einer solchen Situation können Sie von Ihrem Datensatz keine Schlüsse auf eine noch größere Grundgesamtheit ziehen, weil Sie bereits Daten zu allen Beobachtungen der Grundgesamtheit vorliegen haben (man spricht dann auch von einer *Totalerhebung*). In dem Fall analysieren Sie die Daten dann »nur« noch beschreibend.

Tatsächlich ist es sehr zu empfehlen, sich zunächst einmal rein deskriptiv mit seinem Datensatz zu beschäftigen. Stürzen Sie sich nicht gleich blindlings in die Analyse zu Ihrer eigentlichen Fragestellung, sondern lernen Sie Ihre Daten erst einmal genauer kennen. Wie sind in der Stichprobe die Anteile der Staatsausgaben am Bruttoinlandsprodukt überhaupt verteilt? Was ist ein hoher Wert, was ein niedriger Wert? Wie sieht es mit der Arbeitslosigkeit oder mit dem Wirtschaftswachstum aus? Welche Länder sind »Ausreißer«, das heißt, wo haben Variablen extreme Werte?

So bekommen Sie ein besseres Gefühl für Ihren Datensatz. Das kann zum einen dann relevant werden, wenn Sie später in Ihrer eigentlichen induktiven Analyse unerwartete Ergebnisse erzielen und sich etwas genauer damit beschäftigen müssen, wie diese Ergebnisse zustande kommen. Vielleicht sind die seltsamen Resultate ja auf einige wenige »extreme« Länder zurückzuführen und ändern sich, wenn man diese Länder aus der Stichprobe ausschließt? Zum anderen werden Sie typischerweise in der wissenschaftlichen Arbeit, die Sie verfassen, den Leser mit Ihrem Datensatz vertraut machen wollen. Auch dann brauchen Sie die Werkzeuge der deskriptiven Statistik.

In diesem Kapitel werden Sie lernen, wie Sie diese Werkzeuge in R einsetzen. Zunächst haben Sie die Möglichkeit, Ihre statistischen Kenntnisse mit einem kleinen Repetitorium wieder etwas aufzufrischen. Wenn Sie meinen, eine solche Auffrischung nicht nötig zu haben, können Sie das Repetitorium natürlich überspringen und gleich in den Abschnitt »Statistische Kennzahlen in R« auf Seite 109 einsteigen.

Repetitorium Deskriptive Statistik

Ziel der deskriptiven Statistik ist es also, Daten zu beschreiben und zu charakterisieren. Anders als bei der schließenden oder induktiven Statistik geht nicht darum, von einer Stichprobe auf eine größere Grundgesamtheit zu schließen. In der schließenden Statistik wird explizit die Möglichkeit in Erwägung gezogen, dass die untersuchte Eigenschaft in der Stichprobe zufälligerweise anders ausfallen könnte als in der Grundgesamtheit, denn man untersucht ja eben nur einen Teil dieser Grundgesamtheit. Soll also zum Beispiel das zahlenmäßige Verhältnis von Männern und Frauen in der Bevölkerung ermittelt werden und würde man dazu zufällig zehn Personen herausgreifen, könnte es sein, dass diese zehn Personen ausschließlich Männer sind. Aufgrund dessen zu schließen, es gäbe keine Frauen in der Bevölkerung, wäre natürlich offensichtlich falsch. Die Wahrscheinlichkeit, ein solches falsches Ergebnis zu erzielen, mag nun bei einer Stichprobe von zehn Personen vielleicht noch einigermaßen hoch sein. Würden wir stattdessen aber 1.000 Personen zufällig herausgreifen, wäre die Wahrscheinlichkeit, dass unter den zufällig Ausgewählten keine oder nur wenige Frauen sind, schon erheblich geringer. Trotzdem besteht, da wir nicht die gesamte Bevölkerung untersuchen (können), immer noch die Möglichkeit, dass wir den Anteil von Männern und Frauen in der Bevölkerung auf Basis der Geschlechterverteilung in unserer Stichprobe falsch einschätzen. Mit der Wahrscheinlichkeit, solcherlei Fehler zu machen, beschäftigt sich die schließende Statistik. Anders dagegen die deskriptive Statistik, deren Grundlagen wir in diesem Repetitorium anwendungsnah wiederholen wollen: Sie beschäftigt sich ausschließlich mit den vorliegenden Daten, du zwar fast so, als bildeten diese bereits die Grundgesamtheit. Die deskriptive Statistik trifft eine Aussage über die Stichprobe, die induktive Statistik versucht, Aussagen über die (größere) Grundgesamtheit zu treffen.

In der deskriptiven Statistik stehen Ihnen drei Arten von Methoden/Ansätzen zur Verfügung:

- Kennzahlen
- Tabellen
- Grafiken

Wir werden uns in diesem Repetitorum mit statistischen Kennzahlen befassen und im Anschluss deren Umsetzung in R kennenlernen. Im weiteren Verlauf dieses Kapitels werden Sie darüber hinaus sehen, wie Sie in R Daten tabellarisch auswerten können.

Mit Grafiken, die nicht nur für die Präsentation von Ergebnissen, sondern auch in der deskriptiven Statistik ein wertvolles Instrument sind, weil sie einen Überblick über die Daten ermöglichen und Besonderheiten darin prägnant darstellen, befassen wir uns ausführlich in Kapitel 7. Wenn Sie schon jetzt etwas über Grafiken lernen möchten, weil Sie sie in Ihrer deskriptiven Datenanalyse einsetzen möchten, scheuen Sie sich nicht, bereits jetzt einen Blick in Kapitel 7 zu werfen. Mit Ihrem aktuellen R-Wissen sollten Sie damit bereits gut zurechtkommen!

Kennzahlen fassen eine Eigenschaft der Daten in einem Wert zusammen. Sie können sich dabei auf eine einzelne Variable beziehen oder auf mehrere Variablen. Zur ersten Kategorie, den Kennzahlen, die sich nur auf eine einzige Variable beziehen, gehören vor allem die Lagemaße und die Streuungsmaße. Zur zweiten Kategorie, den Kennzahlen, die mehr als nur eine Variable betrachten, gehören vor allem die Zusammenhangsmaße.

Lagemaße

Lagemaße versuchen, die zentrale Tendenz einer Variablen wiederzugeben. Gesucht ist *ein* Wert, der die Variable besonders gut beschreibt. Wenn Sie nur ein Wort nennen dürften, wie würden Sie die folgende Verteilung von Werten zusammenfassen?

5 1 10 7 9 4

Wahrscheinlich würden Sie einfach das arithmetische Mittel, den Durchschnitt oder Mittelwert berechnen, das heißt die Werte aufsummieren und durch ihre Anzahl teilen: $(5+1+10+7+9+4)/6=36/6=6$.

Um diesen Gedanken etwas zu formalisieren, nehmen wir an, wir haben N verschiedene Datenpunkte x_i. In unserem obigen Beispiel ist $N=6$, unsere x_i also 5, 1, 10, 7, 9 und 4. Dann ist das arithmetische Mittel $\bar{x}$:

$$\bar{x}=\frac{1}{N}\sum_{i=1}^{N}x_i$$

Das arithmetische Mittel balanciert die Werte aus, es ist gewissermaßen der Schwerpunkt der Werteverteilung: Denn die Summe der Abstände zwischen allen Werten und dem arithmetischen Mittel ist gerade gleich 0. Positive und negative Abstände eliminieren sich also gegenseitig. Das heißt aber auch: Die Summe aller Abstände von Werten, die links vom Mittelwert liegen, ist dem Betrag nach genauso groß wie die Summe der Abstände aller Werte, die rechts vom Mittelwert liegen. Das wird schnell deutlich, wenn wir die Werte aufsteigend sortieren:

Arithmetisches Mittel: 1 4 5 **[6]** 7 9 10

Der Mittelwert ist hervorgehoben. Die Abstände aller Werte zum Mittelwert sind nun:

Arithmetisches Mittel: 5 2 1 **[0]** –1 –3 –4

Die positiven und negativen Abstände zu beiden Seiten des Mittelwerts heben sich gerade auf, der Mittelwert balanciert die Verteilung genau aus.

Der Mittelwert ist wohl die bekannteste statistische Kennzahl überhaupt. Er hat aber auch einen gewichtigen Nachteil: seine Anfälligkeit für extreme Werte.

Würden wir den Wert 10 in unserer Verteilung durch 100 ersetzen, ergäbe sich ein Mittelwert von 21.

Arithmetisches Mittel: 1 4 5 7 9 **[21]** 100

Beschreibt nun der Mittelwert von 21 wirklich gut die zentrale Tendenz unserer Werteverteilung? Wohl eher nicht, denn mit Ausnahme des extremen Werts von 100 liegen alle anderen Werte unter dem Mittelwert. Abhilfe schafft hier eine zweite, alternative Kennzahl, die die zentrale Tendenz einer Werteverteilung angibt, der Median.

Der Median ist dadurch gekennzeichnet, dass links und rechts von ihm jeweils die Hälfte aller Werte liegen. Wenn eine ungerade Zahl von Werten vorliegt, ist der Median ein Wert, der tatsächlich in der Verteilung vorkommt. In unserem Beispiel haben wir aber eine gerade Zahl von Werten, sodass es den mittleren Wert, von dem links und rechts jeweils genau die Hälfte aller Werte der Verteilung liegt, gar nicht gibt. In diesem Fall nimmt man den Durchschnitt der beiden mittleren Werte, hier 5 und 7:

```
Median: 1  4  5  [6]  7  9  100
```

Sie sehen sofort, dass der Median von dem extremen Wert 100 überhaupt nicht beeinflusst wird. Wäre der extreme Wert statt 100 gar 1.000, der Median bliebe immer noch bei 6. Bei der Berechnung des arithmetischen Mittels werden große Werte implizit stärker gewichtet, weil alle Elemente der Verteilung mit ihrem Wert in die Bestimmung des Mittelwerts eingehen. Beim Median dagegen nicht, hier zählt ausschließlich *die Position* eines Werts in der sortierten Folge aller Werte. Alle Elemente der Verteilung, die nicht an der mittleren Position in der sortierten Folge stehen, gehen mit ihrem Wert gar nicht in die Bestimmung des Medians ein. Nur der Wert des mittleren Elements zählt.

In der Praxis sollten Sie sich Mittelwert und Median immer zusammen anschauen, um zu sehen, wo gegebenenfalls extreme Ausreißer den Mittelwert »verzerren«.

Als letztes Maß der zentralen Tendenz sei noch der Modalwert oder Modus genannt, der einfach der am häufigsten auftretende Wert ist. In unserem Beispiel treten alle Werte gleich häufig (nämlich genau einmal) auf. Wenn wir uns aber beispielsweise die Einkommensklassifizierung der Länder in unserem Beispieldatensatz anschauen, ist hier die Kategorie `Upper middle income` die am häufigsten auftretende und damit der Modalwert der Variablen `INCOMEGROUP`.

Streuungsmaße

Während die Lagemaße die zentrale Tendenz einer Verteilung von Werten beschreiben, fragen Streuungsmaße danach, wie verlässlich diese zentrale Tendenz eigentlich ist, das heißt, wie nahe die Werte der Verteilung tatsächlich bei dieser zentralen Tendenz liegen bzw. wie stark sie um diese herum *streuen*. Ist die Streuung groß, ist die Aussagekraft der zentralen Tendenz natürlich geringer.

Das einfachste Streuungsmaß ist die Spannweite (engl. *Range*). Sie bezeichnet den Abstand zwischen dem kleinsten und dem größen Wert der Verteilung. In unserem Beispiel:

Verteilung 1: 1 4 5 7 9 10

ist die Spannweite also $10 - 1 = 9$.

Formal haben wir damit für die Spannweite: $\mathrm{R} = \max(x_1,\ldots,x_n) - \min(x_1,\ldots,x_n)$

Die Spannweite hängt nur von den äußersten Werten der Werteverteilung ab. Wie nah die übrigen Werte an der zentralen Tendenz liegen, ist unerheblich. Sehen wir uns die folgende Modifikation der Verteilung an:

Verteilung 2: 1 6 6 **[6]** 6 7 10

Die Spannweite dieser Verteilung ist ebenfalls 9. Mittelwert und Median liegen beide bei 6. Betrachtet man nur die Elemente der Verteilung, die nicht ganz außen liegen und damit nicht in die Bestimmung der Spannweite eingehen, stellt man fest, dass diese viel näher an der zentralen Tendenz liegen als in unserer ursprünglichen Verteilung 1. Man könnte daher sagen, die Lagemaße Mittelwert und Median sind hier zur Charakterisierung der zentralen Tendenz aussagekräftiger als in der obigen Verteilung 1. Das kommt aber im Streuungsmaß, der Spannweite, nicht zum Ausdruck, denn diese ist in beiden Fällen gleich 9.

Abhilfe schaffen andere Streuungsmaße, wie zum Beispiel die *mittlere absolute Abweichung*. Diese misst die Summe der Absolutwerte der Abweichungen aller Werte von einem Maß der zentralen Tendenz, typischerweise dem arithmetischen Mittel: In unserem Verteilung-1-Beispiel ist die Summe aller absoluten Abweichungen vom Mittelwert: $|(1-6)|+|(4-6)|+|(5-6)|+|(7-6)|+|(9-6)|+|(10-6)|=11$. Geteilt durch die Zahl der Elemente der Verteilung ergibt sich die mittlere absolute Abweichung als $11 / 6 = 1,83$. Das bedeutet, unsere Werte sind im Durchschnitt 1,83 vom Mittelwert entfernt. In Verteilung 2 beträgt die mittlere absolute Abweichung vom Mittelwert nur 1,67. Hier sieht man, wie die mittlere absolute Abweichung tatsächlich wiedergibt, dass die Werte von Verteilung 2 näher am Mittelwert liegen als die Werte von Verteilung 1.

Wenn wir die Berechnung der mittleren absoluten Abweichung (engl. *Mean Absolute Deviation*, MAD) wiederum formal aufschreiben, ergibt sich folgende Formel, wobei $\bar{x}$ das arithmetische Mittel ist:

$$MAD = \frac{1}{N}\sum_{i=1}^{N}|x_i - \bar{x}|$$

Anders als die Spannweite berechnet sich die mittlere absolute Abweichung aus allen Werten der Verteilung und ist deshalb in der Lage, die Streuung genauer wiederzugeben.

Die mittlere absolute Abweichung ist übrigens nicht nur ein interessantes deskriptives Streuungsmaß, sondern oftmals auch selbst Untersuchungsgegenstand, zum Beispiel in Studien zur Genauigkeit von Prognosen. Dort wird dann die mittlere Abweichung nicht vom Mittelwert, sondern von einem prognostizierten Wert berechnet. Dann spricht man auch vom MAE (*Mean Absolute Error* – mittlerer absoluter Fehler).

Ein weiteres sehr bekanntes Streuungsmaß ist die *Varianz*. Sie basiert auf einer ähnlichen Idee wie die mittlere absolute Abweichung, quadriert aber die Abweichungen vom Mittelwert. Dadurch werden große Abweichungen stärker gewichtet, denn sie werden beim Quadrieren ja mit sich selbst multipliziert. Bei der mittleren absoluten Abweichung werden dagegen alle Abweichungen gleich gewichtet. Die Varianz berechnet sich also für unsere Verteilung 1 wie folgt: $(1-6)^2+(4-6)^2+(5-6)^2+(7-6)^2+(9-6)^2+(10-6)^2 / 6 = 9,33$. Für die weniger stark um den Mittelwert streuende Verteilung 2 ergibt sich eine Varianz von 7.

Formal berechnet sich die Varianz s^2 also als:

$$s^2 = \frac{1}{N}\sum_{i=1}^{N}(x_i - \bar{x})^2$$

Da die Varianz alle Abweichungen quadriert, hat sie als Einheit auch das Quadrat der Einheit der Werte in unserer Verteilung. Wenn man an einem Streuungsmaß mit der gleichen Einheit wie die Ausgangsverteilung interessiert ist, kann man die Quadratwurzel der Varianz ziehen.

Das führt zur *Standardabweichung* (engl. *Standard Deviation*). In unserem Fall ergibt sich so für die Verteilung 1 eine Standardabweichung von 3,06, für die Verteilung 2 eine Standardabweichung von 2,65.

Formal haben wir demnach für die Standardabweichung s:

$$s = \sqrt{\frac{1}{N}\sum_{i=1}^{N}(x_i - \bar{x})^2}$$

Die Standardabweichung besitzt die gleiche Einheit wie die mittlere absolute Abweichung, gewichtet aber größere Abweichungen stärker, während bei der mittleren absoluten Abweichung alle Differenzen vom Mittelwert gleich gewichtet werden.

Will man die Streuung unterschiedlicher Variablen miteinander vergleichen, ergibt sich das Problem, dass die gleiche absolute Streuung bei Variablen unterschiedlicher Größenordnung schwer vergleichbar sind. Stellen Sie sich vor, Sie wollten die Streuung der Mieten in Chemnitz und München vergleichen. Streut der Quadratmeterpreis in Chemnitz im Durchschnitt um einen Euro (Standardabweichung oder mittlere absolute Abweichung), bedeutet das bereits, dass die Chemnitzer Mieten eine Schwankung von ca. einem Fünftel bis einem Sechstel aufweisen, also jenseits von 20 % der Quadratmetermiete. Im teureren München dagegen würde eine Schwankung um einen Euro lediglich eine Streuung von ungefähr 10 % bedeuten. Wenn man also eine Aussage darüber treffen will, welche der beiden Variablen, in unserem Beispiel die Mieten in Chemnitz und München, stärker variiert, kann es sinnvoll sein, die Größenordnung »herauszurechnen«.

Genau das tut der *Variationskoeffizient* (engl. *Coefficient of Variation*, *CV*). Dieser wird aus Standardabweichung und Mittelwert wie folgt berechnet:

$$CV = \frac{s}{\bar{x}}$$

Das Teilen durch den Mittelwert, der ja selbst die Größenordnung der Variablen beinhaltet (die durchschnittliche Quadratmetermiete ist eben in München höher als in Chemnitz), nimmt die Größenordnung aus der Standardabweichung heraus. Übrig bleibt eine dimensionslose relative Größe, die es erlaubt, die Streuung zweier Variablen von unterschiedlicher Größenordnung gut miteinander zu vergleichen.

Zusammenhangsmaße

Zusammenhangsmaße beschreiben, wie der Name unschwer erkennen lässt, nicht mehr eine Eigenschaft einer einzelnen Variablen, sondern vielmehr die Art und Weise, wie zwei Variablen zusammenhängen, wie sie sich zusammen verändern oder kovariieren.

Das bekannteste Zusammenhangsmaß ist der *Korrelationskoeffizient* in der Berechnungsweise, wie sie vom britischen Mathematiker *Karl Pearson* vorgeschlagen wurde:

$$r = \frac{\frac{\sum_{i=1}^{N}(x_i - \bar{x})(y_i - \bar{y})}{N}}{\sqrt{\frac{\sum_{i=1}^{N}(x_i - \bar{x})^2}{N}}\sqrt{\frac{\sum_{i=1}^{N}(y_i - \bar{y})^2}{N}}} = \frac{s_{xy}}{s_x s_y} = \frac{\sum_{i=1}^{N}(x_i - \bar{x})(y_i - \bar{y})}{\sqrt{\sum_{i=1}^{N}(x_i - \bar{x})^2 \sum_{i=1}^{N}(y_i - \bar{y})^2}}$$

Der Ausdruck sieht auf den ersten Blick kompliziert aus, lässt sich aber sehr schön in wenige, Ihnen teilweise bereits bekannte Komponenten zerlegen. Im Zähler steht zunächst die sogenannte *Kovarianz* s_{xy}:

$$1/N\sum_{i=1}^{N}(x_i - \bar{x})(y_i - \bar{y})$$

Sie beschreibt, wie sich die beiden Variablen *x* und *y*, deren Zusammenhang wir hier ermitteln wollen, miteinander verändern, das heißt *kovariieren*. An der formalen Definition der Kovarianz erkennen Sie sofort, dass die Varianz nichts weiter ist als die Kovarianz einer Variablen *mit sich selbst*. Um genauer zu verstehen, wie die Kovarianz funktioniert, betrachten Sie die Abbildungen 5-1 und 5-2.

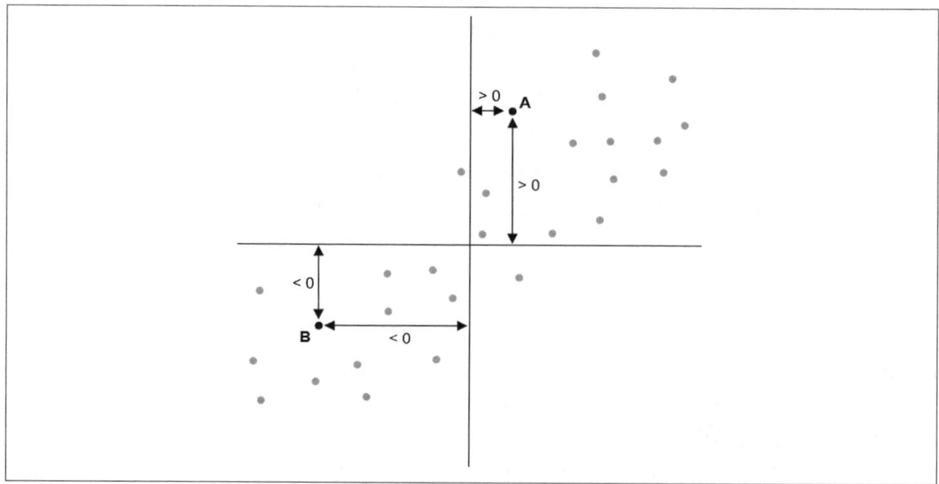

Abbildung 5-1: Zusammenhang zweier Variablen: positive Kovariation

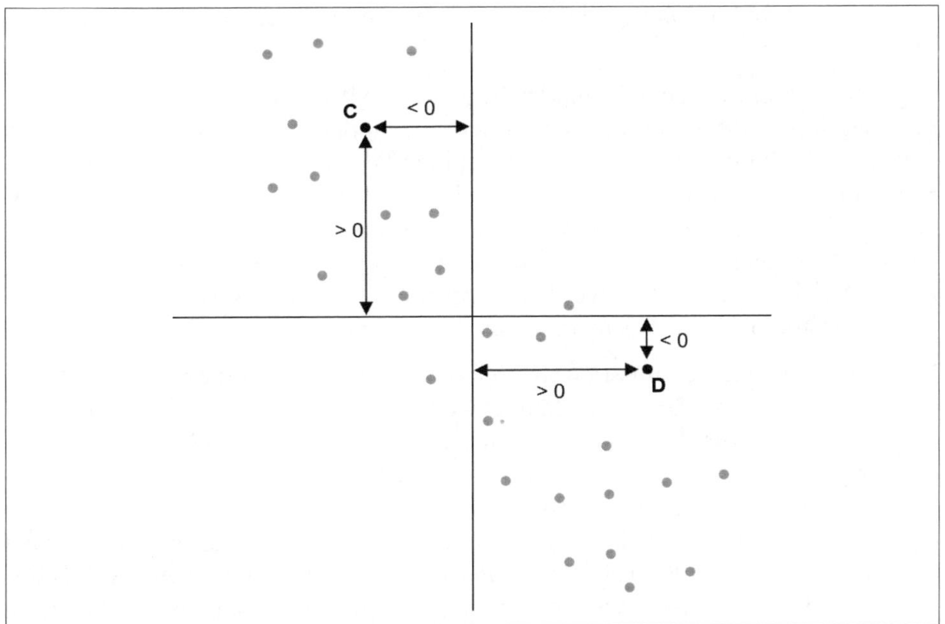

Abbildung 5-2: Zusammenhang zweier Variablen: negative Kovariation

Dargestellt sind die Kombinationen oder Tupel (x_i, y_i). Horizontal sind die x_i abgetragen, vertikal die y_i. Die schwarzen Linien repräsentieren die arithmetischen Mitteln $\bar{x}$ und $\bar{y}$. In Abbildung 5-1 besteht offenbar ein positiver Zusammenhang zwischen x und y. Es ist leicht erkennbar, dass für die meisten Punkte die Differenzen der x- und y-Komponenten von ihren arithmetischen Mitteln $\bar{x}$ und $\bar{y}$ entweder beide positiv (rechter oberer Quadrant) oder beide negativ (linker unterer Quadrant) sind. Dementsprechend ist auch das Produkt $(x_i - \bar{x})(y_i - \bar{y})$ in der Regel positiv. Genau dieses Produkt wird bei der Berechnung der Kovarianz aufsummiert. Hier erwarten wir also eine positive Kovarianz. Schauen Sie sich nun Abbildung 5-2 an, in der ein negativer Zusammenhang zwischen x und y skizziert ist. Die Differenzen der x- und y-Komponenten der Punkte von ihrem jeweiligen arithmetischen Mittel $\bar{x}$ bzw. $\bar{y}$ haben hier typischerweise unterschiedliche Vorzeichen, das Produkt $(x_i - \bar{x})(y_i - \bar{y})$ ist dementsprechend meist negativ. Sie sehen an diesen stilisierten Beispielen deutlich, wie die Kovarianz die Richtung des Zusammenhangs der beiden Variablen x und y reflektiert.

Zur Berechnung des Korrelationskoeffizienten wird nun die Kovarianz durch das Produkt der beiden Standardabweichungen von x und y, s_x und s_y, dividiert.

Sie können leicht nachrechnen, dass der Korrelationskoeffzient bei einem perfekt linearen Zusammenhang, das heißt, wenn die Tupel (x_i, y_i) auf einer Geraden liegen, +1 (bei positivem Zusammenhang) bzw. –1 (bei negativem Zusammenhang) beträgt. Setzen Sie dazu in die obige Formel einfach den linearen Zusammenhang $y_i = a + bx_y$ bzw. $y_i = a - bx_y$ ein. Der Korrelationskoeffizient liegt also stets im

Intervall $[-1;1]$ und ist 0, wenn kein linearer Zusammenhang zwischen x und y vorliegt.

Je näher die Punkte an einer Geraden liegen, desto besser lässt sich aus der Kenntnis einer der beiden Komponenten x_i oder y_i die andere vorhersagen. Im extremen Fall, dass die Punkte genau auf einer Geraden liegen, ist die Vorhersage perfekt. Hat man nur eine »Koordinate« eines Punkts, lässt sich die andere exakt vorhersagen. Der Korrelationskoeffizient r scheint also etwas darüber auszusagen, wie sehr die Kenntnis einer »Koordinate« eines Punkts reicht, um die andere zu prognostizieren. Auf diese Eigenschaft werden wir später, wenn wir uns näher mit der linearen Regression befassen, noch einmal zurückkommen.

Wie bereits angedeutet, misst der Korrelationskoeffizient nur die Stärke des *linearen* Zusammenhangs. Zusammenhänge zwischen zwei Variablen müssen aber nicht linear sein. Ein vom Korrelationskoeffizienten abgeleitetes Maß, das die Stärke eines monotonen, aber nicht notwendigerweise linearen Zusammenhangs wiedergibt, ist der *Spearman'sche Rangkorrelationskoeffizient*. In ihn gehen nicht die eigentlichen Werte der beiden Variablen, deren Zusammenhang ermittelt werden soll, ein, sondern ihre Rangziffern. In unseren Tupeln (x_i, y_i) können wir x_i und y_i jeweils die Platznummer zuweisen, die die jeweilige Ausprägung innerhalb aller x_i bzw. y_i hat. Zum Beispiel könnten wir feststellen, dass mit $(x_i, y_i) = (5.6, -2.4)$ das Rangzifferntupel (4,3) korrespondiert, weil 5,6 innerhalb der x_i der viertgrößte und –2,4 innerhalb der y_i der drittgrößte Wert ist. Nun wird einfach der Korrelationskoeffzient auf Basis dieser Rangziffernpärchen berechnet. Wenn wir unsere Rangziffernpärchen mit (rg_{xi}, rg_{yi}) bezeichnen, ergibt sich Spearmans Rangkorrelationskoeffizient r_s also konsequenterweise als:

$$r_s = \frac{s_{rg_{xi}rg_{yi}}}{s_{rg_{xi}} s_{rg_y i}}$$

In manchen Lehrbüchern kann Ihnen noch eine andere Formel für den Rangkorrelationskoeffizienten begegnen:

$$r_s = \frac{6\sum_{i=1}^{N} d_i^2}{N\left(N^2 - 1\right)}$$

wobei $d_i = rg_{xi} - rg_{yi}$ die Differenz der Rangzahlen und N die Anzahl der Tupel (x_i, y_i) ist. Diese vereinfachte Berechnung gilt, wenn alle Ränge nur einmal besetzt sind, wenn also keine zwei gleichen x_i oder y_i existieren. Gibt es aber solche »Bindungen« mit gleichen Werten, bekommen alle Werte den Durchschnitt der Ränge zugewiesen, die sie belegen. Wenn also beispielsweise die beiden größten Werte innerhalb von x_i gleich sind, bekommen beide den Rang 1,5 zugewiesen, also den Durchschnitt der Ränge 1 und 2, die sie normalerweise belegen würden. Dann aber ist die vereinfachte Formel nicht mehr anwendbar.

Der lineare Zusammenhang, den der Pearson'sche Korrelationskoeffizient misst, ist natürlich ein Spezialfall eines beliebigen monotonen Zusammenhangs, wie ihn Spearmans Rangkorrelationskoeffizient erfasst. Liegen also alle Tupel (x_i, y_i) auf einer Gerade, liegt natürlich auch ein perfekter monotoner Zusammenhang vor, und der Rangkorrelationskoeffizient nimmt den Wert 1 oder –1 an, je nachdem, ob der Zusammenhang positiv oder negativ ist. Umgekehrt gilt das natürlich nicht: Aus einem perfekten monotonen Zusammenhang, der durch einen Rangkorrelationskoeffizienten von (dem Betrag nach) 1 angezeigt wird, folgt noch lange kein Pearson'scher Korrelationskoeffizient von 1, denn der Zusammenhang mag ja auch nicht linear sein.

Bisher haben wir Maße betrachtet, die Zusammenhänge zwischen *metrischen* Variablen quantifizieren, also zwischen Variablen, bei denen die Abstände zwischen den einzelnen Ausprägungen der Skala gleich sind und sich interpretieren lassen. Für den Fall *kategorialer* Variablen, also *nominaler* Variablen, bei denen sich die Ausprägungen nicht per se in eine Reihenfolge bringen lassen (zum Beispiel Hunderassen oder Haarfarben) und *ordinaler* Variablen, bei denen zwar eine natürliche Reihenfolge vorliegt, aber die Abstände zwischen den Ausprägungen der Skala nicht notwendigerweise gleich sind (zum Beispiel Schulnoten), existiert eine ganze Reihe spezieller Zusammenhangsmaße, wie zum Beispiel *Chi-Quadrat* oder *Lambda*. Die Grundüberlegung hinter vielen dieser Maße ist eine sehr intuitive: Wie stark geht der Prognosefehler, den man begeht, wenn man den Wert der Variablen y prognostizieren will und zunächst nur deren eigene Häufigkeitsverteilung kennt, zurück, wenn man nun zusätzlich für den zu prognostizierenden Fall die Ausprägung der Variablen x zur Verfügung hat. Wie stark also hilft x_i, das y_i zu vorherzusagen? Je stärker dieser Rückgang im Prognosefehler ist, desto stärker ist der Zusammenhang zwischen den Variablen. Diese speziellen Maße für nominale und ordinale Variablen überlassen wir an dieser Stelle aber der einschlägigen Fachliteratur und wollen uns stattdessen nun damit beschäftigen, wie Sie die soeben wiederholten Kennzahlen der deskriptiven Statistik in R berechnen.

Statistische Kennzahlen in R

Nach der kurzen Wiederholung einiger Grundlagen der deskriptiven Statistik wollen wir uns anschauen, wie die dort besprochenen Lage-, Streuungs- und Zusammenhangsmaße in R berechnet werden.

Lagemaße in R

In diesem Abschnitt erfahren Sie,

- wie Sie in R die wichtigsten Kennzahlen zur Beschreibung der zentralen Tendenz einer Variablen berechnen,

- wie Funktionen komplexe Datenstrukturen in Form von Listen als Rückgabewerte bereitstellen.

Folgende R-Funktionen werden in diesem Abschnitt behandelt:

- **summary()**: Zeigt eine Reihe deskriptiver Kennzahlen zu einer Variablen an, darunter arithmetisches Mittel, Median, Minimum und Maximum.
- **mean()**: Berechnet das arithmetische Mittel einer Variablen.
- **median()**: Berechnet den Median (das 50 %-Quantil) einer Variablen.
- **min()**: Ermittelt den kleinsten Wert einer Variablen.
- **max()**: Ermittelt den größten Wert einer Variablen.
- **quantile()**: Gibt zu einem gegebenen Prozentsatz den größten in der Variablen vorhandenen Wert zurück, für den gilt, dass der Anteil der Werte, die kleiner oder gleich diesem Wert sind, höchstens dem angegebenen Prozentsatz entspricht.
- **head()**: Zeigt die ersten Elemente eines Vektors bzw. Beobachtungen eines Datensatzes an.
- **tail()**: Zeigt die letzten Elemente eines Vektors bzw. Beobachtungen eines Datensatzes an.

Die allereinfachste Art, sich in R deskriptive Statistiken anzeigen zu lassen, bietet die Funktion summary:

```
> summary(x$EXPEND)
   Min. 1st Qu.  Median    Mean 3rd Qu.    Max.
  13.63   24.11   31.51   33.06   40.25   86.50
```

Hier sehen wir zunächst für unsere Staatsausgabenvariable die minimale Ausprägung (13,63), die maximale Ausprägung (86,50) sowie Median (31,51) und das arithmetische Mittel (33,06). Darüber hinaus finden Sie in den Ergebnissen die Grenze vom ersten zum zweiten Quartil (24,11) und die Grenze vom dritten zum vierten Quartil (40,25). Die Quartile sind jene Werte unserer Variablen EXPEND, für die gilt, dass gerade 25 % (1. Quartil) bzw. 75 % (3. Quartil) der Beobachtungen einen kleineren oder höchstens genauso großen Wert aufweisen. Wenn Sie das mit der im letzten Abschnitt besprochenen Definition des Medians vergleichen, werden Sie feststellen, dass der Median nichts anderes als das 2. Quartil ist.

Die Funktion summary gibt ein Objekt zurück, das etwas komplexer aufgebaut ist als die Objekte, mit denen wir es bisher zu tun hatten, vor allem Vektoren und Dataframes. Dass die Rückgabewerte von Funktionen nicht mehr nur einzelne Vektoren oder Dataframes sind, sondern eben Gebilde, die aus einer Vielzahl an gegebenenfalls auch sehr unterschiedlicher Daten bestehen, trifft auf viele der Funktionen zu, denen wir noch begegnen werden. Bei diesen Objekten handelt es sich um sogenannte lists. Dies sind, wie der Name sagt, Listen oder Zusammenfassungen von anderen Objekten, zum Beispiel von Vektoren. So ist das auch in unserem Fall. Die Funktion summary gibt eine Reihe von Vektoren mit jeweils einem Element zurück, zum Beispiel dem Median. Diese unterschiedlichen Vektoren sind zu einer Liste zusammengefasst, und diese Liste ist ein eigener Objekttyp. Deshalb können Sie mit dem Rückgabeobjekt von summary auch genauso arbeiten wie mit den Objekten, die Sie bislang kennengelernt haben. Insbesondere können Sie ein solches Objekt in einer Variablen speichern:

```
> deskriptiv <- summary(x$EXPEND)
> deskriptiv
   Min. 1st Qu.  Median    Mean 3rd Qu.    Max.
  13.63   24.11   31.51   33.06   40.25   86.50
```

Auch können Sie die einzelnen Elemente der Liste ansprechen. Wollen Sie beispielsweise den Median isolieren, formulieren Sie folgende Anweisung.

```
> deskriptiv[3]
Median
 31.51
```

Sie greifen also auf das dritte Element der Liste zu. Am Output dieser Anweisung erkennt man deutlich, dass – anders als bei Vektoren (zumindest denen, die uns bisher begegnet sind) – die einzelnen Elemente einer Liste eigene Namen haben können.

Wie schon an früherer Stelle gesehen, können Sie auch den Zwischenschritt des Speicherns des Rückgabeobjekts von summary in einer zusätzlichen Variablen weglassen und stattdessen einfach mit

```
> summary(x$EXPEND)[3]
Median
 31.51
```

auf den Median zugreifen.

Sie müssen aber, wenn Sie beispielsweise einen Median oder ein arithmetisches Mittel berechnen wollen, nicht immer über die Funktion summary gehen und dann auf einzelne Elemente ihres Rückgabeobjekts zugreifen. R bietet für die Kennzahlen der deskriptiven Statistik eigene Funktionen an:

```
> min(x$EXPEND)
[1] 13.6308
> quantile(x$EXPEND, 0.25)
    25%
24.1136
> median(x$EXPEND)
[1] 31.5068
> mean(x$EXPEND)
[1] 33.0564
> quantile(x$EXPEND, 0.75)
    75%
40.2546
> max(x$EXPEND)
[1] 86.495
```

Wie Sie sehen, haben wir hier mithilfe der Einzelfunktionen `min` für den kleinsten Wert, `quantile` für die Quartilsgrenzen, `median` für den Median, `mean` für das arithmetische Mittel und `max` für den größten Wert die Ergebnisse der Funktion `summary` reproduziert.

Die Funktion `quantile` übernimmt neben der Variablen, deren Quartilsgrenzen wir bestimmen wollen, noch ein weiteres Argument. Dieses zeigt an, welcher Anteil der Datenpunkte kleiner oder gleich dem zu bestimmenden Grenzwert sein soll. Das sind im Fall der Grenzen zwischen erstem und zweitem Quartil gerade 25 %, bei der Grenze zwischen drittem und viertem Quartil 75 % und beim Median eben 50 %. Weil dieser Anteil aber der Funktion als Argument übergeben wird, könnten wir nicht nur *Quartile*, sondern ganz beliebige *Quantile* untersuchen, so zum Beispiel das 10 %-Quantil. Dessen Wert ist in unseren Staatsausgabendaten 19,04. Er besagt, dass die 10 % der Datenpunkte (und in unserem Fall, da ja jedes Land genau einen Datenpunkt erzeugt: der Länder) mit dem niedrigsten Staatsausgabenanteil einen ebensolchen von höchstens 19,04 % aufweisen. Statt nur eines einzigen Quantils können der Funktion `quantile` auch mehrere Quantile in Form eines Vektors übergeben werden, zum Beispiel:

```
> quantile(x$EXPEND, c(0.10,0.25,0.5,0.75,0.9))
     10%      25%      50%      75%      90%
19.04096 24.11360 31.50680 40.25460 48.02220
```

An den Ergebnissen erkennen Sie, dass nur 10 % der Länder unserer Stichprobe einen Staatsausgabenanteil am Bruttoinlandsprodukt von mehr als 48 % haben. Das Land mit dem bereits eben ermittelten Maximalwert von über 86 % ist also ein starker Ausreißer. Nun wäre es natürlich interessant, zu erfahren, welches Land so viel von seiner Wirtschaftsleistung durch den Staatssektor fließen lässt. Mithilfe der Selektionstechniken, die Sie bereits kennen, ist das leicht ermittelt. Wir suchen dasjenige Land, dessen Staatsausgabenanteil gerade dem Maximum aller Staatsausgaben in unserer Stichprobe entspricht:

```
> x$COUNTRY[x$EXPEND == max(x$EXPEND)]
[1] Tuvalu
189 Levels: Afghanistan Albania Algeria Angola Antigua and Barbuda Argentina
Armenia Australia ... Zimbabwe
```

Es ist der im Pazifik gelegene Inselstaat Tuvalu! Das Land mit dem niedrigsten Staatsausgabenanteil (von knapp 14 %) ist übrigens Bangladesch.

Obwohl Tuvalu natürlich einen extremen Wert aufweist, scheint es solcherlei Ausreißer nicht allzu viele zu geben, denn Median und arithmetisches Mittel liegen recht eng beieinander. Betrachtet man die Quantilsgrenzen, erkennt man, dass 80 % aller Beobachtungen, das heißt Länder, einen Staatsausgabenanteil zwischen 19 und 48 % aufweisen.

Die Situation wird ziemlich klar, wenn wir den Datensatz nach der Höhe des Staatsausgabenanteils sortieren und anzeigen lassen.

Aufgrund des Umfangs sind nur die Ergebnisse für die ersten sechs unserer 185 Länder dargestellt. Das erreichen wir mithilfe der Funktion `head`. Sie zeigt standardmäßig die ersten sechs Elemente eines Vektors oder Beobachtungen eines Dataframes an. Das ist sehr praktisch, wenn Sie in der R-Konsole arbeiten, die sonst mit den Ergebnissen »überfrachtet« wird (natürlich könnten Sie, wie Sie bereits wissen, mit der Funktion View die Darstellung in einem separaten Fenster veranlassen). Mit dem Argument n der Funktion head legen Sie fest, wie viele Elemente bzw. Beobachtungen angezeigt werden sollen. Die Funktion tail macht übrigens das Gegenteil von head. Sie zeigt die letzten Elemente bzw. Beobachtungen an, deren Zahl auch hier über das Argument n gesteuert werden kann.

Aber zurück zu unseren Staatsausgabendaten:

```
> head(x[order(x$EXPEND, decreasing = TRUE),c(2,3)],n=6)
                         COUNTRY   EXPEND
176                       Tuvalu 86.49500
87                      Kiribati 84.34800
111                   Micronesia 64.45400
95                       Lesotho 62.14900
45                       Denmark 57.31760
58                        France 56.59720
```

Sie erinnern sich sicher an die Überlegungen im vorangegangenen Kapitel, dass das Sortieren eines gesamten Dataframes nach einer Variablen in R einen kleinen Umweg über die Funktion order nötig macht, die die Rangnummer jedes Datensatzes innerhalb des Dataframes gemäß dem Sortierkriterium (hier der Höhe der Staatsausgaben) ermittelt. Dann lassen wir uns die Datensätze anzeigen (damit die Darstellung hier nicht zu sehr in die Breite geht, eingeschränkt auf die Spalten zwei und drei, also COUNTRY und EXPEND), und zwar in der Reihenfolge, die durch order vorgegeben ist. An den Ergebnissen erkennt man sofort, dass von den 185 Ländern unserer Stichprobe nur vier einen Staatsausgabenanteil von mehr als 60 % aufweisen.

Streuungsmaße in R

In diesem Abschnitt erfahren Sie,

- wie Sie in R die wichtigsten Kennzahlen zur Beschreibung der Streuung einer Variablen berechnen,
- wie Sie bei der Berechnung statistischer Kennzahlen Probleme mit Missings (NA) umgehen,
- wie Sie selbst eine einfache R-Funktion schreiben und so den Funktionsumfang von R entsprechend Ihren Bedürfnissen erweitern (am Beispiel der mittleren absoluten Abweichung).

Folgende R-Funktionen werden in diesem Abschnitt behandelt:

- **var()**: Berechnet die (Stichproben-)Varianz einer Variablen.
- **sd()**: Berechnet die (Stichproben-)Standardabweichung einer Variablen, also die Quadratwurzel der Varianz.

- **sqrt()**: Berechnet Quadratwurzel einer Variablen.
- **return()**: Wird innerhalb einer selbst geschriebenen Funktion verwendet (typischerweise als letzte Anweisung) und gibt das Ergebnis der Funktion zurück.

Wie Sie sehen, sind wir bereits mitten in der Diskussion der Streuung unserer Variablen EXPEND. Das einfachste Maß, das die Streuung *in einer einzigen Kennzahl* zusammenfasst, ist bekanntlich die Spannweite, die Range. Diese ist in R auf Basis der uns bereits vorliegenden Daten leicht errechnet:

```
> max(x$EXPEND) - min(x$EXPEND)
[1] 72.8642
```

Wie bereits an den Quantilsgrenzen gesehen, wird diese Spannweite maßgeblich durch Ausreißer verursacht. Deshalb ergibt es Sinn, Streuungskennzahlen zu betrachten, deren Berechnung nicht nur die extremen Werte, sondern alle Werte einer Variablen mit berücksichtigt, vor allem also die mittlere absolute Abweichung, die Varianz und die Standardabweichung.

Für die mittlere absolute Abweichung gibt es in den standardmäßig mit R installierten Paketen keine spezielle Funktion. Das macht aber überhaupt nichts. Schreiben wir uns doch selbst eine!

Dazu müssen wir zunächst die absoluten Abweichungen unserer Variablen von deren Mittelwert berechnen:

```
> abs(x$EXPEND - mean(x$EXPEND))
```

Die Funktion abs gibt die Absolutwerte eines Vektors zurück. Dieser Vektor, dessen Absolutwerte wir hier ziehen, ist x$EXPEND-mean(x$EXPEND). Erinnern Sie sich an unsere früheren Überlegungen, dass in R Rechenoperationen, die auf einen Vektor angewendet werden, immer *mit allen Elementen* des Vektors durchgeführt werden. Demnach berechnet die obige Anweisung einen Vektor von absoluten Abweichungen vom arithmetischen Mittel, eine für jede Beobachtung unserer Stichprobe. Um nun zur mittleren absoluten Abweichung zu gelangen, müssen wir nur noch die Summe dieser Abweichungen bilden und sie durch die Zahl der Beobachtungen teilen:

```
> maa.expend <- sum(abs(x$EXPEND - mean(x$EXPEND))) /
  length(x$EXPEND)
```

Wie der Name bereits vermuten lässt, summiert die Funktion sum alle Elemente eines Vektors auf. Dieser Vektor besteht in unserem Fall aus den absoluten Abweichungen von x$EXPEND zum arithmetischen Mittel mean(x$EXPEND). Diese Summe teilen wir schließlich noch durch die Länge des Vektors, die ja identisch mit der Zahl unserer Beobachtungen ist. Und schon ergibt sich die mittlere absolute Abweichung:

```
> maa.expend
[1] 9.490832
```

Wenn Sie jetzt die mittlere absolute Abweichung für eine andere Variable berechnen wollten, zum Beispiel für die Arbeitslosigkeit, könnten Sie natürlich die gerade entwickelte R-Anweisung nehmen und einfach überall x$EXPEND durch x$UNEMPLOY ersetzen. Das ist aber etwas mühsam. Deshalb gehen wir einen anderen Weg:

```
> maa <- function(w) { return(sum(abs(w - mean(w))) / length(w))}
```

Herzlichen Glückwunsch! Sie haben soeben Ihre erste eigene Funktion in R geschrieben! Aber der Reihe nach: Sie sehen, dass wir hier ein Objekt maa erzeugen und diesem etwas zuweisen: eine Funktion, die von einem Argument w abhängt. Nichts anderes besagt maa<-function(w). Was diese Funktion tut, steht in den geschweiften Klammern dahinter: Sie gibt als Funktionswert etwas zurück, und zwar das, was als Argument der Funktion return übergeben wird. Dieses Argument der Funktion return ist aber wiederum unsere Berechnung der mittleren absoluten Abweichung, nur dass wir diesmal x$EXPEND ersetzt haben durch w, das Argument, mit dem unsere neue Funktion aufgerufen werden soll.

Es wäre auch möglich gewesen, die eigentliche Berechnung der mittleren absoluten Abweichung und die Rückgabe des Funktionswerts in zwei Anweisungen zu trennen, zum Beispiel so:

```
> maa <- function(w) { z <- sum(abs(w - mean(w))) / length(w);
  return(z) }
```

Hier wird zunächst eine Zwischenvariable z genutzt, um das Ergebnis der Funktion zu berechnen. Dieses Ergebnis wird dann mit return als Funktionswert zurückgegeben. Beachten Sie, dass die beiden Anweisungen in den geschweiften Klammern durch ein Semikolon getrennt sind, damit R versteht, dass es sich um zwei verschiedene Anweisungen handelt, und nicht irrtümlich versucht, beides zusammen als eine Anweisung zu verarbeiten. Das führte dann unweigerlich zu einer Fehlermeldung.

Ein Ausdruck wie unsere Funktionsdefinition ist, wenn man ihn so in eine Zeile schreibt, natürlich nicht besonders übersichtlich. Dass wir ihn in eine Zeile quetschen, ist dem Umstand geschuldet, dass wir aktuell im interaktiven Modus von R unterwegs sind: Wir geben eine Anweisung ein, R gibt das Ergebnis dieser Anweisung aus, wir geben die nächste Anweisung ein und so weiter. Wenn Sie stattdessen im Skript- oder Batchmodus arbeiten, können Sie diese Funktionsdefinition etwas hübscher formatieren, zum Beispiel so:

```
maa <- function(w)
{
  z<-sum(abs(w - mean(w))) / length(w)
  return(z)
}
```

Das ist übersichtlicher und daher einfacher zu lesen. Da wir hier jede Anweisung in eine neue Zeile setzen, können wir auf das Semikolon zum Trennen der Anweisungen verzichten.

Nachdem wir R mit der Definition unserer Funktion maa versorgt haben, können wir sie jetzt wie jede andere Funktion aufrufen.

```
> maa(x$EXPEND)
[1] 9.490832
```

Das klappt so lange, wie Ihre R-Sitzung läuft. Wenn Sie Ihre Funktion dauerhaft nutzen wollen, schreiben Sie sie am besten oben in Ihr R-Skript mit hinein. Das Skript könnte dann so aussehen:

```
# Arbeitsverzeichnis setzen
setwd("C:/Paper/300 Daten")

# Daten in Dataframe x einlesen
x <- read.table("daten_final.csv",header = TRUE, sep = ";", quote
    = "\"", dec = ",")

# Funktion für mittlere absolute Abweichung
maa <- function(w)
{
  z <- sum(abs(w - mean(w))) / length(w)
  return(z)
}
```

Mit diesem Skript setzen Sie Ihr Arbeitsverzeichnis, laden die Daten und definieren Ihre Funktion maa, sodass Sie sie fortan verwenden können. In Kapitel 8 werden wir uns eingehender mit der Entwicklung von Funktionen im Skriptmodus beschäftigen.

Berechnen wir nun mit der neuen Funktion doch einmal die mittlere absolute Abweichung der Arbeitslosigkeit von ihrem Durchschnitt:

```
> maa(x$UNEMPLOY)
[1] NA
```

Wir erhalten als Ergebnis ein Missing. Wie kann das sein? Der Grund dafür ist, dass für einige Länder unseres Datensatz keine Daten zur Arbeitslosigkeit vorliegen, dort also selbst Missings stehen:

```
> length(x$UNEMPLOY[is.na(x$UNEMPLOY)])
[1] 79
```

Wie Sie an dieser Anweisung, die die Länge des Vektors der Arbeitslosenquote bestimmt – gefiltert nach Missings –, sehen, gibt es für 79 Länder keine Daten zur Arbeitslosigkeit. R kann aber mit Missings nicht rechnen.

Ein Wert, zum Beispiel 38,9, plus NA ist selbst wieder NA. Das hatten Sie bereits an früherer Stelle gesehen. Beim Berechnen des arithmetischen Mittels, das wir in unserer Funktion maa benutzen, passiert aber genau das: Die Werte der Variablen werden aufsummiert. Da einige Werte NA sind, ist auch das Ergebnis NA, und alle darauf aufbauenden Berechnungen, die wir vornehmen, ergeben ebenfalls NA. Aus diesem Grund haben viele statistische Funktionen in R ein Argument namens na.rm, das für *NA remove*, also *NA entfernen* steht. Setzt man diesen logischen

Wert auf TRUE, werden die NA bei der Berechnung automatisch ignoriert. Im Fall des arithmetischen Mittels bedeutet dies, dass die NA sowohl bei der Berechnung der Summe alle Werte außen vor gelassen werden als auch bei der Bestimmung der Anzahl von Beobachtungen, durch die diese Summe dann geteilt wird. In der Regel empfiehlt es sich daher, dass Sie, wenn Sie a priori nicht ausschließen können, dass Ihre Daten Missings enthalten, Funktionen, die na.rm anbieten, auch mit na.rm=TRUE aufrufen.

Um das zu reflektieren, müssen wir unsere Funktion maa jetzt etwas umbauen, und zwar an zwei Stellen: Zum einen müssen wir mean mit na.rm=TRUE aufrufen, zum anderen müssen wir sicherstellen, dass, wenn wir die Summe der absoluten Abweichungen durch die Zahl der Beobachtungen dividieren, diese Anzahl um die Zahl der Missings korrigiert ist:

```
maa <- function(w)
{
  z <- sum(abs(w[!is.na(w)] - mean(w, na.rm = TRUE))) /
       length(w[!is.na(w)])
  return(z)
}
```

Genau das machen wir jetzt. Zunächst statten wir den Aufruf der Funktion mean mit na.rm=TRUE als Argument aus. Aber wir bilden ja innerhalb der Funktion eigentlich die Differenz w-mean(w). Also müssen wir auch für den Minuend die Missings herausfiltern. Anderenfalls kann es immer noch vorkommen, dass w-mean(w) zu Missings führt, weil w selbst Missings beinhaltet. Das Herausfiltern der Missings geschieht mit dem Selektionsfilter !is.na(w). Sie erinnern sich, dass is.na eine Funktion ist, die für jedes Element eines Vektors einen Wahrheitswert zurückgibt, der anzeigt, ob dieses Element ein Missing ist. Mit dem Negationsoperator ! drehen wir den Wahrheitswert um. Der Ausdruck w[!is.na(w)] liest sich demnach: der Vektor aller Elemente von w, für die gilt, dass sie kein Missing sind.

Dann müssen wir noch die Zahl der Beobachtungen, durch die wir teilen, um die Zahl der Missings korrigieren. Das geschieht auf gleiche Weise. Auch hier erzeugen wir durch Selektion zunächst den Vektor aller Elemente von w, die kein Missing sind, und zählen dann die Anzahl dieser Elemente.

Jetzt ist unsere Funktion maa »Missing-tauglich«. Vergessen Sie nicht, die Definition, das heißt den Programmcode der Funktion, nach den Änderungen noch mal auszuführen. Das machen Sie, indem Sie entweder den entsprechenden Teil des Skripts im Editor markieren und dann ausführen oder indem Sie die Funktion in den interaktiven Modus kopieren und dann mit *Enter* ausführen. Tun Sie das nicht, werden die Modifikationen nicht wirksam, und beim nächsten Aufruf von maa wird immer noch die »alte« Version der Funktion aufgerufen. Das ist eine häufige Fehlerquelle, die besonders tückisch ist, denn man sucht den Fehler natürlich zuallererst in der Funktion selbst und denkt meist nicht daran, dass man einfach vergessen hat, den korrigierten R-Code nochmals auszuführen und so die aktualisierte Version der Funktion in den Speicher zu laden.

Nun also ein neuer Versuch:

```
> maa(x$UNEMPLOY)
[1] 3.877809
```

Dieses Mal wird ein Wert berechnet. Hätten wir übrigens auf die Korrektur der Anzahl der Beobachtungen `length(w[!is.na(w)]` verzichtet, hätte sich ein (falscher) Wert für die mittlere absolute Abweichung vom arithmetischen Mittel von 2,29 ergeben. Die Missings wären bei der Bestimmung der Zahl der Beobachtungen einfach mitgezählt worden und hätten den Nenner unserer Berechnung vergrößert.

Nun haben wir also eine eigene Funktion für die mittlere absolute Abweichung geschrieben. Für die Varianz und die Standardabweichung können wir aber natürlich wieder voll und ganz auf R zählen:

```
> var(x$EXPEND)
[1] 148.2357
```

liefert uns die Varianz,

```
> sd(x$EXPEND)
[1] 12.17521
```

die Standardabweichung (engl. *Standard Deviation*). Dass R Letztere richtig berechnet, können Sie leicht nachvollziehen, indem Sie mithilfe der Funktion `sqrt` (*square root*) selbst die Quadratwurzel der Varianz ziehen:

```
> sqrt(var(x$EXPEND))
[1] 12.17521
```

Wenn Sie die Varianz mit

```
> sum((x$EXPEND - mean(x$EXPEND))^2) / length(x$EXPEND)
[1] 147.4513
```

nachrechnen, werden Sie feststellen, dass der Wert leicht niedriger ist als der mit `var` berechnete. Das liegt daran, dass R die sogenannte korrigierte Stichprobenvarianz

$$s^2 = \frac{1}{N-1}\sum_{i=1}^{N}\left(x_i - \bar{x}\right)^2$$

berechnet, also durch die *um eins verringerte* Zahl der Beobachtungen teilt. Das ist wichtig, wenn man von der in der Stichprobe ermittelten Varianz auf die Varianz der Grundgesamtheit schließen will. Denn es lässt sich leicht zeigen, dass s^2 nur dann ein unverzerrter Schätzer der Varianz σ^2 der Grundgesamtheit ist, wenn durch $N-1$ geteilt wird.

Will man dagegen lediglich eine Aussage über die Stichprobe selbst treffen, ist es vollkommen in Ordnung, durch N zu teilen. Für große N ist der Unterschied natürlich unerheblich, weil dann $1/N \approx 1/(N-1)$. Um also die korrigierte Varianzberechnung von R »nachzubauen«, müssten wir ebenfalls durch $N-1$ teilen:

```
> sum((x$EXPEND - mean(x$EXPEND))^2) / (length(x$EXPEND) - 1)
[1] 148.2357
```

Dann ergibt sich genau der mithilfe der Funktion `var` errechnete Wert.

Um unsere »manuelle« Varianzberechnung wiederum robust für das Vorkommen von Missings zu machen, müssten wir sie ein wenig modifizieren, indem wir den Vektor der Variablen, deren Varianz wir berechnen wollen, mithilfe des Selektionskriteriums `!is.na(x$EXPEND)` auf diejenigen Werte filtern, die keine Missings sind:

```
> sum((x$EXPEND[!is.na(x$EXPEND)] - mean(x$EXPEND,
     na.rm = TRUE))^2) / (length(x$EXPEND[!is.na(x$EXPEND)]) - 1)
[1] 148.2357
```

Ihnen ist sicherlich aufgefallen, dass wir in den Berechnungen die Formulierung `^2` verwenden. Das ist nichts weiter als die in R übliche Schreibweise für »zum Quadrat«.

Zusammenhangsmaße in R

In diesem Abschnitt erfahren Sie,

- wie Sie als Maß für die lineare Gleichläufigkeit zweier Variablen die Korrelationskoeffizienten nach Pearson (basierend auf den Werten der Variablen) und nach Spearman (basierend auf der Rangfolge der Werte) berechnen.

Folgende R-Funktion wird in diesem Abschnitt behandelt:

- **`cor()`**: Berechnet die Korrelation zweier Variablen entweder in Form des Pearson'schen Korrelationkoeffizienten oder des Spearman'schen Rangkorrelationskoeffizienten.

Bislang haben wir uns mit deskriptiven Statistiken beschäftigt, die die zentrale Tendenz und Streuung *einer* Variablen messen. Im Folgenden schauen wir uns nun mit dem Korrelationskoeffizienten ein Zusammenhangsmaß an, das beschreibt, wie stark sich zwei Variablen gleich- oder gegenläufig zueinander bewegen.

Wir könnten beispielsweise vermuten, dass es in unserer Stichprobe einen positiven Zusammenhang zwischen der Höhe der Arbeitslosigkeit und den Staatsausgaben gibt, insbesondere weil in vielen Ländern eine staatliche Arbeitslosenunterstützung existiert, deren Ausgaben automatisch ansteigen, wenn die Arbeitslosigkeit steigt. Im Zusammenhang mit dem konjunkturellen Effekt, den diese Arbeitslosenunterstützung hat, spricht man auch von der Arbeitslosenunterstützung als einem *automatischen Stabilisator*, da sie bei höherer Arbeitslosigkeit über das steigende Einkommen der Arbeitslosen zusätzliche Nachfrage generiert, in Zeiten niedrigerer Arbeitslosigkeit dagegen einen geringeren Nachfrageeffekt hat und stattdessen den Bürgern durch die zu leistenden Sozialabgaben Kaufkraft entzieht. Diesen Zusammenhang können Sie mit unseren Daten in R leicht untersuchen:

```
> cor(x$UNEMPLOY, x$EXPEND, use = "pairwise.complete.obs")
[1] 0.1925712
```

Die Funktion cor liefert uns den Korrelationskoeffizienten. Ihre Argumente sind die Variablen, deren Zusammenhang untersucht werden soll, sowie ein Argument namens use, das angibt, wie R mit etwaigen Missings umgehen soll. Wenn wir den linearen Zusammenhang zweier Variablen bestimmen wollen, ergibt eigentlich nur die Ausprägung pairwise.complete.obs (oder auch kurz: pairwise) Sinn, die R anweist, lediglich solche Datenpunkte in die Berechnung einzubeziehen, bei denen keine der beiden Variablen ein Missing aufweist.

Ohne an dieser Stelle zu detailliert werden zu wollen, sei darauf hingewiesen, dass die Funktion cor, wenn man ihr einen Dataframe oder eine Datenmatrix als Argument übergibt, auch die Zusammenhänge zwischen mehr als zwei Variablen berechnen kann. In diesem Fall ist das Ergebnis nicht ein einzelner *Korrelationskoeffizient*, sondern eine *Korrelationsmatrix*, die alle paarweisen Korrelationen von je zwei Variablen des Dataframes bzw. der Datenmatrix als Elemente enthält. Ein Beispiel: Aus unserem Datensatz erzeugen wir einen Extrakt, der nur die Variablen EXPEND, UNEMPLOY und POPSENIORS enthält. Diesen Extrakt übergeben wir dann der Funktion cor und erhalten so alle paarweisen Korrelationen:

```
> extrakt <- data.frame(x$EXPEND, x$UNEMPLOY, x$POPSENIORS)
> cor(extrakt, use="pairwise.complete.obs")
             x.EXPEND x.UNEMPLOY x.POPSENIORS
x.EXPEND     1.0000000 0.1925712    0.5131188
x.UNEMPLOY   0.1925712 1.0000000    0.1611604
x.POPSENIORS 0.5131188 0.1611604    1.0000000
```

Auf der Hauptdiagonalen (von links oben nach rechts unten) der Matrix stehen jeweils die Einsen, nämlich die Korrelationen aller Variablen mit sich selbst. Da die Missings bei den Variablen natürlich an sehr unterschiedlichen Stellen stehen können, ist es wahrscheinlich, dass die Datenelemente (also die »Zeilen« des Dataframes oder der Matrix), die bei Verwendung von pairwise.complete.obs in die Berechnung der Korrelation eingehen, sehr unterschiedlich sind, je nachdem, für welche zwei Variablen die Korrelation berechnet wird und wo genau in diesen beiden Variablen die Missings stehen. Um die paarweisen Korrelationen besser vergleichbar zu machen, erlaubt es R auch, nur solche Datensätze in die Berechnung der Korrelation einzubeziehen, bei denen keine der Variablen im Dataframe bzw. in der Datenmatrix ein Missing hat. In dem Fall wird ein bestimmter Datensatz auch dann ausgeschlossen, wenn er zwar nicht in den beiden Variablen, deren Korrelation bestimmt wird, ein Missing hat, dafür aber in einer der anderen Variablen. Da wir hier lediglich die Korrelation von zwei Variablen bestimmen wollen, sollen uns die übrigen Einstellungsmöglichkeiten, die R hier bietet, jedoch nicht weiter interessieren.

Bitte beachten Sie, dass pairwise.complete.obs angegeben werden muss, denn der Standardwert für das Argument use, der genommen würde, wenn wir use nicht explizit angeben, ist everything, und das würde im Ergebnis zu einem NA führen, wenn unsere Daten Missings enthalten.

Wie Sie sehen, bestätigt sich unsere Vermutung, dass wir in unserer Stichprobe einen positiven linearen Zusammenhang zwischen Höhe der Arbeitslosigkeit und der Höhe der Staatsausgaben finden, wenn auch keinen allzu starken. Vielleicht ist der Zusammenhang ja etwas stärker, wenn wir nicht alle Länder in die Berechnung einbeziehen, sondern nur die Länder mit hoher Wirtschaftskraft, weil in diesen die Wahrscheinlichkeit, eine ausgebaute und funktionierende Arbeitslosenunterstützung zu finden, höher sein dürfte:

```
> cor(x$UNEMPLOY[x$INCOMEGROUP == "High income: OECD" |
x$INCOMEGROUP == "High income: nonOECD"], x$EXPEND[x$INCOMEGROUP == "High income:
OECD" | x$INCOMEGROUP == "High income: nonOECD"], use = "pairwise.complete.obs")
[1] 0.3395343
> cor(x$UNEMPLOY[x$INCOMEGROUP == "High income: OECD"],
x$EXPEND[x$INCOMEGROUP == "High income: OECD"], use = "pairwise.complete.obs")
[1] 0.311133
```

Um das zu untersuchen, schränken wir nun die Variablen `UNEMPLOY` und `EXPEND` im ersten Schritt so ein, dass nur noch Länder berücksichtigt werden, die gemäß der Klassifikation der Weltbank als Länder mit hohem Einkommen gelten. Wie weiter oben bereits erläutert, verbindet der senkrechte Strich (|) zwei Selektionsbedingungen mit einem logischen ODER. Mithilfe des logischen ODER setzen wir hier praktisch die Gesamtgruppe der Länder mit hohem Einkommen wieder zusammen, die in unserem Datensatz ja zerlegt nach OECD- und Nicht-OECD-Ländern vorliegt. Logisches ODER bedeutet, wie Sie sich sicher erinnern werden, nicht etwa »entweder das eine oder das andere«, sondern »das eine, das andere oder beide«.

Im zweiten Schritt betrachten wir die OECD-Länder allein.

Wie vermutet, ist sowohl in der Gruppe aller Länder mit hohem Einkommen als auch in der Gruppe der OECD-Länder allein der Zusammenhang zwischen Arbeitslosigkeit und Staatsausgaben stärker als in der Gruppe aller Länder, wo die Korrelation nur ungefähr 0,19 betrug.

Der Korrelationskoeffizient misst bekanntlich einen *linearen* Zusammenhang zwischen zwei Variablen. Lassen Sie uns deshalb auch noch die Werte des Spearman'schen Rangkorrelationskoeffizienten anschauen, der robuster gegenüber Nicht-Linearität von Zusammenhängen ist.

```
> cor(x$UNEMPLOY[x$INCOMEGROUP == "High income: OECD" |
x$INCOMEGROUP == "High income: nonOECD"], x$EXPEND[x$INCOMEGROUP == "High income:
OECD" | x$INCOMEGROUP == "High income: nonOECD"], use = "pairwise.complete.obs",
method = "spearman")
[1] 0.4481868
> cor(x$UNEMPLOY[x$INCOMEGROUP == "High income: OECD"],
x$EXPEND[x$INCOMEGROUP == "High income: OECD"], use = "pairwise.complete.obs",
method = "spearman")
[1] 0.3852639
```

Standardmäßig berechnet die R-Funktion cor den Pearson'schen Korrelationskoeffizienten. Wir können aber mithilfe eines zusätzlichen Arguments namens method die Ausgabe eines Rangkorrelationskoeffizienten erreichen. Beachten Sie bitte, dass, wie in R üblich, spearman auch hier kleingeschrieben wird. Das ist wichtig, denn R unterscheidet bekanntlich zwischen Groß- und Kleinschreibung und würde daher Spearman nicht als gültigen Wert für das Argument method erkennen.

Die Rangkorrelationskoeffizienten sind sogar noch höher als die »normalen« Pearson'schen Koeffizienten. Der positive Zusammenhang zwischen Arbeitslosigkeit und Staatsausgaben ist möglicherweise tatsächlich kein linearer.

Daten gruppiert analysieren

In diesem Abschnitt erfahren Sie,

- wie Sie eine statistische Funktion nicht auf eine gesamte Variable anwenden, sondern gruppenweise entsprechend den Ausprägungen einer anderen (Faktor-)Variablen, die die interessierende Variable gruppiert,
- wie Sie Kreuztabellen erzeugen, die die Anzahl von Datensätzen in Abhängigkeit von den Ausprägungskombinationen mehrerer kategorialer Variablen anzeigen; so lässt sich leicht ermitteln, wie viele Datensätze vorhanden sind, auf die eine bestimmte Kombination von Merkmalen zutrifft.

Folgende R-Funktionen werden in diesem Abschnitt behandelt:

- **tapply()**: Wendet eine Funktion auf jede Gruppe von Elementen eines Vektors an, wobei die Elemente durch die Levels einer Faktorvariablen zu Gruppen zusammengefasst sind.
- **table()**: Zählt die Datensätze, die in jede Kombination von Levels zweier oder mehrerer Faktorvariablen fallen.

Bisher haben wir die Funktionen der deskriptiven Statistik immer auf Variablen im Ganzen angewendet. So können wir zum Beispiel die durchschnittlichen Staatsausgaben in unserem Datensatz bestimmen:

```
> mean(x$EXPEND)
[1] 33.0564
```

Manchmal ist das aber zu grob. Stellen Sie sich vor, Sie wollten etwas tiefer in die Daten einsteigen und das arithmetische Mittel der Staatsausgaben für jede Einkommensgruppe (entsprechend unserer Variablen INCOMEGROUP) bestimmen. Das könnten wir natürlich durch geeignete Selektionen so erreichen:

```
> mean(x$EXPEND[x$INCOMEGROUP == "High income: OECD"])
[1] 44.40194
> mean(x$EXPEND[x$INCOMEGROUP == "High income: nonOECD"])
[1] 33.87137
> mean(x$EXPEND[x$INCOMEGROUP == "Upper middle income"])
[1] 33.67919
```

```
> mean(x$EXPEND[x$INCOMEGROUP == "Lower middle income"])
[1] 30.70618
> mean(x$EXPEND[x$INCOMEGROUP == "Low income"])
[1] 23.27163
```

Das ist allerdings etwas mühsam. Einfacher geht es mit der Funktion `tapply`. Sie wendet eine Funktion, in unserem Fall `mean`, auf eine Variable an, gruppiert nach den Levels eines Faktors, im Beispiel `INCOMEGROUP`:

```
> tapply(x$EXPEND, INDEX = x$INCOMEGROUP, FUN = mean)
                 High income: nonOECD    High income:OECD
24.51110              33.87137              44.40194
Low income      Lower middle income     Upper middle income
23.27163              30.70618              33.67919
```

`tapply` bekommt dazu als Argumente die Variable, über die wir eine Statistik errechnen wollen, die Faktorvariable, nach deren Levels die Daten bei der Berechnung der Statistik gruppiert werden sollen (`INDEX`), und die Funktion, die auf die Daten angewendet werden soll (`FUN`), übergeben.

Auffällig am Ergebnis ist der erste Wert, denn er trägt keine Überschrift. Das ist das arithmetische Mittel all jener `EXPEND`-Datenpunkte, die bei der `INCOMEGROUP` ein Missing haben, deren Wert also `NA` ist, weil für sie keine Daten zur Einkommensklassifikation der Weltbank vorliegen.

Wie viele Datenpunkte das sind und wie viele zu den anderen Kategorien gehören, lässt sich nun mit `tapply` sehr leicht feststellen:

```
> tapply(x$EXPEND, INDEX = x$INCOMEGROUP, FUN = length)
High income: nonOECD   High income: OECD     Low income
          26                    32                29
Lower middle income  Upper middle income
          49                    51
```

Das tabellarische Auswerten mit `tapply` funktioniert übrigens nicht nur eindimensional, das heißt mit einer Gruppierungsvariablen, sondern auch mit mehreren:

```
> tapply(x$EXPEND, INDEX = list(x$INCOMEGROUP, x$DEMOCRATIC),
  FUN = mean)
                        FALSE     TRUE
High income: nonOECD 35.27885 35.59266
High income: OECD          NA 44.40194
Low income           26.34320 22.86524
Lower middle income  28.51238 28.80369
Upper middle income  34.03323 30.03443
```

Hier sehen wir nun den Durchschnitt der Staatsausgaben pro Ländergruppe, wobei diese Gruppen durch die Einkommensklassifikation des Landes und durch die Frage, ob das Land als demokratisch betrachtet werden kann, definiert sind. Die Spalten mit den Überschriften `FALSE` und `TRUE` reflektieren genau dieses letzte Kriterium. Das `NA` in der zweiten Zeile zeigt an, dass es keine OECD-Länder gibt, die nach unserer Definition keine Demokratien sind.

In diesem Beispiel ist INDEX nun keine einzelne Variable mehr, sondern eine Liste von mehreren Variablen. Beachten Sie bitte, dass Sie die Variablen explizit mit list zu einer Liste zusammenfassen müssen. Tun Sie das nicht, wie im folgenden Beispiel, erhalten Sie von R eine eher schwer verständliche Fehlermeldung:

```
> tapply(x$EXPEND, INDEX = x$INCOMEGROUP, x$DEMOCRATIC,
  FUN = mean)
Error in mean.default(X[[i]], ...) :
  'trim' muss nummerisch sein und Länge 1 haben
```

Hier denkt R, die Variable x$DEMOCRATIC, die im Funktionsaufruf mit einem Komma an INDEX = x$INCOMEGROUP angehängt wird, sei bereits das folgende Argument mit dem Namen trim, auf das wir hier nicht weiter eingehen, das aber ein einzelner numerischer Wert sein muss und eben kein Vektor wie in unserem Fall. Damit R versteht, dass x$INCOMEGROUP und x$DEMOCRATIC zum selben Argument, nämlich zu INDEX, gehören, müssen wir die beiden mit list(x$INCOMEGROUP, x$DEMOCRATIC) zu einer Liste zusammenfassen.

Ihnen wird aufgefallen sein, dass wir der Funktion, die wir mit tapply auf unsere Daten anwenden (also der Funktion, die tapply als Argument FUN übergeben wird), selbst keine Argumente übergeben, wir schreiben einfach zum Beispiel FUN = mean. Die Funktion tapply selektiert dann unsere Daten entsprechend dem Faktor INDEX und übergibt diese Datenselektionen der Reihe nach der Funktion, die wir in FUN angegeben haben, in unserem Beispiel mean. Wenn die Funktion mean aber neben den Daten weitere Argumente benötigt, können wir ihr diese mithilfe von tapply nicht übergeben. Lassen Sie uns dieses Problem an einem einfachen Beispiel deutlich machen:

```
> tapply(x$CPIVAL, INDEX = x$INCOMEGROUP, FUN = mean)
High income: nonOECD    High income: OECD    Low income
          NA                   71.84375              NA
Lower middle income    Upper middle income
          NA                   NA
```

Hier wenden wir tapply nicht auf die Staatsausgaben, sondern auf den Index der wahrgenommenen Korruption (CPI) an. Unsere Variable CPIVAL hat allerdings viele Missings. Wie Sie zuvor gesehen haben, führen Missings bei Anwendung von mean dazu, dass wir wiederum ein NA als Ergebnis erhalten, es sei denn, wir sagen der Funktion mithilfe des Arguments na.rm=TRUE ausdrücklich, dass die Missings ignoriert werden sollen. Nur können wir der Funktion mean, wenn wir sie mittels tapply aufrufen, das Argument na.rm=TRUE gar nicht übergeben. Was tun?

Des Rätsels Lösung ist eigentlich eine ganz einfache: tapply selbst können wir mit dem Argument na.rm aufrufen. Dieses Argument wird dann an mean »weitergereicht«. Der Aufruf lautet also:

```
> tapply(x$CPIVAL, INDEX = x$INCOMEGROUP, FUN = mean, na.rm=TRUE)
High income: nonOECD    High income: OECD    Low income
      54.10526              71.84375          27.64286
Lower middle income  Upper middle income
      32.39535              36.62162
```

Das Ergebnis zeigt, dass nun, anders als zuvor beim Einsatz von mean ohne das Argument na.rm, für alle Levels des Faktors INCOMEGROUP arithmetische Mittel der wahrgenommenen Korruption berechnet werden, weil wir die Missings ausklammern.

Wie Sie gesehen haben, können wir die Funktion tapply benutzen, um eine Funktion auf unsere Daten anzuwenden, die wir zu diesem Zweck mithilfe eines oder mehrerer Faktoren in Gruppen schneiden. Ein Spezialfall davon ist das Zählen der Datenpunkte in den einzelnen Gruppen. Dazu verfügt R über die spezielle Funktion namens table:

```
> table(x$INCOMEGROUP, x$DEMOCRATIC, useNA = "ifany")

                       FALSE TRUE <NA>
High income: nonOECD       8   13    5
High income: OECD          0   32    0
Low income                 5   22    2
Lower middle income       11   34    4
Upper middle income        7   34   10
<NA>                       0    1    1
```

Die Funktion table erstellt Kreuztabellen und zählt, wie viele Datenpunkte in den Kombinationen der Ausprägungen der angegebenen Faktoren vorkommen. Mit dem Argument useNA="ifany" legen wir fest, dass Missings angezeigt werden sollen, aber nur, wenn auch tatsächlich in den Daten welche existieren. Andere mögliche Ausprägungen des Arguments useNA wären "no" und "always", womit Spalten bzw. Zeilen für die NA immer bzw. nie angezeigt würden.

Beachten Sie, dass, anders als bei tapply, die Faktoren, nach denen hier die Gruppen gebildet werden, nicht mit list verbunden werden.

Dasselbe Ergebnis hätten wir aber auch mit tapply erzielen können, wobei für Kategorien, die keine Daten enthalten, statt einer Null ein NA angezeigt worden wäre:

```
> tapply(x$EXPEND, INDEX = list(x$INCOMEGROUP, x$DEMOCRATIC),
  FUN = length)
                       FALSE TRUE
High income: nonOECD       8   13
High income: OECD         NA   32
Low income                 5   22
Lower middle income       11   34
Upper middle income        7   34
```

An diesem Beispiel und im Vergleich zum vorangegangenen Aufruf der Funktion table sieht man sehr schön, dass bei tapply NA als Level der die Gruppen definierenden Faktoren unberücksichtigt bleibt. Deshalb fehlt im tapply-Ergebnis eine Spalte, die die Ergebnisse für alle jene Datensätze anzeigt, für die DEMOCRATIC ein Missing ist. Die Funktion tapply zeigt Ergebnisse nur für echte Faktorlevels an, und NA ist kein Faktorlevel, sondern besagt lediglich, dass einfach keine Daten vorliegen.

KAPITEL 6

Lineare Regression: Kontinuierliche Daten analysieren (Inferenzstatistik I)

Die lineare Regression ist ein Standardwerkzeug und aus der empirischen Arbeit in den Wirtschafts- und Sozialwissenschaften nicht mehr wegzudenken. Deshalb räumen wir ihr in diesem Buch einen hohen Stellenwert ein.

Lineare Regression kommt in vielen Spielarten daher, ihr Grundmodell hat zahlreiche methodische Erweiterungen erfahren – sowohl im Sinne von Spezialisierungen für bestimmte Situationen als auch im Sinne von Verallgemeinerungen. Diese alle zu behandeln, würde den Umfang dieses (und jedes anderen!) Buchs sprengen. Wir konzentrieren uns stattdessen in diesem Kapitel darauf, dass Grundmodell der linearen Regression zu verstehen, in R umzusetzen und seine Ergebnisse zu interpretieren.

Bevor wir das aber tun, wollen wir uns kurz dem Konzept der Inferenzstatistik zuwenden, jenem Bereich der Statistik, dem auch die lineare Regression zuzurechnen ist, und der Frage, wie sich die Inferenzstatistik von der deskriptiven Statistik unterscheidet, mit der wir uns im vorangegangenen Kapitel beschäftigt haben.

Die Rolle der Inferenzstatistik

In diesem und dem nächsten Kapitel beschäftigen wir uns mit *Inferenzstatistik*, *induktiver Statistik* oder *schließender Statistik*. Wie der Name bereits andeutet, versucht schließende Statistik, aus einer Stichprobe Rückschlüsse auf eine Gegebenheit in einer größeren Gesamtheit, der sogenannten *Grundgesamtheit*, zu ziehen. Im vorangegangenen Kapitel haben wir bereits die Stichprobe unseres Beispieldatensatzes deskriptiv untersucht, das heißt, wir haben Aussagen über die Stichprobe getroffen. Jetzt geht es darum, aus der Stichprobe auf die Grundgesamtheit zu verallgemeinern.

Die schließende Statistik hat ihre Berechtigung darin, dass wir selten in der Lage sind, alle Objekte, über die wir eine Aussage treffen wollen, zu untersuchen. Soll zum Beispiel der Schulerfolg von Schülern statistisch untersucht werden, ist es unmöglich, wirklich alle Jugendlichen, die gerade irgendwo auf der Welt die

Schulbank drücken, in die Analyse einzubeziehen. Und selbst wenn das möglich wäre, was ist mit den Schülern, die gestern ihr Abschlusszeugnis erhalten haben? Oder jenen, die erst übermorgen ihren ersten Schultag erleben werden? Wenn Wissenschaft sinnvolle Aussagen über die reale Welt treffen möchte, sollten diese Aussagen offensichtlich nicht nur in dem Moment, in dem sie getroffen werden, sondern auch in Zukunft noch gültig sein. Eine Theorie ist umso wertvoller, je breiter sie sich anwenden lässt (sowohl was die Zahl der Bezugsobjekte zu einem bestimmten Zeitpunkt angeht als auch hinsichtlich des zeitlichen Gültigkeitsbereichs), je mehr Fälle man also mit ihr erklären kann. Das ist intuitiv, denn ein breiterer Anwendungsbereich bedeutet, dass die Theorie häufiger eingesetzt werden kann und so mehr Wert stiftet. Je breiter aber der Anwendungsbereich, desto schwieriger wird es, viele oder gar alle Objekte, auf die die Theorie anwendbar sein soll, zu untersuchen. Wir haben es also bei statistischen Analysen typischerweise mit einer Stichprobe aus der Grundgesamtheit, der Menge aller interessierenden Objekte, zu tun.

Wenn wir nun auf Basis einer Stichprobe eine Aussage über die Grundgesamtheit tätigen, können wir mit dieser Aussage falsch liegen. Das ergibt sich ganz allein schon aus dem Umstand, dass wir nicht jedes Objekt, auf das sich unsere Aussage beziehen soll, einzeln haben betrachten können. Wenn wir beispielsweise den möglichen Zusammenhang zweier Variablen untersuchen wollen, mag es sein, dass wir in der Stichprobe, die wir dazu heranziehen, einen solchen Zusammenhang finden, obwohl es tatsächlich keinen derartigen Zusammenhang gibt. Das liegt daran, dass wir einfach rein zufällig die Stichprobe so gezogen haben, dass die darin enthaltenen Objekte einen Zusammenhang zwischen den beiden Variablen suggerieren. Würden wir die Stichprobe größer machen (und im Extremfall gar auf alle interessierenden Objekte ausdehnen), würden wir keinen Zusammenhang mehr feststellen können. Es ist also einleuchtend, dass die Wahrscheinlichkeit, auf Basis der Stichprobe einen Fehlschluss zu ziehen, sinkt, wenn wir die Stichprobe vergrößern, weil dann zufällige Effekte der Stichprobenauswahl keine so große Rolle mehr spielen. Mit inferenzstatistischen Methoden können wir untersuchen, wie wahrscheinlich es ist, dass wir, wenn es in der Grundgesamtheit tatsächlich keinen Zusammenhang zwischen den beiden Variablen gibt, trotzdem in unserer Stichprobe einen finden. Das hilft, die Zuverlässigkeit der Ergebnisse unserer statistischen Analysen besser einzuschätzen.

Statistisches Repetitorium Lineare Regression

Natürlich gibt es zahlreiche gute Lehrbücher, die sich mit Regressionsmethoden befassen, für den ökonomischen Bereich seien nur exemplarisch *Ökonometrie* (von Ludwig von Auer (Springer 2016)) und *Basic Econometrics* (von Damodar N. Gujarati (Mcgraw-Hill 2008)) genannt, die eine systematische Einführung in die Methoden der linearen Regression bieten. Diese Lehrbücher können und wollen wir hier ebenso wenig ersetzen wie den Besuch entsprechender Vorlesungen und

Kurse. Das Repetitorium soll stattdessen die zentralen Elemente des linearen Regressionsmodells noch mal in Erinnerung rufen und – wo nötig – auffrischen. Außerdem führen wir im Repetitorium die statistischen Begriffe ein, die wir fortan verwenden werden, denn wir wollen in diesem Kapitel ja nicht nur rein mechanistisch Regressionen in R berechnen, sondern uns auch mit der Interpretation der Ergebnisse befassen. Das Repetitorium ist deshalb sehr anwendungsnah, und wir verzichten dementsprechend auf langwierige Herleitungen und Beweise statistischer Ergebnisse. Bei Interesse sei der Leser dafür auf die einschlägige Fachliteratur wie die eben beispielhaft genannten Werke verwiesen.

In den folgenden Abschnitten wiederholen wir zunächst noch einmal die Grundlagen der linearen Regression, insbesondere was Regression eigentlich ist und welche Annahmen ihr zugrunde liegen. Danach wenden wir uns der Frage zu, wie Regressionsmodelle geschätzt werden, das heißt, wie man eigentlich auf Basis der Daten in einer Stichprobe zu den Werten der Modellparameter kommt und wie gut das so geschätzte Modell die unabhängige Variable, die wir zu erklären versuchen, nachzeichnet. Nachdem wir uns wichtige Eigenschaften der Modellparameterschätzer etwas genauer angeschaut haben, beschäftigt uns zum Abschluss des Repetitoriums die Frage, welchen Rückschluss die in der Stichprobe ermittelten Werte der Modellparameterschätzer auf die Verhältnisse in der Grundgesamtheit, an der wir ja eigentlich interessiert sind, erlauben.

Wenn Sie sich bereits ausreichend gewappnet fühlen, direkt in die Arbeit mit R einzusteigen, können Sie dieses Repetitorium natürlich ohne Weiteres überspringen.

Was ist lineare Regression?

Bevor wir uns damit befassen, wie lineare Regressionsmodelle berechnet werden, lassen Sie uns für einen Moment innehalten und uns kurz vergegenwärtigen, was Regression eigentlich ist. Regression untersucht den Zusammenhang zwischen einer interessierenden Variablen und einer oder mehreren anderen Variablen. Es wird angenommen, dass die interessierende Variable von den anderen abhängt, deshalb wird sie auch als *abhängige Variable* bezeichnet. In unserem Beispiel sind das die Staatsausgaben. Wir untersuchen, wie die Staatsausgaben von den anderen Variablen unseres Datensatzes abhängen. Weil diese »anderen Variablen« im Modell selbst von nichts anderem mehr abhängen, werden sie auch als *unabhängige Variablen* bezeichnet. Häufig hört man ebenfalls den Begriff *erklärende Variablen*. Damit sind wir bereits bei einer der zwei Kernfunktionen der Regression angelangt. Regression fragt danach, durch welche anderen Größen sich die abhängige Variable *erklären* lässt. Wenn ein solcher Zusammenhang erst einmal ermittelt ist, kann er genutzt werden, um *Vorhersagen* zu treffen. Denn kennt man die Werte der unabhängigen, der erklärenden Variablen, kann man damit auf Basis des errechneten Zusammenhangs zwischen diesen und der interessierenden, der abhängigen Variablen für Letztere einen Prognosewert schätzen.

Das gilt grundsätzlich auch für Werte der unabhängigen Variablen, die in unserer Stichprobe gar nicht vorkommen, das heißt, die zwar in der Grundgesamtheit existieren (könnten), die wir aber nicht für die Schätzung unseres Modells heranziehen, weil wir keine entsprechenden Beobachtungen in unserer Stichprobe zur Verfügung haben. Bei solchen Prognosen ist natürlich Vorsicht geboten, vor allem wenn wir der Prognose Werte der unabhängigen Variablen zugrunde legen, die deutlich von denen abweichen, die wir in unserer Stichprobe vorfinden. Denken Sie zum Beispiel an eine Exponentialfunktion, die erst mal ganz langsam, für größere Werte der Variablen aber immer schneller steigt. Hätten wir nur sehr kleine Werte der Variablen in unserer Stichprobe, könnten wir zu dem Ergebnis kommen, dass eine lineare Funktion, eine Gerade, den Verlauf der abhängigen Variablen (also der Werte der Exponentialfunktion) gut repräsentiert. Würden wir nun die so geschätzte Gerade zur Prognose bei deutlich größeren Werten unserer unabhängigen Variablen verwenden, wäre die Qualität unserer Vorhersage sehr schlecht, weil die Exponentialfunktion sich eben für größere Werte der Variablen ganz und gar nicht wie eine Gerade verhält. Deshalb ist durchaus etwas Sensibilität angebracht, wenn die Erklärung, die das Regressionsmodell liefert, dazu verwendet wird, »über die Modellgrenzen hinaus« zu prognostizieren.

Wenn wir von »erklären« sprechen, klingt das stark nach einem kausalen Zusammenhang: *Weil* die unabhängigen Variablen diese und jene Werte annehmen, ergibt sich *folglich* für die abhängige Variable jener Wert. Tatsächlich ermittelt die Regression lediglich einen statistischen Zusammenhang. In welche Richtung der verläuft, ist mit Statistik allein schwer zu beantworten. Hier kommt die Theorie ins Spiel. Erst dadurch, dass wir aufgrund theoretischer Überlegungen eine Wirkung der unabhängigen Variablen auf die abhängige Variable erwarten, unterlegen wir die Regression mit einer kausalen Interpretation. Eine umgekehrte Wirkrichtung, von der abhängigen auf eine unabhängige Variable, ist manchmal aber ebenfalls denkbar.

Ein einfaches Beispiel macht das klarer: Es ist durchaus plausibel, anzunehmen, dass der schulische Erfolg von Kindern (unter anderem) davon abhängt, wie viel Zeit sie für das Lernen aufwenden. Würde man nun ein Regressionsmodell schätzen, käme man vermutlich zu einer empirischen Bestätigung dieser Hypothese. Allerdings könnte der Zusammenhang auch gerade umgekehrt verlaufen: Erfolg in der Schule könnte dazu motivieren, mehr zu lernen. Wir könnten das Modell also auch umgekehrt berechnen und würden dabei ebenfalls einen empirischen Zusammenhang finden. Welche Variablen wir als erklärende Variablen verwenden und welche als abhängige, ist allein eine Frage der zu untersuchenden Hypothese und mithin der Theorie.

Wenn nun aber der Zusammenhang statistisch betrachtet in beide Richtungen verlaufen könnte und nur die zugrunde liegende theoretische Überlegung eine Kausalitätsrichtung vorgibt, worin besteht dann der Unterschied zwischen Regression und Korrelation? Misst nicht auch die Korrelation einen statistischen Zusammenhang?

Das tut sie in der Tat. Die Korrelation quantifiziert die Stärke des statistischen Zusammenhangs zweier Variablen. Auch bei der Korrelation kann keinerlei Aussage über eine Wirkungsrichtung getroffen werden. Ein Regressionsmodell geht aber etwas anders an die Betrachtung des Zusammenhangs heran. Es fragt: Was ist der *zu erwartende* Wert der abhängigen Variablen, *gegeben* bestimmte Werte der unabhängigen Variablen? Deshalb werden die unabhängigen, die erklärenden Variablen nicht als Zufallsvariablen betrachtet, sondern als beobachtbare Größen mit festen Werten. Hat man nun für jede dieser Variablen einen Wert beobachtet, stellt sich die Frage, ob wir auf Grundlage dieses Wissens eine gute Schätzung für den Wert der abhängigen Variablen abgeben können, und zwar eine bessere, als sie ohne Kenntnis der Werte der unabhängigen Variablen möglich wäre. Wahrscheinlich wird unsere Schätzung den realen Wert nicht ganz treffen. Wenn beim nächsten Mal die unabhängigen Variablen wieder die gleichen Werte annehmen, ergibt sich vielleicht für die abhängige Variable trotzdem ein anderer Wert, weil die abhängige Variable nicht nur von unseren unabhängigen Variablen beeinflusst wird, sondern gegebenenfalls noch von weiteren Einflussgrößen, die wir nicht beobachtet und nicht in unser Modell aufgenommen haben. Unsere Schätzung wäre natürlich wieder die gleiche, denn sie hängt ja nur von den Werten der unabhängigen Variablen ab, und die sind unverändert. Auch dieses Mal treffen wir mit unserer Schätzung vielleicht den tatsächlichen Wert der abhängigen Variablen nicht exakt. Regression versucht aber, eine möglichst gute Schätzung der abhängigen Variablen *für eine bestimmte Kombination* von Werten der unabhängigen Variablen zu liefern.

Die Korrelation dagegen erlaubt solcherlei Schätzungen nicht. Sie kennt keine unabhängigen und abhängigen Variablen, sondern behandelt beide Variablen gleich, nämlich als zufällig. Die Frage ist hier lediglich, ob sich beide Variablen gleichläufig, gegenläufig oder überhaupt nicht miteinander bewegen.

Den Unterschied können Sie sich sehr plastisch vor Augen führen: Bei der Korrelation ziehen Sie gedanklich jedes Mal eine neue Stichprobe – jeweils einen Wert für jede der beiden Variablen. Dann untersuchen Sie, ob es über alle diese verschiedenen Werte-Tupel einen Zusammenhang zwischen dem Wert der einen und dem Wert der anderen Variablen gibt. Bei der Regression hingegen beobachten Sie gedanklich für eine gegebene Kombination von Werten der unabhängigen Variablen immer wieder neue Werte der abhängigen Variablen. Aus dieser wiederholten Stichprobenziehung ergibt sich eine Verteilung der abhängigen Variablen, *gegeben* die Werte der unabhängigen Variablen. Regression versucht, einen Wert aus dieser Verteilung als einen guten Schätzwert zu identifizieren. Das ist die Idee der wiederholten Stichprobe, die wir später noch genauer betrachten werden.

Annahmen des linearen Regressionsmodells

Der klassischen linearen Regression liegt eine ganze Reihe von Annahmen zugrunde. Ohne diese Annahmen lässt sich ein Regressionsmodell entweder gar nicht schätzen, oder die Interpretation seiner Ergebnisse ist eingeschränkt, weil das Regressionsmodell einige seiner für die Interpretation der Ergebnisse besonders vorteilhaften Eigenschaften einbüßt. Deshalb ist es wichtig, sich zu vergewissern, dass die Annahmen auch tatsächlich erfüllt sind. Das wird in der Praxis oftmals nicht getan, obwohl die Interpretation der Ergebnisse durch die Nicht-Erfüllung der Annahmen erheblich in Mitleidenschaft gezogen, teilweise sogar ungültig werden kann. Wir werden uns daher später sehr ausführlich damit befassen, was im Fall von Annahmeverletzungen mit einem Regressionsmodell und den Eigenschaften seiner Ergebnisse passiert, wie man Annahmeverletzungen diagnostizieren und wie man Gegenmaßnahmen einleiten kann, die es schließlich dennoch erlauben, die Ergebnisse korrekt zu interpretieren.

Annahme 1: Der wahre Zusammenhang ist linear

Diese Annahme gibt der *linearen* Regression ihren Namen. Linear bedeutet, die Werte der abhängigen und der erklärenden Variablen liegen, wenn es nur eine erklärende Variable gibt, auf einer Geraden, wenn es zwei erklärende Variablen gibt, auf einer Ebene. Allgemeiner formuliert, bedeutet Linearität, dass die Erhöhung des Werts einer der erklärenden Variablen um einen bestimmten Betrag immer zur *gleichen Veränderung* der abhängigen Variablen führt, egal welchen Ausgangswert die erklärende Variable vor der Veränderung hatte. Wenn wir an unser Staatsausgabenbeispiel denken, bedeutet Linearität, dass eine Veränderung zum Beispiel des Anteils der Senioren an der Bevölkerung um einen Prozentpunkt immer die gleiche Veränderung der Staatsausgabenhöhe in Prozent vom Bruttoinlandsprodukt zur Folge hat, egal ob nun der Seniorenanteil niedrig oder hoch ist. Das ist durchaus eine starke Annahme, denn der Zusammenhang muss natürlich in Wirklichkeit keineswegs linear sein. Für die lineare Regression wird aber ein linearer Zusammenhang unterstellt.

Damit ergibt sich für unser Modell des »wahren« Zusammenhangs in der Grundgesamtheit folgende Darstellung:

$$Y = \beta_0 + \beta_1 X_1 + \beta_2 X_2 + \beta_3 X_3 + \ldots$$

Y ist dabei der Wert der abhängigen Variablen, in unserem Beispiel also der Staatsausgaben, X_1, X_2, X_3 etc. sind die Werte der erklärenden Variablen, also zum Beispiel des Seniorenanteils, des Wirtschaftswachstums, des Urbanisierungsgrads und all der anderen Variablen, die einen Einfluss auf die Staatsausgaben haben. Die Größen β_1, β_2, β_3 etc. sind die *Steigungsparameter*, die angeben, wie stark sich die abhängige Variable verändert, wenn sich der Wert der jeweiligen erklärenden Variablen verändert, während die Werte aller anderen erklärenden Variablen konstant gehalten werden. Deshalb spricht man bei Steigungsparametern auch von *partiellen Effekten* – partiell, weil eben nur eine der erklärenden Variablen verändert wird. Hier findet also eine klassische *Ceteris-paribus*-Interpretation der Steigungsparameter statt: Unter sonst gleichen Umständen (nämlich konstanten Werten der anderen erklärenden Variablen) ändern wir *eine* der erklärenden Variablen und beobachten den Effekt auf die abhängige Variable. Es ist leicht erkennbar, dass der partielle Effekt die Ableitung der obigen Modellgleichung nach der jeweiligen Variablen ist.

Schließlich haben wir noch β_0, den *Achsenabschnitt*, jenen hypothetischen Wert der abhängigen Variablen Y, der sich ergäbe, wenn alle erklärenden Variablen X den Wert null hätten. In der Literatur werden Sie den Achsenabschnitt auch häufig mit α bezeichnet finden. Die β werden wir im Folgenden verschiedentlich auch als *Modellparameter* oder einfach als *Parameter* bezeichnen.

Ein Modell der obigen Form mit mehreren erklärenden Variablen bezeichnet man als *multivariat*, ein Modell mit nur einer erklärenden Variablen als *bivariat* – *bi* (lat. zwei), weil es nur zwei Variablen umfasst, die abhängige Variable Y und genau eine erklärende Variable X.

Die Annahme der Linearität ist übrigens etwas weniger einschränkend, als es sich zunächst anhören mag: Denn Sie können natürlich die Variable, in der die Linearität vorliegen soll, beliebig definieren: Angenommen, Sie haben eine Variable X_5 und gehen davon aus, dass diese Variable einen quadratischen Effekt auf Y hat. Dann definieren Sie einfach eine Transformation der Originalvariablen zu einer neuen Variablen $X_5^{'}$: $X_5^{'} = X_5^2$ – und schon ist $\beta_5 X_5^{'}$ wieder ein linearer Ausdruck, der die Annahme erfüllt!

In der Realität werden vielleicht sehr viele Größen unsere abhängige Variable beeinflussen. Das deuten die Pünktchen in der obigen Darstellung des linearen Zusammenhangs an. Diese Einflussfaktoren können (und wollen) wir nicht alle in unserem Regressionsmodell abbilden. *Ein Modell* ist letztlich immer eine *vereinfachte Abbildung der Realität*, wir konzentrieren auf jene Einflussfaktoren, die wir auf Basis theoretischer Überlegungen für die wichtigsten halten. Damit wird sicherlich nicht die Realität in ihrer ganzen Komplexität erfasst, ein Vorwurf, der insbesondere Ökonomen, die traditionell sehr konsequent mit theoretischen Modellen arbeiten, häufig gemacht wird, aber letztlich ins Leere greift. Denn die Leistung von Wissenschaft besteht ja gerade darin, nicht einfach die komplexe Realität »abzumalen«, sondern jene Faktoren dingfest zu machen, die den größten Einfluss auf die interessierende Variable haben. Das bedeutet, aus der Menge aller möglichen Einflüsse werden die wirklich relevanten herausgefiltert, und es wird beschrieben, wie und warum sie sich auf die interessierende Größe auswirken. Solcherlei Erkenntnis ist wertvoll, eine bloße Abbildung der Realität ist es nicht. Um das zu verdeutlichen, wird gern das Bild der Straßenkarte bemüht: Die Karte ist, ebenso wie ein theoretisches Modell, eine Vereinfachung der Realität. Ihr Nutzen resultiert gerade daraus, dass sie vereinfacht, dass sie sich auf die wirklich wichtigen Informationen beschränkt, zum Beispiel wo genau Straßen verlaufen und wo bestimmte wichtige öffentliche Gebäude stehen. Eine Karte, die auf solcherlei Vereinfachung verzichten würde und jedes Detail enthielte, das in der Gegend vorkommt, wäre vollkommen überladen und in der

Praxis unbrauchbar. Vereinfachung ist deshalb kein Makel der Modellbildung, sie ist vielmehr ihr notwendiger und definierender Wesenszug und der eigentliche Grund dafür, dass Modelle in der Praxis nützlich sind.

Selbstverständlich kann man vortrefflich darüber streiten, *welche* denn nun genau die wirklich relevanten Faktoren sind, die in das Modell zur Erklärung eines bestimmten Sachverhalts einbezogen werden sollten, und welche Annahmen einem Modell sinnvollerweise zugrunde gelegt werden sollten. Unbestreitbar dagegen ist, *dass* eine wie auch immer geartete Vereinfachung der Realität notwendig und nützlich ist, um die grundlegenden Wirkzusammenhänge zu erfassen und zu erklären. Gleichzeitig muss man sich aber auch der Einschränkungen bewusst sein, die damit einhergehen: Es wird immer irgendeinen Faktor geben, der *auch* einen Einfluss hat und der nicht im Modell berücksichtigt worden ist. Die (mögliche) Existenz solcher Faktoren kann und sollte daher nicht negiert werden. Sehr wohl kann man aber sagen, dass ein gutes Modell offenbar die *wesentlichen* Faktoren berücksichtigt, jene mit einem besonders großen Einfluss.

Wir beschränken uns also auf eine Anzahl K relevanter Einflussvariablen, die wir durch unsere theoretischen Überlegungen ermittelt haben. Den Einfluss aller übrigen nicht berücksichtigten Variablen auf unsere zu erklärende Größe Y fassen wir in einem Term u zusammen:

$$Y = \beta_0 + \beta_1 X_1 + \beta_2 X_2 + \ldots + \beta_K X_K + u$$

Diesen Term nennen wir *Residuum* (zu Deutsch: *Rest*) oder auch *Störgröße*. Der Begriff Störgröße ist sehr bezeichnend, denn er suggeriert, dass wir einen Zusammenhang zwischen Y und unseren unabhängigen Variablen $X_1, \ldots, X_K$ gefunden haben und jetzt nur noch eine »Störung« dafür sorgen kann, dass dieser lineare Zusammenhang nicht exakt zum tatsächlich realisierten Wert von Y führt. Natürlich sollte diese Störgröße eher klein sein, denn die wirklich wichtigen Variablen sollten im Modell bereits enthalten sein. Wäre die Störgröße dagegen groß, läge der Verdacht nahe, dass eine relevante Variable außen vor geblieben ist. Dann wäre unser Modell unvollständig und bedürfte der Erweiterung um die fehlende erklärende Variable.

Für eine bestimmte Beobachtung i, bestehend aus einem konkreten Wert für die abhängige Variable Y und konkreten Werten für alle erklärenden Variablen $X_1, \ldots, X_K$ ergibt sich damit das *theoretische Modell*:

$$Y_i = \beta_0 + \beta_1 X_{1\,i} + \beta_2\, X_{2\,i} + \ldots + \beta_K X_{K\,i} + u_i$$

Wie Sie sehen, haben wir die abhängige Variable und die unabhängigen Variablen mit einem zusätzlichen Index für die konkrete Beobachtung, allgemein formuliert also die Beobachtung i, versehen, nicht aber die Steigungsparameter β_k. Die Steigungsparameter sollen nämlich nicht von der konkreten Beobachtung abhängen, sondern für alle Beobachtungen die gleichen sein (sie unterscheiden sich nur von unabhängiger Variable zu unabhängiger Variable, deshalb verfügen sie auch nur über einen Index, nämlich den, der die unabhängige Variable anzeigt). Beachten Sie bitte, dass hier eine starke Annahme enthalten ist, nämlich die identischer Parameter für alle Beobachtungen.

Jetzt geht es also darum, die Werte der Parameter β_k mit $k = 0,\ldots, K$ aus den Daten unserer Stichprobe zu bestimmen. Die Stichprobe enthält in unserem Beispiel $N = 189$ Beobachtungen, das heißt, $i = 1,\ldots, 189$.

An dieser Stelle ein ganz kurzer Einschub zur Notation: Wir bezeichnen die Stichprobengröße hier und im Folgenden mit großem N, das in der Literatur vielfach dem Umfang der Grundgesamtheit vorbehalten ist, während die Größe der Stichprobe oft mit n bezeichnet wird. Da wir hier aber nie explizit die Größe der Grundgesamtheit bezeichnen müssen, machen wir es uns einfach und schreiben durchgängig groß.

Zur Schätzung formulieren wir nun aus dem *theoretischen* das *empirische Modell*, in das wir unsere Daten, das heißt die N Tupel $(Y_i, X_{1i},\ldots,X_{ki})$ im wahrsten Sinne des Wortes »einsetzen« können:

$$Y_i = \hat{\beta}_0 + \hat{\beta}_1 X_{1\,i} + \hat{\beta}_2 X_{2\,i} + \ldots + \hat{\beta}_K X_{K\,i} + \hat{u}_i$$

Das »Dach« über einem Symbol verrät, dass es sich um einen Schätzwert handelt. Y_i und X_{ki} haben kein Dach, denn es sind keine Schätzwerte, sondern die wirklich in der Stichprobe beobachteten Werte der Variablen. Das Residuum in unserem empirischen Modell können wir als Schätzwert des »wahren« Residuums, das heißt der Größe u aus unserem theoretischen Modell, für den Zusammenhang in der Grundgesamtheit auffassen. Im empirischen Modell ist es der Schätzfehler, den wir dadurch begehen, dass wir nicht alle Variablen, die Y beeinflussen, in unserem Modell abgebildet haben. Dazu kommt, dass wir, weil wir ja nur eine Stichprobe an Daten zur Verfügung haben und nicht alle möglichen Tupel $(Y_i, X_{1i},\ldots,X_{Ki})$ der Grundgesamtheit berücksichtigen können, voraussichtlich mit unseren Schätzungen für die $\hat{\beta}_k$ nicht exakt die »wahren« β_k der Grundgesamtheit treffen.

Wenn wir aber im Modell nicht alle Einflussgrößen separat berücksichtigt haben und zudem nicht exakt die wahren Werte β_k treffen, werden wir, wenn wir die Werte für unsere unabhängigen Variablen in das empirische Modell einsetzen, auch nicht exakt den Wert Y_i treffen, sondern eben nur einen Schätzwert $\hat{Y}_i$:

$$\hat{Y}_i = \hat{\beta}_0 + \hat{\beta}_1 X_{1\,i} + \hat{\beta}_2 X_{2\,i} + \ldots + \hat{\beta}_K X_{Ki}$$

Die Differenz zum wahren Wert Y_i ist gerade unser Residuum $\hat{u}_i$:

$$Y_i - \hat{Y}_i = \hat{u}_i$$

Für die Berechnung der Parameter β_k unseres Modells sind die Eigenschaften, die wir für die Störgröße u_i in unserem theoretischen Modell annehmen, sehr wichtig, deshalb beschäftigen wir uns als Nächstes mit ihnen.

Annahme 2: Der Erwartungswert der Störgrößen ist null

Für die »wahre« Störgröße u in der Grundgesamtheit, das heißt die Störgröße unseres theoretischen Modells, nehmen wir an, dass gilt:

$$E(u_i) = 0$$

Das bedeutet nichts anderes, als dass wir durch das Weglassen von erklärenden Variablen, das mit der Beschränkung auf die K unabhängigen Variablen unseres Modells einhergeht, keinen *systematischen* Fehler begehen. Das Wort »systematisch« ist hier sehr wichtig. Denn natürlich wird das Auslassen erklärender Variablen zu einem Fehler führen. Im Erwartungswert, also beim unendlich häufigen Wiederholen, ist der Fehler im Mittel aber null. Das bedeutet:

$$E(Y_i \mid X_{1\,i}, X_{2\,i}, \ldots, X_{K\,i}) = \beta_0 + \beta_1 X_{1\,i} + \beta_2 X_{2\,i} + \ldots + \beta_K X_{K\,i}$$

Wenn wir also eine bestimmte Kombination von Werten für unsere erklärenden Variablen $X_1, \ldots, X_K$, nämlich die konkreten Werte $X_{1i}, \ldots, X_{Ki}$, die unsere Beobachtung i liefert, festhielten und dann immer und immer wieder die sich bei genau dieser Kombination realisierenden Werte der abhängigen Variablen Y beobachten würden, träfe unser Modell im Mittel den richtigen Wert von Y. Wichtig hierbei ist, dass wir an dieser Stelle eine *wiederholte Stichprobe* unterstellen: Bei festen Werten der Variablen $X_1, \ldots, X_K$ beobachten wir wiederholt, welcher Wert sich für Y ergibt. Der eine konkrete Wert Y_i, den wir tatsächlich in unserer Stichprobe haben, ist letztlich nur eine mögliche Realisation aus der Verteilung aller Y-Werte, die sich bei den konkreten Werten $X_{1i}, \ldots, X_{Ki}$ ergeben könnten.

Aufbauend auf dem Konzept der wiederholten Stichprobe, ist die obige Gleichung mit einem bedingten Erwartungswert formuliert: *Gegeben eine bestimmte* Kombination von Werten für $X_1, \ldots, X_K$, ist der Erwartungswert von Y gleich dem von unserem theoretischen Modell prognostizierten Wert.

Betrachten Sie hierzu Abbildung 6-1. Dort ist die Situation für ein einfaches Modell mit nur einer erklärenden Variablen dargestellt. Für einen bestimmten festen Wert der unabhängigen Variablen X_1, zum Beispiel X_{11}, ergäbe sich, wenn wir unendlich häufig den zugehörigen Wert der abhängigen Variablen Y beobachten würden (einige Beispiele sind als schwarze Punkte eingezeichnet), eine Wahrscheinlichkeitsverteilung der Y-Werte. Das liegt eben daran, dass Y (annahmegemäß) zufälligen Einflüssen (nämlich der Störgröße) unterworfen ist, die in unserem Modell nicht abgebildet sind. Im Erwartungswert trifft aber unser Modell den wahren Wert von Y, der hier der mit der gestrichelten Linie gekennzeichnete Modalwert der Verteilung ist.

Zusammengefasst, ergeben sich in unserem empirischen Modell also die empirischen Residuen $\hat{u}_i$. Die Ursachen für diese Residuen liegen sowohl im theoretischen Modell als auch im empirischen Modell. Der Umstand, dass wir Variablen ausgelassen haben, liegt bereits im theoretischen Modell vor, denn die Beschränkung auf die K erklärenden Varialen haben wir ja auf Basis theoretischer Überlegungen vorgenommen. Darüber hinaus gibt es für das Vorhandensein von Residuen noch wenigstens zwei weitere Gründe, die das empirische Modell beisteuert. Zum einen werden ja unsere Schätzwerte für die Steigungsparameter $\hat{\beta}_k$ mithilfe der Daten unserer Stichprobe berechnet. Da wir nur einen Teil aller theoretisch möglichen Daten nutzen, können unsere $\hat{\beta}_k$ von den »wahren« β_k der Grundgesamtheit abweichen. Daraus ergibt sich dann ein Schätzfehler, das heißt $Y_i \neq \hat{Y}_i$. Diesen hätten wir selbst dann, wenn wir keine Variablen ausgelassen hätten! Darüber hinaus können wir natürlich beim Messen der Werte unserer unabhängigen Variablen $(X_{1i},\ldots,X_{Ki})$ einen Messfehler begehen. Auch der wird zu falschen $\hat{\beta}_k$, damit zu Fehlern in der Schätzung der Y_i und letztlich zu von null verschiedenen Residuen $\hat{u}_i$ führen.

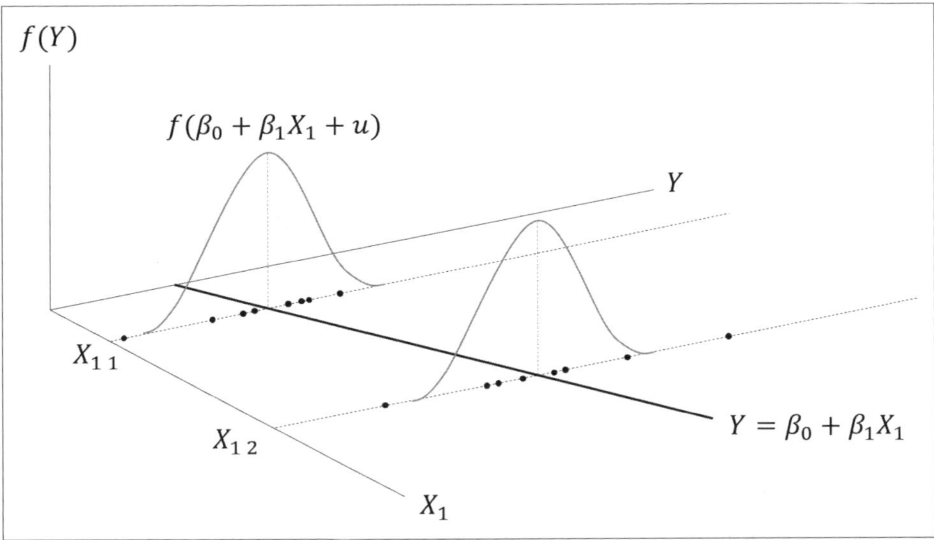

Abbildung 6-1: Verteilung der Y bei festen Werten für X

Annahme 3: Die Störgröße hat für alle Beobachtungen eine feste Varianz

Das klassische lineare Regressionsmodell nimmt an, dass in der Grundgesamtheit die Varianz der Störgröße u_i für alle Beobachtungen i identisch ist:

$$Var(u_i) = \sigma^2$$

Dieser Umstand wird auch als *Homoskedastizität*, die Störgrößen u_i entsprechend als *homoskedatisch* bezeichnet. Mit den Konsequenzen der Verletzung dieser Annahme, der sogenannten *Heteroskedastizität*, beschäftigen wird uns später.

Homoskedastizität bedeutet insbesondere, dass die Schwankung der Störgröße nicht von unseren unabhängigen Variablen $X_1,\ldots, X_K$ abhängt. Die Werte Y_i, die wir bei wiederholter Beobachtung von Y bei festen Werten von $X_{1i},\ldots, X_{Ki}$ erhalten würden, schwanken also zum Beispiel nicht stärker um den geschätzten Wert $\hat{Y}_i$, je größer die Werte von $X_{1i},\ldots, X_{Ki}$ sind. Um deutlicher zu machen, dass wir hier, wie bereits zuvor, von einer wiederholten Stichprobe ausgehen, das heißt die $X_{1i},\ldots, X_{Ki}$ konstant halten und die sich jedes Mal neu ergebenden aufgrund der Störgröße zufälligen Werte für das zugehörige Y_i beobachten, könnten wir die Homoskedastizitätsbedingung auch als bedingten Erwartungswert schreiben:

$$Var\left(u_i \mid X_{1\,i},\ldots,X_{K\,i}\right) = \sigma^2$$

Annahme 4: Die Störgrößen der einzelnen Beobachtungen sind unabhängig voneinander

Diese Annahme besagt, dass die Werte der Störgrößen von zwei beliebigen Beobachtungen nicht korreliert sind. Anders formuliert: Aus dem Umstand, dass eine Störgröße von Beobachtung *i* hoch oder niedrig ist, lässt sich nichts darüber ableiten, wie die Störgröße für eine andere Beobachtung *j* ($i \neq j$) sein wird.

Formal gilt dementsprechend:

$$Cor\left(u_i, u_j\right) = 0$$

Das ist genau dann der Fall, wenn

$$Cov\left(u_i, u_j\right) = 0$$

für alle Beobachtungen *i*, *j*. Besteht ein solcher Zusammenhang dennoch, spricht man von *Autokorrelation*. Insbesondere bei der Analyse von Zeitreihen tritt dieses Phänomen auf, typischerweise in geringerem Maße bei Querschnittsdaten (wie unserem Beispieldatensatz).

Annahme 5: Die Störgrößen sind normalverteilt

Weil die Residuen u_i Zufallsvariablen sind, gilt das auch für die Koeffizienten $\beta_0,\ldots, \beta_K$, wie Sie später noch genauer sehen werden. Um nun Aussagen über die Genauigkeit der Schätzer $\hat{\beta}_1,\ldots,\hat{\beta}_K$ für die Koeffizienten $\beta_0,\ldots, \beta_K$ der Grundgesamtheit treffen zu können, muss die Verteilung der Störgrößen bekannt sein.

Deshalb wird angenommen, dass sie einer Normalverteilung folgen. Da wir aus Annahme 2 zusätzlich wissen, dass ihr Erwartungswert 0 ist, aus Annahme 3, dass ihre Varianzen über alle Beobachtungen der Stichprobe identisch sind, und aus Annahme 4, dass sie unabhängig voneinander sind, können wir also feststellen, dass die Störgrößen unabhängig normalverteilt sind mit Erwartungswert 0 und Varianz σ^2, also:

$$u_i \sim iid\ N\left(0, \sigma^2\right)$$

für alle *i*. Die Abkürzung *iid* bedeutet dabei *independent and identically distributed*, also unabhängig und identisch verteilt. Die Verteilungen der u_i werden daher ungefähr so aussehen, wie in Abbildung 6-1 dargestellt. Beachten Sie, dass aufgrund des bereits bemühten Konzepts der wiederholten Stichprobe die u_i eigene Zufallsvariablen für jede einzelne Beobachtung unseres Datensatzes sind mit einer jeweils eigenen Verteilung, nur dass wir eben durch diese Annahme davon ausgehen, dass diese Verteilungen alle gleich aussehen.

Annahme 6: Die unabhängigen Variablen sind exogen und nicht stochastisch

Diese Annahme besagt nicht mehr, als dass unsere $X_1,\ldots,X_K$ feste Werte haben und – anders als zum Beispiel die Störgrößen – keine Zufallsvariablen sind. Sie erinnern sich an die wiederholte Stichprobe: Wir halten die $X_{1i},\ldots,X_{Ki}$ für eine Beobachtung *i* konstant und betrachten wieder und wieder die sich für diese Kombination von Werten der erklärenden Variablen ergebenden Werte unserer abhängigen Variablen *Y*. Diese ist selbst eine Zufallsvariable mit einer Verteilung, weil unser Modell einen zufälligen Einfluss, nämlich die Residualgröße *u*, enthält.

Dass die $X_1,\ldots,X_K$ keine Zufallsvariablen sind, klingt vielleicht zunächst nicht sehr intuitiv, weil ja deren konkrete Werte $X_{1i},\ldots,X_{Ki}$ in den *N* Beobachtungen der Stichprobe enthalten sind und diese Stichprobe im Idealfall eine Zufallsauswahl aus der Grundgesamtheit darstellt. Das stimmt zwar, aber für die lineare Regression wird (zumindest als Gedankenexperiment) angenommen, dass wir für alle Kombinationen von Werten $X_{1i},\ldots,X_{Ki}$ der unabhängigen Variablen in unserer Stichprobe immer wieder neue Werte der abhängigen Variablen Y_i beobachten. Eine beliebige Kombination $X_{1i},\ldots,X_{Ki}$, die in unserer Stichprobe vorkommt, muss dabei keineswegs immer zum selben Wert für Y_i führen. Das liegt an der Störgröße, die jedes Mal einen anderen Wert annehmen kann. Der Wert von Y_i, den die Beobachtung *i* unserer Stichprobe aufweist, ist also letztlich nur eine zufällige Ziehung aus einer Wahrscheinlichkeitsverteilung unter der Annahme von bestimmten, festen Werten (das heißt: bedingt auf bestimmte, feste Werte) von $X_{1i},\ldots,X_{Ki}$.

Übrigens gilt damit im Speziellen auch: Da die $X_1,\ldots,X_K$ annahmegemäß feste Werte annehmen und die Störgrößen *u* Zufallsvariablen sind, sind die erklärenden Variablen und die Störgröße voneinander unabhängig.

Annahme 7: Die unabhängigen Variablen sind nicht perfekt voneinander abhängig

Wenn die Variablen $X_1,\ldots,X_K$ selbst in einem linearen Verhältnis zueinander stehen, eine Variable also als Linearkombination der anderen ausgedrückt werden kann, kann eine Veränderung der abhängigen Variablen *Y* keiner einzelnen der unabhängigen Variablen zugerechnet werden, denn diese bewegen sich ja immer gemeinsam. Damit wir also den Effekt einer einzelnen erklärenden Variablen auf *Y* ermitteln können, muss sich diese einzelne Variable bis zu einem gewissen Grad *unabhängig* von den anderen bewegen. Bewegen sie sich dagegen immer zusammen, wissen wir nicht, welche Variable $X_1, \ldots, X_K$ nun wirklich die Veränderung von Y ausgelöst hat.

Diesen unangenehmen Zustand, dass sich die unabhängigen Variablen in einem linearen Zusammenhang befinden und ihre Einflüsse auf die abhängige Variable deshalb nicht separat bestimmt werden können, nennt man *perfekte Multikollinearität*.

Oft wird man ein gewisses Maß an Zusammenhang zwischen den unabhängigen Variablen $X_1, \ldots, X_K$ im Datensatz finden. Nur darf dieser Zusammenhang eben nicht *perfekt* sein. Perfekt wäre er, wenn wir eine der unabhängigen Variablen als Linearkombination der anderen darstellen könnten: $X_1 = a_0 + a_2X_2 + \ldots + a_KX_K$, mit a als Koeffizienten. Dieser Zusammenhang muss für alle Beobachtungen der Stichprobe halten, also für alle $X_{1i} = a_0 + a_2X_{2i} + \ldots + a_KX_{Ki}$ mit $i = 1, \ldots, N$. Das Ausdrücken einer unabhängigen Variablen als Linearkombination der anderen führt automatisch zu einer zweiten Art, über Multikollinearität nachzudenken: Wenn wir bisher ein Modell gehabt hätten, in dem nur die Variablen 2 bis k, also $X_2, \ldots, X_K$, enthalten gewesen wären, würden wir, wenn wir X_1 mit ins Modell aufnähmen, *keine neuen Informationen* für die Schätzung der Modellparameter gewinnen, denn X_1 lässt sich ja durch die Linearkombination bereits perfekt aus $X_2, \ldots, X_K$ »vorhersagen«, wäre also dementsprechend redundant. Redundanz klingt erst mal nicht so schlimm, es hört sich an, als wäre da im Modell etwas enthalten, was zwar nicht nötig ist, aber letztlich auch nicht stört. Tatsächlich aber verhindert das Vorliegen von perfekter Multikollinearität, dass die Modellparameter *überhaupt* geschätzt werden können, eben weil ihr separater Einfluss auf die abhängige Variable nicht mehr ermittelt werden kann.

Annahme 8: Die Werte aller unabhängigen Variablen weisen eine Variation auf

Diese Annahme besagt, dass im Datensatz für jede unabhängige Variable wenigstens zwei unterschiedliche Werte vorkommen müssen. Das ist sofort einleuchtend: Bei der Regression geht es darum, die Veränderung der abhängigen Variablen durch *Veränderungen* der unabhängigen Variablen zu erklären. Das kann nicht funktionieren, wenn es keine Veränderung, das heißt keine Variation, der unabhängigen Variablen gibt. Formal ausgedrückt, heißt das, jede unabhängige Variable X_k hat in der Stichprobe eine positive Varianz für alle $k = 1, \ldots, K$:

$$Var(X_k) > 0$$

Schätzung von linearen Regressionsmodellen

Bis hierhin haben wir uns mit den Grundlagen der Regression beschäftigt: was Regression ist und welche Annahmen ihr zugrunde liegen. Nun wird es darum gehen, das empirische Modell

$$Y_i = \hat{\beta}_0 + \hat{\beta}_1 X_{1i} + \hat{\beta}_2 X_{2i} + \ldots + \hat{\beta}_K X_{Ki} + \hat{u}_i$$

zu schätzen, das heißt auf Basis der Daten unserer Stichprobe konkrete Werte für die Parameter $\hat{\beta}_1,\ldots,\hat{\beta}_K$ zu bestimmen. Die Residuen $\hat{u}_i$, die ebenfalls geschätzte Werte sind – nämlich für die Summanden u_i des theoretischen Modells –, ergeben sich dann ganz einfach als Differenz zwischen den in der Stichprobe beobachteten Werten der abhängigen Variablen Y_i und den geschätzten, das heißt von unserem Modell prognostizierten Werten $\hat{Y}_i$, die wir errechnen, indem wir die geschätzten Parameter und die $X_{1i},\ldots, X_{Ki}$ unserer Stichprobe in die Modellgleichung einsetzen:

$$\hat{Y}_i = \hat{\beta}_0 + \hat{\beta}_1 X_{1\,i} + \hat{\beta}_2 X_{2\,i} + \ldots + \hat{\beta}_K X_{K\,i}$$

Aber wie erhalten wir nun die Schätzungen $\hat{\beta}_1,\ldots,\hat{\beta}_K$ für die Parameter $\beta_1,\ldots,\beta_K$ des theoretischen Modells in der Grundgesamtheit?

Wie Sie wahrscheinlich bereits wissen, ist der populärste Ansatz, diese Koeffizienten zu ermitteln, die sogenannte *Kleinste-Quadrate-Methode* (englisch *Ordinary Least Squares*), die Sie in der Literatur, und durchaus nicht nur in der englischsprachigen, oft als *OLS* abgekürzt finden. OLS ist nicht die einzige Methode, die zur Schätzung von Modellen verwendet werden kann. Sie werden später, wenn es um Modelle mit kategorialen abhängigen Variablen geht, noch die *Maximum-Likelihood-Methode* (ML) kennenlernen, der die Idee zugrunde liegt, die Koeffizientenschätzer so zu bestimmen, dass die Wahrscheinlichkeit, die in der Stichprobe realisierten Werte der abhängigen Variablen zu erhalten, maximiert wird.

Die Grundkonzept bei OLS ist ein anderes, aber ausgesprochen einfaches: Wähle aus der Menge aller möglichen Parameter-Schätzwerte $\hat{\beta}_0,\ldots,\hat{\beta}_K$ diejenigen aus, die die Summe der quadrierten Schätzfehler in der Stichprobe minimieren. Der Schätzfehler, den wir begehen, wenn wir uns für eine bestimmte Kombination $\hat{\beta}_0,\ldots,\hat{\beta}_K$ von Schätzern entscheiden, ist für eine einzelne Beobachtung *i* unserer Stichprobe offensichtlich

$$Y_i - \hat{Y}_i = Y_i - \left(\hat{\beta}_0 + \hat{\beta}_1 X_{1\,i} + \hat{\beta}_2 X_{2\,i} + \ldots + \hat{\beta}_K X_{K\,i}\right) = \hat{u}_i$$

Der Schätzfehler ist ja gerade das (geschätzte) Residuum, also das Residuum des empirischen Modells.

Durch das Quadrieren werden alle Abweichungen vom tatsächlich beobachteten Wert Y_i positiv, zudem werden größere Abweichungen – weil sie mit sich selbst multipliziert werden – stärker gewichtet als kleine. Der OLS-Schätzansatz wird also dazu führen, dass Schätzer $\hat{\beta}_0,\ldots,\hat{\beta}_K$ gewählt werden, die große Abweichungen $\hat{u}_i$ eher vermeiden.

Quadrieren wir die Abweichungen und addieren wir sie über alle Beobachtungen unserer Stichprobe auf, erhalten wir:

$$RSS = \sum_{i=1}^{N} \left(Y_i - \left(\hat{\beta}_0 + \hat{\beta}_1 X_{1\,i} + \hat{\beta}_2 X_{2\,i} + \ldots + \hat{\beta}_K X_{K\,i}\right)\right)^2 = \sum_{i=1}^{N} \hat{u}_i^2$$

RSS steht dabei für *Residual Sum of Squares*, also die Summe der quadrierten Residuen. Was jetzt noch bleibt, ist, die *RSS* gemäß OLS-Kriterium durch eine geeignete Wahl der $\hat{\beta}_1,\ldots,\hat{\beta}_K$ zu minimieren:

$$\min_{\hat{\beta}_0,\ldots,\hat{\beta}_K} RSS$$

Das Ergebnis dieser Optimierung sieht schon für eine Regression mit nur zwei unabhängigen Variablen recht komplex aus, deswegen beginnen wir mit dem Fall einer Einfachregression, also einem Regressionsmodell mit nur einer unabhängigen Variablen. Dieses einfache Modell lautet in seiner empirischen Version also:

$$Y_i = \hat{\beta}_0 + \hat{\beta}_1 X_{1\,i} + \hat{u}_i$$

Wir haben hier, obwohl eigentlich unnötig, den ersten Index bei der unabhängigen Variablen beibehalten, um die Konsistenz mit unserer Darstellung des multivariaten Regressionsmodells, also des Modells mit mehr als einer unabhängigen Variablen, zu erhalten.

Damit uns die Darstellung der OLS-Berechnungen auch bei diesem einfachsten Fall nicht unnötig unübersichtlich gerät, greifen wir an dieser Stelle auf eine Kurznotation zurück, die auch Ludwig von Auer in seinem lesenswerten Einführungswerk *Ökonometrie* (Springer 2016) verwendet.. Dabei wird die Kovariation zweier Variablen, nennen wir sie A und B, als S_{AB} bezeichnet. Die Kovariation von X_1 und Y ist dann konsequenterweise:

$$S_{X_1 Y} = \sum_{i=1}^{N} (X_{1\,i} - \bar{X}_1)\,(Y_i - \bar{Y})$$

wobei $\bar{X}_1$ und $\bar{Y}$ die arithmetischen Mittel der Variablen X_1 und Y sind. Die Kovariation von X_1 mit sich selbst, $S_{X_1 X_1}$, schreiben wir dann als

$$S_{X_1 X_1} = \sum_{i=1}^{N} (X_{1\,i} - \bar{X}_1)\,(X_{1\,i} - \bar{X}_1) = \sum_{i=1}^{N} (X_{1\,i} - \bar{X}_1)^2$$

und in analoger Weise für die Kovariation von Y, S_{YY}.

Mit dieser Notation lässt sich nun recht elegant das Ergebnis des oben formulierten OLS-Minimierungsproblems darstellen. Der Schätzer $\hat{\beta}_1$ für den Steigungsparameter β_1 unserer unabhängigen Variablen X_1 ergibt sich damit als:

$$\hat{\beta}_1 = \frac{S_{X_1 Y}}{S_{X_1 X_1}}$$

Auf die Herleitung dieses Ergebnisses aus den Bedingungen erster Ordnung des OLS-Minimierungsproblems verzichten wir an dieser Stelle. Sie finden die mathematischen Details in den meisten Statistiklehrbüchern. Wir wollen uns stattdessen im Sinne eines Repetitoriums etwas knapper fassen und vor allem beleuchten, wie dieses Resultat intuitiv zu verstehen ist.

Der Zähler von $\hat{\beta}_1$, die Kovariation S_{X_1Y}, zeigt an, wie sich unsere unabhängige erklärende Variable X_1 mit der abhängigen, der zu erklärenden Variablen Y gemeinsam bewegt. Je stärker die beiden zusammenhängen und je mehr sich die eine bei Veränderung der anderen ebenfalls verändert, desto größer ist der (absolute) Wert der Kovariation S_{X_1Y}. Das heißt, bei einer gegebenen Variation $S_{X_1X_1}$ von X_1 ist unser Steigungsparameter $\hat{\beta}_1$ (zumindest dem Betrag nach) umso größer, je stärker sich X_1 und Y gemeinsam bewegen. Und genau das entspricht ja auch der Interpretation des Steigungsparameters: Er zeigt an, um wie viel sich die abhängige Variable Y ändert, wenn sich die unabhängige Variable X_1 um eine Einheit ändert. Da ist es doch nur allzu logisch, dass er dem Betrag nach größer ausfällt, wenn X_1 und Y eine starke Kovariation haben!

Jetzt fehlt noch ein Schätzer für den Achsenabschnitt β_0:

$$\hat{\beta}_0 = \bar{Y} - \hat{\beta}_1 \bar{X}_1$$

Der Achsenabschnitt lässt sich also mithilfe des soeben bestimmten Schätzers $\hat{\beta}_1$ und den arithmetischen Mitteln der abhängigen und der unabhängigen Variablen in unserer Stichprobe, $\bar{Y}$ und $\bar{X}_1$, ermitteln. Dieser Ausdruck lässt sich umstellen zu:

$$\bar{Y} = \hat{\beta}_0 + \hat{\beta}_1 \bar{X}_1$$

Vergleichen Sie das mit unserem empirischen Modell:

$$Y_i = \hat{\beta}_0 + \hat{\beta}_1 X_{1\,i} + \hat{u}_i$$

Offensichtlich erhalten Sie, wenn Sie für X_{1i} das arithmetische Mittel unserer erklärenden Variablen X_1 einsetzen, genau das arithmetische Mittel der abhängigen Variablen Y und damit $\hat{u}_i = 0$. Das bedeutet aber nichts anderes, als dass unsere OLS-Schätzung *im Mittel korrekt* ist. Klar wird das, wenn man das arithmetische Mittel über unser empirisches Modell berechnet:

$$\frac{1}{N}\sum_{i=1}^{N} Y_i = \frac{1}{N}\sum_{i=1}^{N} \hat{\beta}_0 + \hat{\beta}_1 X_{1i} + \hat{u}_i$$

$$\bar{Y} = \hat{\beta}_0 + \hat{\beta}_1 \bar{X}_1 + \frac{1}{N}\sum_{i=1}^{N} \hat{u}_i$$

Da wir ja aus der Herleitung des Schätzers für den Parameter β_0 bereits wissen, dass $\bar{Y} = \hat{\beta}_0 + \hat{\beta}_1 \bar{X}_1$, folgt automatisch, dass

$$\frac{1}{N}\sum_{i=1}^{N} \hat{u}_i = 0$$

Unsere Schätzung ist also tatsächlich im Mittel korrekt. Folgt das nicht auch aus unserer Annahme, dass $E(u_i)=0$, die Störgrößen im theoretischen Modell also einen Erwartungswert von 0 haben? Nein! Diese Annahme haben wir ja hier gar nicht verwendet. Tatsächlich haben wir von den Annahmen des linearen Regressionsmodells bisher nur zwei tatsächlich eingesetzt: dass das Modell linear ist und dass es eine Variation in der unabhängigen Variablen gibt (gäbe es sie nicht, wäre $S_{X_1X_1}=0$ und der Schätzer für $\hat{\beta}_1$ wäre wegen der Division durch null nicht definiert).

Trotzdem ist die Frage überaus berechtigt. Denn hier zeigt sich noch einmal sehr deutlich der Unterschied zwischen dem theoretischen Modell, das auf dem Konzept der wiederholten Stichprobe basiert, und den Daten unserer Stichprobe, die aus der Menge aller denkbaren Stichproben nur ein einziger zufälliger Griff ist und mit der wir unser empirisches Modell »füttern«. Die Annahme $E(u_i)=0$ bezieht sich auf das Residuum *einer* Kombination $X_{1i},\ldots,X_{Ki}$ von Werten der unabhängigen Variablen. Würde man für diese immer gleiche Kombination von Werten der unabhängigen Variablen wieder und immer wieder – unendlich oft – das zugehörige Y_i beobachten und die Werte in den theoretischen Zusammenhang

$$Y=\beta_0+\beta_1X_{1i}+\ldots+\beta_KX_{Ki}+u_i$$

der Grundgesamtheit einsetzen, wären im Mittel die Residuen

$$u_i=Y_i-(\beta_0+\beta_1X_{1i}+\ldots+\beta_KX_{Ki})$$

gleich 0. Wohlgemerkt, für diese Kombination von Werten der unabhängigen Variablen bzw., da wir im Moment ja das Modell einer Einfachregression anschauen, bei einem festen Wert unserer Variablen X_1, zum Beispiel 7. Nur haben wir ja in der Stichprobe nicht unendlich viele Beobachtungen, bei denen $X_1 = 7$, vielleicht haben wir sogar nur eine.

Wenn wir nun oben bei der Berechnung des Schätzers für β_0 den Mittelwert über alle Residuen berechnen, tun wir das natürlich über die Residuen unserer Stichprobe, in der es viele unterschiedliche Werte für X_1 geben wird. Das heißt, unsere Annahme $E(u_i)$ und der Umstand, dass der Mittelwert der empirischen Residuen $\hat{u}_i$ über alle Beobachtungen der Stichprobe hinweg gleich 0 ist, sind konzeptionell zwei sehr verschiedene Dinge. Wir werden später auf diesen wichtigen Punkt zurückkommen, wenn wir uns mit der Präzision der Schätzer beschäftigen.

Bisher haben wir die Schätzer der Parameter eines bivariaten Regressionsmodells betrachtet, das nur eine unabhängige Variable enthält. Die algebraische Darstellung der Schätzer ist schon bei zwei unabhängigen Variablen um einiges komplizierter und bei mehr als zwei erklärenden Variablen eigentlich nur noch in der kompakteren Matrixschreibweise versteh- und bearbeitbar.

Für den Fall der linearen Regression mit zwei unabhängigen Variablen, also einem empirischen Modell der Form

$$Y_i=\hat{\beta}_0+\hat{\beta}_1X_{1i}+\hat{\beta}_2X_{2i}+\hat{u}_i$$

ergeben sich die Schätzer der Koeffizienten in der bereits oben verwendeten Notation als:

$$\hat{\beta}_0 = \bar{Y} - \hat{\beta}_1 \bar{X}_1 - \hat{\beta}_2 \bar{X}_2$$

$$\hat{\beta}_1 = \frac{S_{X_2X_2} S_{X_1Y} - S_{X_1X_2} S_{X_2Y}}{S_{X_1X_1} S_{X_2X_2} - S^2_{X_1X_2}}$$

$$\hat{\beta}_2 = \frac{S_{X_1X_1} S_{X_2Y} - S_{X_1X_2} S_{X_1Y}}{S_{X_1X_1} S_{X_2X_2} - S^2_{X_1X_2}}$$

Sie erkennen sofort, dass bei den Schätzern der Koeffizienten unserer beiden unabhängigen Variablen der Nenner identisch und der Zähler symmetrisch aufgebaut ist. Sie sehen ebenfalls, dass der Schätzer des Steigungsparameters der einen unabhängigen Variablen unter anderem auch von deren Kovariation mit der anderen unabhängigen Variablen abhängt.

Bestimmung der Schätzgüte

Im vorangegangenen Abschnitt haben wir die Koeffizienten unseres Modells geschätzt. Wir könnten nun also Werte für unsere unabhängigen Variablen in die mit den Parameterwerten versehene Formel des empirischen Modells einsetzen und so die Schätzungen $\ddot{Y}_i$ für die abhängige Variable Y_i ermitteln.

Aber wie gut ist diese Schätzung eigentlich?

Die Frage nach der Güte der Schätzung ist im Grunde die Frage danach, wie viel Erklärungskraft unsere unabhängigen Variablen besitzen. Um wie viel besser wird die Schätzung der abhängigen zu erklärenden Variablen Y, wenn wir nicht nur deren Werte in der Stichprobe kennen, sondern zusätzlich auch die unabhängigen Variablen $X_1, \ldots, X_K$?

Bekanntermaßen gilt für die tatsächlichen Werte der abhängigen Variablen in der Stichprobe, die Y_i, die geschätzten Werte der unabhängigen Variablen, $\ddot{Y}_i$ und die Residuen $\hat{u}_i$ folgender Zusammenhang:

$$Y_i = \hat{Y}_i + \hat{u}_i$$

Das lässt sich, wenn wir auf beiden Seiten der Gleichung den Mittelwert $\bar{Y}$ der abhängigen Variablen subtrahieren, auch schreiben als:

$$(Y_i - \bar{Y}) = (\hat{Y}_i - \bar{Y}) + \hat{u}_i$$

$$(Y_i - \bar{Y}) = (\hat{Y}_i - \bar{Y}) + (Y_i - \hat{Y}_i)$$

Auf der linken Seite der Gleichung steht die Abweichung des tatsächlich realisierten Werts der abhängigen Variablen von deren Mittelwert über die gesamte Stichprobe. Dieser Mittelwert ist der beste Schätzwert, den wir angeben können, wenn wir die erklärenden Variablen, unsere $X_1,\ldots, X_K$, nicht in die Schätzung einbeziehen würden, wenn wir also eine Schätzung allein auf Basis der beobachteten Y_i unserer Stichprobe vornehmen müssten. Das erkennt man leicht, wenn man ein Modell der Form

$$Y_i = \hat{\beta}_0 + \hat{u}_i$$

rechnet, also die Y_i lediglich auf eine Konstante regressiert, ohne die unabhängigen Variablen als Modellterme mit einzubeziehen. Für dieses Modell ergibt sich bei Anwendung der Kleinste-Quadrate-Methode als Schätzer für $\hat{\beta}_0$ genau $\bar{Y}$.

Der Schätzfehler, den wir dabei begehen, ist $Y_i - \bar{Y}$. Der erste Term auf der rechten Seite der Gleichung gibt nun an, welcher Teil des Fehlers dieser »naiven« Schätzung dadurch beseitigt wird, dass wir die unabhängigen Variablen mit in die Schätzung einbeziehen. Mit dieser verbesserten Schätzung werden wir aber den tatsächlichen Wert Y_i der abhängigen Variablen wahrscheinlich noch nicht treffen, es bleibt ein (hoffentlich kleinerer) Schätzfehler bestehen, und dieser ist gerade $Y_i - \hat{Y}_i$. Mit der Gleichung oben wird also der Schätzfehler der »naiven« Schätzung zerlegt in einen Teil, der von der verbesserten Schätzung auf Basis der unabhängigen Variablen beseitigt wird, und einen Teil, den auch das um die unabhängigen Variablen erweiterte Regressionsmodell nicht zu beseitigen vermag.

Auch wenn auf den ersten Blick nicht offensichtlich, lässt sich dennoch algebraisch zeigen, dass der obige Zusammenhang der Schätzfehler auch dann gilt, wenn die verschiedenen Fehlerterme quadriert und über alle Beobachtungen der Stichprobe aufsummiert werden:

$$\sum_{i=1}^{N} (Y_i - \bar{Y})^2 = \sum_{i=1}^{N} (\hat{Y}_i - \bar{Y})^2 + \sum_{i=1}^{N} (Y_i - \hat{Y}_i)^2$$

An früherer Stelle hatten wir für den letzten Term der Gleichung, $\sum(Y_i - \hat{Y}_i)^2$, der nichts weiter als die Summe der quadrierten Residuen $\hat{u}_i$ ist, bereits den Begriff *RSS* eingeführt, *Residual Sum of Squares*. Analog nennen wir nun den ersten Term, $\sum(Y_i - \bar{Y})^2$, *Total Sum of Squares* (*TSS*) und den mittleren Term, $\sum(\hat{Y}_i - \bar{Y})^2$, *Explained Sum of Squares* (*ESS*). Letzterer Begriff rührt daher, dass die Differenz zwischen den Schätzwerten $\hat{Y}_i$ des Regressionsmodells und dem Mittelwert $\bar{Y}$ gerade jener Teil des Schätzfehlers der »naiven« Schätzung $Y_i = \hat{\beta}_0 + \hat{u}_i$ ist, der durch die Einbeziehung der unabhängigen Variablen *zusätzlich erklärt* wird. Mit diesen neuen Termini lässt sich nun der obige Ausdruck sehr einfach darstellen als:

$$TSS = ESS + RSS$$

Diese Zusammenhänge verdeutlicht auch noch einmal Abbildung 6-2.

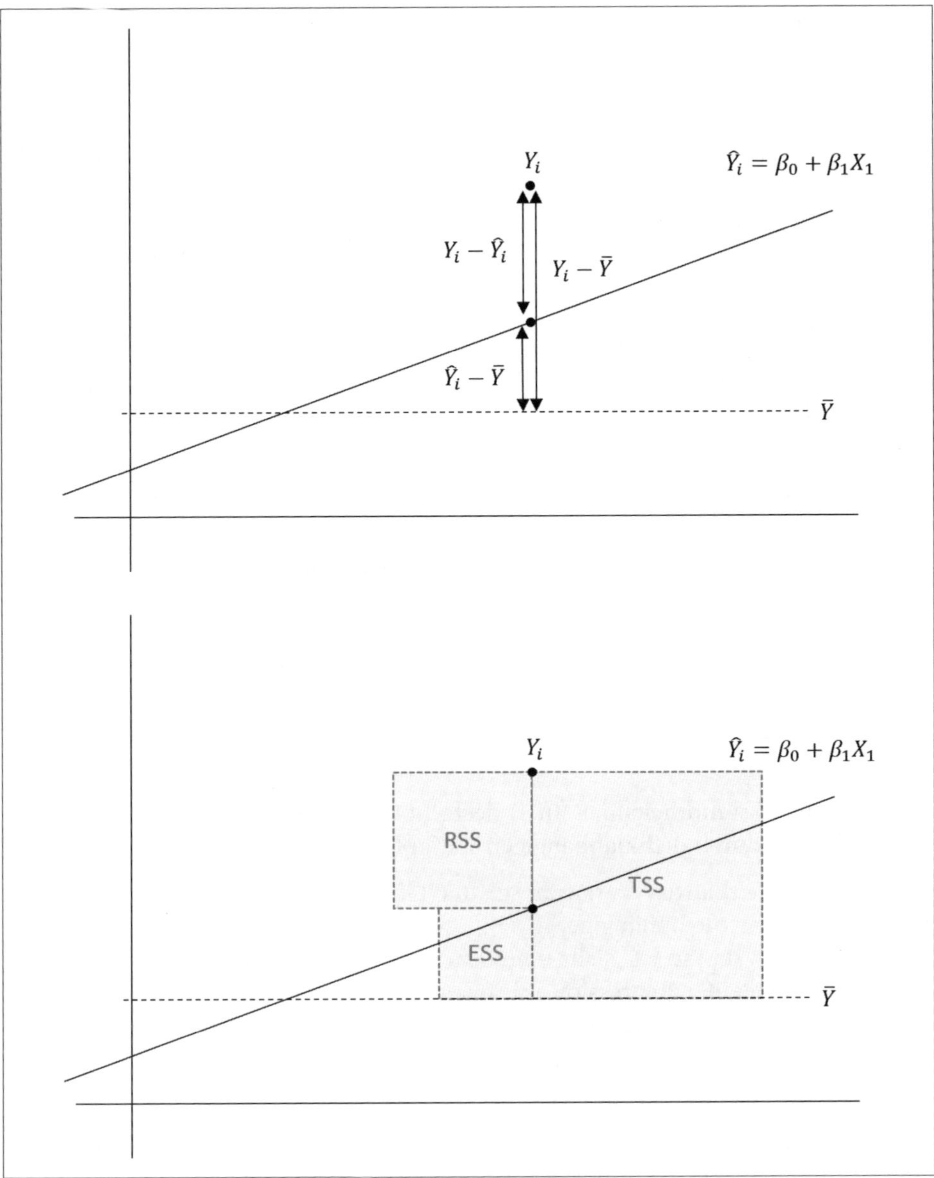

Abbildung 6-2: Zusammenhang zwischen TSS, ESS und RSS

Ihnen wird aufgefallen sein, dass *TSS*, *ESS* und *RSS* allesamt Variationen sind. Wenn wir die bereits weiter oben verwendete Notation anwenden, können wir also schreiben:

$$TSS = S_{YY}$$

$$ESS = S_{\hat{Y}\hat{Y}}$$

$$RSS = S_{\hat{u}\hat{u}}$$

Für die *TSS* ist das sofort einleuchtend, sie entspricht auf den ersten Blick der Definition der Variation. Was aber ist mit *ESS* und *RSS*? Bei der *ESS*, $\sum(\hat{Y}_i - \bar{Y})^2$, ziehen wir von den *geschätzten* Werten der abhängigen Variablen den Mittelwert der *tatsächlich* in der Stichprobe realisierten Y_i ab. Im vorangegangenen Abschnitt haben wir aber gesehen, dass die Schätzung, die wir mit einer Regression auf Basis der OLS-Methode machen, im Mittel korrekt ist. Deshalb ist $\bar{Y}$ nicht nur der Mittelwert der tatsächlichen Realisationen Y_i der abhängigen Variablen, sondern zugleich auch der Mittelwert der Schätzungen und die *ESS* damit tatsächlich die Variation der Schätzwerte $\hat{Y}_i$. Auch haben wir weiter oben gesehen, dass der Mittelwert der Residuen $\hat{u}_i$ gerade null ist. Deshalb könnten wir die *RSS* auch schreiben als $\sum(\hat{u}_i - 0)^2$, womit der Charakter der *RSS* als Variation der Residuen deutlich wird.

Aus dem obigen Zusammenhang *TSS* = *ESS* + *RSS* können wir nun den Anteil der Gesamtvariation *TSS*, der durch die unabhängigen Variablen erklärt wird, bestimmen. Dieser Anteil ist das bekannte Güte- oder auch *Bestimmtheitsmaß* für Regressionen R^2:

$$R^2 = \frac{ESS}{TSS} = 1 - \frac{RSS}{TSS}$$

Je näher das Bestimmtheitsmaß an 1, desto höher ist der Anteil der Gesamtvariation von Y, der durch die unabhängigen Variablen $X_1, \ldots, X_K$ erklärt wird.

Der Anteil der erklärten Variation an der Gesamtvariation ist natürlich umso größer, je stärker die abhängige Variable mit den erklärenden Variablen zusammenhängt. Dass das so ist, sieht man sehr schön daran, dass in einer bivariaten Regression, also einer Regression mit nur *einer* erklärenden Variablen, die Quadratwurzel des Bestimmtheitsmaßes gerade der Korrelationskoeffizient der erklärenden und der abhängigen Variablen ist.

Damit hätten wir doch eigentlich ein Maß, mit dem man zwei unterschiedliche Modelle vergleichen und sich dann für das bessere, das heißt dasjenige mit dem höheren R^2, entscheiden kann, oder? Ganz so einfach ist es leider nicht. Denn das R^2, der *empirische Fit*, wie man manchmal auch sagt, lässt sich stets dadurch erhöhen, dass man mehr erklärende Variablen in das Modell einbezieht. Schlimmstenfalls bringen diese Variablen keine zusätzliche Information, bestenfalls leisten sie aber einen zusätzlichen Beitrag zu Erklärung. Dass ein Modell mit 100 Variablen mehr erklärt als eines mit nur 10, ist einleuchtend, aber der Vergleich ist natürlich nicht ganz fair. Denn die 10 Variablen tragen vielleicht 80 % zur erklärten Variation bei, die übrigen 90 Variablen möglicherweise nur noch 20 %. Aber kommt es darauf wirklich an? Ist es nicht letztlich einfach immer besser, ein Modell zu haben, das *mehr erklärt*? Nein, ist es nicht. Denn die zusätzliche Erklärungskraft ist mit einem hohen Preis verbunden. Das schauen wir uns genauer an, wenn wir uns in Kürze mit den statistischen Tests der Modellparameter befassen.

Unverzerrtheit und Effizienz der Schätzer

Sie erinnern sich an unsere vorangegangenen Überlegungen zum Konzept der wiederholten Stichprobe: Würde man immer und immer wieder – im Extremfall unendlich oft – bei gegebenen Werten der unabhängigen Variablen $X_{1i},\ldots, X_{Ki}$ den zugehörigen Wert der abhängigen Variablen Y_i beobachten, ergäbe sich für Y_i eine *Wahrscheinlichkeitsverteilung*. Der Umstand, dass Y_i eine Zufallsvariable ist, verdankt es der Störgröße u_i, die annahmegemäß normalverteilt ist. Wir haben aber für die konkreten Werte $X_{1i},\ldots, X_{Ki}$ in unserer Stichprobe nur einen einzigen beobachteten Wert von Y_i. Dieser ist gezogen aus der Wahrscheinlichkeitsverteilung von Y_i. Wie wir gerade gesehen haben, hängen aber die Schätzer $\hat{\beta}_0,\ldots,\hat{\beta}_K$ für die Steigungsparameter $\beta_0,\ldots, \beta_K$ der Grundgesamtheit von den N verschiedenen Y_i unserer Stichprobe ab. Da die Y_i stochastisch, also einem Zufallseinfluss unterworfen sind, gilt das Gleiche auch für unsere Schätzer $\hat{\beta}_0,\ldots,\hat{\beta}_K$! Es handelt sich bei den Schätzern also selbst um Zufallsvariablen mit einer Wahrscheinlichkeitsverteilung.

Jede der N Beobachtungen unserer Stichprobe ist gekennzeichnet durch die Ausprägungen der unabhängigen Variablen $X_{1i},\ldots, X_{Ki}$ sowie das zugehörige Y_i. Würden wir für jede der N Beobachtungen die Werte der K unabhängigen Variablen konstant halten und das Y_i erneut beobachten, ergäbe sich mit hoher Wahrscheinlichkeit für die N Beobachtungen jeweils ein anderes Y_i und damit natürlich auch andere Schätzer $\hat{\beta}_0,\ldots,\hat{\beta}_K$ für die Steigungsparameter $\beta_0,\ldots, \beta_K$ der Grundgesamtheit.

Die wahren Parameter $\beta_0,\ldots, \beta_K$ in der Grundgesamtheit dagegen sind keine Zufallsvariablen. Sie sind feste Werte und hängen, anders als unsere Schätzer, nicht von den realisierten Werten der zu erklärenden Variablen Y_i ab.

Unsere Schätzer $\hat{\beta}_0,\ldots,\hat{\beta}_K$ verfügen als Zufallsvariablen natürlich über einen Erwartungswert und eine Varianz. Es lässt sich algebraisch zeigen, dass die Schätzer *erwartungstreu* oder *unverzerrt* (engl. *unbiased*) sind, dass also der Erwartungswert jedes Schätzers $\hat{\beta}_j$ (mit $j = 1,\ldots, K$) gleich dem wahren Wert β_j in der Grundgesamtheit ist:

$$E\left(\hat{\beta}_j\right) = \beta_j$$

Das ist eine gute Nachricht! Denn natürlich werden wir mit der Schätzung $\hat{\beta}_j$ auf Basis unserer Stichprobe vermutlich nicht den wahren Wert des Parameters β_j treffen, aber wir würden zumindest im Durchschnitt zum richtigen Ergebnis kommen, wenn wir sehr viele Stichproben ziehen (immer natürlich mit dem gleichen Set von Werten der unabhängigen Variablen $X_1,\ldots, X_K$) und stets wieder neue Schätzer $\hat{\beta}_j$ berechnen würden. Die Herleitung dieses Ergebnisses, auf die wir hier verzichten und für die wir stattdessen auf die einschlägigen Statistiklehrbücher bzw. deren Anhänge verweisen, setzt übrigens auf Annahme Nummer 2 des linearen Regressionsmodells auf, dass für alle Beobachtungen *i* die Störgrößen u_i im Erwartungswert gleich 0 sind. Wenn das tatsächlich *nicht* gegeben ist, müssen die OLS-Schätzer auch nicht unverzerrt sein.

Unsere Schätzer haben noch eine weitere interessante Eigenschaft: Sie sind *konsistent*. Das heißt, die Werte der Schätzer kommen ihrem jeweiligen wahren Wert in der Grundgesamtheit beliebig nahe, wenn man nur die Stichprobe groß genug wählt. Das liegt daran, dass die Varianz der Schätzer, also ihre Streuung um die wahren Werte in der Grundgesamtheit, kleiner wird, je größer die Stichprobe ausfällt, und die Schätzer um die wahren Werte streuen (sie sind ja, wie gerade besprochen, unverzerrt). Die Verteilung, aus der die Schätzer gezogen werden, konzentriert sich also immer enger um ihren jeweiligen wahren Wert, die Schätzung wird deshalb immer genauer. Im extremen Fall einer unendlich großen Stichprobe wären die Schätzer gerade mit ihren wahren Werten identisch, ihre Varianz wäre 0. Deshalb gibt es zu jedem Schätzfehler eine Stichprobengröße, ab der der Schätzer nicht mehr weiter vom wahren Wert entfernt liegt als eben jener Schätzfehler.

Das Besondere an den OLS-Schätzern ist aber nicht nur, dass sie unverzerrt und konsistent sind, sondern vor allem, dass sie in der Klasse der unverzerrten Schätzer (für die jeweils gegebene Stichprobengröße) die geringste Varianz haben. Das heißt, die Schätzer $\hat{\beta}_0,\ldots,\hat{\beta}_K$ werden zwar auf Basis unserer Stichprobe aller Voraussicht nach die wahren Werte der Parameter in der Grundgesamtheit nicht treffen, denn sie sind ja nur eine mögliche Realisation, gewissermaßen eine Ziehung aus der Verteilung der $\hat{\beta}_0,\ldots,\hat{\beta}_K$, aber es gibt zumindest keinen anderen Schätzer, der ebenfalls unverzerrt ist und eine *geringere* Streuung hat. Zwar mögen sehr wohl Schätzer mit geringerer Varianz existieren, aber diese sind dann nicht mehr unverzerrt. Die Eigenschaft, die geringste Varianz in seiner Klasse zu haben, wird auch als *Effizienz* bezeichnet (angesichts der im Alltagsleben inflationären Verwendung dieses Begriffs zugegebenermaßen nicht die glücklichste Begriffswahl). Die besondere Klasse, in der der OLS-Schätzer die geringste Varianz hat, ist die der unverzerrten Schätzer. Sie wird deshalb auch als *BUE* bezeichnet, als *Best Unbiased Estimator*.

Die Varianz einer Zufallsvariablen ist bekanntlich der Erwartungswert der quadrierten Differenzen zwischen dem Wert der Variablen und ihrem Erwartungswert. Sie erkennen die Analogie zur Definition der deskriptiven Varianz einer Variablen in einer Stichprobe, die wir im Abschnitt »Streuungsmaße in R« auf Seite 113 betrachtet haben, Sie müssen lediglich »Erwartungswert« und »Durchschnitt« austauschen. Im Fall unseres Schätzers $\hat{\beta}_j$ lässt sich der Ausdruck für die Varianz damit herleiten aus der Definition:

$$Var\left(\hat{\beta}_j\right) = E\left(\hat{\beta}_j - E\left(\hat{\beta}_j\right)\right)^2\Big)$$

Die Berechnung lässt sich – außer im Fall der Einfachregression, das heißt der bivariaten Regression – eigentlich nur mit Matrixalgebra sinnvoll bewerkstelligen, auf deren Darstellung wir hier verzichten wollen. Stattdessen werden wir uns, wie bereits im vorangegangenen Repetitorium, darauf beschränken, die Ergebnisse zu berichten, und zwar für den Fall der Regression einer abhängigen auf *zwei* unabhängige Variablen, also einer Regression dieser Form:

$$Y_i = \beta_0 + \beta_1 X_{1\,i} + \beta_2\, X_{2\,i} + u_i$$

Statt der eher »technischen« algebraischen Herleitung wollen wir an dieser Stelle ein intuitives Verständnis der Resultate entwickeln. Die Notation ist, wie bereits zuvor, angelehnt an Ludwig von Auers *Ökonometrie*. Damit ergeben sich als Varianzen der Schätzer $\hat{\beta}_0$, $\hat{\beta}_1$ und $\hat{\beta}_2$ folgende Ausdrücke:

$$Var\left(\hat{\beta}_1\right) = \frac{\sigma^2}{S_{x_1x_1}\left(1 - R^2_{X_1X_2}\right)}$$

$$Var\left(\hat{\beta}_2\right) = \frac{\sigma^2}{S_{x_2x_2}\left(1 - R^2_{X_1X_2}\right)}$$

$$Var\left(\hat{\beta}_0\right) = \frac{\sigma^2}{N} + \bar{X}_1 Var\left(\hat{\beta}_1\right) + 2\bar{X}_1\bar{X}_2 Cor\left(\hat{\beta}_1, \hat{\beta}_2\right) + \bar{X}_2^2 Var\left(\hat{\beta}_2\right)$$

Dabei ist $R^2_{x_1x_2}$ das im vorangegangenen Abschnitt besprochene Bestimmtheitsmaß R^2 für die Regression der unabhängigen Variablen X_1 auf die andere unabhängige Variable X_2, das heißt die Schätzgüte des Modells

$$X_1 = \gamma_0 + \gamma_1 X_2$$

Wenn $R^2_{X_1X_2}$ hoch ist, bedeutet das, dass sich ein hoher Anteil der Variation von X_1 durch X_2 erklären lässt. Es gibt also einen starken linearen Zusammenhang zwischen den beiden Variablen. Ist das aber der Fall, sind die Nenner der Varianzen $Var\left(\hat{\beta}_1\right)$ und $Var\left(\hat{\beta}_2\right)$ unserer Schätzer klein und die Varianzen entsprechend groß. Das heißt, unsere Regression mag zwar vielleicht ein hohes R^2 erzielen, das lineare Modell also in der Lage sein, mit den unabhängigen Variablen X_1 und X_2 einen großen Teil der Variation von Y zu erklären, aber die Schätzer streuen sehr stark um ihre wahren Werte β_1 und β_2. Anders ausgedrückt: Obwohl unsere Schätzer im Mittel (bei unendlich häufiger Wiederholung der Stichprobe für die gleichen Werte von X_1 und X_2) die wahren Werte β_1 und β_2 treffen würden, ist die

Wahrscheinlichkeit hoch, mit einer *einzelnen* Stichprobe (und wir haben ja nur eine einzige Stichprobe zur Verfügung!) Schätzer $\hat{\beta}_1$ und $\hat{\beta}_2$ zu errechnen, die (zufällig) weit von den wahren Werten β_1 und β_2 abweichen. Die Ursache hierfür ist, dass wir, weil die beiden unabhängigen Variablen X_1 und X_2 einen starken Zusammenhang aufweisen, nicht in der Lage sind, ihre Effekte auf Y zu unterscheiden. Sie erinnern sich, dass der Koeffizient β_1 angibt, wie sich Y verändert, wenn die Variable X_1 um eine Einheit verändert wird, während gleichzeitig X_2 auf seinem bisherigen Wert festgehalten wird. Bei einem starken Zusammenhang zwischen X_1 und X_2 haben wir aber kaum eine Chance, in der Stichprobe eine Veränderung von X_1 zu finden, mit der *nicht* zugleich auch eine Veränderung von X_2 einhergeht. Ohne eine solche unabhängige Bewegung der beiden Variablen haben wir jedoch keine Datengrundlage, um die Effekte der beiden getrennt voneinander, das heißt unter der Annahme, dass die jeweils andere Variable unverändert bleibt, zu bestimmen. Weil man die Effekte der beiden erklärenden Variablen aber nicht trennen kann, ist es schwer, einen guten *Ceteris-paribus*-Schätzwert für $\hat{\beta}_1$ und $\hat{\beta}_2$ zu bestimmen, die Varianzen der Schätzer sind dementsprechend hoch, das heißt, ihre Verteilungen sind sehr breit.

Den Faktor $1/\left(1-R^2_{X_1X_2}\right)$ bezeichnet man auch als *Variance Inflating Factor (VIF)*, weil er die Varianz gegenüber dem Fall, in dem kein Zusammenhang zwischen den unabhängigen Variablen X_1 und X_2 vorliegt (und damit $R^2_{X_1X_2} = 0$), »aufbläht«. Der Variance Inflating Factor wird uns später noch begegnen, wenn wir uns eingehender mit den Folgen von Multikollinearität befassen.

Ihnen wird aufgefallen sein, dass die Schätzer $\hat{\beta}_1$ und $\hat{\beta}_2$ von der Varianz σ^2 der Störgrößen u_i abhängen. Die ist aber gar nicht bekannt! Sie muss also ebenfalls geschätzt werden. Es lässt sich zeigen (worauf wir an dieser Stelle wiederum verzichten wollen), dass

$$\hat{\sigma}^2 = \frac{S_{\hat{u}\hat{u}}}{N-K-1}$$

ein unverzerrter Schätzer für die Varianz der Störgrößen in der Grundgesamtheit ist. Dabei ist $S_{\hat{u}\hat{u}}$ wieder die Variation der Residuen, die sich aus unserem Regressionsmodell ergeben, N ist die Zahl der Beobachtungen in der Stichprobe und K die Zahl der unabhängigen Variablen. Dieser Schätzer für die Varianz der Störgrößen kann dann in die obigen Ausdrücke für die Varianzen von $\hat{\beta}_1$ und $\hat{\beta}_2$ eingesetzt werden, um deren numerische Werte zu bestimmen.

Wir haben es also mit zwei Arten von Varianzen zu tun: einmal den Varianzen der Regressionskoeffizienten. An diesen sind wir interessiert, weil wir mit ihnen, wie wir später besprechen werden, Aussagen über die Genauigkeit unserer Schätzung treffen können. Darüber hinaus haben wir die Varianz σ^2 der Residuen in der Grundgesamtheit. Da von Letzterer auch die Varianzen der Schätzer $\hat{\beta}_1$ und $\hat{\beta}_2$, $Var\left(\hat{\beta}_1\right)$ und $Var\left(\hat{\beta}_2\right)$, abhängen, müssen wir σ^2 selbst aus den Residuen unserer Stichprobe schätzen. Damit können wir aber die Varianzen $Var(\hat{\beta}_1)$ und $Var(\hat{\beta}_2)$ nicht ganz exakt bestimmen, sondern wiederum nur eine Schätzung für sie angeben.

Der Vollständigkeit halber sei noch die Kovarianz der Schätzer $\hat{\beta}_1$ und $\hat{\beta}_2$ erwähnt. Sie ist unter anderem für die Berechnung der Varianz von $\hat{\beta}_0$, dem Schätzer des Achsenabschnitts, relevant. Diese Kovarianz gibt uns Auskunft darüber, wie sich die Werte der Schätzer $\hat{\beta}_1$ und $\hat{\beta}_2$ zusammen bewegen, wenn man im Sinne des nun bereits bestens bekannten Konzepts der wiederholten Stichprobe immer wieder bei festen Werten von X_{1i} und X_{2i} neue Werte für die Y_i ziehen und die Schätzer daraus neu berechnen würde. Diese Kovarianz folgt dem Ausdruck:

$$Cov(\hat{\beta}_1, \hat{\beta}_2) = \frac{-\sigma^2 R^2_{X_1X_2}}{S_{x_2x_2}\left(1 - R^2_{X_1X_2}\right)}$$

Ein numerischer Schätzer der Kovarianz lässt sich bestimmen, indem man in diesen Ausdruck für Störgrößenvarianz σ^2 wiederum deren Schätzer $\hat{\sigma}^2$ einsetzt.

Hypothesentests einzelner Parameter

Im letzten Abschnitt dieses Repetitoriums haben wir uns mit den Varianzen der Schätzer $\hat{\beta}_j$ beschäftigt und dabei bereits gesehen, dass diese um die wahren Werte β_j streuen. Aber wie genau sieht die Verteilung der Schätzer aus? Bisher kennen wir nur ihre Varianz und ihren Erwartungswert. Es lässt sich aber zeigen, dass die Schätzer $\hat{\beta}_j$ unter den bereits vorgestellten Annahmen des linearen Regressionsmodells normalverteilt sind. Das liegt daran, dass sich die Schätzer $\hat{\beta}_j$ als eine Summe der abhängigen Variablen Y_i schreiben lassen (von denen wir in der Stichprobe ja N Stück haben). Jedes der Y_i ist unter den Annahmen des Regressionsmodells normalverteilt, denn es lässt sich schreiben als

$$Y_i = \beta_0 + \beta_1 X_{1\,i} + \ldots + \beta_K X_{K\,i} + u_i$$

wobei das u_i annahmegemäß selbst normalverteilt ist. Damit ist Y_i einfach eine Reihe fester Summanden (denn für eine bestimmte Beobachtung i stehen die Werte der unabhängigen Variablen $X_1, \ldots, X_K$ fest) plus eine normalverteilte Zufallsvariable. Daher sind die N abhängigen Variablen Y_i in unserer Stichprobe jeweils selbst normalverteilt. Aus der Statistik wissen Sie, dass die (gewichtete) Summe von normalverteilten Zufallsvariablen wiederum normalverteilt ist. Deshalb sind die Schätzer $\hat{\beta}_j$, die sich als gewichtete Summe der Y_i schreiben lassen, auch normalverteilt, und zwar mit Erwartungswert β_j (weil die Schätzer ja bekanntermaßen erwartungstreu sind) und mit Varianz $Var(\hat{\beta}_j)$, deren Berechnung wir uns für den Fall eines Regressionsmodells mit zwei unabhängigen Variablen im letzten Abschnitt genauer angeschaut hatten. Wir können also schreiben:

$$\hat{\beta}_j \sim N(\beta_j, Var\ \hat{\beta}_j)$$

Für den Koeffizientenschätzer β_1 in unserem Regressionsmodell

$$Y = \beta_0 + \beta_1 X_1 + \beta_2 X_2 + u$$

ergibt sich damit die Verteilung

$$\hat{\beta}_1 \sim N\left(\beta_1, \frac{\sigma^2}{S_{x_1x_1}\left(1-R^2_{x_1x_2}\right)}\right)$$

Aus dieser Verteilung ziehen wir gedanklich genau einen Wert, und das ist der konkrete Wert $\hat{\beta}_j$, der sich in unserer Stichprobe realisiert.

Bei der Analyse von Regressionsmodellen ist meist die Frage interessant, welchen Schluss der berechnete Wert $\hat{\beta}_j$ darüber zulässt, ob der wahre Wert β_j in der Grundgesamtheit von null verschieden ist. Anders ausgedrückt: Hat die Variable X_j wirklich einen Einfluss auf die abhängige Variable Y? Wenn dem so ist, gilt in der Grundgesamtheit: $\beta_j \neq 0$. In unserem Staatsausgabenbeispiel könnten wir also fragen, ob zum Beispiel der Anteil der Senioren an der Bevölkerung wirklich einen Beitrag zur Erklärung der Höhe der Staatsausgaben leistet.

Angenommen, es existiere tatsächlich kein solcher Zusammenhang. Dann wäre der Koeffizient β_j in der Grundgesamtheit gleich 0. Wir können diesen wahren Wert in der Grundgesamtheit ja aber nicht beobachten und haben stattdessen nur den Schätzer $\hat{\beta}_j$ zur Verfügung, den wir aus unserer Stichprobe berechnet haben. Wir wissen, dass dieser Schätzer um den wahren Wert streut. Würden wir die Stichprobe also wiederholen, könnte sich ein anderer Schätzwert $\hat{\beta}_j$ ergeben. Das heißt insbesondere, es könnte sein, dass wir in der Stichprobe (zufällig) einen Wert $\hat{\beta}_j \neq 0$ erhalten, obwohl in der Grundgesamtheit $\beta_j = 0$ gilt. Da wir wissen, dass wir auch bei $\beta_j = 0$ in unserer Stichprobe einen von 0 verschiedenen Schätzer $\hat{\beta}_j$ ermitteln können, ist es also nicht legitim, aus $\hat{\beta}_j \neq 0$ unmittelbar zu schlussfolgern, dass der Parameter β_j in der Grundgesamtheit ungleich 0 ist und die Variable X_j tatsächlich einen Einfluss auf Y ausübt.

Die Grundidee des Tests, ob $\beta_j = 0$, ist nun folgende: *Unter der Annahme*, in der Grundgesamtheit sei tatsächlich $\beta_j = 0$, wäre die (Normal-)Verteilung der Schätzer $\hat{\beta}_j$ über 0, also dem wahren Wert von β_j, zentriert. Dann wäre es aber sehr unwahrscheinlich, *stark* von 0 verschiedene Werte für den Schätzer $\hat{\beta}_j$ zu erhalten. Die Werte, die sich bei wiederholten Stichproben für $\hat{\beta}_j$ ergäben, lägen dann näher bei 0. Wenn nun der tatsächlich aus der Stichprobe errechnete Wert $\hat{\beta}_j$ *hinreichend deutlich* von 0 verschieden ist, verwerfen wir die Hypothese, dass in der Grundgesamtheit $\beta_j = 0$ ist (deren Gültigkeit wir zunächst angenommen hatten), weil es sehr unwahrscheinlich ist, *bei Gültigkeit der Hypothese* einen so stark von 0 verschiedenen Wert $\hat{\beta}_j$ zu erhalten. Wichtig ist an dieser Stelle, zu verstehen, dass unter Gültigkeit der Hypothese $\beta_j = 0$ ein stark von null verschiedener Wert von $\hat{\beta}_j$ zwar unwahrscheinlich, aber natürlich keineswegs ausgeschlossen ist. Auch wenn

X_j tatsächlich keinen Einfluss auf Y hat, würden also, wenn wir die Y für gegebene Werte $X_1,\ldots, X_K$ sehr viele Male ziehen und immer wieder aufs Neue $\hat{\beta}_j$ berechnen würden, ein paar Fälle vorkommen, bei denen wir (fälschlicherweise) große $\hat{\beta}_j$ erhalten würden. Diesen Gedanken werden wir an späterer Stelle noch mal aufgreifen.

Lassen Sie uns zunächst unsere Überlegungen ein wenig formalisieren: Wir gehen aus von der Annahme, dass in der Grundgesamtheit tatsächlich $\beta_j = 0$ ist. Diese Annahme nennen wir die *Nullhypothese*, ihre Umkehrung die *Alternativhypothese*, und schreiben dafür:

$$H_0 : \beta_j = 0$$

$$H_1 : \beta_j \neq 0$$

Vor allem in englischsprachigen Texten wird häufig von der Nullhypothese auch gern einfach nur als der *Null* gesprochen. Bitte beachten Sie, dass der Begriff keineswegs damit verknüpft ist, dass wir untersuchen, ob $\beta_j = 0$ ist. Wir würden auch von einer Nullhypothese sprechen, wenn wir testen wollten, ob $\beta_j = 15{,}3$ ist.

Um die Nullhypothese zu testen, vergleichen wir nun den aus der Stichprobe errechneten Wert von $\hat{\beta}_j$ mit der Verteilung der $\hat{\beta}_j$, die sich *bei Gültigkeit der Nullhypothese* ergäbe. Diese Verteilung ist, wie Sie von oben wissen:

$$\hat{\beta}_j \sim N\left(\beta_j,\, Var\left(\hat{\beta}_j\right)\right)$$

Um nun den Wert von $\hat{\beta}_j$ aus unserer Stichprobe mit der Verteilung der $\hat{\beta}_j$ unter Gültigkeit der Nullhypothese zu vergleichen, wird das $\hat{\beta}_j$ aus der Stichprobe zunächst *standardisiert*:

$$z = \frac{\hat{\beta}_j - E\left(\beta_j\right)}{\sqrt{Var\left(\beta_j\right)}} = \frac{\hat{\beta}_j - \beta_j}{\sigma_j}$$

Dazu wird von dem in der Stichprobe ermittelten Wert des Koeffizienten $\hat{\beta}_j$ sein Erwartungswert abgezogen. Da $\hat{\beta}_j$ ja erwartungstreu ist, ist das der Wert des Parameters in der Grundgesamtheit, β_j. Diese Differenz wird durch die Standardabweichung von β_j, die wir fortan kurz als σ_j schreiben wollen, dividiert. Durch die erste Operation, die Differenzenbildung $\hat{\beta}_j - E\left(\beta_j\right)$, wird die Verteilung über dem Nullpunkt zentriert, unabhängig davon, ob $E\left(\beta_j\right)$ tatsächlich gleich 0 ist, wie bei unseren bisherigen Überlegungen angenommen, oder einen anderen positiven oder auch negativen Wert annimmt. Durch die zweite Operation, die Division durch die Standardabweichung, wird die Größenordnung von $\hat{\beta}_j$ eliminiert, denn die Höhe der $\hat{\beta}_j$ hängt natürlich auch von der Größenordnung der X_j ab. Ein Beispiel: Wenn $\hat{\beta}_j$ den Effekt der Anzahl der Ausbildungsjahre (X_j) auf das spätere Jahreseinkommen in Euro (Y) misst, wird es in der Größenordnung von Tausenden Euro liegen. Würden wir dagegen eine Regression rechnen, bei der das prozentuale Wachstum der Weltbevölkerung (Y) auf das prozentuale Wachstum der verfügbaren landwirtschaftlich nutzbaren Fläche (X_j) regressiert wird, wird der Koeffizient von X_j wohl nicht im Bereich von Tausenden liegen, sondern deutlich geringer ausfallen. Die Standardabweichung σ_j beinhaltet diese Größenordnung. Indem wir die Differenz $\hat{\beta}_j - E(\beta_j)$ durch die Standardabweichung dividieren, rechnen wir also die Größenordnung aus der Abweichung zwischen tatsächlich realisiertem $\hat{\beta}_j$ und seinem Erwartungswert $E(\beta_j)$ heraus. Stattdessen wird die Differenz in Anteilen der Standardabweichung ausgedrückt. Dieser Ausdruck ist dann dimensionslos.

Da wir wissen, dass die $\hat{\beta}_j$ normalverteilt sind, wissen wir auch, dass die obige Transformation zu einer *standardnormalverteilten* Zufallsvariablen z führt. Diese hat einen Mittelwert von 0 und eine Standardabweichung von 1. Es gilt also:

$$z \sim N(0,1)$$

Leider können wir mit den Daten unserer Stichprobe die Standardisierung nicht direkt durchführen: Weil uns der Wert der Standardabweichung σ_j von β_j nicht bekannt ist, müssen wir ihn – wie oben bereits gesehen – schätzen. Die Quadratwurzel aus dem oben besprochenen Varianzschätzer wollen wir im Folgenden als $\hat{\sigma}_j$ bezeichnen:

$$\hat{\sigma}_j = \sqrt{\widehat{Var}\left(\hat{\beta}_j\right)}$$

Damit ergibt sich für den standardisierten Wert t von $\hat{\beta}_j$:

$$t = \frac{\hat{\beta}_j - \beta_j}{\hat{\sigma}_j}$$

Weil $\hat{\sigma}_j$ nicht die wahre Standardabweichung von β_j ist, sondern nur eine Schätzung, ist die standardisierte Größe nun auch nicht mehr standardnormalverteilt, sondern folgt einer *t-Verteilung*. Die t-Verteilung wurde Anfang des 20. Jahrhunderts von dem britischen Statistiker *William Gosset* entwickelt, der seine Arbeit unter dem Pseudonym *Student* veröffentlichte, angeblich weil sein damaliger Arbeitgeber seine »Nebenbeschäftigung« missbilligte. Deshalb wird oft auch von der *Student'schen t-Verteilung* gesprochen.

Die t-Verteilung ist grundsätzlich etwas breiter als die Normalverteilung, und ihre Form hängt von der Zahl der sogenannten *Freiheitsgrade* ab, die $N - K - 1$ beträgt, im Fall einer Regression mit zwei unabhängigen Variablen, wie wir sie oben betrachtet haben, also $N - 3$. Wenn die Zahl der Freiheitsgrade gegen unendlich geht, also praktisch betrachtet insbesondere dann, wenn wir große Stichproben haben, geht die t-Verteilung in die Standardnormalverteilung über.

Wie bereits gesehen, gehen wir für unseren Test von $\hat{\beta}_j$ davon aus, dass $\beta_j = 0$ ist. Damit gilt für t, das auch als *Teststatistik* bezeichnet wird:

$$t = \frac{\hat{\beta}_j - 0}{\hat{\sigma}_j} = \frac{\hat{\beta}_j}{\hat{\sigma}_j}$$

Entsprechend der oben besprochenen Grundidee des Tests schauen wir jetzt, wo das errechnete t in der t-Verteilung liegt. Weicht der t-Wert ausreichend weit von 0 ab, verwerfen wir die Nullhypothese (die in unserem Fall ja lautete: $\beta_j = 0$) und akzeptieren stattdessen die alternative Hypothese, dass β_j von 0 verschieden ist. Denn wäre β_j tatsächlich gleich 0, wäre es derart unwahrscheinlich, einen so großen Wert für den Schätzer $\hat{\beta}_j$ zu erhalten, dass wir davon ausgehen müssen, dass das kein Zufall ist, sondern das β_j der Grundgesamtheit in Wahrheit von null verschieden ist.

Die Frage ist nun: Was heißt »ausreichend weit« von 0 entfernt? Das bedeutet, dass die Wahrscheinlichkeit, bei Gültigkeit der Nullhypothese ($\beta_j = 0$) einen so weit von null entfernten Schätzwert $\hat{\beta}_j$ zu finden, einen bestimmten Wert nicht überschreitet. Betrachten Sie dazu Abbildung 6-3. Sie zeigt die t-Verteilung und zwei spezielle t-Werte, $\underline{t}$ und $\overline{t}$. Links von $\underline{t}$ und rechts von $\overline{t}$ liegt jeweils eine Wahrscheinlichkeitsmasse von $\alpha / 2$. Den Wert α können wir dabei frei festlegen, zum Beispiel auf $\alpha = 2{,}5\ \%$. Dann liegen rechts von $\overline{t}$ genau 2,5 % Wahrscheinlichkeitsmasse. Anders ausgedrückt: Die Wahrscheinlichkeit, bei *Gültigkeit der Nullhypothese* aus der Stichprobe einen Wert $\hat{\beta}_j$ zu errechnen, dessen t-Wert größer als $\overline{t}$ ist, ist nur 2,5 %. In Abbildung 6-4 ist genau diese Situation dargestellt: Hier haben wir aus der Stichprobe tatsächlich einen t-Wert gewonnen, der größer als $\overline{t}$ ist. Dann würden wir die Nullhypothese, dass in der Grundgesamtheit $\beta_j = 0$ gilt, verwerfen und stattdessen die Alternativhypothese akzeptieren, dass in der Grundgesamtheit β_j von 0 verschieden ist. Würde hingegen das aus der Stichprobe errechnete $\hat{\beta}_j$ zu einem t-Wert führen, der dem Betrag nach kleiner als $\overline{t}$ ist, würden wir die Nullhypothese akzeptieren: In diesem Fall läge der t-Wert im weißen Teil der in Abbildung 6-3 dargestellten Verteilung und damit nicht weit genug von 0 entfernt, um die Hypothese, dass $\hat{\beta}_j$ in der Grundgesamtheit tatsächlich gleich 0 ist, zu verwerfen. Wenn unsere Nullhypothese richtig ist, werden $1 - \alpha$ Prozent aller Schätzer, in unserem Beispiel $1 - 0{,}05 = 95\ \%$ aller Schätzer $\hat{\beta}_j$ einer wiederholten Stichprobe in dem Intervall $[\underline{t};\overline{t}]$ liegen und damit richtigerweise zu einer Annahme der Nullhypothese führen.

In 5 % der Fälle würde *auch bei Gültigkeit der Nullhypothese* unser Schätzer $\hat{\beta}_j$ jedoch zu einem t-Wert führen, der außerhalb des Intervalls $[\underline{t};\overline{t}]$ liegt. Das heißt, da wir ja keine wiederholte Stichprobe haben, sondern aus unserer Stichprobe nur genau einen Wert für $\hat{\beta}_j$ berechnen können, werden wir mit einer Wahrscheinlichkeit von 5 % die Nullhypothese verwerfen, *obwohl sie eigentlich richtig* ist. Diesen Fehler bezeichnet man in der Statistik als *Fehler 1. Art.* Genauso können wir natürlich die Nullhypothese fälschlicherweise annehmen, wenn nämlich das wahre β_j von 0 verschieden ist, der t-Wert unseres $\hat{\beta}_j$ aber zufälligerweise in den Bereich $[\underline{t};\overline{t}]$ fällt. Diesen Umstand bezeichnet man als *Fehler 2. Art*.

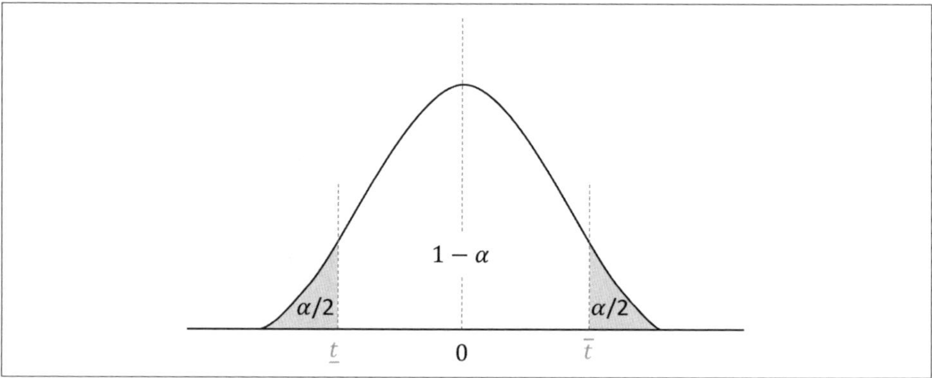

Abbildung 6-3: Zweiseitiger Hypothesentest: t-Verteilung

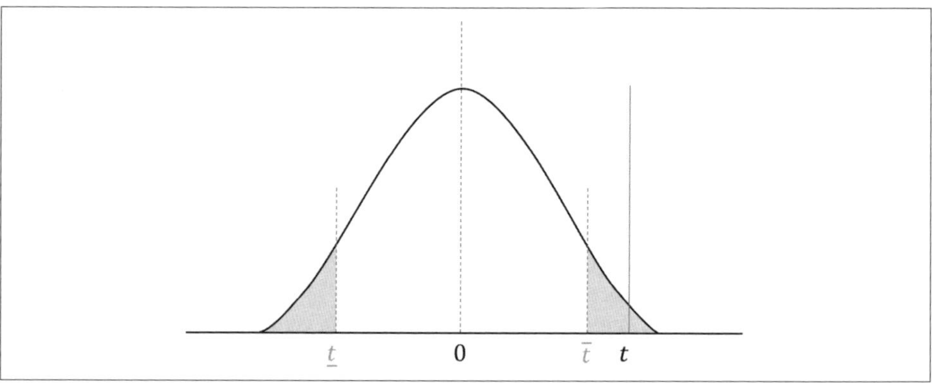

Abbildung 6-4: Zweiseitiger Hypothesentest: errechneter t-Wert im Ablehnungsbereich der Nullhypothese

In der Praxis werden $\underline{t}$ und $\overline{t}$ so gewählt, dass sie symmetrisch sind, der positive Wert wird auch als *kritischer* t-Wert bezeichnet, weil er gerade die Grenze zwischen Annahme und Ablehnung der Nullhypothese markiert:

$$-\underline{t} = \overline{t} = t_{krit}$$

Die Wahrscheinlichkeit α wird üblicherweise als *Signifikanzniveau* bezeichnet. So sagt man zum Beispiel: »Der Schätzer $\hat{\beta}_j$ ist signifikant zum Niveau 5 %.« Gemeint ist dabei »signifikant *von null verschieden*«. Der Wert des aus der Stichprobe berechneten Schätzers ist dann also so weit von 0 entfernt, dass unter der Annahme, in der Grundgesamtheit gelte $\beta_j = 0$, bei einer unendlich oft wiederholten Stichprobe höchstens 5 % der Schätzer *dem Betrag nach* größer wären als das errechnete $\hat{\beta}_j$. Da sich die Wahrscheinlichkeitsmasse von 5 % hälftig zu beiden Seiten der Verteilung befindet, bedeutet das, dass bei positivem $\hat{\beta}_j$ und unter Gültigkeit der Nullhypothese höchstens 2,5 % der Schätzer größer als das aus der Stichprobe berechnete $\hat{\beta}_j$ sein werden. Umgekehrt werden bei negativem $\hat{\beta}_j$ höchstens 2,5 % der Schätzer einer unendlich oft wiederholten Stichprobe kleiner sein als unser errechneter Schätzwert $\hat{\beta}_j$. Unser Test berücksichtigt also Abweichungen des Stichprobenschätzers von dem durch die Nullhypothese angenommenen Wert unabhängig von der Richtung der Abweichung: Es ist ein *zweiseitiger* Test.

Es gibt allerdings auch *einseitige* Tests. Betrachten Sie dazu die Abbildungen 6-5. Hier testen wir die Hypothesen

$$H_0 : \beta_j \leq 0$$

$$H_1 : \beta_j > 0$$

Wenn $\hat{\beta}_j$ größer ist als t_{krit}, betrachten wir es bei Gültigkeit der Nullhypothese als hinreichend unwahrscheinlich, dass das wahre β_j tatsächlich kleiner (oder gleich) null ist. Dieses Mal liegt die gesamte Wahrscheinlichkeitsmasse α auf der rechten Seite der Verteilung, weil nur ausreichend große Abweichungen *in dieser Richtung* die Nullhypothese H_0 widerlegen und zur Akzeptanz der Alternativhypothese H_1 führen. Sie werden wahrscheinlich bemerkt haben, dass, wenn das wahre β_j echt kleiner als null ist, ein größerer t-Wert als t_{krit} sogar noch unwahrscheinlicher ist, als es das Signifikanzniveau α vermuten lässt. Das liegt daran, dass die ganze Wahrscheinlichkeitsverteilung dann über dem negativen wahren Wert von β_j zentriert ist, also links vom Nullpunkt und damit links vom Zentrum jener Verteilung, die wir unter Gültigkeit der Nullhypothese zugrunde legen. Dementsprechend liegt rechts von jedem beliebigen t-Wert größer null weniger Wahrscheinlichkeitsmasse, als wenn die Verteilung über dem Nullpunkt zentriert wäre.

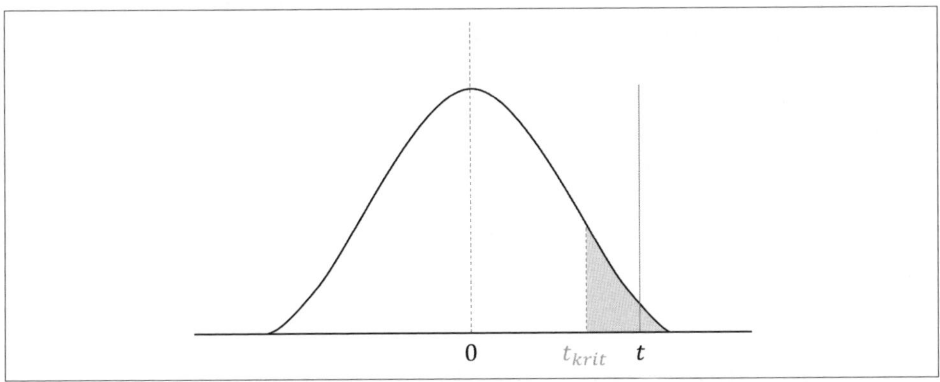

Abbildung 6-5: Einseitiger Hypothesentest: t-Wert im Ablehnungsbereich der Nullhypothese

Bislang haben wir stets ein festes Signifikanzniveau vorgegeben. Wenn der t-Wert des aus unserer Stichprobe errechneten Schätzers für $\hat{\beta}_j$ größer als der zu diesem Signifikanzniveau gehörende kritische t-Wert t_{krit} ist, lehnen wir die Nullhypothese ab und akzeptieren die Alternativhypothese, und zwar ganz unabhängig davon, *wie weit* der t-Wert den kritischen Wert überschreitet. Man könnte aber stattdessen auch genau umgekehrt herangehen und fragen, wie wahrscheinlich es ist, bei Gültigkeit der Nullhypothese einen t-Wert zu erhalten, der *noch größer* als der t-Wert ist, den wir tatsächlich aus der Stichprobe errechnet haben. Diese Wahrscheinlichkeit nennen wir *p-Wert* (vom englischen Begriff *probability* – Wahrscheinlichkeit). Hat also ein Schätzer $\hat{\beta}_j$ einen p-Wert von 0,03, heißt dies, dass, wenn die Nullhypothese (zum Beispiel $H_0 : \beta_j = 0$) tatsächlich zuträfe, die Wahrscheinlichkeit, einen Schätzer für β_j zu erhalten, der größer ist als das $\hat{\beta}_j$ aus unserer Stichprobe, gerade bei (nur) 3 % liegt. Damit ist auch klar, dass bei einem einseitigen Hypothesentest der p-Wert zugleich das Signifikanzniveau angibt. Haben wir also einen p-Wert von 3 %, bedeutet dies, dass unser Schätzer $\hat{\beta}_j$ zum Niveau 3 % signifikant ist. Im zweiseitigen Hypothesentest wäre der Schätzer nur zum Niveau 6 % signifikant, da an jedem Ende der Wahrscheinlichkeitsverteilung jeweils 3 % Wahrscheinlichkeitsmasse liegen.

In vielen Publikationen wird heute der p-Wert berichtet, weil er über die eigentliche Aussage hinaus, dass der Schätzer zu einem bestimmten *vorgegebenen* Niveau signifikant ist, eine präzisere Information bietet, nämlich, welches das kleinste Niveau ist, zu dem er gerade noch signifikant wäre. Dort, wo Signifikanzniveaus berichtet werden, werden klassischerweise Niveaus von 10 %, 5 % und 1 % verwendet.

Bis zu diesem Punkt haben wir stets die Nullhypothese getestet, dass der Schätzer $\hat{\beta}_j = 0$ ist. Mit genau demselben Vorgehen lässt sich aber auch testen, ob der Schätzer von einem beliebigen anderen Wert, zum Beispiel $\beta_j^{'}$, signifikant verschieden ist. Dann wird bei der Standardisierung dieser Wert vom Stichprobenschätzer $\hat{\beta}_j$ abgezogen, denn unter Gültigkeit der Nullhypothese wäre die Verteilung der Schätzer, die wir aus unendlich vielen wiederholten Stichproben gewinnen würden, nun nicht mehr über null, sondern über $\beta_j^{'}$ zentriert, und wir würden bewerten, ob das tatsächlich in unserer Stichprobe realisierte $\hat{\beta}_j$ ausreichend weit von $\beta_j^{'}$ entfernt ist, um die Nullhypothese, dass $\hat{\beta}_j = \beta_j^{'}$ ist, zurückweisen zu können. Die Teststatistik, die ja nichts weiter darstellt als die standardisierte Abweichung des in der Stichprobe geschätzten vom im Rahmen der Nullhypothese angenommenen Wert des Parameters, lautet dann:

$$t = \frac{\hat{\beta}_j - \beta_j^{'}}{\hat{\sigma}_j}$$

Gleichzeitige Hpothesentests mehrerer Parameter

Im vorangegangenen Abschnitt haben wir uns mit Tests jeweils nur eines Schätzers beschäftigt, das heißt, wir testeten eine Nullhypothese über den Wert *eines* Schätzers gegen eine Alternativhypothese. Es gibt aber Situationen, in denen man mehrere Schätzer gleichzeitig testen möchte. Wenn Sie ein Regressionsmodell geschätzt haben, interessiert Sie vor allem die Frage, ob dieses Modell *überhaupt irgendetwas* erklärt, ob also das Modell etwas zum Verständnis des betrachteten Sachverhalts beiträgt. Wenn das der Fall ist, mag das Modell immer noch irrelevante Variablen beinhalten, die selbst keinen Beitrag zur Erklärung des untersuchten Phänomens liefern. Genauso wenig ist sichergestellt, dass es nicht noch weitere Variablen gibt, die nicht ins Modell einbezogen worden sind und die auch für die zu erklärende Größe relevant sind. Sicher ist dann aber zumindest, dass das Modell nicht vollkommen unbrauchbar ist. Deshalb testet man für gewöhnlich die Hypothese, dass alle Schätzer des Regressionsmodells gleichzeitig null sind. Ist mindestens ein Schätzer von 0 verschieden, kann das Modell zumindest einen gewissen Teil der Variation der abhängigen Variablen erklären. Unsere Nullhypothese lautet also:

$$H_0: \beta_1 = \ldots = \beta_K = 0$$

Die Alternativhypothese ist dementsprechend:

$$H_1: \exists \beta_j \neq 0, \quad mit\, j = 1,..,K$$

Sie besagt, dass wenigstens eine unabhängige Variable in der Grundgesamtheit einen Einfluss auf die abhängige Variable hat, sodass ihr Steigungsparameter β_j von null verschieden ist.

Das Vorgehen bei diesem Test ist prinzipiell analog zu den bisherigen Tests mit nur einem Schätzer, die wir im vorangegangenen Abschnitt besprochen haben, weicht aber in der genauen Ausgestaltung ab.

Gleich ist beiden Testansätzen, dass wir eine Nullhypothese formulieren, die getestet und entweder akzeptiert oder zugunsten einer Alternativhypothese verworfen wird. Gleich ist ebenso, dass wir dazu eine Teststatistik berechnen (das t im letzten Abschnitt), deren Verteilung unter Gültigkeit der Nullhypothese wir kennen. Wenn die Teststatistik einen bestimmten kritischen Wert überschreitet, ist die Gültigkeit der Nullhypothese so unwahrscheinlich, dass wir sie verwerfen. Dieses bereits bekannte Vorgehen ändert sich auch jetzt beim simultanen Test mehrerer Schätzer nicht. Was sich aber ändert, ist die Art und Weise, wie die Teststatistik berechnet wird und wie sie verteilt ist.

Während wir beim Test eines einzelnen Schätzers dessen Wert standardisiert haben, liegt dem Test mehrerer Parameter eine andere Überlegung zugrunde: Wir vergleichen die Größe der Residuenvariation, also der Summe der quadrierten Abweichungen aller empirischen Residuen $\hat{u}_i$ (die wir in der bekannten Notation als $S_{\hat{u}\hat{u}}$ bezeichnen) von zwei verschiedenen Regressionsmodellen: zum einen dem tatsächlich von uns berechneten Modell, zum anderen einem hypothetischen Modell, das sich bei Gültigkeit der Nullhypothese ergäbe und das wir daher auch als *Nullhypothesenmodell* oder auch als *restringiertes Modell* bezeichnen. Das tatsächliche (theoretische) Modell lautet bekanntlich:

$$Y_i = \beta_0 + \beta_1 X_{1\,i} + \beta_2\, X_{2\,i} + \ldots + \beta_K X_{K\,i} + u_i$$

Wenn nun die Nullhypothese zuträfe und tatsächlich in der Grundgesamtheit alle Parameter β_K gleich 0 wären, ergäbe sich das folgende Nullhypothesenmodell:

$$Y_i = \beta_0 + u_i$$

Es bleiben also lediglich die Konstante (der Achsenabschnitt) und das Residuum übrig. Damit wird ebenfalls deutlich, warum man das Nullhypothesenmodell auch als restringiertes Modell bezeichnet: Es ist nämlich eingeschränkter als das tatsächlich geschätzte Modell oben: Während beim tatsächlich berechneten Modell die Schätzer der Parameter $\beta_1,\dots, \beta_K$ entsprechend der OLS-Methodik frei bestimmt werden können, sind sie beim restringierten Modell fest auf einen Wert »eingestellt«, nämlich 0. Auch beim tatsächlich berechneten Modell *könnten* alle Schätzer den Wert 0 annehmen, wenn das optimal ist, das heißt zu geringeren Residuenquadraten führt. Aber sie müssen eben nicht gleich 0 sein. Beim restringierten Modell geht das nicht. Deshalb werden die Residuenquadrate, also die Variation der Residuen und damit jener Teil der Variation der abhängigen Variablen Y, den wir mit dem Modell nicht erklären können, beim restringierten Modell bestenfalls gleich hoch, aber eher größer sein. Das liegt daran, dass das tatsächlich berechnete unrestringierte Modell besser in der Lage ist, sich an die abhängige Variable anzupassen, weil für diese Anpassung in Form der auf jeden beliebigen Wert einstellbaren Parameter $\beta_1,\dots, \beta_K$ mehr »Freiheitsgrade« zur Verfügung stehen.

Nennen wir die Residuenvariation des tatsächlich berechneten Modells $S_{\hat{u}\hat{u}}$, die des Nullhypothesenmodells $S^0_{\hat{u}\hat{u}}$. Dann gilt:

$$S^0_{\hat{u}\hat{u}} \geq S_{\hat{u}\hat{u}}$$

Wenn die Variablen $X_1,\dots, X_K$ gemeinsam nichts zur Erklärung der abhängigen Variablen Y beitragen, würde sich auch im unrestringierten empirischen Modell (gemäß OLS-Methode) als optimaler Wert aller $\hat{\beta}_1,\dots,\hat{\beta}_K$ 0 ergeben, und die Residuenvariationen der beiden Modelle wären exakt gleich. Denn letztlich ist das restringierte Modell ja ein Spezialfall des unrestringierten Modells. Wenn es also unter dem bei OLS im Fokus stehenden Gesichtspunkt der Minimierung der Residuenquadrate optimal ist, kann das unrestringierte Modell sich jederzeit so verhalten, als sei es das restringierte Modell, also alle $\hat{\beta}_1,\dots,\hat{\beta}_K = 0$ setzen. Wenn nun aber die unabhängigen Variablen $X_1,\dots, X_K$ doch einen Beitrag zur Erklärung von Y leisten, werden zumindest einige der $\hat{\beta}_1,\dots,\hat{\beta}_K$ von null verschieden sein und dazu führen, dass das unrestringierte Modell eine niedrigere Residuenvariation $S_{\hat{u}\hat{u}}$ aufweist als das restringierte Modell.

Unsere Teststatistik basiert nun genau auf dieser Differenz zwischen den Residuenvariationen der beiden Modelle. Wenn die Differenz $S^0_{\hat{u}\hat{u}} - S_{\hat{u}\hat{u}}$ deutlich von null verschieden ist, wird die Nullhypothese, dass die $X_1,\dots, X_K$ gemeinsam keinen Erklärungsbeitrag liefern und damit in der Grundgesamtheit $\beta_1 = \dots = \beta_K = 0$ gilt, verworfen.

Die Teststatistik für diesen Test lautet nun:

$$F = \frac{\left(S^0_{\hat{u}\hat{u}} - S_{\hat{u}\hat{u}}\right) / L}{S_{\hat{u}\hat{u}} / \left(N - K - 1\right)}$$

Dabei ist L die Zahl der *zusätzlichen* erklärenden Variablen, die das unrestringierte Modell über das restringierte Nullhypothesenmodell hinaus hat. Wenn wir also im unrestringierten Modell den Achsenabschnitt und drei weitere Variablen haben, gilt $L = 3$.

Wie schon zuvor im Fall der Teststatistik t folgt auch die Größe F unter Gültigkeit der Nullhypothese einer Wahrscheinlichkeitsverteilung, allerdings ist es diesmal nicht die t-Verteilung, sondern die *F-Verteilung*. Das Testverfahren wird deshalb auch als *F-Test* bezeichnet. Die genaue Form der F-Verteilung hängt, ebenso wie die t-Verteilung, von sogenannten *Freiheitsgraden* ab, nur dass es im Fall der F-Verteilung jeweils zwei Arten von Freiheitsgraden gibt, zum einen L, die Zahl der zusätzlichen erklärenden Variablen, zum anderen $N - K - 1$. Auch sieht die F-Verteilung anders aus als die t-Verteilung. Während Letztere symmetrisch über dem Nullpunkt zentriert war, verläuft die F-Verteilung vollständig im positiven Bereich und ist nicht symmetrisch. Das ergibt Sinn, denn auch unsere Teststatistik F ist stets positiv. Das liegt daran, dass die Residuenvariation $S^0_{\hat{u}\hat{u}}$ des Nullhypothesenmodells immer größer (oder gleich) der Residuenvariation $S_{\hat{u}\hat{u}}$ des unrestringierten Modells ist. Je größer die Differenz $S^0_{\hat{u}\hat{u}} - S_{\hat{u}\hat{u}}$ im Zähler von F, desto größer ist das restringierte $S^0_{\hat{u}\hat{u}}$ des Nullhypothesenmodells im Vergleich zum unrestringierten $S_{\hat{u}\hat{u}}$ oder – anders ausgedrückt – desto stärker ist die Verringerung der Residuenvariation, die sich durch die Erweiterung des Nullhypothesenmodells um die übrigen Variablen erzielen lässt und desto unwahrscheinlicher die Gültigkeit der Nullhypothese, dass keine dieser Variablen einen Beitrag zur Verringerung der unerklärten Variation von Y leistet.

Dementsprechend lässt sich nun – wiederum analog zum t-Test – ein kritischer Wert F_{krit} ermitteln, der dadurch gekennzeichnet ist, dass *bei Gültigkeit der Nullhypothese* ein $F \geq F_{krit}$ eine Wahrscheinlichkeit von (nur) α Prozent hat, wobei α wiederum das Signifikanzniveau darstellt. Wäre α also zum Beispiel 5 %, würden wir die Nullhypothese, dass $\beta_1 = ... = \beta_K = 0$ ist, ablehnen, wenn unsere Teststatistik F größer als das zum Signifikanzniveau von 5 % gehörende F_{krit} ist. Hier gilt wieder, dass ein solch großer F-Wert auch bei Gültigkeit der Nullhypothese eben immer noch mit einer Wahrscheinlichkeit von 5 % auftritt. Das ist uns aber »unwahrscheinlich genug«, sodass wir die Nullhypothese verwerfen, weil wir davon ausgehen, dass ein unter Gültigkeit der Nullhypothese so seltener Wert eher ein Hinweis darauf ist, dass eben genau nicht die Nullhypothese, sondern die Alternativhypothese zutrifft.

Statt den Wert der Teststatistik F mit einem kritischen Wert F_{krit} zu vergleichen, der ein festes Signifikanzniveau widerspiegelt, kann man auch hier, analog zum t-

Test, umgekehrt aus der Teststatistik einen p-Wert berechnen, der angibt, welches exakte Signifikanzniveau die Teststatistik hat oder – anders ausgedrückt – wie wahrscheinlich unter Gültigkeit der Nullhypothese ein F-Wert ist, der größer oder gleich dem tatsächlich berechneten F-Wert ist.

Ihnen wird aufgefallen sein, dass der Ansatz des F-Tests ein ziemlich allgemeiner ist: Man vergleicht die unerklärte oder Residuenvariation zweier Modelle miteinander: die des Nullhypothesenmodells und die des tatsächlich berechneten unrestringierten Modells. Wie genau das Nullhypothesenmodell dabei aussieht, ist nicht festgelegt. Wir hatten angenommen, dass sich unser Nullhypothesenmodell durch $\beta_1 = ... = \beta_K = 0$ auszeichnet, um zu prüfen, ob wenigstens eine unserer unabhängigen Variablen einen Beitrag zur Erklärung der abhängigen Variablen Y liefert. Tatsächlich können mit dem gleichen Vorgehen beliebige *Linearkombinationen* von Regressionskoeffizienten getestet werden. Eine allgemeine Form einer solchen Linearkombination ist:

$$\theta_1 \beta_1 + \ldots + \theta_K \beta_K = \gamma$$

Dabei sind $\theta_1, ..., \theta_K$ beliebige Faktoren und γ eine Konstante. Sie sehen sofort, dass die Nullhypothese $\beta_1 = ... = \beta_K = 0$ ein Spezialfall eines solchen Systems von Linearkombinationen ist. Denn unsere Hypothese lässt sich auch schreiben als

$$\beta_1 = 0$$

$$\vdots$$

$$\beta_K = 0$$

oder eben:

$$1 \cdot \beta_1 + \ldots + 0 \cdot \beta_K = 0$$

$$\vdots$$

$$0 + \ldots + 1 \cdot \beta_K = 0$$

Wir können also unsere Nullhypothese als ein System von Linearkombinationen darstellen.

Lineare Regression in R

Nach dem statistischen Repetitorium sind Sie nun hinreichend mit statistischem Hintergrund »bewaffnet«, um Regressionsmodelle in R zu schätzen und ihre Ergebnisse zu interpretieren. Also los!

Ein erstes Regressionsmodell in R

In diesem Abschnitt erfahren Sie,

- wie Sie Regressionsmodelle in R formulieren,
- wie Sie die Parameter von Regressionsmodellen in R schätzen,
- wie Sie den R-Output einer Regression interpretieren.

Folgende R-Funktion wird in diesem Abschnitt behandelt:

- **lm()**: Schätzt ein lineares Regressionsmodell und zeigt die geschätzten Parameter an.

Sie erinnern sich, dass Sie sich mit der Funktion names einen schnellen Überblick über die Variablen in unserem Datensatz verschaffen können:

```
> names(x)
 [1]  "ISO"          "COUNTRY"      "EXPEND"       "GDPTOTAL"
 [5]  "GROWTH"       "UNEMPLOY"     "INCOMEGROUP"  "POPULATION"
 [9]  "POPSENIORS"   "POPCHILDREN"  "URBAN"        "AREA"
 [14] "MILITARY"     "PLURALITY"    "DEMOCRATIC"   "WOMENPARL"
 [19] "CPIVAL"       "CPIRANK"
```

Was diese Variablen inhaltlich darstellen und woher ihre Daten kommen, haben wir uns bereits im ersten Kapitel dieses Buchs angesehen.

Nun wollen wir endlich ein erstes Regressionsmodell schätzen.

Wir starten zunächst mit vier Variablen, der Arbeitslosigkeitsquote (UNEMPLOY) als Indikator für die konjunkturelle Situation, den Anteilen von Jugendlichen und Senioren an der Gesamtbevölkerung (POPCHILDREN und POPSENIORS) als Indikatoren für die Bevölkerungsstruktur und einer Variablen, die das politische System beschreibt (DEMOCRATIC).

Lineare Regressionsmodelle werden in R mit der Funktion lm (für *linear model*) geschätzt:

```
> lm(EXPEND ~ UNEMPLOY + POPSENIORS + POPCHILDREN + DEMOCRATIC,
  data = x)
```

Betrachten Sie den Funktionsaufruf etwas genauer: Das erste Argument der Funktion lm sieht gänzlich anders aus als die Argumente der Funktionen, die wir bisher betrachtet haben. Dieses Argument beschreibt das Regressionsmodell. Auf der linken Seite der Tilde (~) steht die abhängige Variable, in unserem Fall die Staatsausgabenquote, und links davon ein Ausdruck, der sich aus den unabhängigen Variablen zusammensetzt, mit denen wir die Staatsausgabenquote erklären wollen. Wir schätzen hier also ein Regressionsmodell der Form:

$$EXPEND = \beta_0 + \beta_1 UNEMPLOY + \beta_2 POPSENIORS + \beta_3 POPCHILDREN \\ + \beta_4 DEMOCRATIC + Z$$

Sie wundern sich nun vielleicht, warum im Regressionsmodell auch ein Achsenabschnitt β_0 existiert, obwohl er in der Modellbeschreibung, die wir der Funktion `lm` als erstes Argument übergeben haben, überhaupt nicht explizit enthalten war. Die Antwort ist einfach: R fügt ihn standardmäßig selbst hinzu. Will man ein Modell ohne Achsenabschnitt schätzen, muss in der Modelldefinition der konstante Term 1 *abgezogen* werden:

```
> lm(EXPEND ~ UNEMPLOY + POPSENIORS + POPCHILDREN + DEMOCRATIC
  - 1, data = x)
```

Beachten Sie, dass die beiden Seiten der Gleichung in R durch die Tilde getrennt sein müssen, die wir lesen können als »wird erklärt durch«. Wenn Sie irrtümlich ein Gleichheitszeichen setzen, erhalten Sie eine (dieses Mal einigermaßen verständliche) Fehlermeldung:

```
> lm(EXPEND = UNEMPLOY + POPSENIORS + POPCHILDREN + DEMOCRATIC,
  data = x)
Error: unexpected '=' in "lm(x$EXPEND ="
```

Das erste Argument der Funktion `lm`, das das zu schätzende Regressionsmodell beschreibt, hat einen Datentyp, der uns bisher noch nicht begegnet ist. Es handelt sich um eine `formula`. Ähnlich wie bei den Datentypen, mit denen Sie es bislang zu tun hatten, können Sie Variablen dieses Typs erzeugen und ihnen einen Wert zuweisen. So können wir also unsere Modellbeschreibung auch in einer eigenen Variablen speichern:

```
> modell <- EXPEND ~ UNEMPLOY + POPSENIORS + POPCHILDREN +
  DEMOCRATIC
```

Leicht können Sie sich davon überzeugen, dass wir soeben eine Variable vom Typ `formula` erschaffen haben:

```
> class(modell)
[1] "formula"
```

Mit diesem Modell können Sie nun die Funktion `lm` aufrufen:

```
> lm(modell, data = x)
```

Mit dem zweiten Argument der Funktion `lm`, `data`, teilen wir R mit, auf Basis welches Datensatzes unser Modell geschätzt werden soll. Wenn Sie stattdessen in der Modellbeschreibung die Variablen in der üblichen `datensatz$variable`-Notation angeben, können Sie auf das Argument `data` natürlich verzichten:

```
> lm(formula = x$EXPEND ~ x$UNEMPLOY + x$POPSENIORS +
  x$POPCHILDREN + x$DEMOCRATIC)

Call:
lm(formula = x$EXPEND ~ x$UNEMPLOY + x$POPSENIORS + x$POPCHILDREN + x$DEMOCRATIC)

Coefficients:
   (Intercept)        x$UNEMPLOY     x$POPSENIORS    x$POPCHILDREN
     22.703928          0.035584         1.408720         0.001192
 X$DEMOCRATICTRUE
    -3.273005
```

R zeigt Ihnen als Output der Funktion `lm` zunächst den Funktionsaufruf (`Call`) an. Hier sieht man noch mal, welches Modell man eigentlich geschätzt hat. Das mag in unserem Beispiel einigermaßen langweilig sein, aber spätestens wenn nicht alle Variablen mit positivem Vorzeichen in das Modell eingehen, ist es hilfreich, die Modellbeschreibung noch einmal vor Augen zu haben.

Darunter sehen Sie den Ergebnisabschnitt `Coefficients`. Hier listet R die Werte der geschätzten Koeffizienten $\hat{\beta}_1$, $\hat{\beta}_2$, $\hat{\beta}_3$ und $\hat{\beta}_4$ für unsere vier erklärenden Variablen sowie von $\hat{\beta}_0$ für den Achsenabschnitt (*Intercept*) auf. Diesen Ergebnissen können wir zunächst entnehmen, dass die Arbeitslosigkeit sowie die Bevölkerungsanteile von Senioren und Jugendlichen einen positiven Einfluss auf die Höhe der Staatsausgabenquote ausüben. Das ist nachvollziehbar, denn bei hoher Arbeitslosigkeit ist mit höheren Ausgaben für soziale Zwecke, zum Beispiel für die Arbeitslosenversicherung, zu rechnen. Auch die Effekte der Jugendlichen- und Seniorenanteile lassen sich einfach plausibilisieren: Eine stärker an den Rändern ausgeprägte altersmäßige Verteilung der Bevölkerung geht typischerweise mit höheren Ausgaben für Bildungs- (Jugendliche) sowie für soziale und Gesundheitszwecke (Senioren) einher. Die Tatsache, dass ein Staat über ein demokratisches politisches System verfügt, übt offenbar, wie Sie am Koeffizienten für unsere Variable DEMOCRATIC sehen können, einen negativen Effekt auf die Höhe der Staatsausgaben aus. Demokratien haben also im Durchschnitt eine geringere Staatsausgabenquote. Das mag daran liegen, dass in Demokratien dem Wunsch der Regierenden, Ausgaben zu tätigen, durch *Checks and Balances* Grenzen gesetzt sind. Ihnen wird aufgefallen sein, dass R, anders als bei den übrigen Koeffizienten, bei DEMOCRATIC den Namen der Variablen mit einem angehängten TRUE versehen hat. Sie erinnern sich, dass DEMOCRATIC eine Variable vom Typ `logical` ist, ein Wahrheitswert, der nur die Ausprägungen wahr (TRUE) und falsch (FALSE) annehmen kann. Mit dem angehängten TRUE erinnert R uns daran, dass der Koeffizient die Auswirkung auf die unabhängige Variable beschreibt – in unserem Fall also die Staatsausgabenquote EXPEND –, wenn die erklärende Variable den Wert TRUE annimmt.

Bislang haben wir uns nur die Vorzeichen der Koeffizientenwerte angeschaut. Wenn wir nun auf die Werte an sich schauen, sagt uns das Ergebnis für DEMOCRATIC, dass demokratische Länder im Durchschnitt eine um 3,3 Prozentpunkte niedrigere Staatsausgabenquote als diejenigen Länder haben, die in unserem Datensatz nicht als Demokratien klassifiziert sind.

In ähnlicher Weise lassen sich die übrigen Resultate interpretieren. So führt *Ceteris paribus*, das heißt, wenn alle übrigen Variablen konstant gehalten werden, eine Erhöhung der Arbeitslosenquote um einen Prozentpunkt zu einem Anstieg der Staatsausgabenquote um 0,03 Prozentpunkte. Ein Anstieg des Anteils der Senioren an der Gesamtbevölkerung um einen Prozentpunkt ist, wenn wieder alle anderen erklärenden Variablen konstant gehalten werden, mit einem Anstieg der Staatsausgabenquote um 1,4 Prozentpunkte verbunden. Die Interpretation des Achsenabschnitts als Konstante ist naturgemäß eine etwas künstliche: Die durchschnittliche Staatsausgabenquote aller nicht demokratischen Länder (`DEMOCRATIC=FALSE`) mit einer Arbeitslosenquote von 0 sowie Bevölkerungsanteilen von Senioren und Jugendlichen von jeweils 0 wäre 22,7 %. »Künstlich« ist diese Interpretation deshalb, weil natürlich kein einziges Land der Welt diese Bedingungen erfüllt. Es handelt sich beim geschätzten Wert des Achsenabschnittsparameters $\hat{\beta}_0$ also um einen rein hypothetischen Wert.

Bei Interpretationen wie denen, die wir gerade vorgenommen haben, ist es wichtig, sich die Skalierung der Variablen zu vergegenwärtigen: Ein Koeffizient von der Arbeitslosenquote von 0,03 bedeutet hier eine Erhöhung der Staatsausgaben um 0,03 Prozentpunkte und nicht etwa um 3 %, weil sowohl die Staatsausgabenquote als auch die Arbeitslosenquote in »Einern« gemessen sind, sodass sich eine Staatsausgabenquote von 40 % in einem `EXPEND`-Wert von 40 widerspiegelt und nicht in einem Wert von 0,4.

Der unmittelbare Output der Funktion `lm` liefert uns lediglich die Koeffizienten. Wir wollen aber natürlich mehr über das Regressionsmodell erfahren, zum Beispiel welche Koeffizienten signifikant von 0 verschieden sind (was auf den ersten Blick für den sehr niedrigen Koeffizienten der Variablen `POPCHILDREN`, vielleicht auch für `UNEMPLOY`, durchaus bezweifelt werden darf), wie hoch der R^2-Wert ist und ob das Modell als solches überhaupt signifikant ist, das heißt, ob das Modell insgesamt etwas zur Erklärung unserer abhängigen Variablen `EXPEND` beiträgt. Diese Informationen erhalten wir, wenn wir uns mithilfe der Funktion `summary` die Details des geschätzten Modells anzeigen lassen. Das können wir tun, indem wir der Funktion `summary` den Funktionsaufruf von `lm` als Argument übergeben:

```
> summary(lm(formula = EXPEND ~ UNEMPLOY + POPSENIORS +
  POPCHILDREN + DEMOCRATIC, data = x))
```

Übersichtlicher ist allerdings ein anderer Weg: Die Funktion `lm` gibt als Rückgabewert ein Objekt zurück, dass wir uns im nächsten Abschnitt etwas genauer anschauen werden. Mithilfe dieses Objekts können Sie den Funktionsaufruf von `summary` ein wenig »entzerren«:

```
> resultat <- lm(formula = EXPEND ~ UNEMPLOY + POPSENIORS +
  POPCHILDREN + DEMOCRATIC, data = x)
> summary(resultat)

Call:
lm(formula = EXPEND ~ UNEMPLOY + POPSENIORS + POPCHILDREN + DEMOCRATIC, data = x)

Residuals:
     Min       1Q   Median       3Q      Max
-17.4281  -6.1358   0.9829   5.6349  14.8007

Coefficients:
             Estimate Std. Error t value Pr(>|t|)
(Intercept) 22.703928   6.911223   3.285  0.00142 **
UNEMPLOY     0.035584   0.156500   0.227  0.82061
POPSENIORS   1.408720   0.276445   5.096 1.71e-06 ***
```

```
POPCHILDREN      0.001192   0.196978   0.006  0.99518
DEMOCRATICTRUE -3.273005   2.437656  -1.343  0.18251
---
Signif. codes:  0 '***' 0.001 '**' 0.01 '*' 0.05 '.' 0.1 ' ' 1

Residual standard error: 7.561 on 97 degrees of freedom
  (87 observations deleted due to missingness)
Multiple R-squared:  0.4971,	Adjusted R-squared:  0.4764
F-statistic: 23.97 on 4 and 97 DF,  p-value: 8.325e-14
```

Hier erzeugen wir zunächst ein Objekt namens `resultat`, das die Ergebnisse unserer Schätzung mittels `lm` aufnimmt. Danach übergeben wir der Funktion `summary` genau dieses Objekts als Argument und lassen uns so die darin gespeicherten Details der Schätzung anzeigen, von denen beim Aufruf der Funktion `lm` lediglich die Werte der geschätzten Koeffizienten angezeigt werden.

Jetzt bekommen Sie schon erheblich mehr Informationen serviert. Zunächst einmal erhalten wir im Abschnitt `Residuals` einige Basisdaten zur Verteilung der Residuen $\hat{u}_i$, unter anderem den Median. Das arithmetische Mittel der Residuen wird konsequenterweise nicht angezeigt, denn, wie Sie spätestens seit dem zweiten Repetitorium des letzten Abschnitts wissen, sorgt der Ordinary-Least-Squares-Schätzansatz dafür, dass die geschätzten Residuen im Mittel über alle Beobachtungen 0 sind.

Im Abschnitt `Coefficients` sehen Sie die bereits bekannten *Koeffizientenwerte*. Zu jeder Variablen des Modells wird aber nicht nur der Wert ihres Koeffizientenschätzers (`Estimate`) angezeigt, sondern auch sein Standardfehler, der t- sowie der p-Wert. Der Reihe nach: Der Standardfehler ist bekanntlich die Standardabweichung des Schätzers. Würden wir also für jede Beobachtung unserer Stichprobe unendlich oft bei gegebenen Werten der vier unabhängigen Variablen neue Werte für das zugehörige `EXPEND` ziehen und dann die Koeffizientenschätzer $\hat{\beta}_1$, $\hat{\beta}_2$,$\hat{\beta}_3$ und $\hat{\beta}_4$ bestimmen, entspräche die Streuung der so berechneten Schätzer den im R-Output unter `Std. Error` berichteten Werten. Diesen Standardfehler nutzen wir bekanntlich, um die Werte der Koeffizienten zu standardisieren, also ihren t-Wert zu berechnen, der in der nächsten Spalte dargestellt ist. Der dimensionslose t-Wert drückt den Wert des Koeffizienten in Vielfachen seiner Standardabweichung aus. Das lässt sich mit den obigen Daten leicht nachrechnen, indem man `Estimate` durch `Std. Error` dividiert.

Der t-Wert kann nun dazu genutzt werden, zu untersuchen, ob die jeweilige Variable signifikant von null verschieden ist und damit einen Beitrag zur Erklärung der Höhe der Staatsausgaben liefert. Das Ergebnis dieser Analyse ist im p-Wert in der nächsten Spalte des Abschnitts `Coefficients` zusammengefasst. Der p-Wert gibt an, wie wahrscheinlich es unter der Annahme, dass die jeweilige Variable tatsächlich *keinen* Einfluss auf die abhängige Variable `EXPEND` ausübt, ist, einen Koeffizienten aus der Stichprobe zu errechnen, dessen t-Wert noch größer ist als der tatsächliche t-Wert des in unserem Fall errechneten Koeffizienten. Wenn diese Wahrscheinlichkeit ausreichend klein ist, kann die (Null-)Hypothese, dass der

Koeffizient in der Grundgesamtheit gleich 0 ist, verworfen werden. In diesem Fall würde man einen (unter Gültigkeit der Nullhypothese) so unwahrscheinlichen Wert eher als Indikator dafür interpretieren, dass die betreffende Variable tatsächlich einen Einfluss auf `EXPEND` hat und die Nullhypothese daher falsch ist.

Nehmen wir als Beispiel `POPSENIORS`, den Anteil der Senioren an der Gesamtbevölkerung. Sie sehen, dass der p-Wert im Bereich von 10^{-6} liegt, also extrem klein ist. Das heißt, wenn `POPSENIORS` tatsächlich keinen Einfluss auf die Höhe der Staatsausgabenquote hätte – der Steigungsparameter dieser Variablen in der Grundgesamtheit also tatsächlich 0 wäre –, wäre die Wahrscheinlichkeit, aus einer Stichprobe einen Wert für den Koeffizienten von `POPSENIORS` zu berechnen, der größer als der von uns berechnete Wert 1,408720 ist, im Bereich von 0,017 %, also extrem gering. So gering, dass wir diesen Wert als Indikator dafür betrachten können, dass der Koeffizient von `POPSENIORS` tatsächlich in der Grundgesamtheit von 0 verschieden ist und der Anteil der Senioren an der Bevölkerung folglich einen Einfluss auf die Höhe der Staatsausgabenquote ausübt.

Ganz anders bei der Arbeitslosigkeit (`UNEMPLOY`): Hier signalisiert der p-Wert, dass unter der Annahme, der Koeffizient von `UNEMPLOY` in der Grundgesamtheit sei null, 82 % der Koeffizientenwerte, die wir bei wiederholten Stichproben errechnen würden, dem Betrag nach größer wären als 0,035584. Das bedeutet, unser Wert von 0,035584 ist, wenn der wahre Koeffizient von `UNEMPLOY` in der Grundgesamtheit tatsächlich gleich 0 wäre, eigentlich ein ganz normaler Wert, den man durchaus in einer Stichprobe unter dieser Voraussetzung erwarten kann. Auf keinen Fall ist er so extrem groß, dass es unwahrscheinlich wäre, eine Stichprobe zu erhalten, die zu einem solch großen Wert führt. Anders ausgedrückt, unser Wert liegt so nahe bei 0, dass er keinen Grund zu dem Schluss bietet, der wahre Wert in der Grundgesamtheit sei *nicht* 0. Also würden wir in diesem Fall die Nullhypothese akzeptieren und davon ausgehen, dass die Arbeitslosigkeitsquote keinen Einfluss auf die Höhe der Staatsausgaben ausübt.

Beachten Sie bitte, dass hier mit einem zweiseitigen Test gearbeitet wird: Sowohl hinreichend große positive als auch hinreichend große negative Abweichungen von 0 führen zur Ablehnung der Nullhypothese. Der angegebene p-Wert repräsentiert dementsprechend eine Wahrscheinlichkeitsmasse, die sich auf beide Enden der Schätzerverteilung aufteilt. Wäre also ein Schätzer positiv und sein p-Wert gleich 0,05, würde das bedeuten, dass die Wahrscheinlichkeit, aus einer wiederholten Stichprobe einen Schätzer zu ermitteln, der *größer* als der tatsächlich errechnete ist, bei 0,025, also 2,5 % liegt!

Neben den p-Werten stehen im R-Output bei einigen Koeffizienten Sternchen, wie Sie sie wahrscheinlich auch aus wissenschaftlichen Publikationen bereits kennen. Diese Sternchen signalisieren das Signifikanzniveau und sind in der Legende unter der Koeffiziententabelle erklärt. Für den Achsenabschnitt bedeutet das zum Beispiel, dass sein Koeffizient zum Niveau 0,01, also 1 %, signifikant ist. In einer wiederholten Stichprobe wäre daher weniger als 1 % der errechneten Schätzer dem

Betrag nach größer als unser Schätzer (und, da es ja auch negative Schätzer geben wird, weniger als ein halbes Prozent nicht nur dem Betrag nach, sondern wirklich als Wert größer als unser Schätzer). Genau genommen wären es exakt 0,00142, wie uns der p-Wert anzeigt.

Unter dem Abschnitt `Coefficients` stehen im R-Output einige weitere wichtige Informationen zum Modell:

```
Residual standard error: 7.561 on 97 degrees of freedom
  (87 observations deleted due to missingness)
Multiple R-squared:  0.4971,     Adjusted R-squared:  0.4764
F-statistic: 23.97 on 4 and 97 DF,  p-value: 8.325e-14
```

Zunächst einmal der Standardfehler, mit anderen Worten also die Standardabweichung der Residuen, das heißt das geschätzte $\hat{\sigma}$, um in der Notation aus dem statistischen Repetitorien zu bleiben. Wie Sie sich erinnern, ist ein unverzerrter Schätzer für die Varianz der wahren Störgrößen u_i (die ja annahmegemäß für alle Beobachtungen der Stichprobe, das heißt für alle i identisch ist, Stichwort *Homoskedastizität*) die Summe der quadrierten Residuen geteilt durch $N - K - 1$, wobei N die Zahl der Beobachtungen und K die Zahl der geschätzten Koeffizienten (ohne Achsenabschnitt) ist. Dieser Wert $N - K - 1$ wird als die Zahl der *Freiheitsgrade* bezeichnet und beträgt in unserem Beispiel 97, wie auch im R-Output angezeigt.

Die Zahl der Freiheitsgrade scheint nicht besonders hoch zu sein angesichts der Tatsache, dass wir ja immerhin 189 Beobachtungen in unserer Stichprobe haben. Wie Sie der nächsten Zeile des R-Outputs entnehmen können, wurden aber 87 Beobachtungen wegen fehlender Werte (`missingness`) gelöscht. Das klingt zunächst dramatischer, als es ist, es bedeutet lediglich, dass 87 Beobachtungen nicht in die Regressionsschätzung einbezogen wurden, die Beobachtungen als solche sind natürlich noch da. Die Schätzung des Regressionsmodells setzt voraus, dass alle unabhängigen Variablen »voll besetzt« sind, das heißt, es werden nur solche Beobachtungen in die Schätzung einbezogen, bei denen ein Wert für jede der vier unabhängigen Variablen vorliegt. Anscheinend haben wir also 87 Beobachtungen, bei denen wenigstens eine der vier unabhängigen Variablen keinen Wert und damit ein Missing hat.

Mit den bisher erlernten R-Techniken können Sie den Übeltäter schnell identifizieren:

```
> NROW(x$UNEMPLOY[is.na(x$UNEMPLOY)] == TRUE)
[1] 79
```

Wie immer lesen wir solche Ausdrücke von innen nach außen. Zunächst erzeugen wir innen mit `is.na(x$UNEMPLOY)` einen Vektor von Wahrheitswerten, der für jedes Element in `x$UNEMPLOY` angibt, ob es ein Missing ist (`TRUE`) oder nicht (`FALSE`). Diesen Vektor nutzen wir sodann, um die Variable `x$UNEMPLOY` zu filtern auf genau diejenigen Elemente, die ein Missing sind. Das heißt, der innere Ausdruck `x$UNEMPLOY[is.na(x$UNEMPLOY)]==TRUE` liefert letztlich einen Vektor aller `x$UNEMPLOY`-Elemente, die `NA` sind. An diesem Vektor selbst sind wir aber gar nicht interessiert, nur seine Länge ist interessant, und die bestimmen wir im letzten Schritt mit NROW, indem wir die Zeilen des Vektors zählen (was wir alternativ auch mit length hätten bewerkstelligen können).

Noch einfacher geht es übrigens so:

```
> sum(is.na(x$UNEMPLOY))
[1] 79
```

Hier erzeugen wir wiederum »innen« mit is.na(x$UNEMPLOY) einen Vektor aus logischen Werten, der genauso lang ist wie x$UNEMPLOY und dessen Elemente genau an den Positionen TRUE sind, wo x$UNEMPLOY ein Missing hat. Da R bekanntlich TRUE als 1 und FALSE als 0 codiert, können wir, um die TRUEs zu zählen, auch einfach mit sum die Summe aller Elemente des soeben erzeugten Vektors bilden.

Wenn wir das für die anderen drei unabhängigen Variablen ebenfalls tun, ergibt sich ein eindeutiges Bild:

```
> sum(is.na(x$POPSENIORS))
[1] 8
> sum(is.na(x$POPCHILDREN))
[1] 8
> sum(is.na(x$DEMOCRATIC))
[1] 22
```

Also ist die Arbeitslosenquote UNEMPLOY diejenige, die für den weit überwiegenden Teil der Missings zumindest mitverantwortlich ist. Wir könnten daher UNEMPLOY durch eine andere Variable, die die konjunkturelle Situation widerspiegelt, ersetzen. Das wollen wir weiter unten auch tun, aber zunächst noch den übrigen R-Output unseres ersten Regressionsmodells anschauen.

R gibt im Output von lm auch das Bestimmtheitsmaß R^2 aus. Das »multiple« sagt nichts anderes, als dass Sie es hier mit dem Bestimmtheitsmaß eines multivariaten Regressionsmodells zu tun haben. Wie Sie sehen, erklärt unser Modell knapp die Hälfte der unerklärten Variation von EXPEND. Das korrigierte Bestimmtheitsmaß $\bar{R}^2$, das R^2 auf Basis der Zahl der unabhängigen Variablen modifiziert, um einen besseren Maßstab für den Vergleich unterschiedlicher Modelle zu bieten (das wir im Abschnitt »Entwicklung von Regressionsmodellen – ein paar Tipps« besprechen werden), ist nicht wesentlich niedriger.

Schließlich weist der R-Output ganz unten noch den Wert der F-Statistik, deren Zahl von Freiheitsgraden und ihren p-Wert aus. Dieser F-Wert ist die F-verteilte Teststatistik jenes Tests, der die Nullhypothese prüft, dass alle Parameter des Modells in der Grundgesamtheit simultan gleich 0 sind, das Modell also keinerlei Erklärungswert bietet. Der sehr niedrige p-Wert des einseitigen F-Tests zeigt an, dass es unter Gültigkeit dieser Nullhypothese extrem unwahrscheinlich ist, einen so großen Wert für die Teststatistik zu erhalten. Aus dem statistischen Repetitorium des vorangegangenen Abschnitts wissen Sie, dass das zugleich bedeutet, dass die unerklärte Variation unserer abhängigen Variablen EXPEND in dem von uns gerechneten Modell signifikant kleiner ist als die in einem restringierten Nullhypothesenmodell, in dem wir künstlich die Werte aller Modellparameter auf 0 fixieren. Wir können also davon ausgehen, dass die Parameter in der Grundgesamtheit nicht alle gleich 0 sind und dass das Modell daher zur Erklärung der Variablen EXPEND beiträgt.

Weitere Beispiele für Regressionsmodelle

Wir hatten oben bereits gesehen, dass die vielen Missings in der Variablen UNEMPLOY, der Arbeitslosenquote, dazu führen, dass die für unsere Schätzungen zur Verfügung stehende Zahl von Beobachtungen merklich reduziert wird. Deshalb ersetzen wir im folgenden Modell UNEMPLOY durch eine andere Variable, die die konjunkturelle Situation reflektiert, nämlich das Wachstums des BIP, GROWTH. Damit ergibt sich folgendes Modell:

```
> summary(lm(formula = EXPEND ~ GROWTH + POPSENIORS + POPCHILDREN
  + DEMOCRATIC, data = x))

Call:
lm(formula = EXPEND ~ GROWTH + POPSENIORS + POPCHILDREN + DEMOCRATIC, data = x)

Residuals:
    Min      1Q  Median      3Q     Max
-17.933  -5.426  -0.092   5.452  35.415

Coefficients:
                Estimate Std. Error t value Pr(>|t|)
(Intercept)    29.285655   4.709949   6.218 4.17e-09 ***
GROWTH         -0.497472   0.268188  -1.855   0.0654 .
POPSENIORS      1.101775   0.241609   4.560 1.01e-05 ***
POPCHILDREN    -0.003542   0.107964  -0.033   0.9739
DEMOCRATICTRUE -4.644085   1.839255  -2.525   0.0125 *
---
Signif. codes:  0 '***' 0.001 '**' 0.01 '*' 0.05 '.' 0.1 ' ' 1

Residual standard error: 8.375 on 161 degrees of freedom
  (23 observations deleted due to missingness)
Multiple R-squared:  0.3987,     Adjusted R-squared:  0.3838
F-statistic: 26.69 on 4 and 161 DF,  p-value: < 2.2e-16
```

Im Vergleich zu dem ersten Modell, das die Arbeitslosenquote UNEMPLOY enthält, fällt zunächst auf, dass, wie erwartet, die neue Variable GROWTH einen negativen Koeffizienten aufweist, aber auch, dass dieser – anders als zuvor UNEMPLOY – signifikant von 0 verschieden ist, und zwar zum Niveau 10 %. Der p-Wert von 0,0654 liegt zwischen den beiden üblicherweise berichteten Signifikanzniveaus von 5 % und 10 %, also kann man sicher sagen, dass keinesfalls mehr als 10 % der Koeffizienten bei einer wiederholten Stichprobe dem Betrag nach größer wären als 0,497472. Der Anteil der Jugendlichen an der Gesamtbevölkerung, POPCHILDREN, hat nun einen negativen Koeffizienten, der aber, wie auch schon im Modell zuvor, nicht signifikant ist, anders als DEMOCRATIC, das jetzt zum 5 %-Niveau signifikant ist. Zurückgegangen ist auch der Anteil der erklärten Variation von EXPEND, wie Sie am R^2-Wert ablesen können. Der nach wie vor sehr niedrige p-Wert der F-Statistik sagt uns, dass das Modell trotzdem noch signifikant ist, also die Hypothese, dass alle Modellparameter in der Grundgesamtheit gleich 0 sind, zurückgewiesen werden kann.

In beiden Modellen, die wir bisher geschätzt haben, haben wir die beiden Bevölkerungsstrukturvariablen, den Anteil der Jugendlichen an der Gesamtbevölkerung (POPCHILDREN) und den Anteil der Senioren (POPSENIORS), stets separat als unabhängige Variablen berücksichtigt. Ein interessanter Effekt ergibt sich, wenn wir beide zu einer *Dependency Rate* addieren (von engl. *dependent*, abhängig, weil Jugendliche und Senioren stark auf Leistungen des Staats angewiesen sind), wie es vielfach in der Literatur gemacht wird:

```
> x$DEPENDENCY <- x$POPCHILDREN + x$POPSENIORS
> summary(lm(formula = EXPEND ~ UNEMPLOY + DEPENDENCY +
  DEMOCRATIC, data = x))

Call:
lm(formula = EXPEND ~ UNEMPLOY + DEPENDENCY + DEMOCRATIC, data =x)

Residuals:
    Min      1Q  Median      3Q     Max
-21.513  -7.400   1.262   6.577  22.707

Coefficients:
               Estimate Std. Error t value Pr(>|t|)
(Intercept)     41.2248     8.9371   4.613  1.2e-05 ***
UNEMPLOY         0.1806     0.2107   0.857   0.3936
DEPENDENCY      -0.3976     0.2599  -1.530   0.1293
DEMOCRATICTRUE   5.9585     2.9986   1.987   0.0497 *
---
Signif. codes:  0 '***' 0.001 '**' 0.01 '*' 0.05 '.' 0.1 ' ' 1

Residual standard error: 10.23 on 98 degrees of freedom
  (87 observations deleted due to missingness)
Multiple R-squared:  0.06944,    Adjusted R-squared:  0.04096
F-statistic: 2.438 on 3 and 98 DF,  p-value: 0.06911
```

Unabhängig davon, dass sich nun das Vorzeichen von DEMOCRATIC umkehrt, das Bestimmtheitsmaß auf knapp 7 % einbricht und – wie wir dem p-Wert der F-Statistik entnehmen können – das Gesamtmodell nur noch zum Niveau 10 % signifikant ist (würde man als Maßstab ein Signifikanzniveau von 5 % unterstellen, könnten wir die Hypothese, dass alle Koeffizienten in der Grundgesamtheit gleich 0 sind, dieses Mal nicht mehr zurückweisen), werfen Sie einen Blick auf den Koeffizienten der Dependency Rate. Dieser ist nun negativ und – bei den herkömmlicherweise angelegten Wahrscheinlichkeitsniveaus – nicht mehr signifikant von 0 verschieden. Bezieht man die beiden Summanden POPCHILDREN und POPSENIORS der Dependency Rate in das Modell ein, wie in den Modellen zuvor, ergibt sich ein gänzlich anderes Bild. Was ist hier passiert? Des Rätsels Lösung liegt darin, wie die beiden Bevölkerungsstrukturvariablen in unserer Stichprobe stark kovariieren. Betrachten wir dazu den Korrelationskoeffizienten von POPCHILDREN und POPSENIORS:

```
> cor(x$POPCHILDREN, x$POPSENIORS, use = "pairwise.complete.obs")
[1] -0.8170581
```

Sie erkennen eine starke negative Korrelation der beiden Variablen. Anders ausgedrückt: In unserer Stichprobe gilt, dass Gesellschaften mit einem hohen Anteil Jugendlicher zugleich einen niedrigeren Anteil älterer Bürger aufweisen und umgekehrt. Diese Effekte eliminieren sich bei der Addition der beiden Anteile teilweise, die Variation der Dependency Rate ist erheblich niedriger als die Summe der beiden Einzelvariationen. Die verbleibenden geringeren Unterschiede in der Dependency Rate zwischen den Beobachtungen reichen nicht mehr, um einen signifikanten Effekt hervorzubringen, was zuvor zumindest die erheblich stärker variierende Einzelvariable POPSENIORS problemlos geschafft hat.

In diesem Abschnitt haben Sie gesehen, wie wir ein lineares Regressionsmodell mithilfe der Funktion lm schätzen und wie die Ergebnisse zu interpretieren sind. Wenn wir nun die geschätzten Koeffizienten aus unserem ersten Regressionsmodell

$$EXPEND = \beta_0 + \beta_1 UNEMPLOY + \beta_2 POPSENIORS + \beta_3 POPCHILDREN \\ + \beta_4 DEMOCRATIC + u$$

in ebendiese Modellgleichung einsetzen, erhalten wir ein empirisch voll parametriertes Modell:

$$EXPEND = \beta_0 + 22.703928 + 0.035584 \cdot UNEMPLOY \\ + 1.408720 \cdot POPSENIORS + 0.001192 \cdot POPCHILDREN \\ - 3.273005 \cdot \mathrm{DEMOCRATIC} + \hat{u}$$

Mithilfe dieses Modells könnte man jetzt Vorhersagen treffen. Gingen wir also zum Beispiel von einem Land aus, das eine Demokratie ist sowie eine Arbeitslosenquote von 5,5 %, einen Anteil von Jugendlichen an der Gesamtbevölkerung von 17,2 % und einen Seniorenanteil von 16,1 % aufweist, ergäbe sich als Schätzung für EXPEND ein Wert von 42,3. Diese Werte der unabhängigen Variablen entsprechen ziemlich genau den Niederlanden. Deren tatsächliche Staatsausgabenquote ist 47,3. Unser Modell begeht hier also einen Schätzfehler von ca. 5 Prozentpunkten, der durch das Residuum $\hat{u}$ aufgefangen wird.

Solche Vorhersagen lassen sich auf Basis der Koeffizienten natürlich manuell berechnen. Das ist aber mühsam, vor allem wenn man sehr viele Prognosen erstellen möchte, zum Beispiel für einen ganzen Datensatz neuer Werte der unabhängigen Variablen. Deshalb gibt es in R die Funktion predict, die uns diese Arbeit abnimmt:

```
> m <- lm(EXPEND ~ UNEMPLOY + POPSENIORS + POPCHILDREN +
  DEMOCRATIC, data = x)
> prog <- predict(m, newdata = x)
> diff <- data.frame(prog[!is.na(prog)], m$fitted.values)
```

```
> head(diff)
  prog..is.na.prog.. m.fitted.values
2           35.71581        35.71581
3           27.69851        27.69851
6           34.53322        34.53322
7           34.94315        34.94315
8           39.06590        39.06590
9           44.94975        44.94975
```

Hier schätzen wir zunächst wie gewohnt ein Modell mit `lm`. Allerdings speichern wir dieses Mal den Rückgabewert der Funktion `lm` in einem eigenen Objekt, das wir `m` nennen. Dann nutzen wir die Funktion `predict`, um auf Basis dieses Modells `m` (genauer gesagt, der geschätzten Koeffizienten, die im Modellobjekt `m` »enthalten« sind) eine Prognose zu erstellen, und zwar mit dem als Argument `newdata` der Funktion `predict` übergebenen Satz an neuen Werten der unabhängigen Variablen. In diesem Fall machen wir es uns einfach und nehmen als »neue Daten« einfach den vorhandenen Datensatz `x`, auf Basis dessen wir auch das Modell `m` geschätzt haben.

Die Funktion `predict` gibt die Schätzung der Werte der abhängigen Variablen für diesen Datensatz mit Werten der unabhängigen Variablen zurück. Im nächsten Schritt erzeugen wir einen Dataframe, der die prognostizierten Werte (allerdings nur die, die keine Missings sind) und einen Vektor `m$fitted.values` beinhaltet. Letzterer ist ein Element unseres Modellobjekts `m` und stellt die geschätzten Werte der abhängigen Variablen dar. Wenn wir uns nun den Dataframe anzeigen lassen, sehen wir die beiden Variablen nebeneinander, und nur dazu haben wir ihn überhaupt erzeugt. Sie erkennen sofort, dass die mit `predict` vorhergesagten Werte genau (bis auf eine minimale Rundungsdifferenz, die hier nicht sichtbar ist) denen entsprechen, die auch unser Modellobjekt `m` als Schätzung der abhängigen Variablen enthält.

Mehr Sinn ergibt der Einsatz von `predict` natürlich dann, wenn Sie wirklich neue Daten für die erklärenden Variablen haben und nun schauen möchten, welche Vorhersagen sich für die abhängige Variable ergeben, wenn man den mit dem Ausgangsdatensatz geschätzten Zusammenhang auf die neuen Daten anwendet.

Wir haben hier en passant den Rückgabewert der Funktion `lm` genutzt und darin auf ein Element `$fitted.values` zugegriffen, das die geschätzten Werte der abhängigen Variablen beinhaltet. Mit diesem Rückgabewert von `lm` wollen wir uns im folgenden Abschnitt etwas genauer beschäftigen.

Ein genauerer Blick auf die Funktion lm

In diesem Abschnitt erfahren Sie,

- welche Kennzahlen und Daten die Funktion `lm` automatisch als Rückgabewert bereitstellt und wie Sie auf sie zugreifen können,

- wie Sie auf Basis des Rückgabeobjekts von `lm` feststellen können, welche Beobachtungen der Stichprobe tatsächlich in die Schätzung eingegangen sind und welche aufgrund von Lücken in den Daten ausgelassen worden sind,
- wie Sie in wenigen Schritten das Bestimmtheitsmaß R^2 »nachrechnen« können,
- was Listen in R sind und wie Sie auf ihre Elemente zugreifen können,
- was *named vectors* sind und wie *named vectors* erzeugen.

Im letzten Abschnitt haben wir stets die Funktion `lm` zunächst direkt aufgerufen und danach »eingehüllt« in die Funktion `summary`:

```
> summary(lm(formula = EXPEND ~ UNEMPLOY + POPSENIORS +
  POPCHILDREN + DEMOCRATIC, data = x))
```

Lassen Sie uns das noch etwas genauer anschauen: `lm` hat als Funktion natürlich einen Rückgabewert. Diesen Rückgabewert übergeben wir in der obigen Anweisung der Funktion `summary`. Stattdessen könnten wir den Rückgabewert in einem Objekt speichern, wie bei jeder anderen Funktion auch:

```
> resultat <- lm(formula = EXPEND ~ UNEMPLOY + POPSENIORS +
  POPCHILDREN + DEMOCRATIC, data = x)
```

Wenn wir uns das soeben erzeugte Objekt `resultat` etwas genauer anschauen, stellen wir fest, dass es vom Typ `lm` ist:

```
> class(resultat)
[1] "lm"
```

Das sagt Ihnen zwar vermutlich nicht allzu viel, scheint aber immerhin auch nicht vollkommen überraschend. Mithilfe der Funktion `typeof` können wir etwas genauer untersuchen, wie R das Objekt intern speichert. Dabei zeigt sich, dass es sich eigentlich um eine *Liste* handelt:

```
> typeof(resultat)
[1] "list"
```

Listen sind Ihnen bereits zuvor begegnet, und zwar bei der Besprechung der Funktionen der deskriptiven Statistik. Dort hatten Sie gesehen, dass auch die Funktion `summary`, mit der wir uns dort verschiedene Kennzahlen der deskriptiven Statistik haben anzeigen lassen, ein Objekt zurückgibt, das als `list` gespeichert ist. Das wollen wir uns im Folgenden etwas genauer betrachten, denn die Objekte vom Typ `lm` enthalten als Listen eine ganze Reihe interessanter Daten, an die wir durch den direkten Aufruf der Funktion `lm` oder die Anweisung `summary(lm(...))` allein nicht herankommen.

Eine `list` ist letztlich nichts anderes als eine Zusammenstellung verschiedener Objekte. Das ist zwar ein Dataframe im Prinzip auch, denn er setzt sich aus verschiedenen Vektoren zusammen, aber es gibt doch einen wesentlichen Unterschied: In einer `list` lassen sich ganz verschiedene Objekte kombinieren. Sie müssen, anders als die Vektoren eines Dataframes, nicht die gleiche Länge besitzen und auch nicht notwendigerweise Vektoren sein. Listen können sogar andere Listen als Elemente enthalten. Welche Objekte in einer solchen Liste enthalten sind, können Sie, analog zum Vorgehen bei einem Dataframe, bei dem Sie einen Überblick über die enthaltenen Vektoren bekommen möchten, mit der bereits bekannten Funktion `names` feststellen:

```
> names(resultat)
[1] "coefficients" "residuals"     "effects"       "rank"
[5] "fitted.values" "assign"       "qr"            "df.residual"
[9] "na.action"    "contrasts"     "xlevels"       "call"
[13] "terms"       "model"
```

Wie Sie sehen, sind insgesamt 14 verschiedene Objekte als Liste in einem Objekt vom Typ `lm` zusammengefasst, von denen wir uns im Folgenden ein paar ausgewählte anschauen wollen.

Zunächst einmal sind da die `coefficients`. Das sind natürlich die geschätzten Regressionskoeffizienten, das heißt die $\hat{\beta}_1$, $\hat{\beta}_2$, $\hat{\beta}_3$ und $\hat{\beta}_4$ unseres empirischen Modells. Diese können Sie sich leicht anzeigen lassen:

```
> resultat$coefficients
  (Intercept)      UNEMPLOY     POPSENIORS    POPCHILDREN
 22.703928395   0.035583571    1.408719953    0.001192482
DEMOCRATICTRUE
 -3.273005298
```

Wie Sie sehen, greifen Sie auf die einzelnen Elemente einer Liste genau so zu wie auf die Vektoren, also die Spalten eines Dataframes, nämlich mit der Notation `liste$element`, in unserem Fall `resultat$coefficients`. Diese Ähnlichkeit zu Dataframes ist übrigens nicht ganz zufällig. Dataframes sind letztlich auch Listen, und zwar Listen von gleich langen Vektoren. Das können Sie sehr einfach anhand unseres Beispieldatensatzes `x` nachvollziehen:

```
> class(x)
[1] "data.frame"
> typeof(x)
[1] "list"
```

Dataframe-Objekte werden also intern in R auch als Listen gespeichert.

Aber zurück zu unseren Koeffizienten. Wenn Sie die obige Ausgabe des Inhalts unseres Koeffizientenvektors `resultat$coefficients` genauer betrachten, werden Sie den Unterschied zu den Vektoren bemerkt haben, die Ihnen bisher begegnet sind: Die Elemente des Koeffizientenvektors besitzen Namen, und zwar die Namen der unabhängigen Variablen. Einen Vektor anzulegen, dessen Elemente Namen haben, ist ganz einfach. Bereits an früherer Stelle hatten wir *ganze Vektoren* innerhalb eines Dataframes umbenannt, indem wir die Funktion `names`, die normalerweise dazu verwendet wird, sich Namen *anzeigen* zu lassen, »umgedreht« haben. Betrachten Sie das folgende einfache Beispiel:

```
> vektor <- c(1,2)
> names(vektor) <- c("Erstes Element", "Zweites Element")
> vektor
Erstes Element Zweites Element
             1               2
```

Hier erzeugen wir zunächst einen Vektor namens vektor, dessen Elemente die Zahlen 1 und 2 sind. Dann greifen wir mithilfe der Funktion names auf die Namen der Elemente zu, allerdings lassen wir sie uns nicht anzeigen, sondern weisen ihnen Werte zu. Die Funktion names gibt einen Vektor von Namen zurück, also müssen wir ihr, wenn wir sie »umdrehen«, einen Vektor zuweisen. Lassen wir uns danach den Inhalt von names anzeigen, werden die Elemente einschließlich ihrer Namen dargestellt.

Auf einzelne Elemente eines solchen *named vector* können Sie übrigens nicht nur auf dem herkömmlichen Weg, also durch Angabe der Elementnummer, sondern auch über den Elementnamen zugreifen. Wollen Sie zum Beispiel den Regressionskoeffizienten der Arbeitslosenquote anzeigen lassen, können Sie eingeben:

```
> resultat$coefficients[2]
  UNEMPLOY
0.03558357
> resultat$coefficients["UNEMPLOY"]
  UNEMPLOY
0.03558357
```

Interessante Vektoren innerhalb des lm-Objekts sind übrigens neben den Koeffizienten auch die geschätzten Residuen $\hat{u}_i$ (resultat$residuals) und die geschätzten Werte der abhängigen Variablen, die $\hat{Y}_i$ (resultat$fitted.values).

Wie Sie aus dem zweiten statistischen Repetitorium des vorangegangenen Abschnitts wissen, sind die geschätzten Residuen bei der OLS-Schätzung im Mittel gleich 0. Mit den Variablen, die das lm-Objekt zur Verfügung stellt, lässt sich das nun ganz einfach überprüfen:

```
> mean(resultat$residuals)
[1] -1.559976e-17
```

Sie sehen, dass das arithmetische Mittel der Residuen nicht exakt gleich 0 ist, es gibt eine kleine rundungsbedingte Abweichung, die allerdings 16 Nullen hinter dem Komma hat!

Mithilfe des Residuenvektors können wir nun auch den Schätzer für die Varianz der Residuen selbst berechnen. Wie Sie sich erinnern werden, ist ein unverzerrter Schätzer $\hat{\sigma}^2$ der Residuenvarianz σ^2 in der Grundgesamtheit (von der wir bekanntlich annehmen, dass sie für alle N Residuen u_i unserer Stichprobe identisch ist, Stichwort *Homoskedastizität*) der folgende Ausdruck:

$$\hat{\sigma}^2 = \frac{S_{\hat{u}\hat{u}}}{N-K-1}$$

Diesen Schätzer können wir nun sehr einfach selbst errechnen:

```
> sigma.2 <- sum(resultat$residuals^2) /
  (NROW(resultat$residuals) - NROW(resultat$coefficients))
> sigma.2
[1] 57.17477
```

Hier summieren wir zunächst die quadrierten Residuen und teilen diese Summe durch die Länge des Residuenvektors (die ja identisch mit der Zahl der in unsere Schätzung eingegangenen Beobachtungen ist, da jede berücksichtigte Beobachtung genau ein Residuum erzeugt), von der wir gemäß obiger Formel $K + 1$ abziehen müssen. K ist die Zahl der unabhängigen Variablen $K + 1$, die Zahl der unabhängigen Variablen plus Achsenabschnittskontante, und für jede dieser Größen gibt es genau einen Koeffizienten in unserem Koeffizientenvektor. Deshalb können wir dessen Länge mit `NROW` bestimmen und für $K + 1$ einsetzen.

Ziehen Sie nun die Quadratwurzel aus dem soeben berechneten Wert, erhalten Sie die Standardabweichung oder – wie man ja auch sagt – den Standardfehler der Residuen:

```
> sqrt(sigma.2)
[1] 7.5614
```

Wenn Sie diesen vergleichen mit dem Wert, der als *Residual Standard Error* durch die Anweisung `summary(resultat)` ausgegeben wird, werden Sie feststellen, dass die Werte identisch sind. Wir (oder R) haben also richtig gerechnet!

In ähnlicher Weise können wir mithilfe der Vektoren `resultat$residuals` und `resultat$fitted.values` mit wenigen Handgriffen das Bestimmtheitsmaß R^2 nachrechnen. Dieses ist bekanntermaßen der Anteil der durch unser Modell erklärten Variation (*ESS*) der unabhängigen Variablen Y an ihrer Gesamtvariation (*TSS*). Es gilt:

$$TSS = S_{YY} = \sum (Y_i - \bar{Y})^2$$

$$ESS = S_{\hat{Y}\hat{Y}} = \sum (\hat{Y}_i - \bar{Y})^2$$

Die Berechnung dafür scheint auf den ersten Blick nicht schwierig zu sein. Es gibt aber eine Komplikation. Denn wir benötigen sowohl die Werte der abhängigen Variablen, die Y_i, als auch deren Mittelwert $\bar{Y}$. Klingt zunächst ganz unproblematisch, denn wir haben ja im Vektor `x$EXPEND` die Werte der abhängigen Variablen für all unsere Beobachtungen und mit `mean(x$EXPEND)` auch den entsprechenden Mittelwert. Allerdings sind nicht alle Beobachtungen in unsere Schätzung eingegangen! Wie zuvor gesehen, hat R automatisch alle Beobachtungen, für die wenigstens eine unserer unabhängigen Variablen ein Missing aufweist, aus der Schätzung ausgeklammert. Nur welche sind das?

Die Antwort geben wieder unsere `resultat$residuals` und `resultat$fitted.values`. Schauen wir uns doch mal einen der beiden etwas genauer an:

```
> resultat$residuals
          2           3           6           7           8
-6.10781178 12.18248885 -2.53741579 -9.75714521 -1.97210446
```

Das ist natürlich nur ein Auszug, tatsächlich hat der Vektor sehr viel mehr Elemente. Was Sie aber sehen, ist, dass die Elemente nicht fortlaufend nummeriert sind. Die Namen der Elemente sind die »Zeilenindizes« jener Beobachtungen in unserem Gesamtdatensatz `x`, die tatsächlich in die Schätzung eingegangen sind. Die erste Beobachtung des Beispieldatensatzes ist also bei der Schätzung nicht berücksichtigt worden, weil eine der vier unabhängigen Variablen in dieser Beobachtung ein `NA` ist. Bei der zweiten und dritten Beobachtung hatten wieder alle erklärenden Variablen echte Werte, beim fünften wieder nicht und so weiter. Mithilfe dieser Zeilenindizes ist es jetzt recht einfach, einen Datensatz zu erzeugen, der nur die Beobachtungen beinhaltet, die auch tatsächlich in die Schätzung mit eingegangen sind:

```
> x.benutzt <- x[as.integer(names(resultat$residuals)),]
```

Hier filtern wir den Datensatz mit einem spezifischen Vektor von Indexwerten, wie wir es zuvor auch schon getan hatten. Der Vektor der Indexwerte, den wir zum Filtern verwenden, ist `names(resultat$residuals)`, den wir mit `as.integer` noch in Zahlen umwandeln. Damit haben wir unseren Datensatz zu einem neuen Datensatz `x.benutzt` reduziert, der nur noch die tatsächlich verwendeten Beobachtungen umfasst. Ein solcher Datensatz kann zum Beispiel nützlich sein, wenn Sie zwei Regressionsmodelle vergleichen wollen und deswegen das zweite auf exakt dem gleichen Datensatz schätzen wollen wie zuvor das erste (unter der Voraussetzung natürlich, dass keine der Variablen des zweiten Modells in dem reduzierten Datensatz ein Missing aufweist).

Für unsere Zwecke – die Berechnung der Gesamtvariation und der erklärten Variation – brauchen wir eigentlich keinen ganzen Datensatz, der auf die tatsächlich in die Schätzung einbezogenen Beobachtungen reduziert ist, sondern nur die Elemente von `EXPEND`, die in die Schätzung eingegangen sind, also:

```
> EXPEND.benutzt <-
  x$EXPEND[as.integer(names(resultat$residuals))]
```

Damit können wir nun die erklärte Variation *ESS* und die Gesamtvariation *TSS* berechnen:

```
> TSS <- sum((EXPEND.benutzt - mean(EXPEND.benutzt))^2)
> TSS
[1] 11028.64
> ESS <- sum((resultat$fitted.values -
  mean(resultat$fitted.values))^2)
> ESS
[1] 5482.688
```

Mit diesen beiden Größen lässt sich sehr einfach R^2 bestimmen:

```
> r.2 <- ESS / TSS
> r.2
[1] 0.4971318
```

Dass unsere Berechnung richtig ist, können Sie durch einen Vergleich mit dem R^2-Wert sehen, der als Ergebnis von `summary(lm(...))` angezeigt wird.

Ein genauerer Blick auf die Funktion summary

In diesem Abschnitt erfahren Sie,

- welche zusätzlichen Informationen Sie aus einem `lm`-Objekt (dem Rückgabewert der Funktion `lm`) mithilfe der Funktion `summary` extrahieren können,
- was eine Matrix ist und wie Sie auf die Elemente einer Matrix zugreifen können,
- wie R selbstständig für verschiedene Arten von Objekten die für die Bearbeitung der jeweiligen Objektart richtige Funktion auswählt, ohne dass Sie sich darum kümmern müssen.

Folgende R-Funktion wird in diesem Abschnitt behandelt:

- `predict()`: Berechnet Prognosewerte für die abhängige Variable auf Basis neuer Werte der unabhängigen Variablen.

Die Funktion `summary` haben wir bislang dazu benutzt, uns die Ergebnisse der Regression anzeigen zu lassen. Tatsächlich gibt aber auch `summary` ein Objekt zurück. Betrachten Sie dazu folgende Anweisungen:

```
> sum.resultat <- summary(lm(formula = EXPEND ~ UNEMPLOY +
  POPSENIORS + POPCHILDREN + DEMOCRATIC, data = x))
> sum.resultat

Call:
lm(formula = EXPEND ~ UNEMPLOY + POPSENIORS + POPCHILDREN + DEMOCRATIC, data = x)

Residuals:
     Min       1Q   Median       3Q      Max
-17.4281  -6.1358   0.9829   5.6349  14.8007

Coefficients:
                Estimate Std. Error t value Pr(>|t|)
(Intercept)    22.703928   6.911223   3.285  0.00142 **
UNEMPLOY        0.035584   0.156500   0.227  0.82061
POPSENIORS      1.408720   0.276445   5.096 1.71e-06 ***
POPCHILDREN     0.001192   0.196978   0.006  0.99518
DEMOCRATICTRUE -3.273005   2.437656  -1.343  0.18251
---
Signif. codes:  0 '***' 0.001 '**' 0.01 '*' 0.05 '.' 0.1 ' ' 1
```

```
Residual standard error: 7.561 on 97 degrees of freedom
  (87 observations deleted due to missingness)
Multiple R-squared:  0.4971,     Adjusted R-squared:  0.4764
F-statistic: 23.97 on 4 and 97 DF,  p-value: 8.325e-14

> names(sum.resultat)
 [1] "call"          "terms"         "residuals"
 [4] "coefficients"  "aliased"       "sigma"
 [7] "df"            "r.squared"     "adj.r.squared"
[10] "fstatistic"    "cov.unscaled"  "na.action"
```

Hier rufen wir zunächst die Funktion summary auf und übergeben ihr als Argument ein Regressionsmodell (streng genommen übergeben wir ihr an dieser Stelle ein lm-Objekt, das von der Funktion lm zurückgegeben wird). Das Ergebnis des Aufrufs von summary speichern wir in einem neuen Objekt namens sum.resultat. Rufen wir dieses Objekt einfach durch Eingabe seines Namens auf, wie wir es auch bei anderen Variablen machen, wird die gleiche Übersicht angezeigt, die Sie auch beim Aufruf von summary(lm(...)) erhalten. Das ist aber nur eine aufbereitete Ansicht der in sum.resultat enthaltenen Daten, denn – Sie werden es schon vermuten – auch das Rückgabeobjekt von summary ist natürlich wieder eine Liste. Deren Elemente schauen wir uns oben wie gewohnt durch Aufruf der Funktion names an. Wie Sie sehen, enthält das Rückgabeobjekt von summary all jene Rohdaten, aus denen sich die aufbereitete Übersicht, die wir beim Aufruf von summary(lm(...))angezeigt bekommen, zusammensetzt. Darunter sind zum Beispiel R^2 (r.squared), das korrigierte R^2 (adj.r.squared) und der geschätzte Wert des Standardfehlers, das heißt der Standardabweichung der Residuen (sigma). Das ist deshalb sehr praktisch, weil Sie natürlich mit diesen Werten weiterrechnen können. Wenn Sie also beispielsweise eine Berechnung durchführen wollen, bei der Sie den Standardfehler der Residuen benötigen, können Sie sehr einfach darauf zugreifen:

```
> sum.resultat$sigma
[1] 7.5614
```

sigma ist ein Vektor mit nur einem Element, der zur summary-Liste sum.resultat gehört. Nicht alle Elemente der Liste, die die Funktion summary als Rückgabewert liefert, sind aber Vektoren mit nur einem Element. Der Vektor residuals zum Beispiel ist derselbe, den Sie auch schon vom lm-Objekt kennen. Er enthält die Residuen und ist so lang, wie unser Regressionsmodell Beobachtungen hat.

Das coefficients-Element sieht auf den ersten Blick genauso aus wie das coefficients-Element des lm-Objekts. Es gibt aber einen wesentlichen Unterschied: Im lm-Objekt ist coefficients ein (named) Vektor, der einfach nur die Werte der Schätzer beinhaltet. Das coefficients-Element des summary-Objekts stellt sich anders dar:

```
> sum.resultat$coefficients
                Estimate Std. Error     t value     Pr(>|t|)
(Intercept)  22.703928395  6.9112233 3.285081014 1.419409e-03
UNEMPLOY      0.035583571  0.1565003 0.227370578 8.206141e-01
```

```
POPSENIORS       1.408719953  0.2764451  5.095840362 1.712389e-06
POPCHILDREN      0.001192482  0.1969782  0.006053875 9.951822e-01
DEMOCRATICTRUE -3.273005298  2.4376558 -1.342685604 1.825075e-01
```

Es beinhaltet all jene Informationen, die auch in der aufbereiteten Ergebnisübersicht beim Aufruf von `summary(lm(...))` angezeigt werden.

Also kann `coefficients` hier kein Vektor sein. Und in der Tat: Es handelt sich bei `coefficients` um eine Variable von einem Datentyp, den wir bisher noch nicht betrachtet haben: einer *Matrix*.

Wie bei den Matrizen, die Sie aus der linearen Algebra kennen, greifen Sie auch hier auf die einzelnen Elemente der Matrix durch Angabe der »Koordinaten« zu. Dabei gibt der erste Index stets die Zeile, der zweite die Spalte an. Vielleicht haben Sie schon die Eselsbrücke »Zeile *z*uerst, *S*palte *s*päter« gehört. Manchem hilft sie beim Erinnern an die Reihenfolge der Indizes. Wollen Sie nun zum Beispiel auf den Standardfehler unseres Koeffizientenschätzers für die Variable `UNEMPLOY` zurückgreifen, der, wie Sie der gerade ausgegebenen Übersicht entnehmen können, ungefähr 0,157 beträgt, geht das wie folgt:

```
> sum.resultat$coefficients[2,2]
[1] 0.1565003
```

Sie sehen sofort die Analogie zum Zugriff auf die einzelnen Elemente eines Vektors. Der Unterschied ist, dass wir hier zwei Indizes in die eckigen Klammern schreiben. Auch auf einzelne Elemente eines Dataframes kann, wie Sie bereits zuvor gesehen haben, mit dieser Notation zugegriffen werden.

Alternativ können Sie einen oder auch beide Indizes ersetzen durch die Namen der Zeilen bzw. Spalten:

```
> sum.resultat$coefficients["UNEMPLOY", 2]
[1] 0.1565003
> sum.resultat$coefficients["UNEMPLOY", "Std. Error"]
[1] 0.1565003
```

Das macht Ihren R-Code natürlich etwas lesbarer. Aber Vorsicht: Wenn Sie ein Element der Matrix über die Zeilen- und Spaltennamen indizieren, müssen Sie diese auch exakt so schreiben, wie sie in der Matrix heißen, ansonsten erhalten Sie eine Fehlermeldung:

```
> sum.resultat$coefficients["UNEMPLOY", "Std. error"]
Error in sum.resultat$coefficients["UNEMPLOY", "Std. error"] :
  subscript out of bounds
```

Die Meldung, dass der Index (`subscript`) `out of bounds` ist, bedeutet, dass es keinen Index unter den zulässigen Indizes gibt, der so heißt wie der angegebene, es gibt eben lediglich den Index mit dem großgeschriebenen »Error«.

Natürlich müssen Sie nicht beide Indizes angeben, sondern können auch einen (oder gar beide) »freilassen«:

```
> sum.resultat$coefficients[,"Std. Error"]
   (Intercept)        UNEMPLOY      POPSENIORS     POPCHILDREN
```

```
      6.9112233         0.1565003         0.2764451         0.1969782
   DEMOCRATICTRUE
      2.4376558
```

Hier lassen wir einfach den ersten Index, die Zeilenangabe, offen und spezifizieren lediglich, welche Spalte wir sehen wollen. Es wird dann ein *named vector* zurückgegeben, der die betreffende Spalte enthält, hier also die Standardfehler der geschätzten Koeffizienten unserer unabhängigen Variablen inklusive Achsenabschnitt. Auch diese Notation kennen Sie bereits von Dataframes. Wie dort ist es wichtig, in den eckigen Klammern trotzdem zwei Indexwerte zu übergeben, auch wenn Sie einen freilassen. Nicht zum Ziel führt deshalb folgende R-Anweisung:

```
> sum.resultat$coefficients["Std. Error"]
[1] NA
```

Wie gesehen, gibt es mithilfe der Funktionen lm und summary zwei Möglichkeiten, sich die Ergebnisse von Regression anzuschauen, wobei sich Art und Umfang der Darstellung unterscheiden:

```
> lm(formula = EXPEND ~ UNEMPLOY + POPSENIORS + POPCHILDREN +
  DEMOCRATIC, data = x)

Call:
lm(formula = EXPEND ~ UNEMPLOY + POPSENIORS + POPCHILDREN + DEMOCRATIC, data = x)

Coefficients:
   (Intercept)        UNEMPLOY      POPSENIORS     POPCHILDREN
     22.703928        0.035584        1.408720        0.001192
  DEMOCRATICTRUE
     -3.273005

> summary(lm(formula = EXPEND ~ UNEMPLOY + POPSENIORS +
  POPCHILDREN + DEMOCRATIC, data = x))

Call:
lm(formula = EXPEND ~ UNEMPLOY + POPSENIORS + POPCHILDREN + DEMOCRATIC, data = x)

Residuals:
     Min       1Q   Median       3Q      Max
-17.4281  -6.1358   0.9829   5.6349  14.8007

Coefficients:
                Estimate Std. Error t value Pr(>|t|)
(Intercept)    22.703928   6.911223   3.285  0.00142 **
UNEMPLOY        0.035584   0.156500   0.227  0.82061
POPSENIORS      1.408720   0.276445   5.096 1.71e-06 ***
POPCHILDREN     0.001192   0.196978   0.006  0.99518
DEMOCRATICTRUE -3.273005   2.437656  -1.343  0.18251
---
Signif. codes:  0 '***' 0.001 '**' 0.01 '*' 0.05 '.' 0.1 ' ' 1

Residual standard error: 7.561 on 97 degrees of freedom
  (87 observations deleted due to missingness)
Multiple R-squared:  0.4971,     Adjusted R-squared:  0.4764
F-statistic: 23.97 on 4 and 97 DF,  p-value: 8.325e-14
```

Die beiden Funktionen geben jeweils ein Objekt zurück, das letztlich eine Liste weiterer Datenobjekte ist. Diese Datenobjekte enthalten vor allem die Informationen, die R standardmäßig ausgibt, wenn Sie lm oder summary aufrufen, ohne die Rückgabewerte in einem Objekt zu speichern:

```
> resultat <- lm(formula = EXPEND ~ UNEMPLOY + POPSENIORS +
  POPCHILDREN + DEMOCRATIC, data = x)
> names(resultat)
 [1] "coefficients" "residuals"    "effects"      "rank"
 [5] "fitted.values" "assign"      "qr"           "df.residual"
 [9] "na.action"    "contrasts"    "xlevels"      "call"
 [13] "terms"       "model"
> sum.resultat <- summary(resultat)
> names(sum.resultat)
 [1] "call"         "terms"         "residuals"
 [4] "coefficients" "aliased"       "sigma"
 [7] "df"           "r.squared"     "adj.r.squared"
[10] "fstatistic"   "cov.unscaled"  "na.action"
```

Zum Abschluss noch eine Bemerkung zur Funktion summary: Sie ist uns, wie Sie sich erinnern werden, bereits in der deskriptiven Statistik begegnet, als wir uns einige deskriptive Kennzahlen für einzelne Variablen unseres Beispieldatensatzes angesehen haben, zum Beispiel:

```
> summary(x$EXPEND)
   Min. 1st Qu.  Median    Mean 3rd Qu.    Max.
  13.63   24.11   31.51   33.06   40.25   86.50
```

Ist das wirklich die gleiche Funktion, die wir aufrufen, wenn wir uns die Ergebnisse eines Regressionsmodells anschauen? Es sieht so aus. Tatsächlich ist es aber eine andere Funktion, nämlich die Funktion summary.lm. Diese wird von R automatisch aufgerufen, wenn wir eine Anweisung der Form summary(lm(...)) ausführen oder der summary-Funktion direkt ein lm-Objekt als Argument übergeben. R erkennt dann, dass das der Funktion übergebene Argument vom Typ lm ist, und wählt daraufhin die richtige summary-Funktion, die Objekte dieses Typs verarbeiten kann. Und in der Tat gibt es spezielle summary-Funktionen für eine Vielzahl von Objekten. Das sehen Sie sehr schön in Abbildung 6-6: Geben Sie in RStudio am R-Prompt einmal summary. ein, ohne *Enter* zu drücken. Dann zeigt Ihnen R in der Autovervollständigung die lange Liste der summary-Funktionen an.

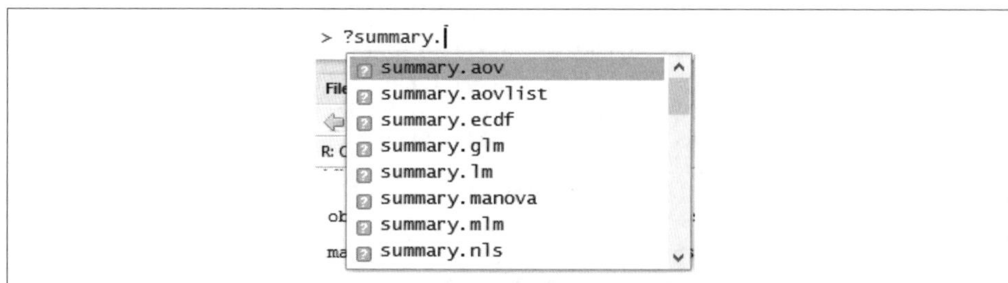

Abbildung 6-6: Summary-Funktionen für unterschiedliche Objekttypen in R

Das Schöne ist, dass Sie sich damit gar nicht auseinandersetzen müssen, Sie können stets `summary` aufrufen und R entscheiden lassen, welche spezielle `summary`-Funktion gerade benötigt wird. Die Zusammensetzung der Rückgabewerte unterscheidet sich entsprechend. Im Fall des `lm`-Objekts ist der Rückgabewert der `summary`-Funktion vom Typ `summary.lm` und ist, wie wir gesehen haben, nichts anderes als eine Liste mit Objekten, die Ergebnisdaten der Zusammenfassung beinhalten:

```
> class(sum.resultat)
[1] "summary.lm"
> typeof(sum.resultat)
[1] "list"
```

Hypothesentests in R

In diesem Abschnitt erfahren Sie,

- welche Fälle von Hypothesentests sich unterscheiden lassen,
- warum alle Fälle sich letztlich als Spezialfälle eines sehr allgemeinen Hypothesensystems begreifen lassen,
- welche Testverfahren Sie für welche Fälle von Hypothesentests verwenden können,
- wie Sie F-Tests in R durchführen können,
- wie Sie t-Tests in R durchführen können.

Folgende R-Funktionen werden in diesem Abschnitt behandelt:

- **`linearHypothesis()`** {Package car}: Testet allgemeine Hypothesen mithilfe eines F-Tests.
- **`pt()`**: Bestimmt zu einem t-Wert anhand der t-Verteilung die Wahrscheinlichkeit, einen größeren oder kleinen t-Wert zu erhalten.
- **`vcov()`** {Package car}: Berechnet die Varianz-Kovarianz-Matrix für alle Koeffizienten eines Regressionsmodells, die die paarweisen Kovarianzen zwischen beliebigen Kombinationen von je zwei Regressionskoeffizienten angibt.
- **`uname()`**: Entfernt aus einem *named vector* die Namen der Elemente.

Wie Sie soeben gesehen haben, liefert die Funktion `lm` bzw. die Funktion `summary`, wenn man ihr den Rückgabewert von `lm` übergibt, bereits Tests jedes einzelnen Schätzers gegen die (Null-)Hypothese, dass der Koeffizient der jeweiligen Variablen in der Grundgesamtheit gleich 0 ist. Weicht der Schätzer ausreichend stark von null ab, sprechen wir davon, der Koeffizient sei »signifikant« – genauer: »signifikant von null verschieden«. Ebenso erhalten Sie automatisch einen Test des Gesamtmodells präsentiert, dem die Nullhypothese zugrunde liegt, dass alle Koeffizienten in der Grundgesamtheit 0 sind und daher das Modell überhaupt nicht zur Erklärung der abhängigen Variablen geeignet ist.

Häufig gibt es aber Situationen, in denen Sie andere Hypothesen untersuchen möchten, deren Testergebnisse Ihnen nicht standardmäßig von `lm` oder `summary` geliefert werden. In diesem Fall müssen Sie den Hypothesentest in R selbst organisieren. Wie Sie das genau bewerkstelligen, schauen wir uns in diesem Abschnitt genauer an.

Typen von Hypothesentests

Betrachten Sie dazu zunächst Tabelle 6-1, die einige typische Fälle von Hypothesentests gegenüberstellt.

Fall A ist der Test eines einzelnen Regressionskoeffizienten gegen einen konkreten Wert. Der von der Funktion `summary` bereitgestellte Test, ob die Einzelkoeffizienten des Regressionsmodells von null verschieden sind, ist ein Beispiel für eine solche Untersuchung. Allerdings muss der Test keineswegs immer auf *Gleichheit* des Koeffizienten mit einem festen Wert lauten. Genauso gut könnte die Hypothese geprüft werden, dass der Koeffizient größer oder kleiner als ein festgelegter Wert ist. Solche Tests werden mit dem bereits im statistischen Repetitorium besprochenen t-Test durchgeführt. Nachdem wir uns zunächst die übrigen drei Fälle angesehen haben, werden Sie lernen, wie Sie solche t-Tests in R selbst durchführen können.

Fall B beschreibt den gleichzeitigen Test mehrerer Koeffizienten gegen konkrete Werte. Ein Beispiel für einen solchen Test ist der Test auf Signifikanz des Gesamtmodells, also der standardmäßig von `summary(lm(...))` berichtete Test, dass die Koeffizienten aller unabhängigen Variablen des Regressionsmodells in der Grundgesamtheit gleich 0 sind. Wie Sie wissen, werden solche Tests als F-Tests realisiert, deren Testlogik wir ebenfalls im statistischen Repetitorium bereits wiederholt haben: Die Teststatistik des F-Tests basiert auf dem Vergleich der Erklärungskraft des tatsächlichen Modells mit einem fiktiven Nullhypothesenmodell, das sich ergäbe, wenn sich die Koeffizienten tatsächlich so verhalten würden, wie in der Nullhypothese postuliert. Im Fall des Signifikanztests für das Gesamtmodell würde das konkret bedeuten, die Residuenvariation (das heißt der unerklärte Teil der Gesamtvariation der unabhängigen Variablen) des tatsächlichen Modells wird mit der Residuenvariation eines (restringierten) Modells verglichen, bei dem alle Koeffizienten bis auf die Konstante gleich 0 sind. Wenn nun der Unterschied zwischen der Residuenvariation des Nullhypothesenmodells ausreichend viel größer ist als die des tatsächlichen Modells, bedeutet dies, dass die Einbeziehung der unabhängigen Variablen in das Regressionsmodell den Anteil der unerklärten Variation signifikant verringert und die unabhängigen Variablen daher irgendeinen Einfluss auf die abhängige Variable haben müssen. Auf die gleiche Weise, durch den Vergleich eines Nullhypothesenmodells mit dem tatsächlichen Modell, lassen sich auch andere Hypothesen testen. Keineswegs müssen übrigens dabei in der Nullhypothese immer alle Koeffizienten vorkommen. Sie können auch nur einen Teil der Koeffizienten in Ihrer Hypothese berücksichtigen.

Bitte beachten Sie, dass Sie einen solchen Test nicht einfach durch die Kombination mehrerer t-Tests aus Fall A zusammensetzen können. Es könnte durchaus sein, dass die einzelnen t-Tests jeweils nahelegen, die Nullhypothesen beizubehalten, während der F-Test die gemeinsame Nullhypothese über alle Koeffizienten verwirft. Warum das so ist, stellt sich ein wenig komplizierter dar. Der interessierte Leser sei hier beispielsweise auf Ludwig von Auers Einführungswerk *Ökonometrie* (Springer 2016) verwiesen. Ein Beispiel, in dem eine solche Situation regelmäßig auftritt, werden wir uns noch anschauen: das Problem der (Multi-)Kollinearität. Dabei sind die unabhängigen Variablen stark korreliert. Die Fähigkeit des Regressionsansatzes, die Effekte der *einzelnen* unabhängigen Variablen auf die abhängige Variable zu ermitteln, basiert aber darauf, dass die erklärenden Variablen sich unabhängig voneinander bewegen. Wenn sie das nicht tun, weil eine starke Korrelation vorliegt, kann es zwar sein, dass das Regressionsmodell insgesamt einen hohen Anteil der Gesamtvariation der abhängigen Variablen erklärt, aber diese Erklärungswirkung keiner der einzelnen unabhängigen Variablen zugeschrieben werden kann. In diesem Fall wäre das Gesamtmodell (F-Test) signifikant, die einzelnen unabhängigen Variablen (t-Test) aber nicht.

Tabelle 6-1: Fälle bei Hypothesentests

	Fall A	**Fall B**	**Fall C**	**Fall D**
Hypothese	einzelner Parameter gegen konkreten Wert	mehrere Parameter gegen konkrete Werte	linearer Zusammenhang mehrerer Parameter	mehrere lineare Zusammenhänge mehrerer Parameter
Beispiele	Beispiel 1: $\beta_2 < 5$ Beispiel 2: $\beta_2 = 0$ (berechnet `summary(lm(...))` automatisch)	Beispiel 1: $\beta_2 = 5$ und $\beta_3 = -1$ Beispiel 2: $\beta_1 = 0$ und $\beta_2 = 0$ (berechnet `summary(lm(...))` automatisch)	Beispiel 1: $\beta_1 + \beta_2 = 5$ Beispiel 2: $\beta_0 - 2 \cdot \beta_1 > 1$	$\beta_1 + 3 \cdot \beta_2 = 7$ und $2 \cdot \beta_0 - \beta_1 = 1$
Anwendbare Tests	t-Test	F-Test	t-Test, F-Test	F-Test

In *Fall C* geht es um den Test einer Linearkombination, also eines linearen Zusammenhangs von Koeffizienten. Hypothesen dieser Form können Sie sowohl mit einem t-Test als auch mit einem F-Test untersuchen, zumindest solange die Linearkombination als Gleichung formuliert ist wie im ersten Beispiel in Tabelle 6-1. Einen Fall wie im zweiten Beispiel können Sie dagegen nur mit einem t-Test, nicht aber mit einem F-Test untersuchen. Das liegt daran, dass der F-Test nicht zwischen »größer« und »kleiner« unterscheiden kann. In Beispiel 2 würde das Nullhypothesenmodell so beschaffen sein, dass zwischen seinen Koeffizienten β_0 und β_1 der Zusammenhang $\beta_0 - 2 \cdot \beta_1 = 1$ gelten würde. Jede ausreichend große Abweichung der Residuenvariation des echten Modells von der unerklärten Variation dieses Nullhypothesenmodells würden nun zu einem positiven F-Test führen. Ob diese Abweichung aber daher kommt, dass, wie in der getesteten Nullhypothese postuliert, $\beta_0 - 2 \cdot \beta_1 > 1$oder $\beta_0 - 2 \cdot \beta_1 < 1$, kann auf Basis des F-Tests allein nicht entschieden werden. Der t-Test dagegen kann sehr wohl die beiden Arten von Abweichungen unterscheiden, von denen ja nur eine (nämlich $\beta_0 - 2 \cdot \beta_1 < 1$) zur Zurückweisung der Nullhypothese ($\beta_0 - 2 \cdot \beta_1 > 1$) führt. Wie Sie leicht sehen können, ist ein Test, der zwei Koeffizienten miteinander vergleicht, zum Beispiel $\beta_1 > \beta_2$, was sich umschreiben lässt als $\beta_1 - \beta_2 > 0$, ein Spezialfall dieses Testansatzes.

Fall D schließlich ist dem Fall C nicht unähnlich, denn auch hier sind Linearkombinationen Gegenstand des Tests. Allerdings werden in Fall D *mehrere* Linearkombinationen zugleich getestet. Diesen Fall können wir auch als allgemeines System von linearen Gleichungen schreiben:

$$\begin{aligned} \gamma_{10} \cdot \beta_0 + \ldots + \gamma_{1K} \cdot \beta_K &= \theta_1 \\ &\vdots \\ \gamma_{L0} \cdot \beta_0 + \ldots + \gamma_{LK} \cdot \beta_K &= \theta_L \end{aligned}$$

wobei wir L lineare Beziehungen haben, γ_{il} der Linearitätsfaktor des i-ten Koeffizienten in der l-ten Linearkombination und θ_l eine Konstante in der l-ten Linearkombination ist. Im Beispiel des Falls D in Tabelle 6-1 wären also $L = 2$, weil wir zwei lineare Beziehungen haben. In der ersten linearen Beziehung hätten wir $\gamma_{10} = 0$, $\gamma_{11} = 1$, $\gamma_{12} = 3$ und $\theta_1 = 7$. In der zweiten linearen Beziehung hätten wir $\gamma_{20} = 2$, $\gamma_{21} = -1$, $\gamma_{22} = 0$ und $\theta_1 = 1$.

Wie Sie wissen, kann ein solches lineares Gleichungssystem auch in Matrixschreibweise dargestellt werden:

$$\boldsymbol{\Gamma} \cdot \boldsymbol{\beta} = \boldsymbol{\theta}$$

Dabei ist Γ die Matrix der Linearitätsfaktoren γ_{il}:

$$\boldsymbol{\Gamma} = \begin{pmatrix} \gamma_{10} & \cdots & \gamma_{1K} \\ \vdots & \ddots & \vdots \\ \gamma_{L0} & \cdots & \gamma_{LK} \end{pmatrix}$$

β der Vektor der Koeffizienten unserer unabhängigen Variablen in der Grundgesamtheit:

$$\boldsymbol{\beta} = \begin{pmatrix} \beta_0 \\ \vdots \\ \beta_K \end{pmatrix}$$

und θ ist der Vektor der konstanten Terme der Linearkombinationen:

$$\theta = \begin{pmatrix} \theta_0 \\ \vdots \\ \theta_K \end{pmatrix}$$

Auf diese Darstellung in Matrixschreibweise werden wir noch einmal zurückkommen, wenn wir gleich die Tests in R umsetzen.

Tests vom Typ D werden auch mit F-Tests umgesetzt. Beachten Sie, dass die linearen Relationen hier alle als Gleichungen beschrieben sein müssen, Ungleichungen wie in Fall C sind nicht möglich.

Übrigens werden Sie bei genauerem Hinsehen feststellen, dass Fall B (zumindest solange dort Gleichungen und nicht Ungleichungen getestet werden) ein Spezialfall von Fall C ist, nämlich der Fall, in dem in jeder Linearkombination l nur genau ein Koeffizient i einen Linearitätsfaktor $\gamma_{il} \neq 0$ besitzt.

Hypothesentests einzelner Parameter

Betrachten wir zunächst einen Test vom Typ A. Dazu stützen wir uns beispielhaft auf ein Regressionsmodell, das wir bereits zuvor berechnet hatte:

```
> m <- lm(formula = EXPEND ~ GROWTH + POPSENIORS + POPCHILDREN
  + DEMOCRATIC, data = x))
> summary(m)

Call:
lm(formula = EXPEND ~ GROWTH + POPSENIORS + POPCHILDREN + DEMOCRATIC, data = x)

Residuals:
    Min      1Q  Median      3Q     Max
-17.933  -5.426  -0.092   5.452  35.415

Coefficients:
                 Estimate Std. Error t value Pr(>|t|)
(Intercept)     29.285655   4.709949   6.218 4.17e-09 ***
GROWTH          -0.497472   0.268188  -1.855   0.0654 .
POPSENIORS       1.101775   0.241609   4.560 1.01e-05 ***
POPCHILDREN     -0.003542   0.107964  -0.033   0.9739
DEMOCRATICTRUE -4.644085   1.839255  -2.525   0.0125 *
---
Signif. codes:  0 '***' 0.001 '**' 0.01 '*' 0.05 '.' 0.1 ' ' 1

Residual standard error: 8.375 on 161 degrees of freedom
  (23 observations deleted due to missingness)
Multiple R-squared:  0.3987,     Adjusted R-squared:  0.3838
F-statistic: 26.69 on 4 and 161 DF,  p-value: < 2.2e-16
```

Angenommen, Sie wollten nun die Hypothese testen, dass in Demokratien der Staatsausgabenanteil um mehr als 3 Prozentpunkte niedriger ist als in nicht demokratisch regierten Staaten. Nennen wir den Koeffizienten unserer erklärenden Variablen DEMOCRATIC in der Grundgesamtheit einfach β_4, den oben berechneten Schätzer (Estimate) β_4. Dann können wir das zu testende Hypothesensystem also formulieren als:

$$H_0 : \beta_4 \geq -3$$
$$H_1 : \beta_4 < -3$$

Wie üblich formulieren wir die Nullhypothese so, dass ihre empirische Widerlegung zugleich die Bestätigung unserer eigentlichen Hypothese ist. Die Hypothese, an der wir also wirklich interessiert sind, ist eigentlich die Alternativhypothese.

Die oben durchgeführte Schätzung unseres Regressionsmodells liefert einen Koeffizienten von –4,664. Sie scheint unsere Hypothese zunächst also zu bestätigen. Allerdings kann dieses Ergebnis auch Zufall sein. Denn es gibt, wie Sie wissen, eine gewisse Wahrscheinlichkeit dafür, in der Stichprobe einen solchen Schätzwert auch dann zu erzielen, wenn in Wahrheit in der Grundgesamtheit der Wert des Koeffizienten größer als –3, also näher an 0 oder gar positiv, ist. Um den Test nun durchzuführen, *standardisieren* wir zunächst den Wert unseres Koeffizienten, errechnen also einen t-Wert nach folgender Vorschrift:

$$t = \frac{\hat{\beta}_4 - (-3)}{\hat{\sigma}_{\beta_4}} = \frac{\hat{\beta}_4 + 3}{\hat{\sigma}_{\beta_4}}$$

Wir ziehen dazu vom geschätzten Wert des Koeffizienten den (äußersten) Nullhypothesenwert ab. Damit wird die Verteilung des Schätzers unter Gültigkeit der Nullhypothese über dem Wert –3 zentriert. Tatsächlich muss der wahre Wert des Koeffizienten unter Gültigkeit der Nullhypothese natürlich nicht bei –3 liegen, sondern könnte auch größer sein, zum Beispiel –2,5. In diesem Fall wäre es sogar noch unwahrscheinlicher, einen Wert wie –4,664 für den Schätzer β_4 in der Stichprobe zu erzielen. Berechnen wir also unseren t-Wert in R:

```
> s <- summary(lm(formula = EXPEND ~ GROWTH + POPSENIORS +
  POPCHILDREN + DEMOCRATIC, data = x))
> t <- (s$coefficients["DEMOCRATICTRUE", "Estimate"] + 3) /
  s$coefficients["DEMOCRATICTRUE", "Std. Error"]
> t
[1] -0.8938868
```

Dazu speichern wir zuerst das Rückgabeobjekt von summary in einer Variablen s. Dieses Rückgabeobjekt benötigen wir, weil in seinem Element s$coefficients eine Matrix enthalten ist, der wir unter anderem die geschätzten Standardfehler der Koeffizienten, also auch das $\hat{\sigma}_{\beta_4}$, entnehmen können. Diese Matrix sieht bekanntermaßen so aus:

```
> s$coefficients
                Estimate Std. Error     t value     Pr(>|t|)
(Intercept)  29.285654904  4.7099490  6.21782847 4.165808e-09
GROWTH       -0.497472341  0.2681882 -1.85493768 6.543387e-02
```

```
POPSENIORS        1.101774925  0.2416093  4.56015199 1.007322e-05
POPCHILDREN      -0.003541996  0.1079636 -0.03280732 9.738689e-01
DEMOCRATICTRUE   -4.644085314  1.8392545 -2.52498241 1.253760e-02
```

In obigen R-Anweisungen greifen wir jetzt auf die Elemente der Matrix dadurch zu, dass wir die Namen der Zeilen und Spalten angeben. Wie Sie bereits wissen, ist bei der Verwendung der Namen wichtig, diese genau so zu schreiben, wie sie auch in R lauten, ansonsten erhalten Sie eine Fehlermeldung. Genauso gut hätten wir aber auch mit den Zeilen- und Spaltennummern arbeiten können:

```
> t <- (s$coefficients[5,1] + 3) / s$coefficients[5,2]
> t
[1] -0.8938868
```

Die so berechnete Teststatistik ist t-verteilt, folgt also einer t-Verteilung. Das Aussehen der t-Verteilung hängt bekanntlich ab von der Zahl der sogenannten Freiheitsgrade, von denen es $N - K - 1$ gibt. Dabei ist N die Zahl der Beobachtungen und K die Zahl der unabhängigen Variablen. Die Zahl der Freiheitsgrade beträgt, wie Sie der Summary unseres Regressionsmodells entnehmen können, 161. Sie könnten sie natürlich auch leicht selbst berechnen. Wichtig dabei ist, dass Sie für N nicht einfach die Zahl der Beobachtungen in unserer Stichprobe nehmen, sondern die Zahl der *tatsächlich* in die Schätzung eingegangenen Beobachtungen. Da jede Beobachtung ein Residuum hat, können Sie diese Zahl zum Beispiel mit `NROW(s$residuals)` leicht bestimmen (Ergebnis: $N = 166$), wie wir es bereits zuvor gemacht haben.

Nun haben wir also eine t-Statistik ermittelt und wissen, wie ihre Verteilung bei Gültigkeit der Nullhypothese aussieht. Im letzten Schritt müssen wir nur noch feststellen, wie wahrscheinlich es bei Gültigkeit der Nullhypothese ist, dass $\beta_4 \geq -3$ ist, also einen t-Wert zu erhalten, der so klein ist wie der tatsächlich von uns berechnete t-Wert.

Das ist in R ganz einfach:

```
> pt(t,161)
[1] 0.1863584
```

Mit der Funktion `pt` können wir zu einem bestimmten t-Wert t die Wahrscheinlichkeit $P(x \leq t)$ ermitteln. Neben diesem Wert t übergeben wir der Funktion auch die Zahl der Freiheitsgrade. So ergibt sich in unserem Beispiel eine Wahrscheinlichkeit $P\left(x \leq -0{,}8938868\right) \cong 0{,}186$. Die Wahrscheinlichkeit, einen Schätzer β_4 zu erhalten, der kleiner oder gleich unserem Schätzer ist, ist also ungefähr 18,6 %, wenn in der Grundgesamtheit tatsächlich β_4 größer als –3 ist. Diese Wahrscheinlichkeit ist immer noch recht hoch – zu hoch, um die Nullhypothese bei klassischen Signifikanzniveaus von 1, 5 oder gar 10 % zu verwerfen. Das heißt, wir finden unsere Ausgangshypothese $\beta_4 < -3$ nicht klar bestätigt und müssen die Nullhypothese daher beibehalten.

Die eben beschriebene Situation stellen die Abbildungen 6-7 und 6-8 dar. Abbildung 6-7 zeigt die Verteilung der Schätzer unter Gültigkeit der Nullhypothese, Abbildung 6-8 zeigt die Verteilung der t-Werte dieser Schätzer.

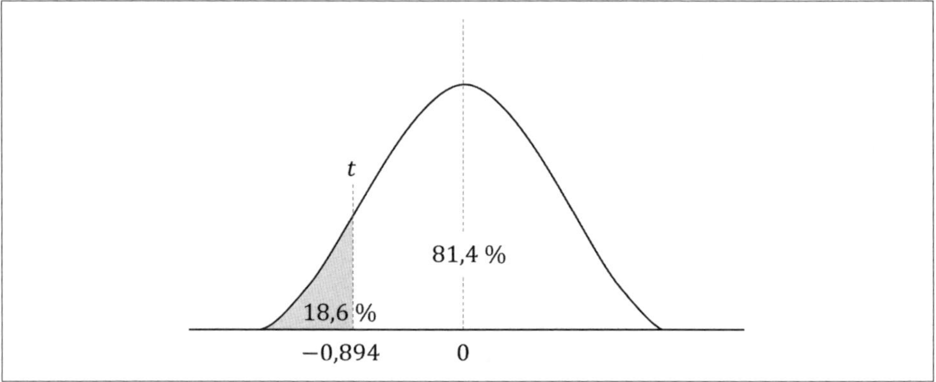

Abbildung 6-7: Verteilung der Schätzer unter Gültigkeit der Nullhypothese

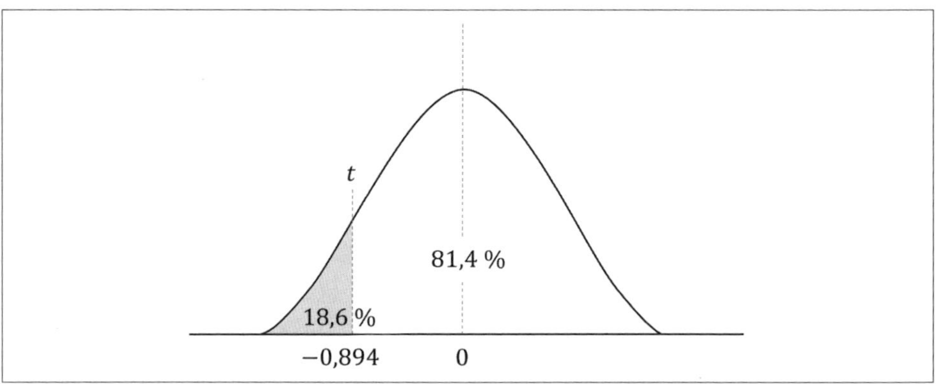

Abbildung 6-8: Verteilung der t-Werte der Schätzer unter Gültigkeit der Nullhypothese

Sie haben soeben gesehen, wie ein t-Test in R »von Hand« durchgeführt werden kann. Leicht können Sie damit auch die standardmäßig von `summary(lm(...))` berichteten Tests der Koeffizienten gegen 0 »nachbilden«:

```
> t <- s$coefficients["DEMOCRATICTRUE", "Estimate"] /
  s$coefficients["DEMOCRATICTRUE", "Std. Error"]
> 2 * pt(t,161)
[1] 0.0125376
```

Unser t-Wert bildet auch hier die Standardisierung des geschätzten Koeffizienten ab, dieses Mal eben für die Nullhypothese, dass $\beta_4 = 0i$ ist.

$$t = \frac{\hat{\beta}_4 - 0}{\hat{\sigma}_{\beta_4}} = \frac{\hat{\beta}_4}{\hat{\sigma}_{\beta_4}}$$

Weil R einen zweiseitigen Test durchführt, ist der in `summary(lm(...))` berichtete p-Wert das Doppelte des Werts, den wir mit `pt` ermitteln. Anders ausgedrückt:

Die Wahrscheinlichkeit, unter Gültigkeit der Nullhypothese (wenn also in der Grundgesamtheit tatsächlich $\beta_4 = 0$) einen t-Wert zu ermitteln, der dem Betrag nach größer ist als der sich aus der Standardisierung unseres Koeffizientenschätzers β_4 ergebende t-Wert (–2,52498241), ist ca. 1,25 %.

Sie haben wahrscheinlich schon einmal die Faustregel gehört, dass ein Regressionskoeffizient signifikant ist, wenn sein t-Wert größer ist als 1,96. Der Hintergrund dieser Fausregel lässt sich leicht nachvollziehen:

```
> pt(-1.96,10000000)
[1] 0.02499791
```

Sie sehen, dass ca. 2,5 % der t-Werte unter Gültigkeit der Nullhypothese, dass der Parameter in der Grundgesamtheit tatsächlich gleich 0 ist, kleiner sein werden als –1,96. Umgekehrt werden entsprechend knapp 2,5 % der t-Werte größer sein als +1,96 und daher ebenfalls zur Ablehnung der Nullhypothese führen. Anders ausgedrückt: Der Koeffizient ist zum Niveau 5 % signifikant von 0 verschieden. Wie Sie sehen, haben wir beim Aufruf von pt eine sehr hohe Zahl von Freiheitsgraden angegeben. Denn tatsächlich gilt die Faustregel nur dann. Mit unseren 161 Freiheitsgraden ergibt sich dagegen:

```
> pt(-1.96,161)
[1] 0.02586104
```

Das bedeutet ein Signifikanzniveau von ca. 5,17 %. Die Faustregel ist also nur bei sehr großen Stichproben anwendbar.

Gleichzeitige Hypothesentests mehrerer Parameter

Bei Tests vom Typ B, C und D testen wir mehrere Koeffizienten oder eine oder mehrere Linearkombinationen von Koeffizienten. Sie erinnern sich, dass wir die zu testende Hypothese in diesem Fall als Gleichungssystem der Form

$$\begin{aligned} \gamma_{10} \cdot \beta_0 + \ldots + \gamma_{1K} \cdot \beta_K &= \theta_1 \\ &\vdots \\ \gamma_{L0} \cdot \beta_0 + \ldots + \gamma_{LK} \cdot \beta_K &= \theta_L \end{aligned}$$

und mit Matrizen und Vektoren als

$$\Gamma \cdot \boldsymbol{\beta} = \boldsymbol{\theta}$$

schreiben können. Durch geschicktes Null-Setzen der $L \cdot K$ Linearitätsfaktoren γ_{ij} lassen sich auch die Fälle abbilden, in denen einzelne Koeffizienten gegen konkrete Werte (Fall B) oder nur eine einzige Linearkombination von Koeffizienten (Fall C) getestet werden.

Angenommen, Sie wollten folgende Hypothese testen:

$$\beta_1 + 3 \cdot \beta_2 = 7$$

$$2 \cdot \beta_0 - \beta_1 = 1$$

Dann lautet die Matrix Γ der Linearitätsfaktoren:

$$\Gamma = \begin{pmatrix} 0 & 1 & 3 & 0 & 0 \\ 2 & -1 & 0 & 0 & 0 \end{pmatrix}$$

Dabei sind die Spaltenvektoren die Linearitätsfaktoren der Koeffizienten β_0, β_1, β_2, β_3 und β_4. Die beiden letzten Spaltenvektoren sind Null-Vektoren. Das liegt daran, dass β_3 und β_4 nicht in unserem Gleichungssystem vorkommen. Trotzdem müssen wir sie berücksichtigen, denn auch der Vektor β beinhaltet ja alle K Koeffizienten. Um also den Regeln der Matrixalgebra Genüge zu tun, muss auch die Matrix Γ über K Spalten verfügen.

Der Vektor θ der konstanten Terme lautet:

$$\theta = \begin{pmatrix} 7 \\ 1 \end{pmatrix}$$

Er muss so viele Elemente haben, wie unser Gleichungssystem Linearkombinationen umfasst, also L.

Um nun den F-Test unserer Hypothese durchzuführen, müssen wir zunächst die Matrix Γ und den Vektor θ in R erzeugen:

```
> gamma <- cbind(c(0,2), c(1,-1), c(3,0), c(0,0), c(0,0))
> gamma
     [,1] [,2] [,3] [,4] [,5]
[1,]    0    1    3    0    0
[2,]    2   -1    0    0    0
> class(gamma)
[1] "matrix"
> theta <- c(7,1)
```

In der ersten R-Anweisung sehen Sie, dass wir fünf Vektoren mit je zwei Elementen mithilfe von `cbind` kombinieren. Das Ergebnis ist, wie wir uns leicht überzeugen können, eine Matrix.

Der F-Test unserer Hypothese lässt sich jetzt ganz einfach umsetzen. Dazu benutzen wir die Funktion `linearHypothesis` (Groß- und Kleinschreibung beachten!) aus dem Package car. Da dieses Package standardmäßig von R nicht geladen wird, müssen das zunächst manuell nachholen:

```
> library(car)
```

Wenn Sie nach dieser Anweisung die Fehlermeldung

```
Error in library(car) : es gibt kein Paket namens 'car'
```

erhalten, ist das Paket noch nicht installiert, und das veranlassen Sie damit:

```
> install.packages("car", dependencies = TRUE)
```

Zum Testen benötigen wir natürlich auch das Modell, das getestet werden soll. Für unser Beispiel nehmen wir einfach das bereits zuvor verwendete Modell:

```
> m <- lm(EXPEND ~ GROWTH + POPSENIORS + POPCHILDREN +
  DEMOCRATIC, data = x)
```

Jetzt ist alles vorbereitet, und wir können uns dem eigentlichen Test mithilfe von `linearHypothesis` zuwenden:

```
> linearHypothesis(model = m, hypothesis.matrix = gamma,
  rhs = theta)

Linear hypothesis test

Hypothesis:
GROWTH  + 3 POPSENIORS = 7
2 ((Intercept) - GROWTH = 1

Model 1: restricted model
Model 2: EXPEND ~ GROWTH + POPSENIORS + POPCHILDREN + DEMOCRATIC

  Res.Df   RSS Df Sum of Sq      F    Pr(>F)
1    163 13916
2    161 11294  2    2622.9 18.696 4.998e-08 ***
---
Signif. codes:  0 '***' 0.001 '**' 0.01 '*' 0.05 '.' 0.1 ' ' 1
```

Die Funktion `linearHypothesis` nimmt bei unserem Aufruf drei Argumente entgegen, deren Namen Sie im Funktionsaufruf wie gewohnt vor dem Gleichheitszeichen sehen. Es sind das Regressionsmodell, das getestet werden soll (`model`), die Matrix der Linearitätsfaktoren (`hypothesis.matrix`) und die konstanten Terme der Linearkombinationen. Letzteres Argument trägt hier den kryptisch anmutenden Namen `rhs`, was nichts anderes bedeutet als *right hand side*, also rechte Seite der Gleichung. Die Namen der Argumente hätten wir natürlich auch weglassen können, `linearHypothesis(m,gamma,theta)` wäre daher ein genauso zulässiger Funktionsaufruf gewesen und hätte zum gleichen Ergebnis geführt.

Schauen wir uns dieses Ergebnis einmal genauer an. Zunächst wiederholt R unsere Hypothese, dieses Mal nicht in Form von Matrizen und Vektoren, sondern in einer gut lesbaren Darstellung. So können Sie schnell erkennen, ob Sie wirklich die Hypothese testen, die Sie testen wollen, oder ob sich etwa in die Umsetzung der Hypothese in die Matrix aus Linearitätsfaktoren und den Vektor der konstanten Terme ein Fehler eingeschlichen hat. Danach zeigt Ihnen R die beiden Modelle, deren Residuenvariation beim F-Test verglichen werden. Das erste ist das Nullhypothesenmodell, also das restringierte Modell, das sich bei *Gültigkeit der Nullhypothese* ergäbe, das zweite ist das tatsächliche Modell, anhand dessen wir die Hypothese untersuchen wollen.

Zurück zu unseren Testergebnissen.

Darunter sehen Sie die Residuenvariation (*RSS*) der beiden Modelle, also jener Teil der Gesamtvariation der abhängigen Variablen Y (in unserem Fall EXPEND), der nicht durch das jeweilige Modell erklärt werden kann, also:

$$\sum_{i=1}^{N} \hat{u}_i^2$$

Für das tatsächlich geschätzte, also das unrestringierte Modell sind das:

```
> sum(m$residuals^2)
[1] 11293.59
```

Wie zu erwarten war, ist diese Residuenvariation kleiner als die des restringierten Modells (13916), denn das tatsächliche Modell hat (weil es eben weniger Restriktionen unterliegt) mehr Möglichkeiten, sich an die abhängige Variable anzupassen als das restringierte Modell.

Spannend wird es jetzt weiter rechts in der zweiten Zeile der Tabelle: Dort finden Sie unter anderem den F-Wert (F), also die Teststatistik, und vor allem den p-Wert der Teststatistik (Pr(>F)). Dieser ist in unserem Beispiel sehr, sehr klein. Das heißt, die Wahrscheinlichkeit, unter Gültigkeit unserer Nullhypothese als Teststatistik einen F-Wert zu erhalten, der noch größer ist als derjenige Wert, den wir in unserer Stichprobe ermittelt haben, ist verschwindend gering. Wir können also davon ausgehen, dass die Nullhypothese zurückgewiesen werden kann (was bei den eher zufällig zusammengestellten Linearkombinationen auch nicht weiter verwunderlich ist).

Finden Sie die Abbildung der Hypothesen in Form der Matrix hypothesis.matrix und des Vektors rhs auch etwas umständlich?

Glücklicherweise gibt es noch einen zweiten Zugang zur Funktion linearHypothesis. Die zu testende Hypothese muss nämlich nicht zwingend als Hypothesenmatrix abgebildet sein. linearHypothesis erlaubt es auch, Hypothesen in Textform zu beschreiben. Dann würde unsere obige Hypothese so formuliert werden:

```
> linearHypothesis(model = m, c("GROWTH + 3*POPSENIORS = 7",
  "2*(Intercept) - GROWTH = 1"))

Linear hypothesis test

Hypothesis:
GROWTH  + 3 POPSENIORS = 7
2 ((Intercept) - GROWTH = 1

Model 1: restricted model
Model 2: EXPEND ~ GROWTH + POPSENIORS + POPCHILDREN + DEMOCRATIC

  Res.Df   RSS Df Sum of Sq      F    Pr(>F)
1    163 13916
2    161 11294  2    2622.9 18.696 4.998e-08 ***
---
```

```
Signif. codes:  0 '***' 0.001 '**' 0.01 '*' 0.05 '.' 0.1 ' ' 1
```

Wie Sie sehen, ist das Resultat das gleiche. Der Funktion `linearHypothesis` wird dabei nach dem zu testenden Modell als zweites Argument ein Vektor von Zeichenketten übergeben. Jede dieser Zeichenketten stellt eine Linearkombination dar. Wichtig ist natürlich, dass Sie die Namen der unabhängigen Variablen genau so schreiben, wie sie in `summary(lm(...))` angezeigt werden. Dazu gehören – wie immer in R – die entsprechende Groß- und Kleinschreibung und ebenso die Klammern um den Koeffizienten des Achsenabschnitts `Intercept`. Im folgenden Beispiel sind die Klammern, die `Intercept` umschließen sollten, »vergessen« worden:

```
> linearHypothesis(model = m, c("GROWTH + 3*POPSENIORS = 7",
  "2*Intercept-GROWTH = 1"))
Error in constants(lhs, cnames_symb) :
  The hypothesis "2*Intercept-GROWTH = 1" is not well formed: contains bad
coefficient/variable names.
In addition: Warning message:
In constants(lhs, cnames_symb) : NAs introduced by coercion
```

Im vorangegangenen Abschnitt hatten wir Tests vom Typ A, das heißt Tests einzelner Koeffizienten gegen einen bestimmten Wert mithilfe des t-Tests realisiert. Ihnen wird sicher nicht entgangen sein, dass man das allgemeine lineare Gleichungssystem

$$
\begin{aligned}
\gamma_{10} \cdot \beta_0 + \ldots + \gamma_{1K} \cdot \beta_K &= \theta_1 \\
&\vdots \\
\gamma_{L0} \cdot \beta_0 + \ldots + \gamma_{LK} \cdot \beta_K &= \theta_L
\end{aligned}
$$

durch eine geschickte Wahl der Linearitätsfaktoren natürlich auch so modifizieren kann, dass damit ein Test vom Typ A beschrieben wird. Im Folgenden bedienen wir uns der einfacheren Textnotation der Hypothesen (statt der Matrixschreibweise), um die Standardhypothese `GROWTH=0` zu testen, deren Testergebnis auch von `summary(lm(...))` automatisch ausgegeben wird. Schauen wir uns die Ergebnisse dieses Tests sowie des standardmäßig angebotenen Testergebnisses im Vergleich an:

```
> linearHypothesis(model = m, c("GROWTH = 0"))

Linear hypothesis test

Hypothesis:
GROWTH = 0

Model 1: restricted model
Model 2: EXPEND ~ GROWTH + POPSENIORS + POPCHILDREN + DEMOCRATIC

  Res.Df   RSS Df Sum of Sq      F  Pr(>F)
1    162 11535
2    161 11294  1    241.36 3.4408 0.06543 .
---
Signif. codes:  0 '***' 0.001 '**' 0.01 '*' 0.05 '.' 0.1 ' ' 1
> summary(m)
```

```
Call:
lm(formula = EXPEND ~ GROWTH + POPSENIORS + POPCHILDREN + DEMOCRATIC, data = x)

Residuals:
    Min      1Q  Median      3Q     Max
-17.933  -5.426  -0.092   5.452  35.415

Coefficients:
                Estimate Std. Error t value Pr(>|t|)
(Intercept)    29.285655   4.709949   6.218 4.17e-09 ***
GROWTH         -0.497472   0.268188  -1.855   0.0654 .
POPSENIORS      1.101775   0.241609   4.560 1.01e-05 ***
POPCHILDREN    -0.003542   0.107964  -0.033   0.9739
DEMOCRATICTRUE -4.644085   1.839255  -2.525   0.0125 *
---
Signif. codes:  0 '***' 0.001 '**' 0.01 '*' 0.05 '.' 0.1 ' ' 1

Residual standard error: 8.375 on 161 degrees of freedom
  (23 observations deleted due to missingness)
Multiple R-squared:  0.3987,	Adjusted R-squared:  0.3838
F-statistic: 26.69 on 4 and 161 DF,  p-value: < 2.2e-16
```

Sie sehen zunächst, dass das Ergebnis beider Tests absolut identisch ist: In beiden Fällen ist der p-Wert 0,0653. Es lässt sich sogar zeigen, dass im Fall von Tests des Typs A der Wert der (F-)Teststatistik das Quadrat der Teststatistik des zugehörigen t-Tests ist. Das können Sie übrigens ganz leicht nachvollziehen:

```
> ftest <- linearHypothesis(model = m, c("GROWTH = 0"))
> names(ftest)
[1] "Res.Df"    "RSS"      "Df"      "Sum of Sq"    "F"     "Pr(>F)"
```

Wie Sie es bereits bei `summary` und `lm` kennengelernt haben, gibt auch `linearHypothesis` ein (Listen-)Objekt zurück, das die wesentlichen Daten des durchgeführten F-Tests bereitstellt, unter anderem den Wert der F-Statistik.

```
> sqrt(ftest$F[2])
[1] 1.854938
```

Das ist genau der t-Wert aus `summary(lm(...))`.

Ihnen wird aufgefallen sein, dass wir den F-Wert über `ftest$F[2]` absprechen. Das liegt daran, dass die Bestandteile unseres Objekts `ftest` allesamt Vektoren mit zwei Elementen sind, einem für das Nullhypothesenmodell und einem für das tatsächliche Modell. Für das Nullhypothesenmodell gibt es natürlich keinen F-Wert, das erste Element von `ftest$F` ist daher `NA`.

Bitte beachten Sie, dass der F-Test bei Tests vom Typ A nur dann ein guter Ersatz für den t-Test ist, wenn wir testen wollen, ob ein Koeffizient in der Grundgesamtheit exakt gleich einem bestimmten Wert ist. Würde unsere Hypothese dagegen darauf lauten, dass der Koeffizient größer oder kleiner als ein bestimmter Wert ist, könnten wir den F-Test nicht verwenden. Denn der F-Test führt bei großen Abweichungen des Koeffizienten von dem festgelegten Wert immer zur Ablehnung der Nullhypothese, unabhängig von der Richtung der Abweichung. Hypothesen, die auf »größer« oder »kleiner« testen, haben aber eben immer die Eigenschaft, dass Abweichungen zur einen Seite mit der Nullhypothese vereinbar sind, Abweichungen zur anderen Seite hingegen nicht. Da der F-Test das nicht unterscheiden kann, müssen wir uns des t-Tests bedienen, wenn wir solche Hypothesen testen wollen.

Gleiches gilt, wenn wir Hypothesen vom Typ C untersuchen wollen, also eine Linearkombination mehrerer Koeffizienten, die nicht als Gleichung, sondern als Ungleichung formuliert ist.

Nehmen als Beispiel die Hypothese aus Tabelle 6-1:

$$\beta_2 + \beta_3 < 1$$

Diese könnten wir nicht mit einem F-Test untersuchen. Doch obwohl sie eine Linearkombination ist, können wir sie einem t-Test unterziehen. Und das machen Sie so:

Wir betrachten den linken Teil der Ungleichung als die zu testende Größe, sagen wir *LK* für Linearkombination. Nun gehen wir bei diesem t-Test genau so vor wie bei einem t-Test mit nur einem Koeffizienten, das heißt, wir standardisieren die Größe zunächst und erhalten daraus ihren t-Wert:

$$t = \frac{\hat{LK} - E(\hat{LK})}{\hat{\sigma}_{LK}}$$

Das heißt in unserem Beispiel mit LK = $\beta_2 + \beta_3$:

$$t = \frac{(\hat{\beta}_2 + \hat{\beta}_3) - 1}{\sqrt{\hat{\sigma}^2_{\beta_2} + \hat{\sigma}^2_{\beta_3} - 2\hat{\sigma}_{\beta_2\beta_3}}}$$

Der Ausdruck für die Standardabweichung von *LK* im Nenner unseres Bruchs ist ein wenig komplizierter: Er basiert auf der bekannten Rechenregel, dass die Varianz der Linearkombination $aX_1 + bX_2$ zweier Zufallsvariablen X_1 und X_2 durch folgenden Ausdruck gegeben ist: $a^2 Var(X_2) + b^2 Var(X_2) + 2ab \cdot Cov(X_1, X_2)$. Setzt man die entsprechenden Faktoren $a = b = 1$ ein, erhält man den im Nenner dargestellten Ausdruck.

Um den t-Wert nun in R bestimmen zu können, benötigen wir die geschätzten Varianzen und Kovarianzen der Koeffizienten. Diese liefert uns die Funktion vcov aus dem Package car:

```
> vcov(m)
            (Intercept)       GROWTH POPSENIORS  POPCHILDREN
(Intercept)  22.1836194 -0.4305043713 -0.96894819 -0.4488226625
GROWTH       -0.4305044  0.0719248943  0.02559576  0.0003765538
```

```
POPSENIORS    -0.9689482  0.0255957626  0.05837503  0.0198333127
POPCHILDREN   -0.4488227  0.0003765538  0.01983331  0.0116561384
```

Die Darstellung beschränkt sich der Übersichtlichkeit wegen auf einen Ausschnitt der Varianz-Kovarianz-Matrix (tatsächlich wurde die obige Ausgabe mit `vcov(m)[c(1:4),c(1:4)]` erzeugt).

Diese Matrix stellt die geschätzten Kovarianzen zwischen allen Koeffizienten dar. Auf der Diagonalen stehen die Varianzen, die ja technisch nichts anderes sind als die Kovarianz einer Variablen mit sich selbst.

Mit diesen Informationen können wir nun den t-Wert für unsere Hypothese berechnen:

```
> t <- (m$coefficients["POPSENIORS"] +
  m$coefficients["POPCHILDREN"] - 1) /
  sqrt(vcov(m)["POPSENIORS", "POPSENIORS"] +
  vcov(m)["POPCHILDREN", "POPCHILDREN"] +
  2*vcov(m)["POPSENIORS", "POPCHILDREN"])
> t
POPSENIORS
0.2965911
```

Wie Sie sehen, greifen wir hier auf den `coefficients`-Vektor des `lm`-Objekts `m` sowie auf die Varianzen und Kovarianzen, die durch den Funktionsaufruf `vcov(m)` zurückgegeben werden, anhand der Namen der benötigten Elemente zu. Schauen wir uns den soeben berechneten t-Wert an, fällt auf, dass er ein *named vector* ist mit genau einem Element, das `POPSENIORS` heißt. Das kommt von der Berechnung, die sich ja vollständig aus benannten Elementen bedient. Wir können den Namen aber ignorieren oder ihn mit der Funktion `unname` entfernen:

```
> t <- unname(t)
> t
[1] 0.2965911
```

Diesen t-Wert können wir jetzt gehen die t-Verteilung halten und schauen, wie wahrscheinlich es bei Gültigkeit unserer Hypothese $\beta_2 + \beta_3 < 1$ ist, einen Wert für die t-Statistik zu erhalten, der größer ist als das von uns berechnete `t`:

```
> pt(t, 161, lower.tail = FALSE)
[1] 0.3835805
```

Die Zahl der Freiheitsgrade, die wir der Funktion `pt` als zweites Argument mitgeben müssen, ist wieder die Zahl der in die Schätzung des Modells eingegangenen Beobachtungen (166) abzüglich der Zahl der unabhängigen Variablen des Modells (inklusive der Konstanten). Damit wir tatsächlich die Wahrscheinlichkeit erhalten, dass unter Gültigkeit der Nullhypothese der t-Wert eines Schätzers *größer* als der in unserer Stichprobe errechnete t-Wert ist, muss das Argument `lower.tail` von `pt` auf `FALSE` gesetzt werden.

Das Ergebnis sagt uns also, dass wir die Hypothese $\beta_2 + \beta_3 < 1$ nicht verwerfen können, sondern sie als bestätigt betrachten müssen. Denn auch wenn in Wahrheit $\beta_2 + \beta_3 < 1$ wäre, würden wir bei wiederholten Stichproben immer noch in 38 % der Fälle Schätzer finden, deren Summe größer ist als der in unserer tatsächlichen Stichprobe berechnete. Erst wenn diese Wahrscheinlichkeit sehr viel kleiner wäre, dürften wir davon ausgehen, dass der von uns ermittelte Wert kein Zufall ist und tatsächlich $\beta_2 + \beta_3 \geq 1$ ist. Dann würden wir unsere Hypothese verwerfen müssen.

Regression auf kategoriale Variablen

In diesem Abschnitt erfahren Sie,

- wie Sie kategoriale Variablen, Faktoren und Wahrheitswerte (sogenannte Dummy-Variablen) als unabhängige Variablen in Regressionen einbeziehen,
- wie Sie die Ergebnisse von Regressionen auf kategoriale Variablen interpretieren,
- warum Multikollinearität dazu führt, dass in Regressionen auf Faktoren immer ein Faktorlevel als Basis-/Referenzkategorie ausgelassen wird und für dieses Level kein Koeffizientenschätzer berechnet wird,
- wie Sie das Problem der Multikollinearität bei Faktoren und Dummy-Variablen lösen.

Folgende R-Funktion wird in diesem Abschnitt behandelt:

- **relvel()**: Ändert die Basis- oder Referenzkategorie eines Faktors.

Kategoriale Variablen als Regressoren

Betrachten wir noch einmal die folgende Regression:

```
> summary(lm(EXPEND ~ UNEMPLOY + POPSENIORS + POPCHILDREN +
  DEMOCRATIC, data = x))

Call:
lm(formula = EXPEND ~ UNEMPLOY + POPSENIORS + POPCHILDREN + DEMOCRATIC, data = x)

Residuals:
     Min       1Q   Median       3Q      Max 
-17.4281  -6.1358   0.9829   5.6349  14.8007 

Coefficients:
                Estimate Std. Error t value Pr(>|t|)    
(Intercept)    22.703928   6.911223   3.285  0.00142 ** 
UNEMPLOY        0.035584   0.156500   0.227  0.82061    
POPSENIORS      1.408720   0.276445   5.096 1.71e-06 ***
POPCHILDREN     0.001192   0.196978   0.006  0.99518    
DEMOCRATICTRUE -3.273005   2.437656  -1.343  0.18251    
---
Signif. codes:  0 '***' 0.001 '**' 0.01 '*' 0.05 '.' 0.1 ' ' 1
```

```
Residual standard error: 7.561 on 97 degrees of freedom
  (87 observations deleted due to missingness)
Multiple R-squared:  0.4971,     Adjusted R-squared:  0.4764
F-statistic: 23.97 on 4 and 97 DF,  p-value: 8.325e-14
```

Eine der unabhängigen Variablen in diesem Modell ist DEMOCRATIC. Wie Sie sich erinnern werden, ist DEMOCRATIC eine Variable vom Typ logical, ein logischer Wert oder Wahrheitswert. Das heißt, diese Variable kann nur zwei Zustände, TRUE (wahr) und FALSE (falsch), annehmen. Wie wir bereits zuvor gesehen haben, codiert R dabei die Ausprägung TRUE mit 1 und die Ausprägung FALSE mit 0. Anders als zum Beispiel die Arbeitslosenquote UNEMPLOY ist DEMOCRATIC also keine *metrische* oder *kontinuierliche* Variable, sondern eine *kategoriale*, das heißt eine Variable, die nur eine endliche Anzahl vordefinierter Ausprägungen annehmen kann. In diesem speziellen Fall sind es sogar nur zwei. Solche 0/1-codierten Variablen, deren Zustände man als wahr/falsch, ja/nein, vorhanden/nicht vorhanden, zutreffend/nicht zutreffend verstehen kann, bezeichnet man im Zusammenhang mit Regressionsmodellen auch als *Dummy-Variablen*.

Die Interpretation der Koeffizienten einer solchen Dummy-Variablen ist sehr einfach: Staaten, die Demokratien sind (und die deshalb für DEMOCRATIC den Wert TRUE, also 1, haben), haben *Ceteris paribus*, das heißt, wenn alle übrigen erklärenden Variablen konstant gehalten werden, eine um 3,27 Prozentpunkte niedrigere Staatsausgabenquote. R zeigt in den Regressionsergebnissen noch mal deutlich an, wie der Koeffizient zu verstehen ist, indem ausnahmsweise der Koeffizientenname nicht mit dem Namen der unabhängigen Variablen identisch ist, sondern noch ein TRUE angehängt wird, DEMOCRATICTRUE. Es empfiehlt sich natürlich, Dummy-Variablen immer so zu codieren, dass die wirklich interessierende Ausprägung den Wert TRUE erhält. Wären wir also eigentlich daran interessiert, wie sich das Fehlen einer demokratischen Staatsordnung auf die Höhe der Staatsausgaben auswirkt, wäre es sinnvoll, die Dummy-Variable »umzudrehen« und anders zu benennen, denn der Name der Variablen sollte der besseren Interpretierbarkeit der Ergebnisse wegen stets auf diejenige Ausprägung verweisen, die den Wert TRUE annimmt. Das ist bei unserer DEMOCRATIC-Variable der Fall. Einen Indikator, der nicht demokratische Staatswesen anzeigt, könnten wir aus DEMOCRATIC leicht erzeugen:

```
> x$NONDEMOCRATIC <- !x$DEMOCRATIC
```

Wie Sie bereits zuvor gesehen haben, ist das Ausrufezeichen in R der logische NICHT-Operator, mit dem wir die Wahrheitswerte von DEMOCRATIC gerade herumdrehen. Alternativ können Sie, da R ja TRUE mit 1 und FALSE mit 0 codiert, die Wahrheitswerte von DEMOCRATIC auch umdrehen, indem Sie diese von 1 abziehen:

```
> x$NONDEMOCRATIC <- 1-x$DEMOCRATIC
```

Neben den Variablen vom Typ `logical` haben Sie bereits den zweiten Datentyp kennengelernt, der in R zur Abbildung kategorialer Variablen verwendet wird: *Faktoren*.

Die eben betrachtete Regression enthielt sowohl metrische als auch kategoriale Variablen. Sie können aber ohne Weiteres auch Regressionen ausschließlich auf kategoriale Variablen aufbauen, wie im folgenden Beispiel gezeigt:

```
> summary(lm(EXPEND ~ INCOMEGROUP, data = x))

Call:
lm(formula = EXPEND ~ INCOMEGROUP, data = x)

Residuals:
    Min      1Q  Median      3Q     Max
-23.981  -5.835  -0.448   5.059  53.642

Coefficients:
                               Estimate Std. Error t value Pr(>|t|)
(Intercept)                     33.8714     2.0807  16.279  < 2e-16 ***
INCOMEGROUPHigh income: OECD    10.5306     2.8012   3.759 0.000229 ***
INCOMEGROUPLow income          -10.5997     2.8654  -3.699 0.000286 ***
INCOMEGROUPLower middle income-3.1652     2.5742  -1.230 0.220435
INCOMEGROUPUpper middle income-0.1922     2.5566  -0.075 0.940163
---
Signif. codes:  0 '***' 0.001 '**' 0.01 '*' 0.05 '.' 0.1 ' ' 1

Residual standard error: 10.61 on 182 degrees of freedom
  (2 observations deleted due to missingness)
Multiple R-squared:  0.2601,	Adjusted R-squared:  0.2438
F-statistic:    16 on 4 and 182 DF,  p-value: 3.066e-11
```

Wie sind die Koeffizienten in dieser Regression zu interpretieren? Lassen Sie uns, um diese Frage zu beantworten, zunächst noch mal einen Blick auf die möglichen Ausprägungen, die *Levels*, des Faktors `INCOMEGROUP` werfen:

```
> levels(x$INCOMEGROUP)
[1] "High income: nonOECD"  "High income: OECD"  "Low income"
[4] "Lower middle income"  "Upper middle income"
```

Wenn Sie nun diese Levels mit dem Output unserer Regression oben vergleichen, werden Sie feststellen, dass R aus (fast) jeder Kategorie eine Dummy-Variable gemacht hat. Die Levels schließen sich dabei gegenseitig aus, denn ein Land kann nur in genau eine der Kategorien fallen. Wenn wir beispielsweise ein Land mit niedrigem Einkommen betrachten (also die Dummy-Variable `Low income` gleich 1 ist), dann sind gleichzeitig alle anderen Dummy-Regressoren (für `Lower middle income`, `Upper middle income` etc.) gleich 0.

Die erwartete Höhe der Staatsausgabenquote `EXPEND` setzt sich dann nur noch zusammen aus dem Wert der Konstanten plus dem Koeffizienten für die `Low income`-Dummy, also:

$$E(EXPEND) = \hat{\beta}_0 + 1 \cdot \hat{\beta}_2 = 33{,}8714 - 10{,}5997 = 23{,}271$$

Wir hatten eben gesagt, dass R aus *fast* jedem Level eine Dummy-Variable gemacht hat. Tatsächlich fehlt ein Level, nämlich `High income:nonOECD`.

Die Basiskategorie verstehen und interpretieren

R verwendet dieses Level als sogenannte *Basiskategorie* oder *Referenzkategorie*. Wenn alle Dummy-Variablen im Modell gleich 0 sind, bleibt, wie eben gesehen, allein die Konstante übrig. Diese misst dann den Einfluss der Basiskategorie. Das heißt in unserem Beispiel: Länder, deren Dummy-Variablen für `INCOMEGROUP` alle 0 sind und daher keiner der aufgeführten Kategorien angehören, fallen deshalb in die Basiskategorie `High income: nonOECD` und besitzen eine erwartete Staatsausgabenquote von 33,87 %, dem Wert der Konstanten.

Betrachten Sie nun ein Land, das zum Beispiel in die Kategorie `Low income` fällt. Dieses Land hat, wie wir bereits oben gesehen haben, eine erwartete Staatsausgabenquote von:

$$E(EXPEND) = \hat{\beta}_0 + 1 \cdot \hat{\beta}_2 = 33{,}8714 - 10{,}5997 = 23{,}271$$

Hier addieren sich also der geschätzte Effekt der Basiskategorie $\hat{\beta}_0$ und der geschätzte Effekt $\hat{\beta}_2$ der Dummy-Variable für die interessierende Kategorie. Anders ausgedrückt: Der Koeffizient der Dummy-Variable gibt an, wie sich die interessierende Kategorie, in unserem Beispiel also `Low income`, von der Basiskategorie *unterscheidet*. Länder mit niedrigem Einkommen haben daher im Erwartungswert eine um ca. 10,6 Prozentpunkte niedrigere Staatsausgabenquote als Länder der Basiskategorie, also Hocheinkommensländer, die nicht der OECD angehören. Die Effekte der einzelnen Kategorien interpretieren sich demzufolge stets *relativ zur Basiskategorie*.

Das Vorhandensein einer Basiskategorie ist übrigens auch der Grund dafür, dass in den Ergebnissen der Regression

```
> lm(EXPEND ~ UNEMPLOY + POPSENIORS + POPCHILDREN + DEMOCRATIC,
  data = x))
```

des vorangegangenen Abschnitts für die Variable `DEMOCRATIC` nicht zwei Dummy-Variablen angezeigt wurden, sondern nur eine, nämlich `DEMOCRATICTRUE`: Die andere Ausprägung (sozusagen `DEMOCRATICFALSE`) war die Basiskategorie.

Was passierte, wenn wir R zwingen würden, beide Variablen in die Regression mit aufzunehmen?

```
> x$DEMOCRATIC.2 <- !x$DEMOCRATIC
> summary(lm(EXPEND ~ UNEMPLOY + POPSENIORS + POPCHILDREN +
  DEMOCRATIC + DEMOCRATIC.2, data = x))

Call:
lm(formula = EXPEND ~ UNEMPLOY + POPSENIORS + POPCHILDREN + DEMOCRATIC +
DEMOCRATIC.2, data = x)
```

```
Residuals:
     Min       1Q   Median       3Q      Max
-17.4281  -6.1358   0.9829   5.6349  14.8007

Coefficients: (1 not defined because of singularities)
                  Estimate Std. Error t value Pr(>|t|)
(Intercept)      22.703928   6.911223   3.285  0.00142 **
UNEMPLOY          0.035584   0.156500   0.227  0.82061
POPSENIORS        1.408720   0.276445   5.096 1.71e-06 ***
POPCHILDREN       0.001192   0.196978   0.006  0.99518
DEMOCRATICTRUE   -3.273005   2.437656  -1.343  0.18251
DEMOCRATIC.2TRUE        NA         NA      NA       NA
---
Signif. codes:  0 '***' 0.001 '**' 0.01 '*' 0.05 '.' 0.1 ' ' 1

Residual standard error: 7.561 on 97 degrees of freedom
  (87 observations deleted due to missingness)
Multiple R-squared:  0.4971,     Adjusted R-squared:  0.4764
F-statistic: 23.97 on 4 and 97 DF,  p-value: 8.325e-14
```

Die Variable DEMOCRATIC.2 haben wir mithilfe des NICHT-Operators ! so erzeugt, dass sie immer dann den Wert TRUE annimmt, wenn DEMOCRATIC gerade FALSE ist. Werden sowohl DEMOCRATIC als auch DEMOCRATIC.2 in das Regressionsmodell mit aufgenommen, wird nur einer der beiden Koeffizienten geschätzt. Warum ist das so?

Das Problem mit DEMOCRATIC und DEMOCRATIC.2 besteht darin, dass die beiden Variablen linear voneinander abhängig sind. Wie Sie wissen, sind, ganz allgemein formuliert, die Variablen $X_0,\ldots, X_K$ dann linear voneinander abhängig, wenn es Koeffizienten $a_0,\ldots, a_K$ gibt, die von 0 verschieden sind. Das führt dazu, dass

$$a_0 + a_1 X_{1\,i} + \ldots + a_K X_{\mathrm{K}\,i} = 0$$

für alle Beobachtungen $i = 1,\ldots, N$ der Stichprobe erfüllt ist.

Betrachten wir das einmal für die Konstante unserer Regression sowie für unsere Variablen DEMOCRATIC und DEMOCRATIC.2.

Die Konstante können wir uns vorstellen als den Koeffizienten einer künstlichen Variablen X_0, deren Wert für alle Beobachtungen der Stichprobe immer genau 1 ist.

Damit können wir den Zusammenhang, der das Vorhandensein von perfekter Multikollinearität beschreibt, auch formulieren als:

$$a_0 X_{0\,i} + a_1 X_{1\,i} + \ldots + a_K X_{\mathrm{K}\,i} = 0$$

Der Effekt dieser künstlichen »erklärenden« Variablen auf die abhängige Variable EXPEND ist daher stets $(Intercept) \cdot X_0 = (Intercept) \cdot 1 = (Intercept)$, also genau die Konstante. Zwischen der konstanten Variablen X_0 und unseren beiden Dummy-Variablen DEMOCRATIC und DEMOCRATIC.2 besteht nun ein ganz einfacher linearer Zusammenhang:

$$X_{0\,i} = DEMOCRATIC_i + DEMOCRATIC.2_i$$

$$1 = DEMOCRATIC_i + DEMOCRATIC.2_i$$

Die Summe der beiden Dummies ist immer genau 1, also gleich dem Wert der (gedachten) unabhängigen Variablen X_0, deren Koeffizient die Konstante ist.

Diese Situation *perfekter linearer Abhängigkeit* haben Sie bereits im statistischen Repetitorium zur Regression kennengelernt. Wir haben sie dort als (perfekte) *Multikollinearität* bezeichnet und per Annahme explizit ausgeschlossen!

Das Problem ist nun, dass bei perfekter Multikollinearität der Variablen die Koeffizienten der betroffenen Variablen und die Standardfehler der Koeffizienten nicht bestimmt werden können, weil das zu einer Division durch 0 führen würde (im Abschnitt »Multikollinearität« werden Sie genauer erfahren, warum das so ist).

R löst deshalb die lineare Abhängigkeit auf, indem es einfach eine Variable weglässt. Die Variable wird dann zwar in den Ergebnissen mit angezeigt (als Zeile mit lauter `NA`s), aber in der Schätzung selbst nicht berücksichtigt.

Die gleiche Situation hatten wir im Fall der Regression `lm(EXPEND~INCOMEGROUP, data=x)`. Auch hier wären die Dummies, die R für jedes Level der Faktorvariablen `INCOMEGROUP` erzeugt hat, perfekt linear voneinander abhängig, wir hätten perfekte Multikollinearität. Um das zu vermeiden, lässt R automatisch eine der Dummy-Variablen weg und löst so die lineare Abhängigkeit auf. In unserem Beispiel wurde das Level `High income: nonOECD` ausgelassen und so zur Basiskategorie gemacht, relativ zu der – wie wir bereits gesehen haben – alle übrigen Koeffizienten zu interpretieren sind. Nun ist wahrscheinlich `High income: nonOECD` nicht die beste Basiskategorie, intuitiv leichter zu interpretieren wären die Resultate, wenn wir zum Beispiel `Low income` zur Basiskategorie machten. Das geht in R sehr einfach mithilfe der Funktion `relevel`:

```
> x$INCOMEGROUP2 <- relevel(x$INCOMEGROUP, ref = "Low income")
> summary(lm(EXPEND ~ INCOMEGROUP.2, data = x))

Call:
lm(formula = EXPEND ~ INCOMEGROUP.2, data = x)

Residuals:
    Min      1Q  Median      3Q     Max
-23.981  -5.835  -0.448   5.059  53.642

Coefficients:
                          Estimate Std. Error t value Pr(>|t|)
(Intercept)                 23.272      1.970  11.812  < 2e-16 ***
INCOMEGROUP.2High income:  10.600      2.865   3.699 0.000286 ***
nonOECD
INCOMEGROUP.2High income:  21.130      2.720   7.768 5.61e-13 ***
OECD
INCOMEGROUP.2Lower middle   7.435      2.486   2.991 0.003166 **
income
```

```
INCOMEGROUP.2Upper middle  10.408      2.467   4.218 3.88e-05 ***
income
---
Signif. codes:  0 '***' 0.001 '**' 0.01 '*' 0.05 '.' 0.1 ' ' 1

Residual standard error: 10.61 on 182 degrees of freedom
  (2 observations deleted due to missingness)
Multiple R-squared:  0.2601,     Adjusted R-squared:  0.2438
F-statistic:    16 on 4 and 182 DF,  p-value: 3.066e-11
```

Die Funktion relevel erhält als Argumente den Faktor, dessen Basiskategorie geändert werden soll, sowie den Namen der neuen Basiskategorie, der als Argument ref übergeben wird. Der Rückgabewert ist dann ein Faktor, der fast identisch mit dem als Argument übergebenen Faktor ist; nur die Basiskategorie ist angepasst worden ist. Wenn wir dann die Regression von oben noch einmal durchführen, sehen Sie, dass nun tatsächlich die Kategorie Low income ausgelassen worden ist. Alle übrigen Koeffizienten interpretieren sich jetzt relativ zur Kategorie Low income: Der Koeffizient von High income: OECD sagt uns etwa, dass OECD-Länder im Vergleich zu Niedrigeinkommensländern eine im Durchschnitt 21,13 % höhere Staatsausgabenquote haben.

Gibt es nicht doch irgendeine Möglichkeit, auf eine Basiskategorie zu verzichten und einfach alle Levels in die Regressionsschätzung mit aufzunehmen? Ja, die gibt es: Sie erinnern sich, dass das Problem der perfekten Multikollinearität eigentlich erst durch das Vorhandensein der Konstanten zustande gekommen ist: Die (gedachte) Variable, deren Koeffizient die Konstante ist, hat immer den Wert 1, genauso wie die Summe der DEMOCRATIC- und DEMOCRATIC.2-Dummies oder die Summe der Level-Dummies von INCOMEGROUP. Und was wäre, wenn wir die Konstante einfach wegließen? Würde dann nicht das Problem der Multikollinearität verschwinden, und wir könnten alle Dummies mit in das Regressionsmodell aufnehmen? Genauso ist es.

Dazu müssen wir zunächst einmal für die Levels von INCOMEGROUP separate Dummy-Variablen erzeugen:

```
> x$INC.HighOECD <- x$INCOMEGROUP == "High income: OECD"
> x$INC.HighNonOECD <- x$INCOMEGROUP == "High income: nonOECD"
> x$INC.UpperMiddle <- x$INCOMEGROUP == "Upper middle income"
> x$INC.LowerMiddle <- x$INCOMEGROUP == "Lower middle income"
> x$INC.Low <- x$INCOMEGROUP == "Low income"
```

Auf der rechten Seite der Zuweisung steht jeweils ein logischer Ausdruck: x$INCOMEGROUP=="High income: OECD" zum Beispiel ist entweder wahr oder falsch, den entsprechenden Wahrheitswert für die jeweilige Beobachtung bekommt unsere neue Variable x$INC.HighOECD zugeschrieben.

Im nächsten Schritt müssen wir R überlisten. Warum das so ist, schauen wir uns etwas weiter unten an. Hier genügt es zunächst, zu wissen, dass wir die Dummy-Variable mithilfe der Funktion as.integer in eine Ganzzahlvariable umwandeln, deren Wert dort 1 ist, wo die Dummy-Variablen den Wert TRUE haben, und 0 dort, wo der Wahrheitswert der Dummies gleich FALSE ist:

```
> x$INC.HighOECD <- as.integer(x$INC.HighOECD)
> x$INC.HighNonOECD <- as.integer(x$INC.HighNonOECD)
> x$INC.UpperMiddle <- as.integer(x$INC.UpperMiddle)
> x$INC.LowerMiddle <- as.integer(x$INC.LowerMiddle)
> x$INC.Low <- as.integer(x$INC.Low)
```

Jetzt schätzen wir unser Modell mit diesen Variablen:

```
> summary(lm(EXPEND ~ INC.HighNonOECD + INC.HighOECD +
  INC.UpperMiddle + INC.LowerMiddle + INC.Low, data = x))

Call:
lm(formula = EXPEND ~ INC.HighNonOECD + INC.HighOECD + INC.UpperMiddle +
INC.LowerMiddle + INC.Low, data = x)

Residuals:
    Min      1Q  Median      3Q     Max
-23.981  -5.835  -0.448   5.059  53.642

Coefficients: (1 not defined because of singularities)
                Estimate Std. Error t value Pr(>|t|)
(Intercept)       23.272      1.970  11.812  < 2e-16 ***
INC.HighNonOECD   10.600      2.865   3.699 0.000286 ***
INC.HighOECD      21.130      2.720   7.768 5.61e-13 ***
INC.UpperMiddle   10.408      2.467   4.218 3.88e-05 ***
INC.LowerMiddle    7.435      2.486   2.991 0.003166 **
INC.Low               NA         NA      NA       NA
---
Signif. codes:  0 '***' 0.001 '**' 0.01 '*' 0.05 '.' 0.1 ' ' 1

Residual standard error: 10.61 on 182 degrees of freedom
  (2 observations deleted due to missingness)
Multiple R-squared:  0.2601,     Adjusted R-squared:  0.2438
F-statistic:    16 on 4 and 182 DF,  p-value: 3.066e-11
```

Erwartungsgemäß wird eines der Dummies ausgelassen und damit de facto zur Basiskategorie gemacht. Die Werte der übrigen Koeffizienten sind, wie Sie sich leicht überzeugen können, identisch mit den Ergebnissen der Regression `lm(EXPEND ~ INCOMEGROUP, data=x)`.

In unserem nächsten Modell lassen wir die Konstante weg. Das bewerkstelligen wir in R dadurch, dass wir in der Modellformel den Summanden `-1` ergänzen. Dadurch nimmt R die Konstante, die es standardmäßig einfügt, wieder heraus. Warum die Variable, deren Koeffizient die Konstante ist, gleich 1 ist, dürften Sie nach den vorangegangenen Überlegungen nachvollziehen können. Sie können übrigens, wenn Ihnen das übersichtlicher erscheint, die Konstante auch explizit in die Modellformel mit aufnehmen:

Die Modelle

```
> lm(EXPEND ~ INC.HighNonOECD + INC.HighOECD + INC.UpperMiddle +
INC.LowerMiddle + INC.Low, data = x)
```

und

```
> lm(EXPEND ~ 1+ INC.HighNonOECD + INC.HighOECD + INC.UpperMiddle
  + INC.LowerMiddle + INC.Low, data = x)
```

führen exakt zum gleichen Resultat. Nun wollen wir die Konstante aber aus dem Modell herausnehmen:

```
> summary(lm(EXPEND ~ -1 + INC.HighNonOECD + INC.HighOECD +
  INC.UpperMiddle + INC.LowerMiddle + INC.Low, data = x))

Call:
lm(formula = EXPEND ~ -1 + INC.HighNonOECD + INC.HighOECD + INC.UpperMiddle +
INC.LowerMiddle + INC.Low, data = x)

Residuals:
    Min      1Q  Median      3Q     Max
-23.981  -5.835  -0.448   5.059  53.642

Coefficients:
                Estimate Std. Error t value Pr(>|t|)
INC.HighNonOECD   33.871      2.081   16.28   <2e-16 ***
INC.HighOECD      44.402      1.875   23.68   <2e-16 ***
INC.UpperMiddle   33.679      1.486   22.67   <2e-16 ***
INC.LowerMiddle   30.706      1.516   20.26   <2e-16 ***
INC.Low           23.272      1.970   11.81   <2e-16 ***
---
Signif. codes:  0 '***' 0.001 '**' 0.01 '*' 0.05 '.' 0.1 ' ' 1

Residual standard error: 10.61 on 182 degrees of freedom
  (2 observations deleted due to missingness)
Multiple R-squared:  0.9121,     Adjusted R-squared:  0.9097
F-statistic: 377.9 on 5 and 182 DF,  p-value: < 2.2e-16
```

Sie sehen sofort, dass nun alle fünf Dummy-Variablen in die Regression mit aufgenommen worden sind. Eine Basiskategorie gibt es daher nicht mehr. Wie sind dann aber jetzt die Koeffizienten zu interpretieren? Während sie zuvor jeweils den *Unterschied* der betreffenden Kategorie zur Basiskategorie anzeigten, ist nun jeder Koeffizient direkt der *erwartete Wert* der unabhängigen Variablen, in unserem Fall also der Staatsausgabenquote EXPEND, wenn die Beobachtung das entsprechende Level von INCOMEGROUP hat. OECD-Länder haben also im Erwartungswert eine Staatsausgabenquote von 44,4 %. Die hier angezeigten Koeffizienten(-schätzer) sind im Übrigen genau der Durchschnitt von EXPEND für jede der Einkommenskategorien; das können Sie sehr leicht nachvollziehen:

```
> mean(x$EXPEND[x$INCOMEGROUP == "High income: OECD"],
  na.rm = TRUE)
[1] 44.40194
```

Ihnen ist sicher der hohe R^2-Wert aufgefallen. Der sagt uns zwar, dass ein großer Teil der Variation von EXPEND erklärt wird, wenn man die unterschiedlichen Einkommensniveaus berücksichtigt. Ob allerdings INCOMEGROUP überhaupt einen Einfluss hat, sieht man erst, wenn man die Konstante mit in das Regressionsmodell aufnimmt und sich die Dummies für die Einkommenslevel gegen die Konstante »behaupten« müssen.

Sie fragen sich wahrscheinlich immer noch, warum wir, als wir die Dummies für die verschiedenen Levels von INCOMEGROUP erzeugten, diese in Ganzzahlvariablen umgewandelt haben, statt sie als logische Werte zu belassen. Schauen wir, was passiert, wenn wir auf diesen Schritt verzichten:

```
> x$INC.HighOECD <- x$INCOMEGROUP == "High income: OECD"
> x$INC.HighNonOECD <- x$INCOMEGROUP == "High income: nonOECD"
> x$INC.UpperMiddle <- x$INCOMEGROUP == "Upper middle income"
> x$INC.LowerMiddle <- x$INCOMEGROUP == "Lower middle income"
> x$INC.Low<-x$INCOMEGROUP == "Low income"
> summary(lm(EXPEND ~ INC.HighNonOECD + INC.HighOECD +
  INC.UpperMiddle + INC.LowerMiddle + INC.Low -1, data=x))

Call:
lm(formula = EXPEND ~ INC.HighNonOECD + INC.HighOECD + INC.UpperMiddle +
INC.LowerMiddle + INC.Low - 1, data = x)

Residuals:
    Min      1Q  Median      3Q     Max
-23.981  -5.835  -0.448   5.059  53.642

Coefficients: (1 not defined because of singularities)
                     Estimate Std. Error t value Pr(>|t|)
INC.HighNonOECDFALSE   23.272      1.970  11.812  < 2e-16 ***
INC.HighNonOECDTRUE    33.871      2.081  16.279  < 2e-16 ***
INC.HighOECDTRUE       21.130      2.720   7.768 5.61e-13 ***
INC.UpperMiddleTRUE    10.408      2.467   4.218 3.88e-05 ***
INC.LowerMiddleTRUE     7.435      2.486   2.991  0.00317 **
INC.LowTRUE                NA         NA      NA       NA
---
Signif. codes:  0 '***' 0.001 '**' 0.01 '*' 0.05 '.' 0.1 ' ' 1

Residual standard error: 10.61 on 182 degrees of freedom
  (2 observations deleted due to missingness)
Multiple R-squared:  0.9121,     Adjusted R-squared:  0.9097
F-statistic: 377.9 on 5 and 182 DF,  p-value: < 2.2e-16
```

R lässt wiederum INC.Low als Basiskategorie aus! Das liegt daran, dass R die Dummies im Modell in Faktoren umwandelt und dann versucht, die einzelnen Levels dieser Faktoren in das Modell mit einzubeziehen. So fügt R für die Variable INC.HighNonOECD zunächst die Levels INC.HighNonOECDTRUE und INC.HighNonOECDFALSE ein. Die FALSE-Ausprägungen der weiteren Dummies kann R nicht mehr einbeziehen, ohne perfekte Multikollinearität zu verursachen. Warum ist das so? Angenommen, R würde auch für INC.HighOECD die Levels INC.HighOECDTRUE und INC.HighOECDFALSE in das Modell mit aufnehmen. Dann würde, da jeweils ein TRUE- und ein FALSE-Dummy für die gleiche Variable in der Summe immer den Wert 1 haben, für diese Dummies der folgende Zusammenhang gelten und mithin wieder Multikollinearität bestehen:

$$\left(INC.HighNonOECDTRUE + INC.HighNonOECDFALSE\right) \\ - \left(INC.HighOECDTRUE + INC.\_HighOECDFALSE\right) = 0$$

Deshalb kommen außer der FALSE-Ausprägung der ersten Dummy-Variablen keine weiteren im Modell vor. Die TRUE-Ausprägungen dagegen können in das Modell einbezogen werden, allerdings nicht alle.

Erkennen Sie, wo das Multikollinearitätsproblem entsteht? Wie Sie sich leicht mit einer Tabelle der möglichen Werte-Kombinationen der Dummies veranschaulichen können, gilt für alle Beobachtungen der folgende Ausdruck:

$$INC.HighNonOECDFALSE - \left(INC.HighOECDTRUE + INC.UpperMiddleTRUE \\ + INC.LowerMiddleTRUE + INC.LowTRUE\right) = 0$$

Zur Vermeidung der so beschriebenen Multikollinearität lässt R die letzte Dummy-Variable *INC.LowTRUE* aus.

Um zu vermeiden, dass R die Dummy-Variablen vom Typ `logical` als Faktoren begreift und versucht, alle Levels in das Modell mit einzubeziehen, wandeln wir oben die Dummies in Ganzzahlvariablen um und »tricksen« R so aus. Auf diese Weise behalten wir eine bessere Kontrolle darüber, welche Variablen R berücksichtigt und welche nicht.

Verletzung der Annahmen des linearen Regressionsmodells

Wie Sie wissen, basiert das klassische lineare Regressionsmodell auf einer Reihe von Annahmen, die wir im statistischen Repetitorium dieses Kapitels besprochen haben. Wenn diese Annahmen nicht erfüllt sind, kann das dazu führen, dass die Schätzer nicht mehr jene vorteilhaften Eigenschaften besitzen, die die OLS-Schätzer so attraktiv machen, insbesondere die Unverzerrtheit und Effizienz. Selbst wenn diese Eigenschaften erhalten bleiben, kann es immer noch sein, dass Hypothesentests bezüglich der Koeffizienten entweder unmöglich werden oder doch zumindest selten zu Ablehnungen der Nullhypothesen führen. Letzteres ist insofern problematisch, als dass dann die zentrale Nullhypothese, dass ein Koeffizient in der Grundgesamtheit gleich 0 ist, regelmäßig nicht abgelehnt werden kann.

In den folgenden Abschnitten konzentrieren wir uns auf die Verletzungen wichtigsten Annahmen. Dabei werden wir uns zunächst stets vergegenwärtigen, was die Annahmeverletzung genau bedeutet und *welche Konsequenzen* sie für die Eigenschaften der Koeffizientenschätzer und die Hypothesentests hat. Danach werden wir der Frage nachgehen, wie eine solche Annahmeverletzung in R *diagnostiziert* werden kann. Und schließlich erfahren Sie, welche *Gegenmaßnahmen* Sie ergreifen können, um die Annahmeverletzung zu beheben oder doch zumindest ihre Auswirkungen abzumildern, und wie Sie diese Gegenmaßnahmen in R umsetzen.

In dieser Struktur werden wir der Reihe nach die folgenden Annahmeverletzungen betrachten: nicht identische Varianzen der Residuen, die sogenannte Heteroskedastizität (Verletzung von Annahme 3), lineare Abhängigkeiten zwischen den erklärenden Variablen, die sogenannte Multikollinearität (Verletzung von Annahme 7), Abhängigkeit zwischen den Residuen, die sogenannte Autokorrelation (Verletzung von Annahme 4), die Nicht-Normalverteilung der Residuen (Verletzung von Annahme 5) und schließlich die fehlerhafte Auswahl der erklärenden Variablen, also das Problem der Fehlspezifikation (Verletzung von Annahme 1). Nicht explizit betrachten werden wir die Verletzung der Annahme, dass der Erwartungswert der Residuen gleich 0 ist (Annahme 2). Die Auswirkung einer Verletzung dieser Annahme ist in der Praxis überschaubar. Denn ist der Erwartungswert der Störgröße in der Grundgesamtheit von null verschieden, bleiben die OLS-Koeffizientenschätzer für die unabhängigen Variablen unverzerrt und effizient. Allein der Schätzer für den Achsenabschnitt, der meist ohnehin nicht im Zentrum des Interesses steht, ist dann verzerrt. Auch nicht explizit besprechen werden wir eine Verletzung der Annahme, dass die erklärenden Variablen nicht-stochastisch sind (Annahme 6), und der relevanten, aber leicht zu überprüfenden Annahme, dass die unabhängigen Variablen eine Variation aufweisen (Annahme 8).

Heteroskedastizität

In diesem Abschnitt erfahren Sie,

- welche Auswirkungen das Problem nicht identischer Residuenvarianzen, Heteroskedastizität, hat,
- mit welchen Testverfahren ein Regressionsmodell auf das Vorliegen von Heteroskedastizität untersucht werden kann,
- wie die Auswirkungen von Heteroskedastizität abgemildert oder gar beseitigt werden können.

Folgende R-Funktionen werden in diesem Abschnitt behandelt:

- **`bptest()`** {Package `lmtest`}: Führt einen Breusch-Pagan-Test auf Heteroskedastizität durch.
- **`gqtest()`** {Package `lmtest`}: Führt einen Goldfeld-Quandt-Test auf Heteroskedastizität durch.
- **`vcovHC()`** {Package `sandwich`}: Berechnet heteroskedastizitätskonsistente White-Standardfehler.
- **`coeftest()`** {Package `lmtest`}: Führt einen Test aller Koeffizienten eines Regressionsmodells gegen die Hypothese durch, dass die Koeffizienten in der Grundgesamtheit gleich 0 sind, wobei die zur Berechnung der t-Werte

zu verwendenden Standardfehler als Argument spezifiziert werden können (sodass zum Beispiel auch White-Standardfehler eingesetzt werden können).

Das Problem und seine Auswirkungen

Annahme 3 des linearen Regressionsmodells besagte, dass die Varianzen der Störgrößen u_i (in einer wiederholten Stichprobe, also gegeben sind die Werte der unabhängigen Variablen) identisch sind:

$$Var\left(u_i \mid X_{1\,i},\ldots,X_{K\,i}\right)=\sigma^2$$

Das muss aber in der Realität keineswegs so sein. Die Verletzung dieser Annahme wird als *Homoskedastizität* bezeichnet, das Gegenteil, also die Verletzung der Annahme gleicher Residuenvarianzen, als *Heteroskedastizität*.

Bei Gültigkeit der Homoskedastizitätsannahme gilt daher:

$$Var\left(u_i \mid X_{1\,i},\ldots,X_{K\,i}\right)=\sigma_i^2$$

Heteroskedastizität kann in vielen Formen daherkommen. So könnte die Streuung der Residuen zum Beispiel mit einer der unabhängigen Variablen größer werden. Betrachten Sie dazu Abbildung 6-9. Hier sehen Sie das Residuenmuster einer bivariaten Regression, das keine Anhaltspunkte für das Vorliegen von Heteroskedastizität zeigt: Die wahren Werte der abhängigen Variablen Y streuen um die Regressionsgerade, und ihre Streuung scheint dabei gänzlich unabhängig von der erklärenden Variablen X zu sein. Ganz anders in Abbildung 6-10: Hier erkennt man deutlich, wie die Streuung der wahren Werte von Y um die geschätzten Werte $\hat{Y}$, also die Regressionsgrade, mit steigendem X zunimmt. Höhere Werte von X gehen also mit größeren (geschätzten) Residuen und damit höchstwahrscheinlich auch mit einer größeren Streuung der (geschätzten) Residuen um ihren Erwartungswert 0 einher.

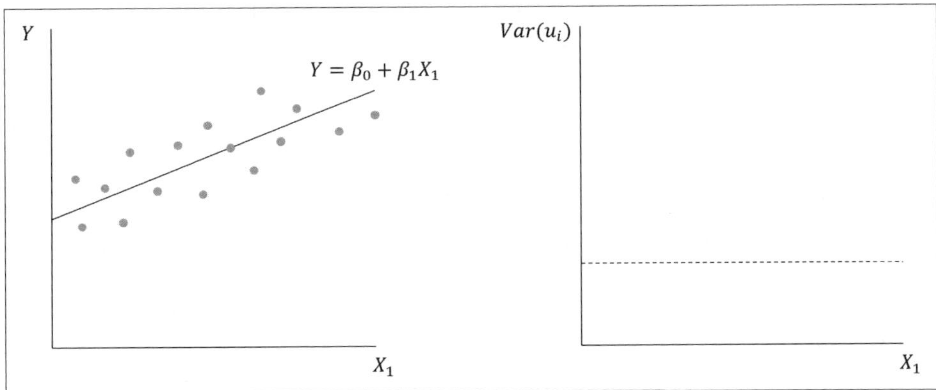

Abbildung 6-9: Residuenmuster bei Homoskedastizität

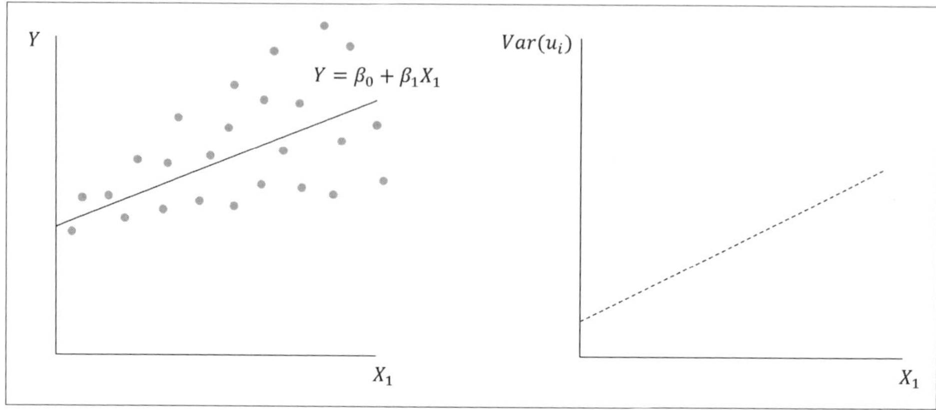

Abbildung 6-10: Residuenmuster bei Heteroskedastizität

Natürlich muss nicht zwingend ein Zusammenhang zwischen den Residuen und den unabhängigen Variablen bestehen. Die Varianzen der Residuen können auch ohne klares Muster einfach zwischen den einzelnen Beobachtungen unterschiedlich sein.

Heteroskedastizität ist häufiger in Querschnittsuntersuchungen als in Zeitreihenuntersuchungen anzutreffen.

Bei *Querschnittsuntersuchungen* werden unterschiedliche Entitäten wie zum Beispiel Individuen, Haushalte, Firmen oder Länder zu einem bestimmten Zeitpunkt betrachtet. Die einzelnen untersuchten Entitäten werden sich dabei in einer Vielzahl von Merkmalen unterscheiden. Diese Merkmale, die typischerweise nicht alle im Regressionsmodell berücksichtigt werden können, machen es wahrscheinlicher, dass Heteroskedastizität auftritt. Schließlich fängt die Störgröße u_i ja eben diese unbeobachteten Einflüsse auf.

Bei *Zeitreihenuntersuchungen* hingegen werden die gleichen Entitäten oder oft sogar nur eine einzige Entität im Zeitablauf betrachtet. Die Merkmale der Entität(en) ändern sich im Zeitablauf typischerweise nicht so drastisch, die Untersuchungseinheiten sind daher bezüglich dieser nicht beobachteten Merkmale homogener. Daher ist Heteroskedastizität tendenziell eher in Querschnittsuntersuchungen ein relevantes Phänomen und könnte mithin auch in unserem Datensatz eine Rolle spielen.

Die wichtigsten Auswirkungen von Heteroskedastizität sind:

Die OLS-Schätzer sind weiterhin unverzerrt. Das ist eine gute Nachricht: Bei unendlich vielen wiederholten Stichproben werden wir im Mittel also mit unserem Schätzer den wahren Wert des Koeffizienten in der Grundgesamtheit treffen. Die Unverzerrtheit der Schätzer selbst bei Vorliegen von Heteroskedastizität ist darin begründet, dass die Varianz der Residuen in der Herleitung der Schätzer keinerlei Rolle spielt. Lediglich die Annahme, dass der Erwartungswert der Störgrößen gleich 0 ist, ist (zumindest für die Herleitung des Schätzers für den Achsenabschnitt) relevant.

Die OLS-Schätzer sind weiterhin konsistent. Noch eine gute Nachricht. Wenn die Größe unserer Stichprobe also gegen unendlich (bzw. gegen die Größe der Grundgesamtheit) strebt, nähern sich unsere Koeffizientenschätzer den wahren Werten der Grundgesamtheit immer weiter an.

Die OLS-Schätzer sind nicht mehr effizient. Das ist weniger gut. Es bedeutet, dass die OLS-Schätzer nicht mehr die kleinste Varianz in der Klasse der linearen unverzerrten Schätzer bzw. gar in der Klasse aller unverzerrten Schätzer haben. Es lässt sich zwar auch für den Fall mit Heteroskedastizität ein Schätzer für die Varianz der Koeffizienten herleiten. Dieser basiert dann auf den Varianzen der einzelnen Residuen, σ_i^2 (der normale OLS-Schätzer, den wir im Repetitorium zur Regression betrachtet haben, ist in diesem Fall nicht korrekt!). Aber es gibt Koeffizientenschätzer, die eine geringere Varianz aufweisen als der klassische OLS-Schätzer. Der OLS-Schätzer verliert damit seine BLUE bzw. BUE-Eigenschaft (*Best (Linear) Unbiased Estimator*).

Ist das ein Problem? Ja, ist es. Denn bei der Berechnung der t-Werte für Hypothesentests teilen wir ja durch den Standardfehler des Koeffizienten, also durch die Quadratwurzel seiner Varianz. Ist diese groß, werden die t-Werte klein. Damit wird es wahrscheinlicher, dass wir eine Nullhypothese beibehalten müssen, weil der t-Wert unter dem kritischen t-Wert bleibt, dessen Überschreitung zur Ablehnung der Nullhypothese und zur Annahme der Gegenhypothese führen würde. Das bedeutet auch, dass wir häufiger erklärende Variablen in unserem Regressionsmodell haben werden, bei denen wir nicht guten Gewissens behaupten können, dass ihre Koeffizienten in der Grundgesamtheit von 0 verschieden sind und damit tatsächlich zur Erklärung der abhängigen Variablen *Y* beitragen. Hätten wir dagegen einen anderen Koeffizientenschätzer als den OLS-Schätzer zur Verfügung, der ebenfalls unverzerrt ist, aber eine kleinere Varianz hat, könnten wir die Nullhypothese häufiger verwerfen und würden so einen signifikanten Koeffizienten erhalten.

Der OLS-Schätzer mit seinem auf Basis der einzelnen Residuenvarianzen berechneten Standardfehler ist also nicht mehr ein B(L)UE. Folglich muss es einen ebenfalls unverzerrten Schätzer mit geringerer Varianz geben. Diesen werden Sie kennenlernen, wenn wir uns gleich mit den Gegenmaßnahmen für den Fall der Heteroskedastizität befassen.

Feststellung von Heteroskedastizität

Es gibt sowohl grafische Methoden als auch formale Tests, um das Vorliegen von Heteroskedastizität festzustellen:

Grafisch. Das einfachste Instrument zur Diagnostik von Heteroskedastizität sind grafische Darstellungen der Residuen. Betrachten Sie hierzu zunächst die Abbildungen 6-11 und 6-12, in denen die Residuen der Regression

```
> m <- lm(EXPEND ~ UNEMPLOY + POPSENIORS + POPCHILDREN +
  DEMOCRATIC, data = x)
```

mit

```
> plot(x$UNEMPLOY[as.integer(names(m$residuals))],
  m$residuals)
> plot(x$POPCHILDREN[as.integer(names(m$residuals))],
  m$residuals)
```

gegen die Werte der unabhängigen Variablen `UNEMLOY` und `POPCHILDREN` abgetragen sind.

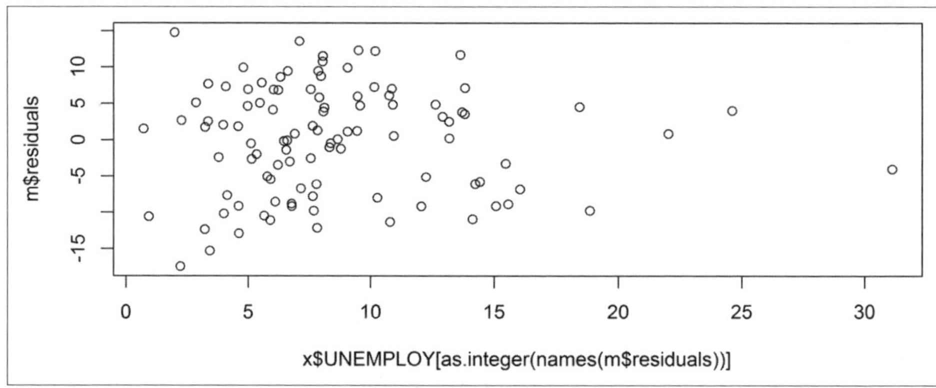

Abbildung 6-11: Die Residuen in Abhängigkeit der erklärenden Variablen UNEMPLOY

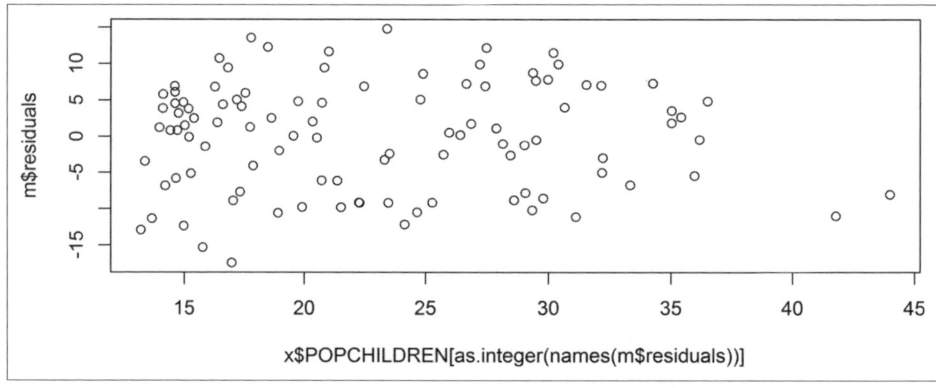

Abbildung 6-12: Die Residuen in Abhängigkeit der erklärenden Variablen POPCHILDREN

Dabei haben wir natürlich nur diejenigen Beobachtungen berücksichtigt, die auch wirklich bei der Schätzung des Modells verwendet worden sind. Wie Sie sich erinnern, ist der Vektor `residuals` des `lm`-Objekts ein *named vector*, die Namen seiner Elemente sind die Indizes der Beobachtungen, die in die Schätzung eingegangen sind. Diese Namen nutzen wir jetzt als Indizes, um nur jene Elemente der unabhängigen Variablen herauszupicken, die tatsächlich in der Schätzung Berücksichtigung gefunden haben. Nur so können wir sicherstellen, dass wir jeweils Pärchen von Werten der erklärenden Variablen und Residuen haben, die wir in der Grafik darstellen können.

Aus diesen Grafiken ergeben sich kaum Anhaltspunkte für den Verdacht auf Heteroskedastizität. Am ehesten könnte man Heteroskedastizität vermuten, wenn man sich den Zusammenhang der Residuen mit der abhängigen Variablen EXPEND anschaut:

```
> plot(x$EXPEND[as.integer(names(m$residuals))],
  m$residuals)
```

Dieser Plot ist in Abbildung 6-13 dargestellt.

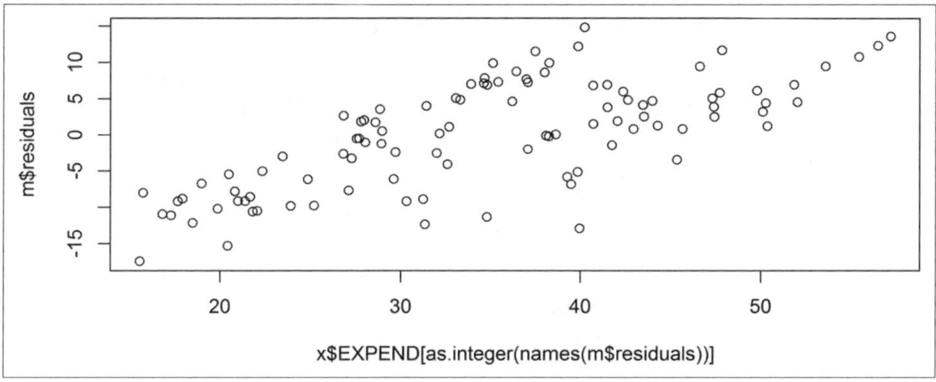

Abbildung 6-13: Die Residuen in Abhängigkeit von EXPEND, der abhängigen Variablen des Regressionsmodells

Formale Tests. Neben der grafischen Methode, die natürlich immer einer gewissen Einschätzung und Beurteilung bedarf, gibt es eine Reihe formaler Tests, zum Beispiel den *Breusch-Pagan-Test*, den *Goldfeld-Quandt-Test*, *Spearmans Rangkorrelationstest*, den *White-Test*, den *Park-Test* oder den *Glejser-Test*. Allen diesen Test ist gemeinsam, dass sie untersuchen, ob es einen Zusammenhang zwischen den unabhängigen Variablen $X_1, \ldots, X_K$ (oder auch der abhängigen Variablen Y) und den Residuenvarianzen σ_i^2 gibt – typischerweise geschätzt durch das Quadrat der empirischen Residuen $\hat{u}_i^2$ (da ja der Mittelwert der geschätzten Residuen $\hat{u}_i$ bei Anwendung der OLS-Methode gleich 0 und $\hat{u}_i^2$ mithin deren Varianz ist). Einige der Tests unterstellen bestimmte funktionale Formen des Zusammenhangs, so etwa der Breusch-Pagan-Test, der White-Test, der Park-Test und der Glejser-Test, andere tun das nicht, wie etwa der Goldfeld-Quandt-Test oder Spearmans Rangkorrelationstest. Einige Tests untersuchen den Zusammenhang zwischen *genau einer* unabhängigen Variablen und den Residuenvarianzen (so der Goldfeld-Quandt-Test, Spearmans Rangkorrelationstest, der Glejser-Test und der Park-Test), andere testen den Zusammenhang *in allen* unabhängigen Variablen gleichzeitig (so etwa der Breusch-Pagan-Test und der White-Test).

Allen Tests gemeinsam ist aber der grundsätzliche Ansatz, den Sie auch bei Tests auf andere Phänomene als Heteroskedastizität finden werden: Es wird zunächst eine Teststatistik berechnet, von der man weiß, dass sie unter einer Nullhypothese (zum Beispiel der Nullhypothese, dass *Homoskedastizität* vorliegt) eine bestimmte

Verteilung hat. Wenn dann das Auftreten des aus der Stichprobe berechneten Werts der Teststatistik gemäß dieser Verteilung als ausreichend unwahrscheinlich gelten darf, wird die Nullhypothese verworfen und die Alternativhypothese akzeptiert (also zum Beispiel, dass *Heteroskedastizität* vorliegt).

Alle Tests haben ihre Vor- und Nachteile, zum Beispiel setzen einige Normalverteilung der Residuen voraus oder gelten nur asymptotisch (also in großen Stichproben). Deshalb empfiehlt es sich in der Praxis, mehr als nur einen Test anzuwenden. Wir schauen uns im Folgenden zwei populäre Tests genauer an: den Breusch-Pagan-Test und den Goldfeld-Quandt-Test.

Breusch-Pagan-Test. Die Grundidee des Breusch-Pagan-Tests ist folgende: Eine lineare Transformation der geschätzten Residuenquadrate $\hat{u}_i^2$ wird auf die unabhängigen Variablen $X_1, \ldots, X_K$ regressiert. Die erklärte Residuenvariation *ESS* dieses Regressionsmodells wird halbiert und ist die Teststatistik des Breusch-Pagan-Tests. Die Nullhypothese des Tests ist Homoskedastizität, also gleiche Residuenvarianzen. Wenn die Residuen u_i normalverteilt sind und die Stichprobengröße gegen unendlich geht, folgt die Teststatistik einer Chi-Quadrat-Verteilung. Wird der zu dem gewählten Signifikanzniveau gehörende kritische Wert der Chi-Quadrat-Verteilung von der Teststatistik überschritten, müssen wir von Heteroskedastizität ausgehen.

Eine Implementierung des Breusch-Pagan-Tests ist die Funktion `bptest` im Package `lmtest`. Nachdem wir das auf Heteroskedastizität zu untersuchende Regressionsmodell geschätzt haben, muss also, um die Funktion `bptest` nutzen zu können, zunächst das zugehörige Paket geladen werden (wie Sie wissen, können Sie das Paket mit `install.packages("lmtest", dependencies=TRUE)` leicht installieren, falls Sie es noch nicht getan haben):

```
> m <- lm(EXPEND ~ UNEMPLOY + POPSENIORS + POPCHILDREN +
  DEMOCRATIC, data = x)
> library(lmtest)
> bptest(m, studentize = FALSE)

Breusch-Pagan test

data:  m
BP = 2.7466, df = 4, p-value = 0.6011
```

Mit dem Argument `studentize=false` lassen wir die oben beschriebene Variante des Tests berechnen. Wie Sie sehen, erlaubt der p-Wert von ca. 60 % natürlich nicht, die Nullhypothese der Homoskedastizität zurückzuweisen. Demnach bietet das Testergebnis keinen Anhaltspunkt für das Vorliegen von Heteroskedastizität.

Alternativ können Sie auch testen, ob es einen Zusammenhang zwischen den Residuenvarianzen und der abhängigen Variablen *Y* gibt:

```
> bptest(m, ~EXPEND, studentize = FALSE, data = x)

Breusch-Pagan test
```

```
data:  m
BP = 1.5788, df = 1, p-value = 0.2089
```

Das zweite Argument der Funktion `bptest` ist hier eine *einseitige* Formel. Einseitig deshalb, weil links von der Tilde, die Sie bereits aus den Formulierungen von Regressionsmodellen für die Funktion `lm` kennen, nichts steht. Das bedeutet einfach, dass die transformierten Residuenquadrate – abweichend vom `bptest`-Standard – nicht auf die unabhängigen Variablen des Modells `m`, sondern auf seine abhängige Variable regressiert werden sollen. Damit R versteht, woher die Daten kommen sollen, muss der Dataframe als Argument noch `data` übergeben werden. Beachten Sie bitte, dass es nicht reicht, als Formel `~x$EXPEND` anzugeben, das ruft eine Fehlermeldung hervor.

Wie Sie sehen, kann auch hier die Nullhypothese, dass wir *kein* Heteroskedastizitätsproblem haben, mit einiger Sicherheit beibehalten werden. Da der Breusch-Pagan-Test ein einseitiger Test ist, ist der p-Wert zugleich als Signifikanzniveau zu verstehen.

Goldfeld-Quandt-Test. Der Goldfeld-Quandt-Test basiert auf einem anderen Vorgehen als der Breusch-Pagan-Test. Er testet den Zusammenhang zwischen *einer* unabhängigen Variablen (oder der abhängigen Variablen) und den Residuenvarianzen. Dazu werden alle Beobachtungen zunächst nach der interessierenden Variablen sortiert und dann in zwei Teile zerlegt, wobei gegebenenfalls der besseren Trennschärfe wegen in der Mitte ein Teil der Beobachtungen ausgelassen wird. Dann wird das Regressionsmodell, in unserem Fall also `EXPEND ~ UNEMPLOY + POPSENIORS + POPCHILDREN + DEMOCRATIC`, für die beiden Teilstichproben separat geschätzt. Aus dem Verhältnis der beiden Residuenquadratesummen (*RSS*, *Residual Sum of Squares*) wird eine Teststatistik berechnet, die einer F-Verteilung folgt, wenn die u_i normalverteilt sind und die Nullhypothese gilt, dass die Residuenvarianzen tatsächlich homoskedastisch sind. Entsprechend lässt sich der Wert der Teststatistik danach bewerten, ob er den beim gewählten Signifikanzniveau kritischen F-Wert überschreitet. Oder man betrachtet den p-Wert und vergleicht ihn mit dem gewählten Signifikanzniveau.

In R realisieren Sie den Goldfeld-Quandt-Test mithilfe der Funktion `gqtest`, die ebenfalls im `lmtest`-Package enthalten ist, das Sie bereits eben beim Breusch-Pagan-Test kennengelernt haben:

```
> gqtest(m, order.by =
  ~UNEMPLOY[as.integer(names(m$residuals))], data = x)

Goldfeld-Quandt test

data:  m
GQ = 0.78221, df1 = 46, df2 = 46, p-value = 0.796
```

Das erste Argument von `gqtest` ist ein mit `lm` geschätztes Modell. Sie können auch lediglich eine Modellformel angeben. Wichtig ist das Argument `order.by`. Mit diesem wird die Variable angegeben, nach der die Beobachtungen im ersten Schritt sortiert werden sollen. Dabei dürfen natürlich nur die tatsächlich in der Schätzung des Modells verwendeten Beobachtungen berücksichtigt werden, die wir, wie bereits oben gesehen, durch entsprechende Indizierung herausfiltern.

Wie Sie sehen, deuten auch die Ergebnisse des Goldfeld-Quandt-Tests nicht auf das Vorliegen von Heteroskedastizität hin. Denn der p-Wert des Tests von fast 80 % sagt uns, dass bei Gültigkeit der Nullhypothese – wenn also in der Grundgesamtheit Homoskedastizität herrscht – 80 % der Werte der Teststatistik größer als der in unserer Stichprobe berechnete Wert sein werden. Kein Grund also, die Nullhypothese zu verwerfen.

Um den Test trennschärfer zu machen, können Sie zwischen den beiden Teilstichproben mit hohen Werten der Variablen, von der Sie vermuten, dass sie einen Zusammenhang mit den Residuenvarianzen aufweist, und niedrigen Werten dieser Variablen einen Teil der Beobachtungen auslassen. Dieser Anteil wird mit dem Argument `fraction` angegeben, hier als Beispiel mit 20 %:

```
> gqtest(m, order.by =
  x$UNEMPLOY[as.integer(names(m$residuals))],
  fraction = 0.2, data = x)

Goldfeld-Quandt test

data:  m
GQ = 0.70845, df1 = 36, df2 = 35, p-value = 0.846
```

Gegenmaßnahmen

Was können Sie tun, wenn Heteroskedastizität vorliegt? Die wichtigsten Gegenmaßnahmen bestehen in der Schätzung eines gewichteten Modells und der Verwendung spezieller Standardfehler in Hypothesentests, die den unterschiedlichen Residuenvarianzen Rechnung tragen:

Weighted-Least-Squares-Schätzung. Wenn Sie die wahren Varianzen σ_i^2 der Residuen $\hat{u}_i$ kennen, können Sie Ihr heteroskedastisches Modell in ein homoskedastisches transformieren, indem Sie die Modellgleichung durch die Standardfehler der Residuen teilen:

$$\frac{Y}{\sigma_i} = \frac{\beta_0}{\sigma_i} + \beta_1 \frac{X_1}{\sigma_i} + \ldots + \beta_K \frac{X_K}{\sigma_i} + \frac{u_i}{\sigma_i}$$

Die Varianz des transformierten Residuums u_i / σ_i ist jetzt homoskedastisch, denn:

$$Var\left(\frac{u_i}{\sigma_i}\right) = \frac{1}{\sigma_i^2} Var(u_i) = \frac{\sigma_i^2}{\sigma_i^2} = 1$$

Dieses transformierte Modell lässt sich wie jedes andere Modell auch mithilfe der Kleinste-Quadrate-Methode schätzen. Seine Schätzer sind unverzerrt und effizient, weisen also die minimale Varianz aller Koeffizientenschätzer in der Klasse der unverzerrten Schätzer (und bei Normalverteilung der Residuen sogar in der Klasse aller Schätzer) auf. Weil sowohl die abhängige Variable Y als auch die erklärenden Variablen $X_1, \ldots, X_K$ durch die bekannte Standardabweichung der Residuen geteilt werden, ändert sich an der Interpretation der Koeffizienten und ihrer Schätzer nichts. So gibt zum Beispiel β_1 immer noch die Änderung der abhängigen Variablen Y bei einer Erhöhung der erklärenden Variablen X_1 um 1 wieder.

Heteroskedastizitätskonsistente White-Standardfehler. Typischerweise werden Sie die wahren Varianzen σ_i^2 der Residuen u_i nicht kennen. Aber auch in diesem Fall gibt es einen Weg, wie Sie trotzdem sinnvoll Hypothesentests durchführen können: mit speziell berechneten Standardfehlern, den sogenannten *White-Standardfehlern* oder *heteroskedastizitätskonsistenten Standardfehlern*. Dabei handelt es sich um Standardfehler, die auf Basis der geschätzten Residuen $\hat{u}_i$ ermittelt werden. Diese Standardfehler sind asymptotisch unverzerrt, das heißt, sie treffen den wahren Wert der Standardabweichung der Koeffizientenschätzer, wenn die Stichprobengröße gegen unendlich geht. Sie sind also besonders für große Stichproben gut geeignet. Die sogenannte *HC3*-Variante der White-Standardfehler, die in R standardmäßig berechnet wird, hat sich in Experimenten aber auch bei kleinen Stichproben als sehr brauchbar herausgestellt. Die White-Standardfehler können sowohl größer als auch kleiner als die normalen OLS-Standardfehler sein.

In R können die Koeffizienten eines Regressionsmodells mit der Funktion `coeftest` gegen die Hypothese, dass der Wert der Koeffizienten in der Grundgesamtheit 0 ist, getestet werden. Dabei kann angegeben werden, mit welchen Standardfehlern die t-Werte für die Hypothesentests berechnet werden. Um White-Standardfehler zu verwenden, können Sie folgende Anweisung ausführen:

```
> coeftest(m, vcov. = vcovHC(m, type = "HC3"))

t test of coefficients:

              Estimate Std. Error t value  Pr(>|t|)
(Intercept) 22.7039284  8.7990631  2.5803 0.0113715 *
UNEMPLOY     0.0355836  0.1498592  0.2374 0.8128110
POPSENIORS   1.4087200  0.3485533  4.0416 0.0001064 ***
POPCHILDREN  0.0011925  0.2429380  0.0049 0.9960936
DEMOCRATIC  -3.2730053  2.6777329 -1.2223 0.2245543
---
Signif. codes:  0 '***' 0.001 '**' 0.01 '*' 0.05 '.' 0.1 ' ' 1
```

Schauen wir uns diesen Funktionsaufruf genauer an: Die Funktion `coeftest`, die ebenfalls im Package `lmtest` enthalten ist, erwartet als Argument mindestens das zu testende Modell, in unserem Fall das bereits oben geschätzte Modell `m`. Ihr kann darüber hinaus eine Varianz-Kovarianz-Matrix der Koeffizienten übergeben werden, auf deren Basis die Teststatistiken berechnet werden sollen. Die Varianz-Kovarianz-Matrix enthält alle paarweisen Kovarianzen von jeweils zwei unabhängigen Variablen. Auf der Hauptdiagonalen der Matrix stehen die Kovarianzen jeder unabhängigen Variablen mit sich selbst, also die Varianz. Das Argument vcov. nimmt eine beliebige Varianz-Kovarianz-Matrix entgegen. In unserem Beispiel übergeben wir das Resultat des Ausdrucks vcovHC(m,type="HC3"). Die Funktion vcovHC aus dem Package sandwich bestimmt zu einem Modell (in unserem Fall wieder m) die Varianz-Kovarianz-Matrix mit heteroskedastizitätskonsistenten White-Standardfehlern. Optional kann dabei mit dem Argument type die Variante der Standardfehler angegeben werden. Wir wählen hier die Variante HC3, die der Standard ist. Wir hätten dieses Argument in vcovHC also auch weglassen können.

Wenn Sie die Resultate des Hypothesentests vergleichen mit dem Test auf Basis der normalen OLS-Standardfehler, werden Sie feststellen, dass sich in unserem Fall die Ergebnisse nicht sehr stark unterscheiden:

```
> summary(m)

Call:
lm(formula = EXPEND ~ UNEMPLOY + POPSENIORS + POPCHILDREN + DEMOCRATIC, data = x)

Residuals:
     Min       1Q   Median       3Q      Max
-17.4281  -6.1358   0.9829   5.6349  14.8007

Coefficients:
             Estimate Std. Error t value Pr(>|t|)
(Intercept) 22.703928   6.911223   3.285  0.00142 **
UNEMPLOY     0.035584   0.156500   0.227  0.82061
POPSENIORS   1.408720   0.276445   5.096 1.71e-06 ***
POPCHILDREN  0.001192   0.196978   0.006  0.99518
DEMOCRATIC  -3.273005   2.437656  -1.343  0.18251
---
Signif. codes:  0 '***' 0.001 '**' 0.01 '*' 0.05 '.' 0.1 ' ' 1

Residual standard error: 7.561 on 97 degrees of freedom
  (87 observations deleted due to missingness)
Multiple R-squared:  0.4971,     Adjusted R-squared:  0.4764
F-statistic: 23.97 on 4 and 97 DF,  p-value: 8.325e-14
```

Die White-Standardfehler sind etwas größer als die OLS-Standardfehler – mit Ausnahme der Variablen UNEMPLOY und des Achsenabschnitts. Dass sich die Ergebnisse sehr stark unterscheiden, war nach unseren negativen Tests auf Heteroskedastizität auch nicht unbedingt zu erwarten.

Es ist durchaus zu empfehlen, Hypothesentests generell auf Basis der White-Standardfehler vorzunehmen. Das ist auch ein in der Literatur übliches Vorgehen. Geben Sie, wenn Sie Ihre Ergebnisse dann berichten, stets an, welche Standardfehler Sie für Ihre Hypothesentests verwendet haben.

Übrigens können Sie natürlich auch der Funktion linearHypothesis, die für allgemeine Hypothesentests verwendet wird und die Sie im Abschnitt »Gleichzeitige Hypothesentests mehrerer Parameter« kennengelernt haben, White-Standardfehler übergeben. Das Argument heißt dann praktischerweise ebenfalls vcov.

Multikollinearität

In diesem Abschnitt erfahren Sie,

- warum perfekt korrelierte unabhängige Variablen die Schätzung eines Regressionsmodells unmöglich machen,
- warum ein imperfekter linearer Zusammenhang zwischen den unabhängigen Variablen die Koeffizientenschätzer ungenauer macht,
- wie Sie in R feststellen können, ob in Ihrer Stichprobe ein Multikollinearitätsproblem besteht,
- warum Multikollinearität zwar ein Problem, aber auch kein Grund zur Panik ist.

Folgende R-Funktion wird in diesem Abschnitt behandelt:

- **`vif()`** {Package `car`}: Berechnet den Variance Inflating Factor, der angibt, wie sich die Varianz eines Koeffizientenschätzers durch das Vorliegen von Multikollinearität erhöht.

Das Problem und seine Auswirkungen

Annahme 7 des linearen Regressionsmodells fordert, dass in den Daten der Stichprobe keine perfekte Multikollinearität vorliegen dürfe. Wie Sie aus dem statistischen Repetitorium und aus der Diskussion des Umgangs mit kategorialen Regressoren wissen, liegt Multikollinearität vor, wenn sich ein linearer Zusammenhang zwischen den unabhängigen Variablen herstellen lässt, das heißt, wenn es Koeffizienten $a_0, \ldots, a_K$ gibt, die nicht alle gleich 0 sind und die für alle Beobachtungen $i = 1, \ldots, N$ der Stichprobe den Zusammenhang

$$a_0 + a_1 X_{1\,i} \ldots + a_K X_{K\,i} = 0$$

erfüllen. Multikollinearität bedeutet also nicht zwingend, dass zwischen *allen* Regressoren ein linearer Zusammenhang bestehen muss, es genügt bereits, dass nur *zwei* unabhängige Variablen in einer solchen Beziehung stehen.

Dieser Fall *perfekter* Multikollinearität ist in der Realität eher selten anzutreffen, am ehesten noch bei den unterschiedlichen Levels/Ausprägungen einer kategorialen Variablen. Dieses Problem haben wir im Abschnitt »Regression auf kategoriale Variablen« bereits besprochen. Häufiger ist der Fall *imperfekter* Multikollinearität. Dabei hängen mehrere unabhängige Variablen nicht exakt linear zusammen, stattdessen gibt es eine kleine »Störgröße« v_i, die verhindert, dass dieser Zusammenhang wirklich für alle Beobachtungen gleichermaßen gilt:

$$a_0 + a_1 X_{1\,i} \ldots + a_K X_{K\,i} + v_i = 0$$

Die Auswirkungen von Multikollinearität sind unterschiedlich, je nachdem, ob sie perfekt oder nur imperfekt ausgeprägt ist:

Perfekte Multikollinearität. Liegt diese vor, können die Schätzer für die Koeffizienten des Regressionsmodells nicht bestimmt werden. Sie erinnern sich, dass sich die Schätzer im Fall einer Regression mit zwei unabhängigen Variablen darstellen lassen als:

$$\hat{\beta}_1 = \frac{S_{X_2X_2}S_{X_1Y} - S_{X_1X_2}S_{X_2Y}}{S_{X_1X_1}S_{X_2X_2} - S^2_{X_1X_2}}$$

$$\hat{\beta}_2 = \frac{S_{X_1X_1}S_{X_2Y} - S_{X_1X_2}S_{X_1Y}}{S_{X_1X_1}S_{X_2X_2} - S^2_{X_1X_2}}$$

Es lässt sich durch Umformen leicht zeigen, dass der Nenner dieser Ausdrücke, wenn wir einen Zusammenhang der Form

$$X_2 = \frac{a_0}{a_2} + \frac{a_1}{a_2}X_1 = \gamma_0 + \gamma_1 X_1$$

zwischen den beiden erklärenden Variablen X_1 und X_2 annehmen (was einfach der obige lineare Zusammenhang, aufgelöst nach X_2 ist), jeweils gleich 0 ist. Die Schätzer lassen sich also nicht berechnen. Was passiert in solch einem Fall in R? Betrachten Sie dazu das folgende einfache Beispiel:

```
> x$UNEMPLOY.LIN = 3 + 1.5*x$UNEMPLOY
> summary(lm(EXPEND ~ UNEMPLOY + UNEMPLOY.LIN, data = x))

Call:
lm(formula = EXPEND ~ UNEMPLOY + UNEMPLOY.LIN, data = x)

Residuals:
    Min      1Q  Median      3Q     Max
-19.881  -8.872   1.246   7.483  23.321

Coefficients: (1 not defined because of singularities)
             Estimate Std. Error t value Pr(>|t|)
(Intercept)   31.2778     1.9144  16.338   <2e-16 ***
UNEMPLOY       0.3822     0.1874   2.039   0.0438 *
UNEMPLOY.LIN       NA         NA      NA       NA
---
Signif. codes:  0 '***' 0.001 '**' 0.01 '*' 0.05 '.' 0.1 ' ' 1

Residual standard error: 10.35 on 108 degrees of freedom
  (79 observations deleted due to missingness)
Multiple R-squared:  0.03708,     Adjusted R-squared:  0.02817
F-statistic: 4.159 on 1 and 108 DF,  p-value: 0.04385
```

Hier erzeugen wir zunächst eine Variable `UNEMPLOY.LIN`, die eine (willkürlich parametrierte) Linearkombination unserer Arbeitslosenquote `UNEMPLOY` ist. Wie Sie am Output der Funktion `lm` erkennen, ist R so nett und rettet Ihr Modell dadurch, dass es eine der beiden linear abhängigen Variablen *ausschließt* und so die Multikollinearität auflöst. Mit beiden Variablen im Modell ist das Modell nicht zu schätzen!

Nicht nur die Schätzung der Koeffizienten macht bei perfekter Multikollinearität Probleme. Auch bei den Varianzen der Schätzer sieht es nicht besser aus: Wie Sie aus dem zweiten statistischen Repetitorium wissen, lassen sich die Varianzen der Schätzer schreiben als:

$$Var(\hat{\beta}_1) = \frac{\sigma^2}{S_{x_1x_1}(1-R^2_{X_1X_2})}$$

$$Var(\hat{\beta}_2) = \frac{\sigma^2}{S_{x_2x_2}(1-R^2_{X_1X_2})}$$

Wenn aber die erklärenden Variablen X_1 und X_2 linear zusammenhängen, ist das Bestimmtheitsmaß $R^2_{X_1X_2}$, das sich bei einer Regression der einen auf die andere Variable ergibt, natürlich gleich 1. Wie Sie sehen, lassen sich in diesem Fall auch die Varianzen der Schätzer $\hat{\beta}_1$ und $\hat{\beta}_2$ nicht bestimmen.

Imperfekte Multikollinearität. Liegt dagegen »nur« *imperfekte* Multikollinearität vor, können sowohl die Schätzer der Modellkoeffizienten als auch deren Varianzen bestimmt werden. Die Schätzer sind unverzerrt, effizient (haben also die kleinste Varianz in der Klasse der linearen Schätzer bzw., wenn die Residuen u_i tatsächlich normalverteilt sind, sogar in der Klasse aller Schätzer) und auch konsistent (konvergieren also mit gegen unendlich steigender Stichprobegröße gegen die wahren Werte der Schätzer).

Also alles gut? Nun, nicht ganz. Betrachten Sie nochmals die Gleichungen der Schätzervarianzen oben: Bei hoher (imperfekter) Multikollinearität ist das Bestimmtheitsmaß $R^2_{x_1x_2}$ groß (wenn auch kleiner als 1) und damit der Nenner klein. Kleiner Nenner bedeutet aber große Varianz und damit großer Standardfehler. Die Schätzung wird bei starker Multikollinearität also *ungenauer*. Anders ausgedrückt: Die Wahrscheinlichkeit, in einer Stichprobe einen Koeffizientenwert $\hat{\beta}_1$ zu schätzen, der weit vom wahren Wert β_1 entfernt ist, ist hoch. Deshalb werden Sie bei starker Multikollinearität oftmals geschätzte Koeffizienten vorfinden, die unerwartete Größenordnungen aufweisen oder ein anderes Vorzeichen haben, als Sie es aufgrund Ihrer theoretischen Überlegungen vermutet hätten. Dass die Schätzer unverzerrt sind, hilft Ihnen dann auch nicht weiter, denn Unverzerrtheit ist eine Eigenschaft *wiederholter* Stichproben: Wenn Sie für die gleichen Werte von X_1 und X_2, die Sie in Ihrer Stichprobe haben (also für Ihre X_{1i} und X_{2i}), wieder und immer wieder – theoretisch unendlich oft – neue Beobachtungen Y_i der unabhängigen Variablen Y erhielten, wäre der Durchschnitt der daraus errechneten Schätzer $\hat{\beta}_1$ und $\hat{\beta}_2$ identisch mit den wahren Werten β_1 und β_2. Sie haben aber keine wiederholte

Stichprobe, sondern nur die eine! Deshalb ist Unverzerrtheit hier ein schwacher Trost. Stattdessen sind Sie mit dem Problem konfrontiert, dass die geschätzten Koeffizienten vielleicht weit von den wahren Werten entfernt liegen.

Ein zweites Problem tritt bei Hypothesentests auf. Da Sie bei der Berechnung der t-Werte die Schätzer der Koeffizienten durch ihren geschätzten Standardfehler teilen, werden Ihre t-Werte kleiner sein, wenn die Standardfehler groß sind. Dementsprechend weniger häufig werden Sie signifikant von 0 verschiedene Koeffizienten vorfinden. Es ist also schwieriger, die Erklärungskraft des Modells den einzelnen unabhängigen Variablen zuzuordnen. Wenn Sie feststellen wollen, ob eine unabhängige Variable zur Erklärung der Variation der abhängigen Variablen beiträgt, werden Sie häufiger zu einem negativen Ergebnis kommen, selbst wenn das Modell insgesamt doch einen guten Teil der Variation von *Y* erklärt.

Gar kein Problem haben Sie natürlich, wenn Sie nur *Vorhersagen* treffen wollen: Denn dann nutzen Sie den hohen Anteil der erklärten Variation der abhängigen Variablen, die das Modell zu erklären vermag. Völlig unerheblich ist dabei, *welche* Variablen genau die Variation von *Y* erklären. Allein der Erfolg zählt! In diesem Fall müssen Sie lediglich die Werte der unabhängigen Variablen, für die Sie *Y* prognostizieren wollen, in das geschätzte empirische Modell einsetzen und können Multikollinearitätsprobleme außen vor lassen.

Feststellung der Annahmeverletzung

Wie können Sie nun Multikollinearität in Ihren Daten nachweisen? Mehrere Wege stehen zur Verfügung:

- Ein guter Indikator für das Vorliegen von Multikollinearität ist das Vorliegen vieler insignifikanter Koeffizientenschätzer bei gleichzeitig hohem R^2. Dann ist Ihr Modell nämlich in der Lage, einen großen Teil der Variation der unabhängigen Variablen zu erklären, aber es lässt sich nicht bestimmen, welche Variablen genau zu dieser Erklärung beitragen. Mit dieser Betrachtung können Sie zwar ein Multikollinearitätsproblem diagnostizieren, welche Variablen darin involviert sind, wissen Sie dann allerdings noch nicht.
- Da Multikollinearität ja das Vorhandensein eines linearen Zusammenhangs zwischen zwei oder mehr unabhängigen Variablen ist, ist natürlich auch deren Korrelation ein Indikator für das Vorliegen des Problems. Als Faustregel sagt man, dass bei einer paarweisen Korrelation zweier unabhängiger Variablen von wenigstens 0,8 von einem Multikollinearitätsproblem ausgegangen werden kann. Das haben wir in unserem Datensatz zum Beispiel bei den Anteilen von Kindern und Senioren an der Gesamtbevölkerung:

  ```
  > cor(x$POPSENIORS, x$POPCHILDREN,
    use = "pairwise.complete.obs", method = "pearson")
  [1] -0.8170581
  ```

  Aber Vorsicht: Es lässt sich zeigen, dass (zumindest in Regressionsmodellen mit mehr als zwei unabhängigen Variablen) Multikollinearität auch dann vorliegen kann, wenn die paarweisen Korrelationen zwischen den unabhängigen Variablen deutlich niedriger sind als 0,8. Aus niedrigen Korrelationen können Sie also *nicht* schlussfolgern, dass *keine* Multikollinearität vorliegt, sehr wohl aber umgekehrt. Das Vorliegen hoher paarweiser Korrelationen ist also eine hinreichende, aber keine notwendige Bedingung für Multikollinearität.

- Wenn ein starker linearer Zusammenhang zwischen den unabhängigen Variablen vorliegt, müsste eine Regression einer unabhängigen Variablen auf die übrigen unabhängigen Variablen ein hohes R^2 nach sich ziehen. Betrachten Sie die Ergebnisse einer solchen Hilfsregression unserer Variablen POPSENIORS, also des Bevölkerungsanteils der Senioren:

```
> summary(lm(POPSENIORS ~ UNEMPLOY + POPCHILDREN +
  DEMOCRATIC, data = x))

Call:
lm(formula = POPSENIORS ~ UNEMPLOY + POPCHILDREN + DEMOCRATIC, data = x)

Residuals:
    Min      1Q  Median      3Q     Max
-6.8960 -2.1302 -0.0074  2.0187  7.3876

Coefficients:
            Estimate Std. Error t value Pr(>|t|)
(Intercept) 20.90999    1.38428  15.105  < 2e-16 ***
UNEMPLOY     0.06885    0.05676   1.213 0.228068
POPCHILDREN -0.59674    0.03933 -15.171  < 2e-16 ***
DEMOCRATIC   2.87851    0.84194   3.419 0.000918 ***
---
Signif. codes:  0 '***' 0.001 '**' 0.01 '*' 0.05 '.' 0.1 ' ' 1

Residual standard error: 2.763 on 98 degrees of freedom
  (87 observations deleted due to missingness)
Multiple R-squared:  0.7553,    Adjusted R-squared:  0.7478
F-statistic: 100.8 on 3 and 98 DF,  p-value: < 2.2e-16
```

  Das hohe R^2 signalisiert, dass ein starker linearer Zusammenhang zwischen POPSENIORS und den übrigen unabhängigen Variablen besteht. Nun kann es aufgrund der F-Statistik und ihres p-Werts als gesichert gelten, dass das R^2 dieser Hilfsregression von 0 verschieden ist und daher Multikollinearität vorliegt.

  Eine alternative Entscheidungsregel ist die folgende (die sogenannte *Klien's Rule*): Multikollinearität liegt dann vor, wenn das R^2 einer solchen Hilfsregression größer ist als das R^2 des eigentlichen Modells, also der Regression von EXPEND auf die unabhängigen Variablen. Auch das ist in unserem Fall gegeben.

- Es lässt sich zeigen, dass sich die Varianz eines Koeffizientenschätzers bei Vorliegen von Multikollinearität von der Varianz, die der Schätzer ohne Multikollinearität hätte, um einen Faktor unterscheidet, der auch als *Variance Inflating Factor* (VIF) bezeichnet wird. Es gilt also für die Varianz Var_{MK} zum Beispiel des Schätzer $\hat{\beta}_1$:

$$Var_{MK}(\hat{\beta}_1) = Var(\hat{\beta}_1) \cdot VIF_1 = Var(\hat{\beta}_1) \cdot \frac{1}{1 - R^2_{1 \cdot 2,\ldots,K}}$$

Dabei ist $Var(\hat{\beta}_1)$ die Varianz bei Fehlen von Multikollinearität und $R^2_{1 \cdot 2,\ldots,K}$ das Bestimmtheitsmaß der Regression der unabhängigen Variablen X_1 auf alle übrigen unabhängigen Variablen des Modells, wie wir sie eben durchgeführt haben. Sie sehen, dass bei Abwesenheit von Multikollinearität, wenn also $R^2_{1 \cdot 2,\ldots,K} = 0$, der *Variance Inflating Factor* gerade 1 ist, also die Varianz des Schätzers $\hat{\beta}_1$ überhaupt nicht »aufgebläht« wird. Sobald aber Multikollinearität vorliegt und damit $R^2_{1 \cdot 2,\ldots,K} > 0$, ist der VIF größer als 1 und erhöht so die Varianz des Schätzers gegenüber der Varianz, die sich ohne Multikollinearität ergäbe. In der Literatur werden Sie für die Interpretation des VIF unterschiedliche Faustregeln finden: Einigermaßen einig ist man sich, dass VIFs, die größer als 10 sind, auf ein starkes Multikollinearitätsproblem schließen lassen (dann ist das R^2 der Hilfsregression größer oder gleich 0,9!). Für Werte darunter herrscht hingegen weniger Einigkeit: Es gibt Autoren, die ernst zu nehmende Multikollinearität ab einem VIF von 4 oder 5 annehmen, andere postulieren, dass ein VIF, dessen Quadratwurzel größer als 2 ist, auf Multikollinearität hindeutet. Wie auch immer Sie den VIF interpretieren: Machen Sie sich klar, dass auch »kleine« VIFs (zum Beispiel von 4) bereits bedeuten, dass die Standardfehler der Koeffizientenschätzer erheblich höher sind (im Beispiel: doppelt so hoch) wie im Fall ohne Multikollinearität, mit den oben diskutierten Auswirkungen auf Schätzgenauigkeit und Hypothesentests.

In R könnten Sie den VIF natürlich mit allem, was Sie bisher wissen, ohne Weiteres selbst errechnen. Das ist allerdings etwas umständlich, weil Sie zunächst in Hilfsregressionen alle unabhängigen Variablen auf die jeweils übrigen unabhängigen Variablen regressieren müsste. Das Package car stellt mit `vif` eine Funktion bereit, die das für Sie tut:

```
> m <- lm(EXPEND ~ UNEMPLOY + POPSENIORS + POPCHILDREN +
  DEMOCRATIC, data = x)
> vif(m)
  UNEMPLOY  POPSENIORS POPCHILDREN  DEMOCRATIC
  1.051263    4.086666    3.646953    1.255310
```

Gegenmaßnahmen

Multikollinearität ist letztlich eine Unzulänglichkeit Ihres Datensatzes. Deshalb gibt es leider – anders als etwa bei Heteroskedastizität der Residuen – keinen einfachen Weg, auf dem Sie sich des Problems entledigen können. Sie haben drei Optionen:

Akzeptieren. Ihre Stichprobe ist, wie sie ist. Sie können das Problem der Multikollinearität einfach hinnehmen. Immerhin sind Ihre Schätzer immer noch unverzerrt, konsistent und effizient. Leicht zu akzeptieren fällt Ihnen Multikollinearität natürlich dann, wenn Ihr vorrangiges Ziel die Vorhersage der abhängigen Variablen für neue Werte der erklärenden Variablen ist. Dann können Sie das Multikollinearitätsproblem vollkommen ignorieren.

Aber auch wenn Sie daran interessiert sind, den Einfluss einzelner Variablen zu bestimmen, können Sie, wenn Sie trotz Multikollinearität signifikante Koeffizientenschätzer finden, davon ausgehen, dass diese Variablen tatsächlich in der Grundgesamtheit einen Einfluss auf die abhängige Variable ausüben (nur werden Sie solche signifikanten Effekte eben beim Vorliegen von Multikollinearität weniger häufig antreffen).

Mehr Daten beschaffen. Sie können natürlich versuchen, zusätzliche Daten mit einzubeziehen, die das Multikollinearitätsproblem abmildern. Das kann – soweit es die zu untersuchende Fragestellung zulässt – auch durch Erhöhung der Granularität geschehen. So könnte man zum Beispiel von der Landes- auf die Gemeindeebene oder von der Haushalts- auf die Individuenebene gehen und so mehr Datenpunkte generieren. Häufig sind der zusätzlichen Datenbeschaffung in der Realität natürlich durch die generelle Datenverfügbarkeit und den Aufwand der Datenbeschaffung oder gar -erhebung enge Grenzen gesetzt.

Variablen auslassen. Wenn Sie unabhängige Variablen, die mit anderen eng zusammenhängen, aus dem Modell herausnehmen, wird das Problem der Multikollinearität abgemildert oder gar beseitigt. Sie erinnern sich, dass dieses Vorgehen automatisch von R angewendet wird, um Ihre Modellschätzung im Fall perfekter Multikollinearität zu »retten«. Allerdings sind Sie dann auch nicht mehr in der Lage, Aussagen über die Bedeutung der ausgelassenen Größen für die zu erklärende Variable zu treffen; gegebenenfalls können Sie also die theoretische Überlegung, die den Ausgangspunkt Ihres Regressionsmodells bildet, nicht mehr empirisch untersuchen. Mit diesem Vorgehen können Sie unter Umständen die Situation sogar noch verschlimmern, wenn nämlich Ihr Modell nach dem Auslassen der Variablen falsch spezifiziert ist. Mit diesem Problem, mit dem Sie sich natürlich auch ganz ohne Multikollinearität konfrontiert sehen können, werden wir uns noch ausführlicher beschäftigen.

Nicht normalverteilte Störgrößen

In diesem Abschnitt erfahren Sie,

- wofür es wichtig ist, dass die Residuen normalverteilt sind, und wofür nicht,
- wie die Normalverteilung der Residuen untersucht werden kann,
- welche grundsätzlichen Möglichkeiten bestehen, darauf zu reagieren, dass die Residuen nicht normalverteilt sind.

Folgende R-Funktion wird in diesem Abschnitt behandelt:

- `jarque.bera.test()` {Package tseries}: Führt einen Jarque-Bera-Test auf Nicht-Normalverteilung der Residuen durch.

Das Problem und seine Auswirkungen

Annahme 5 des linearen Regressionsmodells (siehe hierzu das erste statistische Repetitorium in diesem Kapitel) besagte, dass die Störgrößen u_i in der Grundgesamtheit normalverteilt sind. Das scheint zunächst eine recht krude Annahme zu sein. Warum sollten die Störeinflüsse gerade einer Normalverteilung folgen? Der aus der Wahrscheinlichkeitsrechnung bekannte *zentrale Grenzwertsatz* besagt, dass die Summe von vielen voneinander *unabhängigen*, *identisch verteilten* Zufallsvariablen gegen eine Normalverteilung strebt. Die Zufallsvariablen selbst können eine andere Verteilung als die Normalverteilung besitzen, sie müssen nur *derselben* Verteilung folgen. Wenn man sich jedes Residuum u_i als Summe einer Unmenge verschiedener zufälliger Einflüsse vorstellt, könnte diese Anwendung des zentralen Grenzwertsatzes vielleicht überzeugen. Kritisch ist bei dieser Argumentation natürlich trotzdem, dass die Verteilungen der Einzeleinflüsse identisch sein müssen. Das mag aus guten Gründen bezweifelt werden.

Warum ist es eigentlich so wichtig, ob die Residuen normalverteilt sind oder nicht? Wenn Sie Ihr Modell nur dazu verwenden wollen, Vorhersagen zu treffen, also für gegebene Werte der unabhängigen Variablen den erwarteten Wert der abhängigen Variablen zu bestimmen, brauchen Sie sich um die Normalverteilung der Residuen keine Sorgen zu machen. Denn dann zählt für Sie vor allem, dass Ihr Modell eine hohe Schätzgüte (also ein hohes R^2) erreicht. Wollen Sie aber wissen, welche der unabhängigen Variablen es nun genau sind, die die zu erklärende Variable beeinflussen, haben Sie allen Grund, sich mit der Frage zu befassen, ob die Residuen normalverteilt sind oder nicht, denn sie beeinflusst Ihre Möglichkeit, die Koeffizientenschätzer statistischen Tests zu unterziehen.

Die Auswirkungen einer Nicht-Normalverteilung der Residuen sind die folgenden:

- Die Koeffizientenschätzer sind nach wie vor unverzerrt.
- Die Koeffizientenschätzer weisen immer noch in der Klasse der linearen unverzerrten Schätzer die geringste Varianz auf.
- Die üblichen Hypothesentests auf Basis von t- und F-Tests sind nicht mehr anwendbar.

Obwohl also die Koeffizienten immer noch die an sich vorteilhaften BLUE-Eigenschaften aufweisen, können die Standardtests nicht mehr eingesetzt werden, um festzustellen, ob jeder der Koeffizienten allein von 0 verschieden ist (t-Test) und ob das Modell insgesamt einen Beitrag zur Erklärung der abhängigen Variablen leistet, ob also wenigstens einer der Koeffizienten ungleich 0 ist.

Feststellung nicht-normalverteilter Residuen

Der mit Abstand populärste Test auf Normalverteilung der Residuen ist der Jarque-Bera-Test. Er untersucht zwei Eigenschaften von Verteilungen, ihre *Symmetrie* bzw. Schiefe und ihre Wölbung (die sogenannte *Kurtosis*). Die Grundidee des Tests besteht darin, die aus den empirischen Residuen berechneten Maßzahlen für diese beiden Eigenschaften mit den theoretischen Werten, die sich bei einer Normalverteilung ergäben, zu vergleichen. Aus den Maßzahlen auf Basis der Residuen wird eine Teststatistik berechnet, die bei Gültigkeit der Nullhypothese, dass die Residuen tatsächlich normalverteilt sind, eine Chi-Quadrat-Verteilung folgt.

In R wird der Jarque-Bera-Test als Funktion `jarque.bera.test` unter anderem im Package `tseries` bereitgestellt, das hauptsächlich Werkzeuge für die Arbeit mit Zeitreihendaten beinhaltet. Ein einfaches Beispiel zeigt, wie die Ergebnisse interpretiert werden:

```
> m <- lm(EXPEND ~ UNEMPLOY + POPSENIORS + POPCHILDREN +
  DEMOCRATIC, data = x)
> jarque.bera.test(m$residuals)

Jarque Bera Test

data:  m$residuals
X-squared = 3.799, df = 2, p-value = 0.1496
```

Der p-Wert des Tests ist in unserem Beispiel knapp 0,15. Unter Gültigkeit der Nullhypothese, dass die Residuen tatsächlich normalverteilt sind, ist eine Teststatistik, die mindestens so groß ist wie die Teststatistik in unserer Stichprobe (nämlich 3,799), bei einer wiederholten Stichprobe in immerhin knapp 15 % der Fälle zu erwarten. Zu viel, um die Nullhypothese bei den üblicherweise angelegten Signifikanzniveaus von 1 %, 5 % oder 10 % zurückzuweisen. Das ist eine gute Nachricht, besagt sie doch, dass wir davon ausgehen dürfen, dass die Residuen in der Grundgesamtheit tatsächlich normalverteilt und die üblichen Testverfahren daher anwendbar sind.

Beachten Sie bitte, dass der Funktion `jarque.bera.test` nicht das gesamte Modell übergeben wird, wie es bei den meisten Tests, die Sie bisher kennengelernt haben und später noch kennenlernen werden, der Fall ist, sondern lediglich der Vektor der Residuen, `m$residuals`.

Gegenmaßnahmen

Grundsätzlich gibt es zwei Möglichkeiten, mit dem Problem der nicht-normalverteilten Residuen umzugehen:

Man beseitigt das Problem. Eine häufige Ursache der nicht-normalverteilten Residuen besteht darin, dass es in der Stichprobe *Ausreißer* gibt, die extreme Residuen verursachen. Tests wie der Jarque-Bera-Test werden durch diese Ausreißer beeinflusst. Ohne die Ausreißer sieht die Welt vielleicht gleich viel normalverteilter aus. Mit der Analyse von Ausreißern werden wir uns im Abschnitt »Entwicklung von Regressionsmodellen – ein paar Tipps« befassen.

Man mildert die Auswirkungen des Problems. Es gibt spezielle Schätztechniken, die angewendet werden können, wenn die Residuen nicht normalverteilt sind. Diese werden unter dem Stichwort »Robuste Schätzung« diskutiert. Weil sie aber über das Niveau, das wir in diesem Buch anlegen, erheblich hinausgehen, werden wir sie an dieser Stelle nicht weiter besprechen.

Man vertraut auf die Gleichverteilung der u_i und die ausreichende Größe der Stichprobe. Es lässt sich nämlich zeigen, dass sich die Koeffizientenschätzer $\hat{\beta}_0,\ldots,\hat{\beta}_K$ selbst als eine Funktion (der Summe) der Störgrößen u_i darstellen lassen. Wenn nun die u_i selbst zwar vielleicht nicht normalverteilt, aber zumindest alle identisch verteilt und voneinander unabhängig sind (Letzteres fordert ja auch Annahme 4 des linearen Regressionsmodells), greift auch hier der zentrale Grenzwertsatz und besagt, dass die Koeffizientenschätzer $\hat{\beta}_0,\ldots,\hat{\beta}_K$, weil sie auf einer Summe identisch verteilter unabhängiger Zufallsvariablen, nämlich den u_i, basieren, asymptotisch normalverteilt sind; das heißt, ihre Verteilung nähert sich mit steigendem Stichprobenumfang N einer Normalverteilung an. Bei kleinen Stichproben kann es aber natürlich gut sein, dass die Verteilung der Residuen noch weit von der Normalverteilung entfernt ist.

Autokorrelation

In diesem Abschnitt erfahren Sie,

- welche Auswirkungen der Umstand, dass die Residuen untereinander korreliert sind (Autokorrelation), auf die Varianzen der Schätzer hat,
- wie Autokorrelation erkannt werden kann,
- wie Sie den Auswirkungen von Autokorrelation durch Anwendung autokorrelations- und heteroskedastizitätskonsistenter Standardfehler (HAC oder auch Newey-West-Standardfehler) entgegenwirken.

Folgende R-Funktionen werden in diesem Abschnitt behandelt:

- **`dwtest()`** {Package `lmtest`}: Führt einen Durbin-Watson-Test auf Autokorrelation durch.
- **`bgtest()`** {Package `lmtest`}: Führt einen Breusch-Godfrey-Test auf Autokorrelation durch.
- **`vcovHAC()`** {Package `sandwich`}: Berechnet Newey-West-, heteroskedastizitäts- und autokorrelationskonsistente Standardfehler. Diese können dann zum Beispiel in einem Hypothesentest mit der Funktion `coeftest` verwendet werden.

Das Problem und seine Auswirkungen

Annahme 4 des linearen Regressionsmodells besagt, dass die Residuen u_i unabhängig voneinander sein müssen.

In der Literatur finden Sie dafür oft die Formulierung $E\left(u_i u_j\right)=0$. Dieser Gleichung entspricht – unter Annahme 2, dass nämlich $E\left(u_i\right)=0$ für alle Beobachtungen i –, genau die Aussage, dass die Kovarianz (und damit auch die Korrelation) von u_i und u_j gleich 0 ist:

$$Cov(u_i,u_j)=E\Big(\big(u_i-E(u_i)\big)\big(u_j-E(u_j)\big)\Big)=E\Big(\big(u_i-0\big)\big(u_j-0\big)\Big)=E(u_iu_j)$$

Wenn Annahme 4 nicht erfüllt ist und die Residuen einen Zusammenhang aufweisen, spricht man von *Autokorrelation*.

Autokorrelation kann unterschiedliche Ursachen haben, unter anderem:

- Wenn Variablen, die eigentlich für die Erklärung der abhängigen Variablen Y relevant sind, irrtümlich aus dem Modell ausgelassen worden sind, schlägt sich deren Einfluss in den Residuen nieder; dies kann dazu führen, dass die Residuen miteinander korreliert sind. Im nächsten Abschnitt, wenn wir uns mit den Auswirkungen von Fehlspezifikation, das heißt der fehlerhaften Auswahl der unabhängigen Variablen befassen, werden wir uns genauer anschauen, wie es zu diesem Phänomen kommt.
- In der Zeitreihenanalyse wird oft der Wert der abhängigen Variablen in der Vorperiode als erklärender Faktor für die abhängige Variable in der aktuellen Zeitperiode einbezogen, insbesondere wenn es um verhaltensgesteuerte Prozesse geht, die eine gewisse Beständigkeit aufweisen (wie zum Beispiel das Konsumverhalten) und sich nur ändern, wenn bestimmte Störgrößen ihre Wirkung entfalten. Dieses Einbeziehen von Werten der Vorperioden (engl. *Lagged Values* von *Time Lag* – Zeitverzögerung, Zeitabstand; daher auch neudeutsch ge*laggte* Werte) kann dazu führen, dass die Residuen mehrerer Perioden in die gleiche Richtung gehen (zum Beispiel alle positiv sind), bis eine »Störung« auftritt, die das Verhalten wieder ändert. Dadurch entsteht Autokorrelation in den Residuen.
- Gleiches gilt, wenn lineare Näherungen für Prozesse verwendet werden, die eine inhärente Zyklizität oder Saisonalität aufweisen, wie es zum Beispiel im Konjunkturzyklus makroökonomische Größen wie das Wirtschaftswachstum und die Arbeitslosigkeit tun. Dann ist es wahrscheinlich, dass die Abweichungen (zeitlich) aufeinanderfolgender Beobachtungen von ihren linearen Schätzwerten in die gleiche Richtung gehen und die Residuen, denn nichts anderes sind diese Abweichungen ja, autokorreliert sind.

Wie Sie schon an diesen ausgewählten möglichen Ursachen erkennen, ist Autokorrelation ein Phänomen, das eher in Zeitreihen- als in Querschnittsanalysen auftritt. Es ist besonders dann wahrscheinlich, wenn man davon ausgehen kann, dass zwei zeitlich aufeinanderfolgende Beobachtungen einer sich im Zeitablauf ändernden Tendenz folgen (die englischsprachige Literatur spricht hier gern von *momentum*), deshalb nicht unabhängig voneinander sind und das lineare Modell die Änderungen dieser Tendenz nicht vollständig nachzeichnen kann.

Da wir uns in diesem Buch nicht intensiv mit der durchaus komplexen Analyse von Zeitreihendaten beschäftigen und auch unser Beispieldatensatz ein typischer Querschnittsdatensatz ist, wollen wir uns das Phänomen der Autokorrelation hier eher kurz anschauen, es aber seiner praktischen Relevanz wegen auch nicht vollständig ausblenden.

Die wichtigsten Auswirkungen von Autokorrelation sind die folgenden:

- Die Koeffizientenschätzer sind unverzerrt und konsistent, nähern sich also für immer größere Stichproben dem wahren Wert in der Grundgesamtheit an.
- Der normale OLS-Schätzer der Varianz der Residuen $\hat{\sigma}^2$ ist allerdings verzerrt, wenn das Vorliegen von Autokorrelation ignoriert wird.
- Die Varianzen der Koeffizientenschätzer sind im OLS-Modell ebenfalls verzerrt, wenn man nicht erkennt, dass Autokorrelation vorliegt, und stattdessen von der Annahme ausgeht, die Residuen seien unabhängig voneinander; hinzu kommt die Verzerrung, die dadurch verursacht wird, dass die Varianz der Koeffizientenschätzer ja selbst geschätzt werden muss, weil sie von der wahren, unbekannten Residuenvarianz σ^2 abhängt und dafür der verzerrte Schätzer $\hat{\sigma}^2$ verwendet wird.

  Oftmals, aber nicht notwendigerweise, wird die so geschätzte Varianz der Koeffizientenschätzer kleiner sein als die tatsächliche Varianz, das heißt, die t-Werte in Tests der Koeffizienten werden größer, und die Nullhypothesen werden häufiger abgelehnt. In der Konsequenz wird man fälschlicherweise einer erklärenden Variablen häufiger eine Wirkung auf die abhängige Variable zuschreiben, die in der Grundgesamtheit nicht feststellbar ist.

  Selbst wenn bei der Herleitung der Varianzen der OLS-Schätzer das Vorliegen von Autokorrelation explizit berücksichtigt wird, sind zwar diese Varianzen dann unverzerrt, aber nicht die kleinsten in der Klasse der linearen Schätzer. Anders ausgedrückt: Es gibt andere lineare Koeffizientenschätzer als den OLS-Schätzer, die ebenfalls unverzerrt sind, aber eine geringere Varianz aufweisen.

Feststellung von Autokorrelation

Wie auch zum Beispiel bei Heteroskedastizität stehen Ihnen sowohl grafische Methoden als auch formale Tests zu Diagnose der Annahmeverletzung zur Verfügung:

Grafische Analyse. Wenn die Residuen tatsächlich einen Zusammenhang aufweisen, ist das oftmals bereits grafisch zu erkennen. Betrachten Sie folgendes Beispiel:

```
> m <- lm(EXPEND ~ UNEMPLOY + POPCHILDREN + DEMOCRATIC,
  data = x[order(x$POPSENIORS),])
> plot(m$residuals)
```

In der Grafik der Residuen (Abbildung 6-14) scheint eine Auf- und Abwärtsbewegung erkennbar. Aufeinanderfolgende Residuen weisen also offenbar einen Zusammenhang auf.

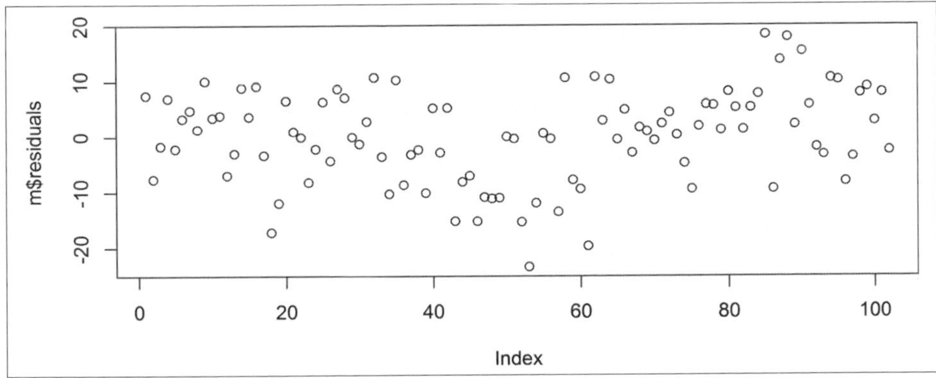

Abbildung 6-14: Residuenmuster bei Autokorrelation

Durbin-Watson-Test. Der wohl bekannteste Test auf Autokorrelation ist der von James Durbin und Geoffrey Watson vorgeschlagene Durbin-Watson-Test. Seine Teststatistik lautet:

$$d = \frac{\sum_{i=2}^{N}\left(\hat{u}_i - \hat{u}_{i-1}\right)^2}{\sum_{i=1}^{N}\hat{u}_i^2}$$

Löst man den quadratischen Term im Zähler auf, erkennt man, dass sich d näherungsweise ausdrücken lässt als

$$d \approx 2(1-\hat{\rho}) \qquad \text{mit} \qquad \hat{\rho} = \frac{\sum_{i=2}^{N}\hat{u}_i\,\hat{u}_{i-1}}{\sum_{i=2}^{N}\hat{u}_i^2}$$

$\hat{\rho}$ ist dabei ein Schätzer für die Korrelation zwischen den Residuen u_i und u_{i-1}. Tatsächlich geht der Durbin-Watson-Test nämlich davon aus, dass zwei Residuen wie folgt zusammenhängen:

$$u_i = \rho u_{i-1} + \epsilon_i$$

wobei ϵ_i ein Störterm ist, der die üblichen Annahmen des linearen Regressionsmodells erfüllt, also einen Erwartungswert von 0 hat, homoskedastisch und selbst nicht autokorreliert ist (solche Störterme werden, insbesondere in der Literatur zur Zeitreihenanalyse, oft auch als *White Noise* bezeichnet, weil sie einfach ein unsystematisches »Rauschen« darstellen). Unter diesen Bedingungen lässt sich zeigen, dass ρ zugleich der Korrelationskoeffizient zwischen zwei aufeinanderfolgenden Residuen ist. Begreifen wir den Zusammenhang zwischen u_i und u_{i-1} als lineares Regressionsmodell, ergibt sich $\hat{\rho}$, wie oben berechnet, als unverzerrter OLS-Schätzer für ρ. Die Teststatistik des Durbin-Watson-Tests basiert also auf dem geschätzten Korrelationskoeffizienten der Residuen.

In vielen Statistik-Lehrbüchern folgt an dieser Stelle eine ausgiebige Betrachtung der Eigenschaften der Teststatistik d, denn deren Verteilung ist nicht so einfach bestimmbar wie die der meisten anderen Tests, die Sie in diesem Buch bisher kennengelernt haben oder noch kennenlernen werden. Deshalb wurde in der Vergangenheit oft umständlich mit der Herleitung der Verteilungen von oberen und unteren Grenzen für den Wert von *d* gearbeitet. Heutige Statistiksoftware – und so natürlich auch R – berechnen die Verteilung und den sich daraus ergebenden p-Wert für die Durbin-Watson-Statistik aber ohne Probleme. Deshalb verzichten wir hier auf die Diskussion der oberen und unteren Grenzen der Durbin-Watson-Statistik.

In R finden Sie eine Implementierung des Durbin-Watson-Tests als Funktion `dwtest` im Package `lmtest`. Wenn Sie `lmtest` noch nicht installiert und geladen haben, holen Sie das mit `install.packages("lmtest",dependencies=TRUE)` und `library(lmtest)` jetzt nach. Anschließend können Sie unser Regressionsmodell dem Durbin-Watson-Test unterziehen:

```
> dwtest(m)

Durbin-Watson test

data:  m
DW = 1.5201, p-value = 0.005318
alternative hypothesis: true autocorrelation is greater than 0
```

Wie Sie sehen, weist die Durbin-Watson-Statistik, die im R-Output mit `DW` ebenfalls angegeben wird, einen sehr geringen p-Wert aus. Da die Nullhypothese dieses Tests das *Fehlen von Autokorrelation* ist, können wir in diesem Beispiel davon ausgehen, dass wir in unserem Modell `m` ein Autokorrelationsproblem haben.

Zwar ist der Durbin-Watson-Test für die Diagnose von Autokorrelation unglaublich populär, doch er basiert auf einer Reihe von Annahmen, die seine Anwendungsmöglichkeiten in der Realität oft einschränken (sollten). Unter anderem setzt er einen Zusammenhang der Residuen in der oben besprochenen Form $u_i = \rho u_{i-1} + \epsilon_i$ voraus. Einen solchen Zusammenhang bezeichnet man auch als *autoregressiven Prozess erster Ordnung* (oft kurz *AR(1)-Prozess* genannt). Nun könnte der Zusammenhang zwischen den Residuen aber auch anders beschaffen sein. Zum Beispiel könnten die Residuen einem AR(2)-Prozess folgen:

$$u_i = \rho_1 u_{i-1} + \rho_2 u_{i-2} + \epsilon_i$$

Dann wäre der Durbin-Watson-Test nicht mehr korrekt.

Auch darf, um den Durbin-Watson-Test anzuwenden, in der ursprünglichen Modellgleichung kein gelaggter Wert der abhängigen Variablen enthalten sein. Nun ist aber gerade das Vorhandensein solcher Vorperiodenvariablen eine der Ursachen von Autokorrelation.

Deshalb schauen wir uns einen zweiten formalen Test auf Autokorrelation an, der etwas allgemeiner ist und nicht unter den hier angesprochenen Defiziten des Durbin-Watson-Tests leidet.

Breusch-Godfrey-Test. Die Grundidee hinter dem Breusch-Godfey-Test ist die folgende: Der Störterm u_i könnte abhängen von einem oder mehreren anderen Störtermen:

$$u_i = \rho_1 u_{i-1} + \rho_2 u_{i-2} + \ldots + \rho_P u_{i-P} + \epsilon_i$$

P gibt dabei die maximale Ordnung des Prozesses an, der die Bildung der Residuen beschreibt. Dieser Zusammenhang kann natürlich als Regressionsmodell aufgefasst und geschätzt werden.

Für die Störterme u_i, $u_{i-1}, \ldots, u_{i-p}$ werden zur Schätzung die empirischen Residuen $\hat{u}_i, \hat{u}_{i-1}, \ldots, \hat{u}_{i-p}$ aus dem ursprünglichen Modell, das auf Autokorrelation getestet werden soll, verwendet. Geschätzt wird also das Modell

$$\hat{u}_i = \hat{\rho}_1 \hat{u}_{i-1} + \hat{\rho}_2 \hat{u}_{i-2} + \ldots + \hat{\rho}_p \hat{u}_{i-p} + \hat{\epsilon}_i$$

Aus dessen Bestimmtheitsmaß R^2 ergibt sich die Teststatistik $(N-P)\dot{R}^2$, die einer Chi-Quadrat-Verteilung folgt.

In R ist der Breusch-Godfrey-Test über die Funktion `bgtest` im Package `lmtest` verfügbar. Standardmäßig geht sie von $P = 1$ aus, also dem gleichen Residuenprozess, der auch vom Durbin-Watson-Test angenommen wird. Mit dem Argument `order` kann diese Zahl aber erhöht werden, zum Beispiel auf 5:

```
> bgtest(m, order = 5)

Breusch-Godfrey test for serial correlation of order up to 5

data:  m
LM test = 13.621, df = 5, p-value = 0.01821
```

Dieses Ergebnis deutet darauf hin, dass in unserem Modell `m` tatsächlich ein Autokorrelationsproblem vorliegt. Ob dabei die Parameter $\rho_1, \ldots, \rho_5$ wirklich alle von null verschieden sind und damit ein AR(5)-Prozess vorliegt, kann man daraus allerdings nicht ablesen. Die Nullhypothese des Breusch-Godfrey-Tests ist $\rho_1 = \ldots = \rho_P = 0$. Unser Ergebnis sagt also lediglich, dass nicht alle Parameter gleichzeitig gleich 0 sind.

Gegenmaßnahmen

Die populärste Gegenmaßnahme ist die Verwendung korrigierter Standardfehler, die dem Vorhandensein von Autokorrelation Rechnung tragen. Sie werden sofort die Parallelen zur Behandlung von Heteroskedastizität erkennen: Auch hier haben wir spezielle Standardfehler verwendet, nämlich die von White vorgeschlagenen heteroskedastizitätskonsistenten Standardfehler. Withney Newey und Kenneth West haben eine Erweiterung von Whites Standardfehlern entwickelt, die sowohl heteroskedastizitäts- als auch autokorrelationskonsistent sind. Diese Standardfehler werden dementsprechend auch gern als *HAC* (engl. *Heteroskedasticity and Autocorrelation Consistent*) oder nach den beiden Autoren mit *Newey-West-Standardfehler* bezeichnet. Wie auch Whites HC-Standardfehler sind sie streng genommen nur in großen Stichproben korrekt.

In R können die Newey-West-Standardfehler (genauer gesagt, die HAC-Varianz-Kovarianz-Matrix) mithilfe der Funktion `vcovHAC` aus dem Package `sandwich` bestimmt werden. Die so gewonnene Varianz-Kovarianz-Matrix wird dann der Funktion `coeftest` als Argument `vcov.` übergeben. Sie erkennen die Parallele zur Heteroskedastizität. Das Vorgehen ist in beiden Fällen das gleiche: Erst werden korrigierte Standardfehler berechnet, dann werden die Hypothesentests auf diese Standardfehler gestützt.

```
> coeftest(m, vcov. = vcovHAC(m))

t test of coefficients:

                Estimate Std. Error t value  Pr(>|t|)
(Intercept)     52.16025    3.58536 14.5481 < 2.2e-16 ***
UNEMPLOY         0.13257    0.19807  0.6693    0.5049
POPCHILDREN     -0.83945    0.10018 -8.3796 3.902e-13 ***
DEMOCRATICTRUE   0.78201    2.01008  0.3890    0.6981
---
Signif. codes:  0 '***' 0.001 '**' 0.01 '*' 0.05 '.' 0.1 ' ' 1
```

Spezifikationsfehler

In diesem Abschnitt erfahren Sie,

- welche Auswirkungen das *Auslassen relevanter* Variablen aus dem Modell hat,
- welche Auswirkungen das *Einbeziehen irrelevanter* Variablen in das Modell hat,
- warum die Konsequenzen dieser beiden Arten von Fehlspezifikation extrem asymmetrisch sind,
- wie Sie fehlerhafte Variablenauswahl diagnostizieren können,
- warum es (leider) keinen Königsweg zur Behebung von Spezifikationsfehlern (zumindest von Fehlern, die durch das Auslassen relevanter Variablen entstehen) gibt.

Folgende R-Funktion wird in diesem Abschnitt behandelt:

- **`reset()`** {Package `lmtest`}: Führt einen Regression Specification Error Test (RESET) auf Fehlspezifikation durch. Es wird getestet, ob eine Variable ausgelassen wurde, die mit den im Modell enthaltenen Variablen korreliert ist.

Das Problem und seine Auswirkungen

Spezifikationsfehler sind Fehler in der Art und Weise, wie Ihr Modell formuliert ist. Sie treten in wenigstens drei Arten auf:

Variablenauswahl. Die wohl grundlegendste und schwierigste Frage beim Aufstellen eines Regressionsmodells ist, welche Variablen einbezogen werden sollen und welche nicht. Zwei Arten von Fehlern können bei der Variablenauswahl passieren: 1.

Es werden irrtümlich Variablen in das Modell aufgenommen, die in Wirklichkeit gar keinen Zusammenhang mit der zu erklärenden Größe aufweisen. 2. Es werden Variablen, die eigentlich für die Erklärung der abhängigen Größe relevant sind, fälschlicherweise außen vor gelassen. Beide Arten von Fehlern bei der Variablenauswahl haben sehr unterschiedliche Auswirkungen.

Funktionale Form. Wir gehen bei der *linearen Regression* selbstredend von einem linearen Zusammenhang aus. Der wahre Zusammenhang kann natürlich auch von ganz anderer Natur und das lineare Modell daher fehlspezifiziert sein. Aus zwei Gründen ist die Annahme von Linearität allerdings weniger einschränkend, als es auf den ersten Blick erscheinen mag:

Erstens bedeutet Linearität hier *Linearität in den Koeffizienten*. Betrachten Sie das folgende Modell:

$$Y = \beta_0 + \beta_1 X_1^2 + \beta_2 X_2^3 + u$$

Dieses Modell ist linear, denn die Koeffizienten β_0, β_1 und β_2 gehen mit dem Exponenten 1 in das Modell ein. Die unabhängigen Variablen selbst dagegen können sehr wohl andere Exponenten als 1 besitzen. Wenn Sie zwei Variablen $X_1^* \equiv X_1^2$ und $X_2^* \equiv X_2^3$ definieren, können Sie das obige Modell leicht umschreiben zu

$$Y = \beta_0 + \beta_1 X_1^* + \beta_2 X_2^* + u$$

und es sieht wieder aus wie ein ganz »normales« lineares Modell. Dieses Vorgehen erlaubt Ihnen auch, ein und dieselbe Variable mit unterschiedlichen Exponenten zu berücksichtigen, wie im folgenden Beispiel:

$$Y = \beta_0 + \beta_1 X_1 + \beta_2 X_1^2 + \beta_3 X_1^3 + u$$

Zweitens können viele Modelle, die eigentlich nicht linear sind, *linearisiert* werden. Betrachten Sie den folgenden Zusammenhang:

$$Y = \alpha X_1^{\beta_1} X_2^{\beta_2} u$$

Zieht man auf beiden Seiten der Gleichung den natürlichen Logarithmus, erhält man:

$$\ln Y = \ln \alpha + \beta_1 \ln X_1 + \beta_2 \ln X_2 + \ln u$$

oder

$$\ln Y = \beta_0 + \beta_1 \ln X_1 + \beta_2 \ln X_2 + \ln u$$

Dieses Modell ist linear in den Koeffizienten β_0, β_1 und β_2 und kann mit normaler OLS-Methodik geschätzt werden.

Konstanz der Koeffizienten. Das lineare Regressionsmodell unterstellt, dass die Koeffizienten $\beta_0, \ldots, \beta_K$ für alle Beobachtungen der Stichprobe identisch sind. Es könnte aber tatsächlich sein, dass zum Beispiel der Koeffizient β_5 für kleine Werte von X_5

ein anderer ist als für große Werte dieser Variablen. Man spricht dann von einem *Strukturbruch*.

Wir konzentrieren uns im Folgenden auf Probleme der *Variablenauswahl*, die dem Praktiker typischerweise die größten Kopfschmerzen bereiten. Dabei gehen wir das Problem hier zunächst eher von der »technischen« Seite an, das heißt, wir überlegen, welche Konsequenzen es hat, wenn dem Modell irrelevante Variablen hinzugefügt oder tatsächlich relevante Variablen irrtümlicherweise nicht in das Modell aufgenommen werden. Im folgenden Abschnitt werden wir uns dann mit Fragen des praktischen Vorgehens bei der Modellierung beschäftigen.

Die wesentlichen Auswirkungen einer fehlerhaften Variablenauswahl sind:

Auslassen relevanter Variablen. Werden tatsächlich relevante Variablen irrtümlich nicht in das Modell aufgenommen, sind die Koeffizientenschätzer (normalerweise) verzerrt und inkonsistent, das heißt, sie streben auch für große Stichprobenumfänge nicht gegen den wahren Wert in der Grundgesamtheit. Die Schätzer ihrer Varianz sind immer verzerrt und inkonsistent.

Um diese krassen Konsequenzen zu verstehen, schauen wir uns ein einfaches Beispiel an. Nehmen wir an, der wahre Zusammenhang sei durch folgendes Modell beschrieben:

$$Y = \beta_0 + \beta_1 X_1 + \beta_2 X_2 + u$$

Aus Versehen lassen Sie allerdings die Variable X_2 unberücksichtigt und schätzen stattdessen das Modell

$$Y = \alpha_0 + \alpha_1 X_1 + v$$

Es lässt sich zeigen, dass der Schätzer $\hat{\alpha}_1$ für α_1 folgenden Erwartungswert besitzt:

$$E(\hat{\alpha}_1) = \beta_1 + \beta_2 b_{2\cdot1}$$

Dabei ist $b_{2\cdot1}$ der Steigungskoeffizient der hypothetischen Regression $X_2 = b_0 + b_{2\cdot1}X_1$. Das heißt, der geschätzte Koeffizient der Variablen X_1 ist verzerrt, und zwar umso stärker, je stärker die ausgelassene Variable X_2 auf Y wirkt (das misst β_2) und je stärker die ausgelassene Variable mit der verbliebenen Variablen X_1 zusammenhängt (das misst $b_{2\cdot1}$). Der Schätzer $\hat{\alpha}_1$ fängt also die Wirkung desjenigen Teils der Variation von X_2 auf, der eine Kovariation mit X_1 aufweist. Ob diese Verzerrung den Schätzwert $\hat{\alpha}_1$ größer oder kleiner macht, kann a priori nicht gesagt werden. Das hängt davon ab, ob die Vorzeichen von β_2 und $b_{2\cdot1}$ gleich sind oder nicht. Wenn zum Beispiel β_2 positiv ist, also Y vergrößert, und die Variable X_2 negativ mit X_1 zusammenhängt, ist die Verzerrung negativ, macht den geschätzten Koeffizienten $\hat{\alpha}_1$ also kleiner. Das ist eigentlich sehr logisch: Angenommen, wir erhöhen die verbliebene unabhängige Variable X_1 um eine Einheit. Das hat auf Y natürlich einen (im Beispiel positiven) Effekt in Höhe von β_2. Weil aber X_1 und die irrtümlich ausgelassene Variable X_2 negativ korreliert sind, verringert sich gleichzeitig der Wert von X_2, der im Modell selbst ja gar nicht mehr auftaucht. Um wie viel verringert sich X_2? Genau, um $b_{2\cdot 1}$, denn dieser Koeffizient gibt an, um wie viel sich X_2 in Reaktion auf eine Änderung von X_1 um eine Einheit bewegt. Diese Änderung von X_2 um $b_{2\cdot 1}$, die im Modell gar nicht berücksichtigt worden ist, hat natürlich auch einen Effekt auf Y. Der hängt ab vom Koeffizienten β_2 und der Änderung von X_2, also $b_{2\cdot 1}$, und beträgt demnach $\beta_2 b_{2\cdot 1}$. Dieser Term ist also gewissermaßen der versteckte Effekt der ausgelassenen Variablen X_2 in Reaktion auf eine Veränderung von X_1.

Auch die Varianz – und damit der Standardfehler – des (selbst verzerrten) Koeffizientenschätzers $\hat{\alpha}_1$ ist verzerrt. Es lässt sich zeigen, dass diese darstellbar ist als:

$$Var(\hat{\alpha}_1) = \frac{\sigma^2}{\sum_{i=1}^{N}(X_{1\,i} - \bar{X}_1)^2}$$

Um $Var(\hat{\alpha}_1)$ in der Stichprobe zu schätzen, bedarf es eines unverzerrten Schätzers $\hat{\sigma}^2$ für σ^2, also die Varianz der Residuen des korrekt spezifizierten Modells. Hätte man das korrekt spezifizierte Modell $Y = \beta_0 + \beta_1 X_1 + \beta_2 X_2 + u$ geschätzt, wäre

$$\hat{\sigma}^2 = \frac{S_{\hat{u}\hat{u}}}{N-3}$$

ein solcher unverzerrter Schätzer der Modellvarianz.

Tatsächlich schätzen wir aber das fehlspezifizierte Modell $Y = \alpha_0 + \alpha_1 X_1 + v$. Doch müsste der auf dieser Basis »ganz normal« berechnete Varianzschätzer

$$\widehat{Var}(\hat{\alpha}_1) = \frac{\hat{\sigma}_v^2}{\sum_{i=1}^{N}(X_{1\,i} - \bar{X}_1)^2} \quad \text{mit} \quad \hat{\sigma}_v^2 = \frac{S_{\hat{v}\hat{v}}}{N-2}$$

nicht trotzdem ein unverzerrter Schätzer von $Var(\hat{\alpha}_1)$ sein, wie in jedem anderen Regressionsmodell auch? Leider nein. Der wie üblich berechnete Varianzschätzer dieser bivariaten Regression ist verzerrt. Das liegt daran, dass der Erwartungswert der Residuen v_i des fehlspezifizierten Modells nicht 0 ist (wie im klassischen Regressionsmodell angenommen), sondern den Effekt der ausgelassenen Variablen auffängt:

$$E(v_i) = E(\beta_2 X_{2\,i} + u_t) = E(\beta_2 X_{2\,i}) = \beta_2 X_{2\,i}$$

Damit sind $\hat{\sigma}_v^2$ und $\widehat{Var}(\alpha_1)$ verzerrt. Hypothesentests auf Basis des verzerrten Schätzers $\widehat{Var}(\alpha_1)$ können zu falschen Schlussfolgerungen führen.

Aufnahme irrelevanter Variablen. Werden irrelevante Variablen ins Modell aufgenommen, sind die Schätzer der Koeffizienten unverzerrt und konsistent

Auch die geschätzten Varianzen dieser Koeffizientenschätzer sind unverzerrt, aber normalerweise unnötig groß, das heißt, die Schätzer des fehlspezifizierten Modells sind *nicht effizient*.

In diesem Fall haben wir die umgekehrte Ausgangssituation wie zuvor. Das wahre Modell

$$Y = \beta_0 + \beta_1 X_1 + u$$

wird durch ein fehlspezifiziertes Modell geschätzt, das zusätzlich die eigentlich irrelevante Variable X_2 beinhaltet:

$$Y = \alpha_0 + \alpha_1 X_1 + \alpha_2 X_2 + v$$

Wird dieses fehlspezifizierte Modell mit der normalen OLS-Systematik geschätzt, lässt sich zeigen, dass die daraus gewonnenen Koeffizienten alle unverzerrt sind, das heißt:

$$E(\hat{\alpha}_0) = \beta_0$$

$$E(\hat{\alpha}_1) = \beta_1$$

$$E(\hat{\alpha}_2) = \beta_2 = 0$$

Nimmt man den Erwartungswert von beiden Seiten des fehlspezifizierten Modells, ergibt sich:

$$\mathrm{E}(\mathrm{Y}) = \mathrm{E}(\alpha_0) + \mathrm{E}(\alpha_1 X_1) + E(\alpha_2 X_2) + E(v)$$

Setzt man dann die gerade dargestellten Erkenntnisse über die Erwartungswerte der Koeffizienten ein, erhält man:

$$\mathrm{E}(\mathrm{Y}) = \beta_0 + \beta_1 X_1 + E(v)$$

Wenn man das mit dem korrekt spezifizierten Modell in Erwartungswerten vergleicht:

$$\mathrm{E}(\mathrm{Y}) = \beta_0 + \beta_1 X_1 + E(u)$$

erkennt man sofort, dass die Residuen der beiden Modelle im Erwartungswert identisch sind: $E(v) = E(u) = 0$.

Da in diesem Fall – anders als eben beim Auslassen einer tatsächlich relevanten Variablen – der Schätzer

$$\hat{\sigma}_v^2 = \frac{S_{\hat{v}\hat{v}}}{N-3}$$

für die Residuenvarianz $\hat{\sigma}_v^2$ des fehlspezifizierten Modells unverzerrt ist, sind die Annahmen des linearen Regressionsmodells hier erfüllt, und mithin ist

$$\widehat{Var}(\hat{\alpha}_1) = \frac{\hat{\sigma}_v^2}{\sum_{i=1}^{N}(X_{1i} - \bar{X}_1)^2} VIF$$

mit dem *Variance Inflating Factor* VIF als

$$VIF = \frac{1}{1 - R_{1 \cdot 2}^2}$$

ein unverzerrter Schätzer für $Var(\hat{\alpha}_1)$. Der VIF kommt dadurch ins Spiel, dass das fehlspezifizierte Modell ja zwei unabhängige Variablen hat, die miteinander linear zusammenhängen können (Stichwort: imperfekte Multikollinearität), während das korrekt spezifizierte Modell nur eine hat. Wenn eine solche Korrelation tatsächlich besteht, ist $\widehat{Var}(\hat{\alpha}_1)$ größer als die geschätzte Varianz von $\widehat{Var}(\hat{\beta}_1)$, die sich bei Schätzung des korrekt spezifizierten Modells ergäbe. Daher ist die fehlspezifizierte Schätzung mit der zusätzlichen irrelevanten Variablen X_2 zwar unverzerrt, aber nicht effizient, das heißt, es gäbe einen Schätzer mit einer niedrigeren Varianz. Hypothesentests können also auf Basis des fehlspezifizierten Modells durchgeführt werden, nur werden ihre Nullhypothesen häufiger beibehalten als eigentlich nötig, weil die Varianzen der Koeffizienten größer und ihre t-Werte entsprechend kleiner sind.

Feststellung von Fehlspezifizierung

Es ist erheblich leichter, eine Fehlspezifikation zu diagnostizieren, die darauf zurückzuführen ist, dass irrtümlicherweise irrelevante Variablen in das Modell einbezogen worden sind, als eine Fehlspezifikation aufzudecken, die durch das Auslassen tatsächlich relevanter unabhängiger Variablen entstanden ist.

Um festzustellen, ob möglicherweise *irrelevante Variablen in das Modell einbezogen* worden sind, genügt es, die Signifikanz der geschätzten Koeffizienten der Variablen zu betrachten, entweder durch einen t-Test eines einzelnen Koeffizienten oder durch einen F-Test mehrerer Koeffizienten. Dabei ist natürlich zu berücksichtigen, dass Tests einzelner Koeffizienten nicht nur dann insignifikant ausfallen können, wenn die dazugehörige Variable tatsächlich keinen Einfluss auf die abhängige Variable hat, sondern auch, wenn die Standardfehler der Koeffizienten wegen Multikollinearität groß sind. Deshalb sollten Sie sich zunächst davon überzeugen, dass die betreffenden Variablen nur in moderatem Umfang von Multikollinearität betroffen sind.

Das *Fehlen tatsächlich relevanter Variablen* im Regressionsmodell ist erheblich schwieriger festzustellen. Leider gibt es keinen formalen Test, der eine solche Diagnose in allen Fällen erlaubt. Hier sind einige Möglichkeiten, Fehlspezifikationen zu erkennen:

Niedriges R^2. Wenn Ihr geschätztes Regressionsmodell ein sehr niedriges Bestimmtheitsmaß R^2 aufweist, liegt der Verdacht nahe, dass eine Fehlspezifikation vorliegt und wichtige Variablen vergessen worden sind. Denn das Wesen eines guten Modells besteht ja gerade darin, dass es die Kernfaktoren, die für die Erklärung eines Phänomens relevant sind, beinhaltet. Diese Kernfaktoren wären keine Kernfaktoren, wenn sie zusammen nicht auch einen ordentlichen Teil der Variation der abhängigen Variablen erklären würden. Die Gretchenfrage ist jetzt natürlich: Was ist denn ein »niedriges R^2«? In der Literatur werden Sie darauf nicht einmal annähernd eine klare Auskunft bekommen. Typischerweise belassen es die meisten Autoren dabei, festzustellen, dass das sehr auf den Einzelfall ankomme und dass R^2 ohnehin aus verschiedenen Gründen ein problematisches Maß sei. Letzteres ist sicherlich richtig, und wir werden uns im folgenden Abschnitt, in dem wir etwas näher auf die praktische Arbeit der ökonometrischen Modellierung eingehen, noch damit beschäftigen. Die Bezugnahme auf die spezielle Situation des Einzelfalls ist ebenfalls nicht von der Hand zu weisen, aber ohne dass die möglichen relevanten Faktoren, die eine Situation kennzeichnen können, benannt und ihre jeweiligen Auswirkungen auf das Bestimmtheitsmaß analysiert werden, für den Praktiker wenig hilfreich. Deshalb sei an dieser Stelle der Literatur vollumfänglich beigepflichtet, aber doch die pauschale, die Bedingungen des Einzelfalls vollkommen ignorierende Vermutung geäußert, dass – auch in einer Querschnittsanalyse wie der unseren, wo regelmäßig niedrigere R^2-Werte zu erwarten sind als in Zeitreihen- oder Panelmodellen – ein Bestimmtheitsmaß von weniger als 15 % als starker Indikator für ein Fehlspezifikationsproblem betrachtet werden darf.

Regression Specification Error Test (RESET). Bei dem Begriff Fehlspezifikation denken Sie vermutlich meist an die Situation, dass Variablen im Modell vollständig fehlen. Wie wir bereits oben gesehen haben, kann das Problem auch an ganz anderer Stelle liegen. Betrachten Sie folgendes Beispiel: Das wahre Modell in der Grundgesamtheit könnte

$$Y = \beta_0 + \beta_1 X + \beta_2 X^2 + u$$

lauten. Beachten Sie, dass es hier streng genommen nur *eine* unabhängige Variable gibt, diese aber sowohl linear als auch quadratisch in das Modell eingeht. Sie erinnern sich, dass ein lineares Regressionsmodell linear *in den Koeffizienten* ist, nicht notwendigerweise in den Variablen. Würde man nun das Modell

$$Y = \beta_0 + \beta_1 X + v$$

zum Ausgangspunkt der Regressionsanalyse machen, läge eine Fehlspezifikation vor, die man wahlweise als Problem einer ausgelassenen Variablen (nämlich X^2) oder als falsche funktionale Form (nämlich linear statt linear quadratisch) betrachten kann. Die Grundidee hinter der Diagnose solcher Fälle ist nun folgende: Wenn eine tatsächlich relevante Variable, die eine Potenz einer bereits im Modell befindlichen Variablen ist, irrtümlich ausgelassen wurde, weist die bis dahin unerklärte

Variation des fehlspezifizierten Modells (also letztlich die Residuen des Modells) einen Zusammenhang mit der fehlenden Variablen auf. Denn durch Einbeziehung der Variablen (in unserem Fall X^2) ließe sich ein höherer Anteil der Variation der abhängigen Variablen Y erklären, die Residuen wären dementsprechend geringer. Gleiches gilt, wenn eine Variable ins Modell aufgenommen wird, die eng mit der fehlenden Variablen zusammenhängt. Eine solche Variable ist $\hat{Y}$, die auf Basis des mutmaßlich fehlspezifizierten Modells geschätzte abhängige Variable, denn sie ist linear in X. Als Funktion $\hat{Y}(X)$ weist sie auch einen Zusammenhang mit X^2 auf.

Der sogenannte RESET (*Regression Specification Error Test*) schätzt nun zunächst das mutmaßlich fehlspezifizierte Modell $Y = \beta_0 + \beta_1 X + v$ und sodann eine Abwandlung dieses Modells, die zusätzlich einige Potenzen von $\hat{Y}$ enthält, zum Beispiel:

$$Y = \beta_0 + \beta_1 X + \beta_2 \hat{Y}^2 + \beta_3 \hat{Y}^3 + u$$

Dann wird mit einem F-Test geprüft, ob wenigstens einer der Koeffizienten der Potenzen, in unserem Fall β_2 und β_3 von 0 verschieden ist, ob also das modifizierte Modell eine geringere Residuenvariation aufweist als das mutmaßlich fehlspezifizierte Modell.

Der RESET ist in R sehr einfach durchzuführen. Um das zu demonstrieren, konstruieren wir ein einfaches Modell, in dem die Höhe der Staatsausgabenquote allein durch den Anteil der Senioren an der Bevölkerung erklärt wird. Angenommen, das wahre Modell in der Grundgesamtheit lautete:

$$EXPEND = \beta_0 + POPSENIORS + \beta_2 POPSENIORS^2 + \beta_3 POPSENIORS^3 + u$$

Um dieses Modell in R zu schätzen, legen wir zunächst die höheren Potenzen der Variablen `POPSENIORS` im Datensatz an:

```
> x$POPSENIORS2 <- x$POPSENIORS^2
> x$POPSENIORS3 <- x$POPSENIORS^3
```

Das Dach (^) ist dabei der Operator für Potenzierung. Beachten Sie, dass Sie die Variablen nicht direkt in der Modellgleichung potenzieren können:

```
> lm(EXPEND ~ POPSENIORS + POPSENIORS^2 + POPSENIORS^3,
  data = x)

Call:
lm(formula = EXPEND ~ POPSENIORS + POPSENIORS^2 + POPSENIORS^3, data = x)

Coefficients:
(Intercept)   POPSENIORS
     24.278        1.093
```

R ignoriert die Potenzen in der Modellgleichung. Mit den neu angelegten Variablen kann nun das »wahre« Modell aber ohne Weiteres geschätzt werden:

```
> m1 <- lm(EXPEND ~ POPSENIORS + POPSENIORS2 + POPSENIORS3, data = x)
```

Nehmen wir jetzt an, dass wir irrtümlich von einem Zusammenhang zwischen der Staatsausgabenquote EXPEND und dem Seniorenanteil POPSENIORS ausgehen, der (nur) linear in der unabhängigen Variablen ist:

$$EXPEND = \beta_0 + POPSENIORS + \mathrm{v}$$

In R:

```
> m2 <- lm(EXPEND ~ POPSENIORS, data = x)
```

Dieses Modell lässt sich mithilfe der Funktion `reset` leicht mit dem RESET-Verfahren auf Fehlspezifikation untersuchen. Die Funktion `reset` ist Teil des bereits zuvor verwendeten Packages `lmtest`. Wenn Sie `lmtest` noch nicht installiert haben, müssen Sie das zunächst mit `install.packages("lmtest",dependencies=TRUE)` nachholen. Vor Verwendung von `reset` muss das Package dann natürlich noch mit `library(lmtest)` geladen werden. Danach führen wir den RESET aus:

```
> reset(m2)

RESET test

data:  m2
RESET = 4.221, df1 = 2, df2 = 177, p-value = 0.01619
```

Wie Sie sehen, hat die Teststatistik, die im R-Output mit RESET angegeben wird, einen p-Wert von unter 2 %. Mit hoher Wahrscheinlichkeit sind also die Residuenvariationen des mutmaßlich falsch spezifizierten Modells, das bei diesem F-Test das restringierte Modell darstellt (weil in ihm $\beta_2 = 0$ und $\beta_3 = 0$), und des unrestringierten RESET-Modells (das die Potenzen beinhaltet), voneinander verschieden. Es ist davon auszugehen, dass unser Modell tatsächlich falsch spezifiziert ist und höhere Potenzen der Variablen POPSENIORS fehlen. Die Funktion `reset` nimmt standardmäßig die zweiten und dritten Potenzen der unabhängigen Variablen in das Modell auf. In unserem Beispiel hat `reset` also folgendes Modell geschätzt:

$$EXPEND = \beta_0 + POPSENIORS + \beta_2\, \widehat{EXPEND}^2 + \beta_3\, \widehat{EXPEND}^3 + e$$

(Die Störgröße nennen wir hier nur deshalb e, um sie von den Störgrößen u des wahren Modells und v des fehlspezifizierten Modells zu unterscheiden.)

Mit dem Argument power (Potenz) der Funktion `reset` können Sie das aber nach Belieben ändern:

```
> reset(m2, power = 2:4)
> reset(m2, power = c(2,3,4))
```

Diese beiden Anweisungen führen jeweils dazu, dass die zweiten, dritten und vierten Potenzen der unabhängigen Variablen in das unrestringierte RESET-Modell einbezogen werden.

Durbin-Watson-Test. Wir haben oben gesehen, dass sich der Effekt ausgelassener relevanter Variablen in den Residuen niederschlägt. Das bedeutet aber auch, dass, wenn man die Beobachtungen in der Stichprobe nach der Größe der ausgelassenen Variablen sortiert, aufeinanderfolgende Residuen des Modells miteinander korreliert sein sollten. Um die Beobachtungen zu sortieren, braucht man entweder eine Vermutung darüber, welche die ausgelassene Variable sein könnte – und dann könnte man sie auch gleich in das Modell einbeziehen und prüfen, ob sie einen Beitrag zur Erklärung der abhängigen Variablen liefert. Oder man geht davon aus, dass die ausgelassene Variable die Potenz einer im Modell vorhandenen Variablen ist. Dann müssen die Daten nach dieser Variablen sortiert werden.

In beiden Fällen kann der bereits von der Erkennung von Autokorrelation bekannte Durbin-Watson-Test, der in R durch die Funktion `dwtest` aus dem Package `lmtest` implementiert wird, zur Diagnose verwendet werden.

Betrachten wir dazu das folgende bereits mehrfach verwendete einfache Regressionsmodell:

```
> m1 <- lm(EXPEND ~ UNEMPLOY + POPSENIORS + POPCHILDREN +
  DEMOCRATIC, data = x)
> summary(m1)

Call:
lm(formula = EXPEND ~ UNEMPLOY + POPSENIORS + POPCHILDREN + DEMOCRATIC, data = x)

Residuals:
     Min       1Q   Median       3Q      Max
-17.4281  -6.1358   0.9829   5.6349  14.8007

Coefficients:
                Estimate Std. Error t value Pr(>|t|)
(Intercept)    22.703928   6.911223   3.285  0.00142 **
UNEMPLOY        0.035584   0.156500   0.227  0.82061
POPSENIORS      1.408720   0.276445   5.096 1.71e-06 ***
POPCHILDREN     0.001192   0.196978   0.006  0.99518
DEMOCRATICTRUE -3.273005   2.437656  -1.343  0.18251
---
Signif. codes:  0 '***' 0.001 '**' 0.01 '*' 0.05 '.' 0.1 ' ' 1

Residual standard error: 7.561 on 97 degrees of freedom
  (87 observations deleted due to missingness)
Multiple R-squared:  0.4971,     Adjusted R-squared:  0.4764
F-statistic: 23.97 on 4 and 97 DF,  p-value: 8.325e-14
```

`POPSENIORS` ist in diesem Modell offenbar eine relevante Variable. Angenommen, wir hätten diese Variable bei der Modellformulierung außen vor gelassen und stattdessen ein reduziertes Modell geschätzt:

```
> m2 <- lm(EXPEND ~ UNEMPLOY + POPCHILDREN + DEMOCRATIC,
  data = x)
```

Wenn wir nun die Vermutung hätten, `POPSENIORS` fehle in diesem Modell, müssten wir, um den Durbin-Watson-Test anzuwenden, zunächst das Modell neu schätzen und dabei die Beobachtungen im Datensatz nach der Größe von `POPSENIORS` ordnen, wie Sie es bereits zuvor im Abschnitt »Feststellung von Autokorrelation« kennengelernt haben:

```
> m2 <- lm(EXPEND ~ UNEMPLOY + POPCHILDREN + DEMOCRATIC,
  data = x[order(x$POPSENIORS),])
```

Danach wenden wir den Durbin-Watson-Test auf das Modell an:

```
> dwtest(m2)

Durbin-Watson test

data:  m
DW = 1.5201, p-value = 0.005318
alternative hypothesis: true autocorrelation is greater than 0
```

Der geringe p-Wert deutet darauf hin, dass die Residuen hier tatsächlich miteinander korreliert sind. Bezieht man `POPSENIORS` in das Modell ein, ergibt sich ein deutlich höherer p-Wert, der nahelegt, die Nullhypothese, dass keine Autokorrelation der Residuen vorliegt, beizubehalten:

```
> m3 <- lm(EXPEND ~ UNEMPLOY + POPSENIORS + POPCHILDREN +
  DEMOCRATIC, data = x[order(x$POPSENIORS),])
> dwtest(m3)

Durbin-Watson test

data:  m
DW = 1.8188, p-value = 0.1431
alternative hypothesis: true autocorrelation is greater than 0
```

Gegenmaßnahmen

Die Einbeziehung irrelevanter Variablen in das Modell lässt sich natürlich äußerst leicht beheben: Sie schätzen das Modell einfach ohne diese Variablen.

Ganz anders sieht es in dem – unter dem Gesichtspunkt seiner Auswirkungen auf die Eigenschaften der Schätzer viel schwerer wiegenden – Fall des Auslassens tatsächlich relevanter Variablen aus. Die Tests zur Erkennung dieses Falls geben uns keinen konkreten Hinweis darauf, *welche* Variable es genau ist, die fehlt. Sie stellen nur fest, *dass* eine Variable fehlt. Das RESET-Verfahren und der Durbin-Watson-Test sagen uns lediglich, dass diese Variable irgendwie mit *einer der* im Modell vorhandenen Variablen korreliert sein muss (RESET) oder dass sie mit *einer bestimmten* Variablen korreliert sein muss, die wir zuvor ausgewählt haben (Durbin-Watson-Test).

Die fehlende Variable mag eine Potenz (einer) der unabhängigen Variablen des Modells sein; auch in diesem Fall wissen wir selbst beim Durbin-Watson-Test, bei dem wir die verdächtige Variable bereits dingfest gemacht und die Beobachtungen nach ihr sortiert haben, noch nicht, um *welche Potenz genau* es sich handelt. Es kann aber auch allgemein eine ganz andere, nur mit dieser unabhängigen Variablen korrelierte Variable sein, die aber einen eigenständigen Beitrag zur Erklärung der abhängigen Variablen leistet. Leider kann es aus logischen Gründen natürlich keinen Test geben, der die fehlenden Variablen ganz klar identifiziert, denn dieser Test müsste ja das »wahre« Modell kennen. Er würde Theoriebildung und empirische Überprüfung und damit den Kern der wissenschaftlichen Arbeit überflüssig machen.

Das Entwickeln guter Modelle ist leider keine exakte Wissenschaft, in der es ein klares *Richtig* und *Falsch* gibt, das mit statistischen Tests ermittelt werden könnte. Deshalb befassen wir uns im folgenden Abschnitt etwas genauer mit dem Problem der Modellbildung.

Entwicklung von Regressionsmodellen – ein paar Tipps

In diesem Abschnitt erfahren Sie,

- welche grundsätzlichen Optionen beim Bau eines Regressionsmodells bestehen,
- wie Sie beim Entwickeln eines Regressionsmodells in der Praxis vorgehen können,
- wie Sie Ihre Ergebnisse auf Robustheit prüfen,
- welche Rolle das korrigierte R^2 spielt.

Folgende R-Funktionen werden in diesem Abschnitt behandelt:

- **`dfbeta()`**: Ermittelt den Effekt auf die Koeffizienten des Modells, wenn je eine Beobachtung aus dem Datensatz ausgelassen wird.
- **`dfbetas()`**: Stellt das Ergebnis von `dfbeta` in Standardfehlern der Koeffizienten dar.
- **`sample()`**: Erzeugt Zufallszahlen, die als Indizes verwendet werden können, um aus einem Datensatz eine Teilstichprobe zu ziehen.

Wir haben uns bisher sehr viel mit der Technik der Regression befasst. Was lineare Regression ist, auf welchen Annahmen sie basiert, wie Koeffizientenschätzer und Standardfehler berechnet werden, wie Hypothesentests durchgeführt werden und was passiert, wenn die Annahmen des Regressionsmodells einmal nicht erfüllt sind.

Eine wichtige Frage haben wir dabei ausgeklammert: *Wie kommt man eigentlich zu einem Modell?* Welche Variablen sollten Sie einbeziehen, welche lieber außen vor lassen?

Wenn es eine definitive Antwort auf diese wichtige Frage gäbe, wäre sie wohl so etwas wie der Heilige Gral aller empirischen Wissenschaft – und würde ganz nebenbei einen guten Teil des wissenschaftlichen Prozesses, der im Kern auch ein Wettbewerb unterschiedlicher Erklärungsmodelle ist, überflüssig machen.

Sie ahnen es schon: Eine einfache Lösung für dieses zentrale Problem gibt es nicht.

Natürlich sollte man sich – und diese Empfehlung werden Sie in keinem Lehrbuch vergeblich suchen – bei der Spezifikation seines Modells *von der Theorie leiten lassen* und dementsprechend jene Faktoren in das Modell mit aufnehmen, die aus theoretischer Sicht für die Erklärung des untersuchten Phänomens besonders relevant sind. In der Wirklichkeit des (wirtschafts- und sozial-)wissenschaftlichen Arbeitens gibt es aber meist eine ganze Reihe infrage kommender Theorien, die jeweils ganz andere Faktoren in den Vordergrund stellen. Selbstverständlich unterliegen alle komplexen Phänomene der wirtschaftlichen und sozialen Realität einer Vielzahl von Einflüssen. Modelle greifen aus der Menge aller Einflussfaktoren einige heraus, die für besonders wichtig erachtet werden, und versuchen damit, das fragliche Phänomen zu erklären. Entscheiden Sie sich also für eine Theorie, von der Sie ausgehen wollen, es sei denn, Sie testen ohnehin gerade Ihr ganz eigenes Erklärungsmodell.

In der »reinen Lehre« gibt es zwei Ansätze, über die Sie nun zur vollen Spezifizierung Ihres Modells kommen können: *Top-down* und *Bottom-up*.

Top-down

Sie starten mit einem sehr breiten Set an erklärenden Variablen und eliminieren nach und nach Variablen, die sich als ungeeignet erweisen, das untersuchte Phänomen zu erklären. Damit schränken Sie die Menge der unabhängigen Variablen im Modell so lange ein, bis nur noch Variablen übrig bleiben, die einen wesentlichen Beitrag zur Erklärung der abhängigen Variablen leisten.

In der Praxis geht man dabei wie folgt vor: Zunächst schätzt man das maximal mögliche Modell. Dann betrachtet man die Signifikanz der Variablen und entfernt die Variable mit dem niedrigsten (absoluten) t-Wert. Im Anschluss wird das Modell neu geschätzt, und man eliminiert nun aus dem reduzierten Modell wiederum die »am wenigsten signifikante« verbleibende Variable. Das macht man so lange, bis nur noch signifikante Variablen übrig bleiben.

Bottom-up

Sie starten mit einem sehr kleinen Set an relevanten Variablen. Dazu gehören sicherlich diejenigen Variablen, die Ihr theoretisches Modell in den Vordergrund stellt, ergänzt um einige wenige Variablen, die in der Literatur standardmäßig zur Erklärung des Phänomens herangezogen werden. Dann erweitern Sie schrittweise das Modell um weitere Variablen, aber nur, wenn die jeweilige unabhängige Variable einen Beitrag zur Erklärung der abhängigen Variablen leistet.

Sie sehen bereits, dass Signifikanz von Variablen eine große Rolle spielt, und das natürlich nicht zu Unrecht, deutet sie doch darauf hin, dass wir mit einiger Sicherheit davon ausgehen dürfen, dass die betreffende Variable in der Grundgesamtheit tatsächlich einen Einfluss hat, zumindest wenn unser Modell nicht unter ausgelassenen relevanten Variablen leidet (Sie erinnern sich an die Diskussion im vorangegangenen Abschnitt). Das ist aber naturgemäß nicht auszuschließen. Tatsächlich müsste man, um das wirklich ausschließen zu können, ja *alle relevanten* Einflussgrößen kennen und für diese entsprechende Daten in der Stichprobe vorrätig haben. Die Stichprobe wiederum müsste dafür sehr groß sein, denn mit zunehmender Zahl von Regressoren wird es schwieriger, die Effekte einzelner unabhängiger Variablen zu isolieren, was sich darin zeigt, dass die Standardfehler der Koeffizientenschätzer größer und die Koeffizientenschätzer damit seltener signifikant werden. Die Aufnahme zusätzlicher unabhängiger Variablen muss also durch einen größeren Stichprobenumfang »ausgeglichen« werden. Oftmals vermittelt bereits der schiere Umfang der Literatur zu einem Thema bereits einen ganz guten Eindruck davon, wie viele verschiedene Erklärungsansätze existieren und wie viele Variablen ein vollkommen korrekt spezifiziertes Modell möglicherweise umfassen müsste.

Trotz alledem kein Grund zum Verzweifeln! Hier sind einige praktische Tipps, wie Sie bei Ihrer Arbeit vorgehen können:

Kernvariablen plus Kontrollvariablen aus der Literatur aufnehmen

Nehmen Sie zunächst die Variablen in Ihr Modell auf, die Ihre Theorie/Ihr theoretisches Modell für relevant hält. Sondieren Sie dann die Literatur in Hinblick darauf, welche Variablen dort üblicherweise berücksichtigt werden (Kontrollvariablen) und nehmen Sie diese, sofern Sie entsprechende Daten finden können, ebenfalls mit in Ihr Modell auf. Oft werden Sie recht gut eine Menge von Kontrollvariablen finden, die fast jeder in seinen Schätzungen berücksichtigt.

Korrigierte Standardfehler verwenden

Führen Sie Ihre Schätzungen mit heteroskedastizitätskonsistenten (und – zumindest wenn Autokorrelation nicht unplausibel erscheint – auch autokorrelationskonsistenten) Standardfehlern durch, um etwaigen Problemen mit Heteroskedastizität (und Autokorrelation) von vorneherein aus dem Weg zu gehen. Weisen Sie bei der Präsentation Ihre Ergebnisse darauf hin, welche Standardfehler Sie verwendet haben.

Robustheit der Ergebnisse testen

Untersuchen Sie, ob sich Ihre wesentlichen Ergebnisse ändern, wenn Sie den Aufsatz Ihres Modells ändern. Zum Aufsatz gehören die Variablen, die ins Modell aufgenommen wurden, und die Beobachtungen, auf deren Basis die Schätzung durchgeführt worden ist.

Variieren Sie also die Modellspezifikation, indem Sie zum Beispiel einige Kontrollvariablen entfernen oder zusätzliche aufnehmen.

Führen Sie Ihre Schätzung auf Basis einer Teilstichprobe durch bzw. schließen Sie einige Beobachtungen aus der Schätzung aus. Eine besonders elegante Möglichkeit hierzu bieten die Funktionen `dfbeta` und `dfbetas`, die jeweils eine Beobachtung aus dem Datensatz entfernen, das Modell auf Basis der so verkleinerten Stichprobe neu schätzen und berechnen, wie sich dabei die Koeffizienten ändern, einmal in absoluten Werten (dfbeta), einmal gemessen in Standardfehlern des Koeffizienten (dfbetas). Ein kleines Beispiel (der Länge wegen nur für einige wenige Beobachtungen dargestellt):

```
> m <- lm(EXPEND ~ UNEMPLOY + POPSENIORS + POPCHILDREN, data=x)
> dfbeta(m)
   (Intercept)     UNEMPLOY   POPSENIORS   POPCHILDREN
2 -0.181095520 -0.013208955  0.007895235  0.0065981560
3  0.452444027  0.008577214 -0.025876253 -0.0068953130
6  0.169914143  0.001998378 -0.007587375 -0.0061321279
7 -0.639968410 -0.041067940  0.033635098  0.0239676353
8  0.001649296  0.002255545 -0.002598164 -0.0004252813
9 -0.196768035 -0.014475920  0.027712184  0.0049811183
```

Hier sehen Sie zum Beispiel, dass ein Auslassen der 7. Beobachtung zu einer Verringerung des Koeffizienten von UNEMPLOY um 0,04 führt (was übrigens ungefähr einem Drittel des Koeffizientenwerts im Ausgangsmodell entspricht). Die Funktion dfbetas teilt den Effekt der Auslassung einer Beobachtung durch den Standardfehler des Koeffizienten und rechnet auf diese Weise die Größenordnung des Koeffizienten heraus. Auch hier erkennen Sie den starken Einfluss der 7. Beobachtung auf den Koeffizienten von UNEMPLOY:

```
> dfbetas(m)
    (Intercept)    UNEMPLOY   POPSENIORS  POPCHILDREN
2 -0.0269150192 -0.09058441  0.030103946  0.035016835
3  0.0676283607  0.05915729 -0.099228583 -0.036803177
6  0.0251796585  0.01366457 -0.028845845 -0.032448814
7 -0.0956918194 -0.28334608  0.129026934  0.127970181
8  0.0002442479  0.01541280 -0.009871205 -0.002248929
9 -0.0292834299 -0.09940577  0.105805817  0.026470465
```

Sie können natürlich auch mehrere Beobachtungen auf einmal ausschließen, etwa indem Sie zufällig einen Teil der Stichprobe auswählen – sagen wir beispielsweise 80 % des Gesamtdatensatzes (*Random-Sample-Ansatz*) – ,und die Schätzung auf Basis dieser verkleinerten Stichprobe wiederholen. Die zufällige Auswahl können Sie in R mithilfe der Funktion sample wie folgt bewerkstelligen.

```
> ind <- sample(1:NROW(x$COUNTRY), size = 150)
> x.sample <- x[ind,]
> NROW(x.sample$COUNTRY)
[1] 150
```

Hier erzeugen wir zunächst einen Index mit sample. Die Funktion wählt dabei aus dem ersten Argument, in unserem Fall 1:NROW(x$COUNTRY), also ein Vektor aller natürlichen Zahlen von 1 bis zur Länge unseres Datensatzes, so viele Elemente aus, wie durch das Element size angegeben. Diesen Index benutzen wir dann, um die betreffenden Beobachtungen aus unserem Datensatz x in einen neuen Datensatz x.sample zu selektieren. Auf Basis dieses Datensatzes könnten wir nun unser Modell neu schätzen und damit die Robustheit der Koeffizienten des Ausgangsmodells überprüfen.

Wenigstens drei Fragestellungen sollten bei solchen Robustheitsanalysen im Vordergrund stehen:

1. Ändert sich das Vorzeichen der Koeffizienten und damit die Wirkungsrichtung der unabhängigen Variablen?
2. Ändert sich die Größenordnung der Koeffizienten, das heißt die Effektstärke, erheblich?
3. Ändert sich die Signifikanz der Koeffizienten, das heißt, werden Koeffizienten, die zuvor signifikant waren, jetzt insignifikant oder umgekehrt?

Übrigens: Wenn Koeffizienten unerwartete Vorzeichen und ihre unabhängigen Variablen damit unerwartete Wirkungsrichtungen aufweisen, sollten Sie sich einmal deren Standardfehler ansehen. Wenn die Standardfehler groß sind, könnte es sein, dass auch dann, wenn in der Grundgesamtheit tatsächlich die erwartete Wirkungsrichtung vorliegt, in Ihrer Stichprobe gerade rein zufällig ein Koeffizient mit anderem Vorzeichen geschätzt wurde.

R^2 berücksichtigen, aber nicht überbewerten

Wie Sie wissen, spiegelt R^2 den Anteil der Variation der abhängigen Variablen wider, der durch das Modell erklärt wird. Auf den ersten Blick könnte man daher meinen: je höher R^2, desto besser. Bis zu einem gewissen Grad ist das auch richtig, spiegelt doch ein hohes R^2 ein geringeres Risiko einer Fehlspezifikation wider.

Allerdings gibt es einen einfachen Weg, R^2 zu erhöhen: Man nimmt schlicht mehr Variablen ins Modell auf. Eine größere Zahl von unabhängigen Variablen führt zu einem mindestens gleichbleibenden, eher steigenden R^2. Das ist leicht einzusehen: Die OLS-Schätzung könnte immer noch die gleichen Ergebnisse erzielen wie in dem »kleineren« Modell zuvor, indem einfach die Koeffizientenschätzer der hinzugekommenen Variablen auf 0 gesetzt werden. Vielleicht aber steckt in den neuen erklärenden Variablen eine zusätzliche unabhängige Kovariation mit der abhängigen Variablen; dann tragen diese Variablen zusätzlich zur Erklärung bei, und das R^2 wird größer ausfallen als im Ausgangsmodell.

Wird das Modell dadurch wirklich besser? Kommt darauf an: Wenn es »nur« darum geht, Vorhersagen zu treffen, ist ein höheres R^2 natürlich zu begrüßen. Dann kommt es nicht so sehr darauf an, wie genau die höhere Erklärungswirkung zustande kommt, die Hauptsache ist, dass es sie gibt und dass sie gute Prognosen mit anderen Werten der unabhängigen Variablen erlaubt. Wenn Sie aber wirklich die abhängige Variable erklären wollen, ist ein höheres R^2 nicht zwingend besser. Man könnte – zugegebenermaßen etwas salopp – sagen: Eine Theorie ist gut, wenn sie viel durch wenig erklärt. Dass ein Modell mit 30 unabhängigen Variablen mehr erklärt als ein Modell mit 5 Variablen, ist kaum verwunderlich. Aber ein Modell, das bereits mit 5 Variablen einen hohen Anteil der Variation der abhängigen Variablen erklären kann, ist richtig gut.

Dem trägt das »normale« R^2 nicht Rechnung. Allerdings existiert eine modifizierte Version von R^2, das sogenannte korrigierte R^2 (engl. *adjusted* R^2), das kleiner ausfällt, je mehr Regressoren in das Modell eingehen. Während sich das R^2 bekanntlich errechnet als

$$R^2 = \frac{ESS}{TSS} = 1 - \frac{RSS}{TSS}$$

(wobei *TSS* die Gesamtvariation der abhängigen Variablen, *ESS* der erklärte Teil der Variation der abhängigen Variablen und *RSS* der verbleibende unerklärte Teil der Variation der abhängigen Variablen ist), berücksichtigt das korrigierte R^2 die Zahl der Regressoren:

$$\mathrm{R}_{adj}^2 = 1 - \frac{RSS/(N-K)}{TSS/(N-1)}$$

Das korrigierte R^2 »bestraft« also gewissermaßen für zu umfangreiche Regressionsmodelle. Sie erhalten das korrigierte R^2 im Rückgabeobjekt der Funktion `summary`, wenn Sie sie auf ein `lm`-Objekt anwenden. Auch im Output von `summary` wird es standardmäßig angezeigt.

Signifikanz richtig bewerten

Wer empirisch arbeitet, schaut meist stark auf die Signifikanz von Koeffizientenschätzern. Und signifikante Schätzer haben natürlich einen besonderen Reiz, denn es ist sehr wahrscheinlich, dass die betreffenden Variablen auch in der Grundgesamtheit einen Einfluss auf die abhängige Variable haben. Die Fokussierung auf signifikante Variablen führt so weit, dass sich nachweisen lässt, dass es wahrscheinlicher ist, seine Ergebnisse in einer guten wissenschaftlichen Zeitschrift veröffentlicht zu bekommen, wenn die Ergebnisse signifikant sind (sogenannter *Publication Bias*). Aus wenigstens zwei Gründen lohnt aber auch ein Blick auf insignifikante Ergebnisse: Zum einen kann die Insignifikanz durch methodische Probleme wie Multikollinearität verursacht sein. Wer ein kompaktes Modell hat, das einen guten Teil der Variation der unabhängigen Variablen erklärt, aber aus lauter insignifikanten Koeffizientenschätzern besteht, sollte daher die Flinte nicht ins Korn werfen. Zum anderen ist manchmal gerade die Insignifikanz das eigentliche sensationelle Ergebnis – wenn nämlich zuvor allgemein davon ausgegangen wurde, dass die betreffende erklärende Variable einen Einfluss auf die abhängige Variable ausübt und jetzt gezeigt werden kann, dass dieser Einfluss vielleicht doch nicht vorhanden ist.

Standardtests nicht vergessen

Es empfiehlt sich, routinemäßig die Normalverteilung der Residuen mithilfe des Jarque-Bera-Tests zu überprüfen (da bei Nicht-Normalverteilung die Interpretation der Ergebnisse statistischer Hypothesentests zumindest zweifelhaft ist) und mit Ramseys RESET-Verfahren das Vorliegen einer möglichen Fehlspezifikation (insoweit sie denn durch RESET erfasst wird) zu untersuchen.

KAPITEL 7

Kategoriale Daten analysieren (Inferenzstatistik II)

Im letzten Kapitel haben wir als abhängige zu erklärende Variablen stets *kontinuierliche* (*metrische*) Größen wie die Staatsausgabenquote betrachtet. Für die Staatsausgabenquote sind theoretisch alle Werte größer als 0 denkbar, und sie könnten prinzipiell auf beliebig viele Nachkommastellen genau bestimmt werden.

Oftmals haben wir es aber mit Größen zu tun, die *kategorial* sind, also eine endliche Zahl möglicher Ausprägungen haben.

Wenn Sie beispielsweise untersuchen wollen, was Menschen dazu bringt, sich glücklich zu fühlen, wird Ihre abhängige Variable eine kategoriale sein. Sie werden die Befragten entweder bitten, anzugeben, ob sie sich glücklich fühlen oder nicht; in diesem Fall wäre die abhängige Variable eine *dichotome* Variable mit zwei Ausprägungen, und wir würden die abhängige Variable unseres Modells als *Dummy-Variable* modellieren. Oder Sie lassen die Befragten den Grad ihres Glücksbefindens auf einer mehrstufigen Skala einschätzen, zum Beispiel von 0 (sehr unglücklich) bis 5 (sehr glücklich); in diesem Fall haben wir eine kategoriale Variable mit mehreren Ausprägungen, eine *polytome* Variable, die wir – wie Sie bereits wissen – in R als *Faktor* darstellen.

Um Modelle mit solchen kategorialen abhängigen Variablen, im Englischen auch gerne als *Qualitative Response Models* bezeichnet, geht es in diesem Kapitel.

Das lineare Wahrscheinlichkeitsmodell

Betrachten wir zunächst den Fall, dass wir eine dichotome Variable haben, also eine Variable mit nur zwei Ausprägungen: vorhanden oder nicht vorhanden, sein oder nicht sein. Nun wollen wir untersuchen, wovon diese Variable abhängt. Im Beispiel der Untersuchung des Glückbefindens könnten wir etwa die alte Frage analysieren, ob Geld glücklich macht. In diesem Fall wäre das Einkommen der Befragten die erklärende unabhängige Variable. Wie gewohnt, nennen wir diese X, die abhängige Variable, in unserem Beispiel also das Glücksbefinden, Y. Y kann hier zwei Werte annehmen, 1 für glücklich und 0 für unglücklich.

Sie erinnern sich, dass wir uns bei der linearen Regression stets gefragt haben, was der Erwartungswert der abhängigen Variablen ist, gegeben ein bestimmter Wert der erklärenden Variablen: Mit welcher Staatsausgabenquote können wir rechnen, wenn der Seniorenanteil in der Bevölkerung 10 % beträgt? Lassen Sie uns mit $P(Y = Y_f \mid X_i)$ die Wahrscheinlichkeit bezeichnen, dass die abhängige Variable Y den Wert Y_f annimmt, wenn die erklärende Variable X den Wert X_i hat. Im Beispiel wäre also $P(Y = 1 \mid 1000000)$ die Wahrscheinlichkeit dafür, sich als glücklich zu bezeichnen, wenn man ein Jahreseinkommen von genau einer Million Euro ($X = 1000000$) hat.

Für den Erwartungswert von $E(Y \mid X_i)$ gilt dann:

$$\mathrm{E}(Y|X_i) = P(Y = 1 \mid X_\mathrm{i}) \cdot 1 + P(Y = 0 \mid X_\mathrm{i}) \cdot 0 = P(Y = 1 \mid X_\mathrm{i})$$

Der bedingte Erwartungswert (bedingt auf ein bestimmtes X_i) unserer Dummy-Variablen Y ist also gerade die Wahrscheinlichkeit, dass diese den Wert 1 annimmt, wenn $X = X_\mathrm{i}$!

Das heißt nichts anderes als: Wenn wir eine lineare Regression durchführen, ist der geschätzte Wert von Y, den wir mit $\hat{Y}$ bezeichnen, gerade die Wahrscheinlichkeit, dass Y den Wert 1 annimmt, gegeben den Wert der unabhängigen Variablen X, denn $\ddot{Y}_i$ ist nichts anderes als $E(Y \mid X_i)$. In unserem Glücksbeispiel wäre also $\ddot{Y}_i$ bei einem bestimmten X_i gerade die Wahrscheinlichkeit, dass sich der Befragte mit dem Einkommen X_i als glücklich betrachtet bzw. das zumindest in der Umfrage so kundgibt.

Lassen Sie uns diese Überlegung auf unsere Untersuchung der Staatsausgabenquote übertragen. Zunächst definieren wir eine neue Variable, die anzeigt, ob die Staatsausgabenquote eines Landes größer oder kleiner als der Median der Staatsausgabenquoten aller Länder in unserer Stichprobe ist:

```
> x$EXPHIGHER <- 0
> x$EXPHIGHER[x$EXPEND > median(x$EXPEND, na.rm = TRUE)] <- 1
```

Wir erzeugen in unserem Datensatz `x` eine neue Variable namens `EXPHIGHER` und setzen sie zunächst für alle Beobachtungen auf 0. Dann setzen wir selektiv die neue Variable für diejenigen Datensätze auf 1, die eine Staatsausgabenquote aufweisen, die größer ist als der Median `median(x$EXPEND, na.rm=TRUE)`.

Diese neue kategoriale Variable, die gewissermaßen die Welt unserer Staatsausgabenquoten in zwei Hälften teilt, nämlich in die Hälfte der Länder mit »niedriger« Staatsausgabenquote (`EXPHIGHER=0`) und die Hälfte mit »hoher« Staatsausgabenquote (`EXPHIGHER=1`), können wir nun auf eine erklärende Variable, zum Beispiel den Seniorenanteil `POPSENIORS`, regressieren:

```
> m <- lm(EXPHIGHER ~ POPSENIORS, data = x)
> summary(m)

Call:
lm(formula = EXPHIGHER ~ POPSENIORS, data = x)
```

```
Residuals:
    Min      1Q  Median      3Q     Max 
-0.8887 -0.3557 -0.2570  0.3888  0.8002 

Coefficients:
            Estimate Std. Error t value Pr(>|t|)    
(Intercept) 0.166504   0.057905   2.875  0.00452 ** 
POPSENIORS  0.042181   0.006149   6.860 1.08e-10 ***
---
Signif. codes:  0 '***' 0.001 '**' 0.01 '*' 0.05 '.' 0.1 ' ' 1

Residual standard error: 0.4473 on 179 degrees of freedom
  (8 observations deleted due to missingness)
Multiple R-squared:  0.2082,	Adjusted R-squared:  0.2038 
F-statistic: 47.06 on 1 and 179 DF,  p-value: 1.082e-10
```

Wenn wir nun den Koeffizienten von POPSENIORS im Sinne der obigen Überlegungen interpretieren, sehen wir, dass mit jedem zusätzlichen Prozentpunkt Seniorenanteil die Wahrscheinlichkeit, dass ein Land zu den Ländern mit hoher Staatsausgabenquote zählt, um 0,04 Prozentpunkte steigt.

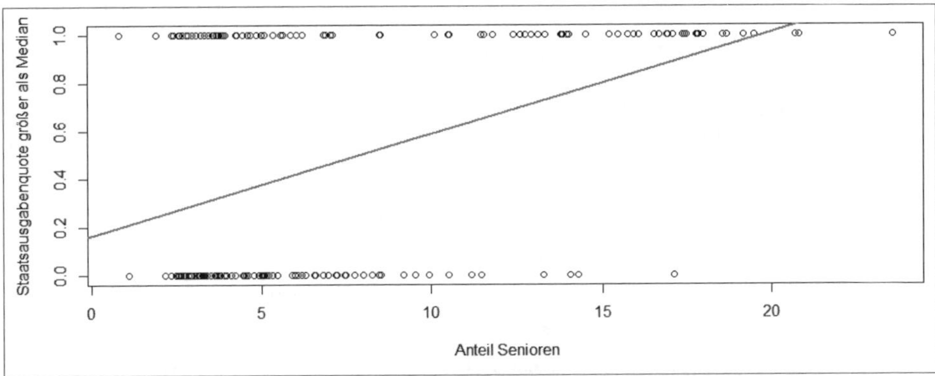

Abbildung 7-1: Regressionsgerade im linearen Wahrscheinlichkeitsmodell

Schauen wir uns die Ergebnisse einmal grafisch an. Abbildung 7-1 zeigt die (X_i, Y_i)-Kombinationen unserer unabhängigen und abhängigen Variablen sowie die Regressionsgerade. Die Gerade repräsentiert die geschätzte Wahrscheinlichkeit, dass ein Land zu den »Hoch-Staatsausgaben-Ländern« zählt. Weil diese Wahrscheinlichkeit in der abhängigen Variablen, dem Seniorenanteil, linear ansteigt, spricht man auch vom linearen Wahrscheinlichkeitsmodell.

So einfach und gut zu interpretieren dieses Modell auch ist, so vielfältig sind die Probleme, die mit ihm verbunden sind:

1. Die Störgrößen des linearen Wahrscheinlichkeitsmodells sind nicht normalverteilt; das ist sehr intuitiv, denn für einen gegebenen Wert des Seniorenanteils können die Störgrößen lediglich zwei verschiedene Werte annehmen: $-\ddot{Y}_i$ und $1-\ddot{Y}_i$, weil die tatsächlichen Werte von Y ja nur 0 und 1 sein können. Zwei verschiedene Werte machen noch keine Normalverteilung!

2. Es lässt sich leicht zeigen, dass die Störgrößen heteroskedastisch sind; sie weisen eine Varianz aufweisen, die vom Wert der erklärenden Variablen abhängt.
3. Das lineare Wahrscheinlichkeitsmodell liefert Werte außerhalb des Bereichs, der für Wahrscheinlichkeiten möglich ist, nämlich des Intervalls [0,1]. In Abbildung 7-1 sieht man sehr schön, wie die Gerade für große Werte des Seniorenanteils über die Grenze von 1 hinausläuft.

Nun könnte man sich damit behelfen, dass man die Regressionsgerade an dem Punkt, an dem sie die Grenze von 1 schneidet, »abknicken« und von da an horizontal weiterlaufen lässt. Aber ist das plausibel? Warum sollte sich die Steigung der Geraden in dem Punkt, in dem sie die Grenze von 1 durchstößt, plötzlich so dramatisch ändern? Viel plausibler wäre es doch, wir hätten eine »weichere« Kurve, die sich der Grenze von 1 langsam annähert, sie aber nie durchstößt. Diese Kurve wäre dann natürlich keine Gerade mehr. Heißt das, wir müssen umlernen, und können alles, was wir von der linearen Regression wissen, jetzt nicht mehr anwenden? Überhaupt nicht! Wir verallgemeinern das bislang Gelernte nur ein wenig. Das führt uns zu den sogenannten *Logit-* und *Probit-Modellen*.

Logit- und Probit-Modelle

In diesem Abschnitt erfahren Sie,

- wie Logit- und Probit-Modelle als Alternative zum linearen Wahrscheinlichkeitsmodell funktionieren,
- wie Sie Logit-Modelle schätzen,
- wie Sie die Ergebnisse (insbesondere das sogenannte Chancenverhältnis) der Logit-Modelle interpretieren,
- wie Sie die Schätzer von Logit-Modellen statistischen Hypothesentests unterziehen,
- worin bei Schätzung, Interpretation und Hypothesentests die Unterschiede zwischen ungeordneten Logit-Modellen (abhängige Variable ist eine nominale Variable) und geordneten Logit-Modellen (abhängige Variable ist eine ordinale Variable) liegen,
- wie Sie Vorhersagen auf Basis geschätzter Logit-Modelle machen.

Folgende R-Funktionen werden in diesem Abschnitt behandelt:

- **`glm()`**: Schätzt ein Logit-Modell mit einer Dummy-Variablen als abhängiger Variablen.
- **`multinom()`** {Package `nnet`}: Schätzt ein ungeordnetes Logit-Modell.
- **`polr()`** {Package `MASS`}: Schätzt ein geordnetes Logit-Modell.
- **`lrtest()`** {Package `lmtest`}: Führt einen Likelihood-Ratio-Test durch.
- **`ordered()`**: Ändert die Reihenfolge der Levels eines Faktors.

Die im vorangegangenen Abschnitt beschriebenen Probleme des linearen Wahrscheinlichkeitsmodells haben zur Entwicklung der Logit- und Probit-Modelle geführt, die wir uns in den folgenden beiden Abschnitten, zunächst für den Fall einer dichotomen abhängigen Variablen, einer Variablen mit zwei Kategorien, und für den Fall einer polytomen Variablen, also einer Variablen mit mehr als nur zwei Kategorien, genauer anschauen wollen.

Abhängige kategoriale Variablen mit zwei Kategorien

Die simple Grundidee hinter Logit- und Probit-Modellen besteht darin, das lineare Wahrscheinlichkeitsmodell

$$Y = \beta_0 + \beta_1 X + u$$

zu einer Funktion zu transformieren, deren Werte stets im Intervall [0,1] liegen und die wir daher jederzeit als Wahrscheinlichkeit interpretieren können.

Der einfachste Weg dahin besteht darin, das lineare Wahrscheinlichkeitsmodell in eine kumulative Wahrscheinlichkeitsverteilung *einzusetzen*. Dabei bezeichnen wir der Einfachheit halber die Wahrscheinlichkeit $P(Y = 1 | X)$ – also die Wahrscheinlichkeit, dass Y gleich 1 ist, gegeben, dass die unabhängige Variable kleiner oder gleich X ist – als $\pi(X)$. Diese Wahrscheinlichkeit ist dann, wenn wir das lineare Modell in eine kumulative Wahrscheinlichkeitsverteilung $P(\cdot)$ einsetzen:

$$\pi(X) = P(\beta_0 + \beta_1 X)$$

Jede kumulative Wahrscheinlichkeitsverteilung $P(Z)$ hat die Eigenschaft, dass sie dem Wert einer Variablen Z einen Wert auf dem Intervall [0,1] zuordnet. Also können wir das auch mit $Z = \beta_0 + \beta_1 X$ machen. Damit verlassen wir die gewohnte Sphäre der linearen Regression nur zum Teil. Denn der Kern des neuen Ansatzes ist immer noch unser lineares Wahrscheinlichkeitsmodell. Weil aber dessen Schätzung unerwünschte Eigenschaften (nicht normalverteilte Störgrößen und Heteroskedastizität) sowie Schätzwerte außerhalb des für Wahrscheinlichkeiten zulässigen Intervalls [0,1] aufweist, transformieren wir sein Ergebnis einfach mithilfe einer anderen Wahrscheinlichkeitsverteilungsfunktion $P(\cdot)$.

Als Funktionen $P(\cdot)$ werden dazu typischerweise die Normalverteilung $\Phi(\cdot)$ und die logistische Verteilung $\Lambda(\mathrm{X})$ verwendet. Modelle, die auf der Normalverteilung basieren, werden als *Probit-Modelle* bezeichnet, solche, die auf der logistischen Verteilung basieren, als *Logit-Modelle*.

Logit-Modelle sind häufig anzutreffen, weil ihre Ergebnisse besonders anschaulich interpretierbar sind. Genau das wollen wir uns genauer anschauen. Bei Logit-Modellen ist die Funktion $\pi(X)$ eine logistische Verteilungsfunktion:

$$\pi(X) = \frac{1}{1 + e^{-(\beta_0 + \beta_1 X)}}$$

Hier sieht man sehr schön, dass die Funktion $\pi(X)$ tatsächlich vom linearen Wahrscheinlichkeitsmodell $\beta_0 + \beta_1 X$ abhängt. Teilt man nun für ein bestimmtes X die Wahrscheinlichkeit für $Y = 1$, $\pi(X)$, durch die Wahrscheinlichkeit für $Y = 0$, $1 - \pi(X)$, ergibt sich, wie man leicht nachrechnen kann:

$$\frac{\pi(X)}{1-\pi(X)} = e^{\beta_0 + \beta_1 X} = OR(X)$$

Das Verhältnis dieser beiden Komplementärwahrscheinlichkeiten bezeichnet man als *Chancenverhältnis* (engl. *Odds Ratio*). Stellen Sie sich vor, die Wahrscheinlichkeit für $Y = 1$ sei für eine bestimmte Ausprägung von X gerade $\pi(X) = 0,75$. Dann ist das Chancenverhältnis

$$\frac{0,75}{0,25} = 3.$$

Das heißt, $Y = 1$ ist dreimal so wahrscheinlich wie $Y = 0$. Zieht man auf beiden Seiten den natürlichen Logarithmus, erhält man:

$$\ln\left(\frac{\pi(X)}{1-\pi(X)}\right) = \beta_0 + \beta_1 X$$

Diese Größe wird auch als *Logit* bezeichnet. Sie ist nichts anderes als der Wert des linearen Wahrscheinlichkeitsmodells.

Gibt es nun auch eine eingängige Interpretation für den Koeffizienten β_1 analog zum linearen Regressionsmodell? An der letzten Gleichung sieht man sofort, dass eine Erhöhung von X um eine Einheit, in unserem Beispiel des Seniorenanteils `POPSENIORS` um einen Prozentpunkt, den Logit um β_1 erhöht.

Nun gut, der Logit ist als solcher nicht besonders intuitiv. Gehen wir deshalb noch mal einen Schritt zurück zum Chancenverhältnis. Dieses lässt sich nach den Regeln der Potenzrechnung auch so schreiben:

$$OR(X) = \frac{\pi(X)}{1-\pi(X)} = e^{\beta_0} e^{\beta_1 X} = e^{\beta_0} \left(e^{\beta_1}\right)^X$$

Hiermit können wir nun sehr schön zeigen, was passiert, wenn X um eine Einheit erhöht wird:

$$\frac{OR(X+1)}{OR(X)} = \frac{e^{\beta_0}\left(e^{\beta_1}\right)^{X+1}}{e^{\beta_0}\left(e^{\beta_1}\right)^{X}} = e^{\beta_1}$$

Die Erhöhung von X führt dazu, dass sich das Chancenverhältnis um den Faktor e^{β_1} ändert. Anders als im linearen Regressionsmodell, in dem die Koeffizienten einen *additiven* Effekt haben (eine Erhöhung von X um eine Einheit erhöht Y um β_1), haben wir es hier mit einem *multiplikativen* Effekt zu tun, und zwar einem multiplikativen Effekt auf das Chancenverhältnis.

Diese Interpretation wollen wir uns an unserem Staatsausgabenbeispiel einmal in R anschauen. Das Logit-Modell berechnen wir mit der Funktion `glm`. Das steht für *Generalized Linear Model*, verallgemeinertes lineares Modell.

Unser Logit-Modell schätzen wir mithilfe von `glm` nun so:

```
> logitm <- glm(EXPHIGHER ~ POPSENIORS, data = x,
  family = binomial("logit"))
```

Durch den Parameter `family`, den wir auf `binomial("logit")` setzen, teilen wir `glm` mit, dass wir ein Logit-Modell schätzen wollen. Werfen wir einen Blick auf die Ergebnisse:

```
> summary(logitm)

Call:
glm(formula = EXPHIGHER ~ POPSENIORS, family = binomial("logit"),
    data = x)

Deviance Residuals:
    Min       1Q   Median       3Q      Max
-2.0684  -0.9246  -0.7523   0.9210   1.8007

Coefficients:
            Estimate Std. Error z value Pr(>|z|)
(Intercept) -1.56625    0.30535  -5.129 2.91e-07 ***
POPSENIORS   0.20910    0.03811   5.486 4.11e-08 ***
---
Signif. codes:  0 '***' 0.001 '**' 0.01 '*' 0.05 '.' 0.1 ' ' 1

(Dispersion parameter for binomial family taken to be 1)

    Null deviance: 250.87  on 180  degrees of freedom
Residual deviance: 209.23  on 179  degrees of freedom
  (8 observations deleted due to missingness)
AIC: 213.23

Number of Fisher Scoring iterations: 4
```

Betrachten Sie den Koeffizienten von `POPSENIORS`. Er ist der geschätzte Wert für das β_1 aus unseren obigen Überlegungen.

Wie ist dieser Wert von knapp 0,21 jetzt zu interpretieren? Wie Sie oben gesehen haben, ist $e^{0{,}21}$ der Faktor, um den sich das Chancenverhältnis verändert, wenn der Wert der unabhängigen Variablen um eine Einheit erhöht wird. Die Größe dieses Faktors können wir in R leicht bestimmen:

```
> exp(logitm$coefficients[2])
POPSENIORS
  1.232565
```

Das heißt, das Chancenverhältnis, dass ein Land zu den Hoch-Staatsausgaben-Ländern gehört (`EXPHIGHER=1`), steigt um 23,3 %, wenn der Anteil der Senioren um einen Prozentpunkt erhöht wird. Angenommen, das Chancenverhältnis war zu Beginn 0,5. Das ist dann der Fall, wenn die Wahrscheinlichkeit für `EXPHIGHER=1` genau 1/3 ist:

$$OR = \frac{\pi(X)}{1-\pi(X)} = \frac{\frac{1}{3}}{1-\frac{1}{3}} = \frac{1}{2}$$

Nach der Veränderung von `POPSENIORS` um einen Prozentpunkt ist das Chancenverhältnis jetzt:

```
> OR <- 0.5 * exp(logitm$coefficients[2])
> OR
POPSENIORS
 0.6162823
```

Wie Sie sehen, nutzen wir hier aus, dass auch die Funktion `glm` ein Objekt zurückgibt, das, wie sein `lm`-Gegenstück, unter anderem einen *named vector* der Koeffizienten umfasst. Dessen zweites Element ist der geschätzte Koeffizient von `POPSENIORS`.

Wenn Sie die Definition des Chancenverhältnisses $OR = \pi(X)/(1-\pi(X))$ nach $\pi(X)$ umstellen, erhalten Sie:

$$\pi(X) = \frac{OR}{1+OR}$$

Damit ist sehr schnell errechnet, wie die neue Wahrscheinlichkeit für `EXPHIGHER=1` ist, nachdem `POPSENIORS` um einen Prozentpunkt erhöht wurde.

```
> OR / (1 + OR)
POPSENIORS
 0.3812962
```

Die Wahrscheinlichkeit, dass ein Land zur Gruppe der Hoch-Staatsausgaben-Länder gehört, ist also durch die Erhöhung des Seniorenanteils um etwas über 5 Prozentpunkte gegenüber dem ursprünglich angenommenen Wert von 1/3 gestiegen.

Bisher haben wir nur eine unabhängige Variable in unser Modell einbezogen. Das Logit-Modell lässt sich aber mühelos um zusätzliche erklärende Größen erweitern, zum Beispiel um das Wirtschaftswachstum und die Dummy-Variable für demokratische Staaten:

```
> logitm2 <- glm(EXPHIGHER ~ POPSENIORS + GROWTH + DEMOCRATIC,
  data = x, family = binomial("logit"))
> summary(logitm2)

Call:
```

```
glm(formula = EXPHIGHER ~ POPSENIORS + GROWTH + DEMOCRATIC, family =
binomial("logit"), data = x)

Deviance Residuals:
    Min       1Q   Median       3Q      Max
-2.0661  -0.8682  -0.4628   0.8369   2.0631

Coefficients:
               Estimate Std. Error z value Pr(>|z|)
(Intercept)    -0.07695    0.57669  -0.133   0.8939
POPSENIORS      0.19823    0.04916   4.032 5.52e-05 ***
GROWTH         -0.16883    0.07620  -2.216   0.0267 *
DEMOCRATICTRUE -1.12093    0.45835  -2.446   0.0145 *
---
Signif. codes:  0 '***' 0.001 '**' 0.01 '*' 0.05 '.' 0.1 ' ' 1

(Dispersion parameter for binomial family taken to be 1)

    Null deviance: 229.91  on 165  degrees of freedom
Residual deviance: 178.80  on 162  degrees of freedom
  (23 observations deleted due to missingness)
AIC: 186.8

Number of Fisher Scoring iterations: 4
```

In diesem Modell ist das Logit, also das logarithmierte Chancenverhältnis jetzt:

$$\ln\left(\frac{\pi(X_1,X_2,X_3)}{1-\pi(X_1,X_2,X_3)}\right)=\beta_0+\beta_1X_1+\beta_2X_2+\beta_3X_3$$

Die Wirkung einer Veränderung der dritten unabhängigen Variablen, des Demokratie-Dummys, bewirkt – analog zur obigen Argumentation im Fall des Modells mit nur einer unabhängigen Variablen – folgende Änderung des Chancenverhältnisses:

$$\frac{OR(X_1,X_2,X_3+1)}{OR(X_1,X_2,X_3)}=\frac{e^{\beta_0}\left(e^{\beta_1}\right)^{X_1}\left(e^{\beta_2}\right)^{X_2}\left(e^{\beta_3}\right)^{X_3+1}}{e^{\beta_0}\left(e^{\beta_1}\right)^{X_1}\left(e^{\beta_2}\right)^{X_2}\left(e^{\beta_3}\right)^{X_3}}=e^{\beta_3}$$

Das Chancenverhältnis *OR* multipliziert sich also mit dem Faktor e^{β_3}. In unserem Beispiel ist das:

```
> exp(logitm2$coefficients[4])
DEMOCRATICTRUE
     0.3259759
```

Wie Sie sehen, sinkt das Chancenverhältnis, was auch Sinn ergibt, da der Koeffizient von `DEMOCRATIC` ja negativ ist. Anders ausgedrückt: Die Wahrscheinlichkeit, dass ein Land zur Gruppe der Hoch-Staatsausgaben-Länder gehört, ist geringer, wenn das Land eine Demokratie ist.

Die Interpretation der Koeffizienten ändert sich gegenüber dem bivariaten Modell also nicht. Es bleibt dabei, dass die Koeffizienten des Logit-Modells angeben, um welchen Faktor sich das Chancenverhältnis verändert, wenn die betreffende unabhängige Variable um eine Einheit erhöht wird.

Nachdem wir uns nun mit dem grundsätzlichen Ansatz sowie der Interpretation der Koeffizienten in Logit-Modellen beschäftigt haben, wenden wir uns im nächsten Schritt kurz dem Thema Hypothesentests zu.

Dafür ist es wichtig, zu verstehen, wie Logit-Modelle geschätzt werden. Unsere linearen Regressionsmodelle hatten wir stets mit der Ordinary-Least-Squares-Methode (OLS) geschätzt. Bei einem Logit-Modell geht das nicht mehr. Warum, ist leicht zu sehen, wenn man sich noch einmal den Kern dieses Typs von Modellen, den Logit, vor Augen führt:

$$\ln\left(\frac{\pi(X)}{1-\pi(X)}\right) = \beta_0 + \beta_1 X$$

Für die individuellen Beobachtungen unserer Stichprobe sind die $\pi(X)$ stets 1 oder 0: Entweder gehört ein Land zur Gruppe der Hoch-Staatsausgaben-Länder oder eben nicht. Damit ergeben sich in der Klammer die beiden möglichen Werte 0 (wenn $\pi(X) = 0$) und 1/0 (wenn $\pi(X) = 1$). Für beide lässt sich der Logarithmus aber nicht sinnvoll berechnen. Daher fehlt uns die abhängige Variable, mit der wir den obigen Ausdruck auf Basis der OLS-Methode schätzen könnten. Also muss eine andere Schätzmethodik her! Diese andere Schätzmethodik ist die *Maximum-Likelihood-Methode* (ML).

Die Grundidee der ML-Methode ist, die Koeffizienten $\beta_0, \beta_1, \ldots, \beta_K$ so zu bestimmen, dass die Wahrscheinlichkeit maximiert wird, mithilfe der Schätzer die tatsächlich beobachteten Werte in der Stichprobe zu treffen. Der Ansatz maximiert also eine »Treffer«-Wahrscheinlichkeit, daher der Name.

Die Schätzer $\hat{\beta}_l$ sind beim Maximum-Likelihood-Ansatz unter der Nullhypothese, dass ihr Wert in der Grundgesamtheit gleich 0 ist, normalverteilt, ihre standardisierten Werte

$$z = \frac{\hat{\beta}_l - E\left(\hat{\beta}_l\right)}{\sqrt{\widehat{Var}\left(\hat{\beta}_l\right)}} = \frac{\hat{\beta}_l}{\sqrt{\widehat{Var}\left(\hat{\beta}_l\right)}}$$

folgen (zumindest asymptotisch, das heißt für große Stichprobenumfänge) einer Standardnormalverteilung, also einer Normalverteilung $N(0,1)$ mit Erwartungswert 0 und Varianz 1. Mit der üblichen von den t-Tests der OLS-Regressionskoeffizienten bereits bekannten Methodik lassen sich mit diesen *z-Werten* nun Aussagen darüber treffen, wie wahrscheinlich es ist, unter Gültigkeit der Nullhypothese einen Schätzer β_l für den Koeffizienten β_l zu erhalten, der so stark von 0 verschieden ist wie der tatsächlich in unserer Stichprobe ermittelte Wert.

Der R-Output von `glm` zeigt die z-Werte, die zugehörigen p-Werte sowie die bekannten »Sternchen-Indikatoren« für Signifikanz zu verschiedenen gebräuchlichen Signifikanzniveaus.

Nun interessiert uns nicht nur die Signifikanz *einzelner* Koeffizienten, sondern wir wollen natürlich auch wissen, ob unser Modell *insgesamt* einen signifikanten Beitrag zur Erklärung der unabhängigen Variablen, in unserem Fall also der Zugehörigkeit zur Gruppe der Hoch-Staatsausgaben-Länder, leistet.

Im linearen Regressionsmodell haben wir das mit dem F-Test bewerkstelligt. Im Logit-Modell verwenden wir dazu den *Likelihood-Ratio-Test*. Dieser bedient sich einer Größe, die bei Maximum-Likelihood-Schätzungen quasi automatisch anfällt, der sogenannten *Residual Deviance*. Maximum-Likelihood-Modelle wählen ja die Koeffizientenschätzer so, dass die Wahrscheinlichkeit dafür maximiert wird, dass die beobachteten Werte der abhängigen Variablen aus der Stichprobe mit den geschätzten Werten des Modells zusammenfallen. Diese maximale Wahrscheinlichkeit ist als Zahlenwert ein Ergebnis des Schätzprozesses. Logarithmiert und mit –2 multipliziert, entspricht sie genau jener Residual Deviance, die im R-Output von `glm` angegeben wird und als Wert `$deviance` auch im Rückgabeobjekt der Funktion `glm` enthalten ist.

Die Grundüberlegung des Likelihood-Ratio-Tests ist nun die: Wenn die unabhängigen Variablen tatsächlich einen Beitrag zur Erklärung der abhängigen Variablen leisten, sollte die Wahrscheinlichkeit, dass die mithilfe des Modells geschätzten Werte der unabhängigen Variablen die Beobachtungen treffen, ebenfalls größer sein. Das bedeutet aber auch: Die Residual Deviance, also der mit –2 multiplizierte logarithmierte Wert dieser Wahrscheinlichkeit sollte kleiner sein als der eines Modells, das keine der unabhängigen Variablen und stattdessen nur die Konstante als Regressor enthält. Sie erkennen die Parallelen zum F-Test, bei dem die Erklärungswirkung des tatsächlichen Modells mit der eines restringierten Modells verglichen wird, das nur eine Konstante als Regressor umfasst.

Bezeichnen wir die maximale Wahrscheinlichkeit, die das Ergebnis der Maximum-Likelihood-Methode ist, als L, dann ist die Residual Deviance RD:

$$RD = -2 \ln L$$

Die Teststatistik des Likelihood-Ratio-Tests, die wir LRT nennen wollen, bestimmt sich daraus nun wie folgt:

$$LRT = RD_1 - RD_0 = -2(\ln L_1 - \ln L_0)$$

Dabei sind L_1 und L_0 die maximalen Wahrscheinlichkeiten, die sich aus den Maximum-Likelihood-Schätzungen des zu testenden Modells (Wahrscheinlichkeit L_1) und des restringierten Modells (Wahrscheinlichkeit L_0) ergeben, das die interessierenden Variablen nicht und stattdessen nur eine Konstante als Regressor enthält.

Die Teststatistik *LRT* folgt unter Gültigkeit der Nullhypothese, dass die interessierenden erklärenden Variablen zusammen keinen Effekt auf unabhängige Variablen ausüben, einer Chi-Quadrat-Verteilung mit so vielen Freiheitsgraden, wie das unrestringierte Modell mehr unabhängige Variablen hat als das restringierte Modell.

In R müssen wir die Residual Deviances zum Glück nicht selbst berechnen und die sich daraus ergebende Teststatistik des Likelihood-Ratio-Tests mit der Chi-Quadrat-Verteilung vergleichen, sondern wir nutzen die praktische Funktion `lrtest` aus dem Package `lmtest`. Wenn Sie diese Ergebnisse allerdings doch einmal manuell nachrechnen wollen, berücksichtigen Sie bitte bei der Schätzung des restringierten Nullhypothesenmodells, dass dort nur diejenigen Beobachtungen einbezogen werden dürfen, die auch im zu testenden Modell enthalten sind. Sonst errechnen Sie für das restringierte Modell einen falschen Residual-Deviance-Wert!

Wenn wir die vordefinierte Funktion `lrtest` benutzen, erhalten wir folgendes Ergebnis:

```
> lrtest(logitm2)
Likelihood ratio test

Model 1: EXPHIGHER ~ POPSENIORS + GROWTH + DEMOCRATIC
Model 2: EXPHIGHER ~ 1
  #Df  LogLik Df  Chisq Pr(>Chisq)
1   4  -89.40
2   1 -114.95 -3 51.108  4.638e-11 ***
---
Signif. codes:  0 '***' 0.001 '**' 0.01 '*' 0.05 '.' 0.1 ' ' 1
```

Wie Sie sehen, ist der p-Wert der Teststatistik *LRT*, deren Wert in unserem Beispiel 51,108 beträgt, sehr klein. Die Nullhypothese, dass die drei Variablen `POPSENIORS`, `GROWTH` und `DEMOCRATIC` gemeinsam nichts zur Erklärung der abhängigen Variablen, der Zugehörigkeit eines Landes zur Gruppe der Hoch-Staatsausgaben-Länder, beitragen, kann also mit großer Sicherheit verworfen werden.

Nachdem wir nun überprüft haben, ob die unabhängigen Variablen gemeinsam einen Einfluss auf die abhängige Variable haben, stellt sich natürlich die Frage, wie groß dieser Einfluss ist. Anders gefragt: Gibt es auch für Logit-Modelle ein R^2?

Das klassische R^2, wie wir es aus der linearen Regression kennen, gibt es zwar für Logit-Modelle nicht, allerdings gibt es eine Größe, die nach ihrem Entwickler *McFadden's Pseudo* R^2, genannt wird. Sie ist mit dem bisher Gelernten sehr leicht zu berechnen:

$$R^2 = 1 - \frac{RD_1}{RD_0}$$

McFadden's Pseudo R^2 ist also nichts anderes als 1 minus das Verhältnis der Residual Deviances RD_1 unseres eigentlichen Modells, `logitm2`, dessen R^2 wir bestimmen wollen, und RD_0 des Nullhypothesenmodells, das davon ausgeht, dass der Effekt aller unabhängigen Variablen gleich 0 ist. Die Residual Deviance RD_0 wird praktischerweise beim Schätzen eines Modells mithilfe von glm direkt mitberechnet und ist als Element $null.deviance des Rückgabeobjekts verfügbar. Sie wird auch im R-Output von glm angezeigt. Damit können wir nun das Pseudo R^2 für unser Modell logitm2 sehr leicht bestimmen:

```
> 1 - logitm2$deviance / logitm2$null.deviance
[1] 0.2222999
```

Eine gängige Daumenregel besagt, dass Werte zwischen 0,2 und 0,4 eine gute Schätzqualität darstellen. Mit unserem Modell liegen wir in diesem Bereich, wenn auch eher an der unteren Grenze.

Abhängige kategoriale Variablen mit mehreren Kategorien

Im vorangegangenen Abschnitt haben wir in unseren Logit-Modellen eine dichotome abhängige Variable betrachtet, also eine Variable, die nur zwei Ausprägungen haben kann: Entweder ein Land gehört zur Gruppe der Hoch-Staatsausgaben-Länder, oder es gehört nicht dazu. Oftmals hat die abhängige Variable aber mehr als nur zwei Ausprägungen: Der höchste Bildungsabschluss beispielsweise kann der Hauptschul- oder Realschulabschluss, das Abitur, die Berufsausbildung oder das (Fach-)Hochschulstudium sein. Im Folgenden werden wir uns mit Modellen beschäftigen, deren kategoriale abhängige Variable *polytom* ist, das heißt – anders als die bislang betrachteten *dichotomen* Variablen – mehr als zwei Ausprägungen hat.

Dabei müssen wir unterscheiden, ob die abhängige Variable als *nominale* Variable betrachtet wird oder als eine *ordinale*. Der Unterschied liegt, wie Sie wissen, in der Frage, ob sich die Ausprägungen/Kategorien der Variablen in eine natürliche Reihenfolge bringen lassen (ordinale Variablen), wie das etwa bei Schulnoten der Fall ist, oder einfach »gleichberechtigt« nebeneinanderstehen (nominale Variablen), etwa bei einer Auflistung von Ländern. Die Schätzansätze für beide Fälle unterscheiden sich, denn wenn die abhängige Variable ordinal ist, lassen sich die Informationen, die in der Reihenfolge der Kategorien (in R-Terminologie: der Faktorlevels) stecken, für die Schätzung verwenden. So lässt sich deren Qualität erhöhen.

Modelle mit nominalen abhängigen Variablen

Als Beispiel werden wir die Variable INCOMEGROUP aus unserem Datensatz heranziehen. Sie beschreibt die Einkommensklassifikation der Länder nach den Regeln der Weltbank und hat mehrere Ausprägungen:

```
> levels(x$INCOMEGROUP)
[1] "High income: nonOECD" "High income: OECD"    "Low income"
[4] "Lower middle income" "Upper middle income"
```

Die beiden »High-Income-Levels« fassen wir der Einfachheit halber zusammen zu einem:

```
> levels(x$INCOMEGROUP)[1] <- "High income"
> levels(x$INCOMEGROUP)[2] <- "High income"
> levels(x$INCOMEGROUP)
[1] "High income" "Low income" "Lower middle income"
[4] "Upper middle income"
```

Wir nehmen nun an, die Zugehörigkeit eines Landes zu einer dieser Gruppen hinge damit zusammen, ob das Land eine Demokratie ist und wie hoch sein Urbanisierungsgrad ist, also der Anteil der Bevölkerung, der in städtischen Gebieten und nicht auf dem Land lebt.

Da INCOMEGROUP eine kategoriale Variable mit mehr als zwei Ausprägungen ist, müssen wir nun ein polytomes Logit-Modell schätzen. Das R-Package nnet bietet dazu die Funktion multinom (für *multi nominal*) an. Nachdem wir zunächst das Package wie üblich mit install.packages("nnet", dependencies=TRUE) installiert und mit library(nnet) geladen haben, können wir unser Logit-Modell mit multinom berechnen:

```
> logitpoly <- multinom(INCOMEGROUP ~ DEMOCRATIC + URBAN,
  data = x)
# weights:  16 (9 variable)
initial  value 230.124864
iter  10 value 163.729912
final  value 163.106542
converged
> summary(logitpoly)
Call:
multinom(formula = INCOMEGROUP ~ DEMOCRATIC + URBAN, data = x)

Coefficients:
                    (Intercept) DEMOCRATICTRUE       URBAN
Low income             8.861376     -0.2765553 -0.17420004
Lower middle income    7.844156     -0.7213747 -0.12204428
Upper middle income    4.262111     -0.3987767 -0.05992677

Std. Errors:
                    (Intercept) DEMOCRATICTRUE      URBAN
Low income             1.566640      0.8967964 0.02527393
Lower middle income    1.416761      0.7439022 0.01924084
Upper middle income    1.295146      0.6328353 0.01549956

Residual Deviance: 326.2131
AIC: 344.2131
```

Wie Sie sehen, zeigt uns multinom zunächst einige Informationen an, die Auskunft über den Prozess der Berechnung geben, was wir hier aber nicht vertiefen wollen. Stattdessen wollen wir einen Blick auf die Ergebnisse werden, die wir uns wie gewohnt mit summary anzeigen lassen können. Sie sehen im R-Output zwei Tabellen, eine für die Koeffizienten, eine für die Standardfehler.

Die Koeffizienten dieses multinomialen Logit-Modells sind genauso zu interpretieren wie im Fall des dichotomen Modells zuvor: Es sind die Veränderungen des logarithmierten Chancenverhältnisses bei Änderung der betreffenden unabhängigen Variablen um eine Einheit. Wie Sie sich erinnern, war das Chancenverhältnis (*Odds Ratio*) die Wahrscheinlichkeit dafür, dass eine bestimmte Ausprägung der abhängigen Variablen auftritt, relativ zu einer »Gegenwahrscheinlichkeit«. Diese »Gegenwahrscheinlichkeit« war im dichotomen Modell leicht zu bestimmen. Denn die abhängige Variable hatte ja nur zwei Ausprägungen. Tritt nicht die eine auf, muss die andere auftreten. Deshalb konnten wir im dichotomen Modell das Chancenverhältnis definieren als:

$$OR = \frac{\pi(X)}{1-\pi(X)}$$

Aber was ist jetzt, da die abhängige Variable mehrere Ausprägungskategorien hat, die »Gegenwahrscheinlichkeit«? Ihnen ist vielleicht aufgefallen, dass im R-Output der Funktion `multinom` ein Level unseres Faktors `INCOMEGROUP`, also unserer unabhängigen Variablen, fehlt. Dieses Level, in unserem Beispiel `High income`, ist die *Basiskategorie* oder *Referenzkategorie*, relativ zu der die Wahrscheinlichkeiten aller anderen Kategorien gemessen werden.

Das Chancenverhältnis, dessen Veränderung die Koeffizienten messen, ist also im multinomialen Modell definiert als:

$$OR_c = \frac{\pi_c(X)}{\pi_0(X)}$$

Dabei indiziert 0 die Basiskategorie und *c* eine beliebige andere Kategorie. Damit können wir nun die Wirkung unserer erklärenden Variablen auf das Chancenverhältnis interpretieren. Nehmen wir als Beispiel die Variable `DEMOCRATIC` und die Kategorie `Low income`. Der Koeffizient, der die Auswirkung von `DEMOCRATIC` auf die Kategorie `Low income` quantifiziert, ist laut R-Output oben 0,2765553. Der zugehörige Effekt auf das Chancenverhältnis lässt sich damit leicht berechnen:

```
> exp(summary(logitpoly)$coefficients[1,3])
[1] 0.7583917
```

Das Chancenverhältnis dafür, dass ein Staat zur Gruppe der Niedrigeinkommensländer gehört (und nicht zur Gruppe der Hocheinkommensländer, die die Basiskategorie darstellen), sinkt auf 75,8 % seines vorherigen Werts, wenn der Staat eine Demokratie ist. Die *relative Wahrscheinlichkeit* für ein Niedrigeinkommensland nimmt also ab.

Statt einen spezifischen Koeffizienten herauszugreifen, können wir natürlich mit

```
> exp(summary(logitpoly)$coefficients)
```

auch einfach alle Chancenverhältnisfaktoren ausgeben lassen.

Bei der Berechnung des Effekts von `DEMOCRATIC` auf das Chancenverhältnis nutzen wir das Rückgabeobjekt der Funktion `summary`. Dieses hat für Modelle, die mit `multinom` geschätzt wurden, ein Element namens `coefficients`. Das Element ist eine Matrix mit den Kategorien der abhängigen Variablen in den Zeilen und den erklärenden Variablen in den Spalten, also genau jene Matrix, die Sie auch im oberen Teil des R-Outputs von `summary(logitpoly)` sehen. Aus dieser Matrix greifen wir das Element in der ersten Zeile (Kategorie `Low income` von `INCOMEGROUP`) und der zweiten Spalte (erklärende Variable `DEMOCRATIC`) heraus. Das Exponenzieren mit `exp` ist notwendig, wie Sie sich erinnern werden, die Koeffizienten messen den Effekt auf das logarithmierte Chancenverhältnis. Unser Aufruf von `summary` ist übrigens einmal mehr ein Beispiel dafür, dass R selbst entscheidet, welche `summary`-Funktion für das jeweilige Argument die richtige ist. Wir brauchen uns nicht darum zu kümmern. R wählt automatisch, in diesem Fall die Funktion `summary.multinom`, die Rückgabeobjekte der Funktion `multinom` verarbeitet.

Wenn Sie sich die weiteren Koeffizienten im R-Output von `multinom` anschauen, sehen Sie, dass alle Koeffizienten negativ sind. Da wir die Koeffizienten als Exponenten der Euler'schen Zahl e benutzen, um den Effekt auf das Chancenverhältnis einer erklärenden Variablen für eine bestimmte Kategorie der abhängigen Variablen zu bestimmen, ist klar, dass alle diese Effekte kleiner als 1 sein werden. Und weil wir die Effekte auf das Chancenverhältnis immer relativ zur Basiskategorie interpretieren und diese in unserem Beispiel `High income` ist, heißt das weiterhin, dass positive Veränderungen beider erklärender Variablen dazu führen, dass die niedrigeren Einkommenslevel weniger wahrscheinlich werden als das Level `High income`. So führt etwa eine Erhöhung des Urbanisierungsgrads um einen Prozentpunkt dazu, dass es deutlich unwahrscheinlicher wird, ein Niedrigeinkommensland vor sich zu haben (Koeffizient: –0,17; Wahrscheinlichkeit: 84 % der Wahrscheinlichkeit für `High income`), etwas unwahrscheinlicher, ein Land der Kategorie `Lower middle income` (Koeffizient: –0,12; Wahrscheinlichkeit: 88 % der Wahrscheinlichkeit für `High income`) und immer noch ein wenig unwahrscheinlicher, ein Land der Kategorie `Upper middle income` (Koeffizient: –0,06; Wahrscheinlichkeit: 84 % der Wahrscheinlichkeit für `High income`) vorzufinden.

Wie gesehen, beinhalten die Chancenverhältnisse stets die Basiskategorie. Die ist in unserem Beispiel `High income`. Wenn Sie eine andere Basiskategorie verwenden wollen, geht das mithilfe der Funktion `relevel`. So könnten Sie zum Beispiel `Low income` zur Basiskategorie machen:

```
> x$INCOMEGROUP <- relevel(x$INCOMEGROUP, ref = "Low income")
```

Dieses Vorgehen hatten Sie bereits im Abschnitt »Die Basiskategorie verstehen und interpretieren« auf Seite 206 kennengelernt, als wir uns mit *unabhängigen* kategorialen Variablen beschäftigten.

Bisher haben wir immer über *Chancenverhältnisse* gesprochen. Aber es wird Sie vielleicht auch interessieren, wie hoch die *absoluten Wahrscheinlichkeiten* für die Kategorien Ihrer abhängigen Variablen sind, gegeben bestimmte Werte der unabhängigen Variablen. Das ist insbesondere für die Vorhersage relevant: Wenn Sie neue Werte für die unabhängigen Variablen haben, wollen Sie vorhersagen, mit welcher Wahrscheinlichkeit die abhängige Variable in welche Kategorie fällt.

Die Wahrscheinlichkeiten der Kategorien der abhängigen Variablen, gegeben die Daten der unabhängigen Variablen in der Stichprobe, können Sie über den Vektor `$fitted.values`, der ein Element des Rückgabeobjekts von `multinom` ist, leicht ausrechnen lassen:

```
> logitpoly$fitted.values
  High income   Low income Lower middle income Upper middle income
1 0.007279318 0.4929453913           0.4226656          0.07710965
2 0.187611465 0.0941433595           0.3505632          0.36768197
3 0.467557712 0.0173587357           0.1409523          0.37413124
4 0.033181332 0.1885012309           0.5753037          0.20301370
6 0.818743964 0.0005588111           0.0150124          0.16568482
```

Wir haben die Wahrscheinlichkeitstabelle hier der Länge wegen nur für die ersten fünf Beobachtungen dargestellt, die in die Schätzung des Modells eingegangen sind (wie Sie übrigens an der Nummerierung sehen, ist die fünfte Beobachtung nicht in der Schätzung des Modells berücksichtigt worden, weil sie in einer der unabhängigen Variablen ein Missing enthält). Die Wahrscheinlichkeiten addieren sich pro Beobachtung über alle Kategorien der abhängigen Variablen zu 1.

Wenn Sie nun Vorhersagen für neue Werte der unabhängigen Variablen treffen wollen, verwenden Sie die Funktion `predict`. Um deren Verwendung zu demonstrieren, erzeugen wir zunächst einen neuen Datensatz auf Basis des bestehenden Datensatzes. Einziger Unterschied zum Originaldatensatz ist, dass die Variable `URBAN`, der Urbanisierungsgrad, für alle Beobachtungen um jeweils einen Prozentpunkt erhöht wird:

```
> xplus1 <- x
> xplus1$URBAN <- xplus1$URBAN + 1
```

Dann schätzen wir auf Basis der Koeffizienten, die wir zuvor in unserem Modell `logitpoly` bestimmt haben, aber des neuen Satzes an unabhängigen Variablen, die Wahrscheinlichkeiten für das Auftreten der verschiedenen Kategorien der abhängigen Variablen:

```
> res <- predict(logitpoly, newdata = xplus1, type = "probs")
> res
  High income   Low income Lower middle income Upper middle income
1 0.008384895 0.4770364974          0.43092402          0.08365459
2 0.203199746 0.0856641999          0.33606784          0.37506821
3 0.487410523 0.0152028025          0.13005550          0.36733118
4 0.037200539 0.1775478796          0.57088608          0.21436550
5          NA           NA                  NA                  NA
6 0.828228364 0.0004749118          0.01344154          0.15785518
```

Wie Sie sehen, wird der neue Datensatz der Funktion `predict` als Argument `newdata` übergeben. Mit dem Argument `type` wird festgelegt, was geschätzt werden soll: Wahrscheinlichkeiten für jede der Kategorien (`probs`) oder einfach die wahrscheinlichste Kategorie (class). Ein Aufruf mit type="class" würde dementsprechend zu folgendem R-Output führen (zumindest für die ersten Beobachtungen):

```
> predict(logitpoly, newdata = xplus1, type = "class")
 [1] Low income   Upper middle income   High income
 [4] Lower middle income    <NA>   High income
```

Aber zurück zu den geschätzten Wahrscheinlichkeiten. Mit diesen Wahrscheinlichkeiten können Sie natürlich sehr leicht das Chancenverhältnis berechnen. Im ursprünglichen Datensatz war das Chancenverhältnis für Low income (relativ zu High income, der Basiskategorie), berechnet auf Basis der ersten Beobachtung: 0,4929453913 / 0,007279318, oder auf Basis der fitted.values nachgerechnet:

```
> or.vor <-logitpoly$fitted.values[1,2] /
  logitpoly$fitted.values[1,1]
> or.vor
[1] 67.71862
```

Nach Erhöhung des Urbanisierungsgrads um einen Prozentpunkt ergibt sich nun folgendes Chancenverhältnis:

```
> or.nach <- res[1,2] / res[1,1]
> or.nach
[1] 56.89237
```

Das Verhältnis der beiden ist:

```
> or.nach/or.vor
[1] 0.8401288
```

Wie Sie leicht nachrechnen können, ist das genau der durch Koeffizienten von URBAN bestimmte Faktor:

```
> exp(summary(logitpoly)$coefficients["Low income", "URBAN"])
[1] 0.8401288
```

Diese Rechnung bestätigt also, dass im multinomialen Modell die (als Potenz von e genommenen) Koeffizienten die Veränderung des Chancenverhältnisses messen, die bei Erhöhung der unabhängigen Variablen um eine Einheit eintritt.

Wenden wir uns nun den Hypothesentests im multinomialen Logit-Modell zu.

Der R-Output von summary(logitpoly), der oben dargestellt ist, zeigt zwar Koeffizienten und Standardfehler, aber keine p-Werte. Diese lassen sich natürlich sehr leicht berechnen. Zunächst teilen wir dazu die Koeffizienten durch die Standardfehler, was uns eine Matrix mit z-Werten, also standardnormalverteilten Teststatistiken, liefert (für die Nullhypothese, dass der jeweilige Koeffizient in der Grundgesamtheit gleich 0 ist):

```
> z <- summary(logitpoly)$coefficients /
  summary(logitpoly)$standard.errors
> z
                    (Intercept) DEMOCRATICTRUE     URBAN
Low income             5.656292     -0.3083814 -6.892479
```

```
Lower middle income    5.536681      -0.9697172 -6.342979
Upper middle income    3.290834      -0.6301430 -3.866352
```

Im nächsten Schritt müssen wir diese z-Werte nur noch mit der Standardnormalverteilung vergleichen. Das liefert uns die Funktion `pnorm`.

```
> p <- (1 - pnorm(abs(z), 0, 1))*2
> p
                     (Intercept) DEMOCRATICTRUE        URBAN
Low income          1.546779e-08      0.7577921 5.482947e-12
Lower middle income 3.082576e-08      0.3321875 2.253639e-10
Upper middle income 9.989075e-04      0.5286011 1.104756e-04
```

Zunächst bestimmen wir die Wahrscheinlichkeit, dass unter Gültigkeit der Nullhypothese (dass nämlich der jeweilige Koeffizient in der Grundgesamtheit gleich 0 ist) ein Koeffizientenschätzer einen Wert erzielt, der größer als unser z-Wert (genauer: dessen Absolutwert) ist. Die Funktion `pnorm` liefert uns standardmäßig die Wahrscheinlichkeit, einen *kleineren* Wert als unseren z-Wert zu erhalten. Deshalb ziehen wir ihr Ergebnis einfach von 1 ab und erhalten so die »andere Seite« der Verteilung. Die genaue Gestalt der Normalverteilung ist bekanntlich durch Erwartungswert und Varianz gegeben, die bei der Standardnormalverteilung gerade 0 und 1 sind. Das sind die zweiten und dritten Argumente der Funktion `pnorm`. Da wir einen zweiseitigen Test durchführen, müssen wir den p-Wert mit 2 multiplizieren, um der Tatsache Rechnung zu tragen, dass der z-Wert ja auch negativ von 0 abweichen könnte. Der Gesamt-p-Wert setzt sich also aus den Wahrscheinlichkeitsmassen auf beiden Seiten der Verteilung zusammen.

Wie Sie sehen, sind die Koeffizienten der Variablen `DEMOCRATIC` nicht signifikant zu den üblichen Niveaus, sehr wohl aber die der Variablen `URBAN`.

Genau wie beim dichotomen Logit-Modell können wir auch hier mithilfe eines Likelihood-Ratio-Tests feststellen, ob das Modell insgesamt einen Beitrag zur Erklärung der unabhängigen Variablen liefert. Die Berechnung der Teststatistik aus den Residual Deviances des zu testenden Modells und eines restringierten Nullhypothesenmodells funktioniert exakt so wie beim dichotomen Logit-Modell. Auch die Umsetzung in R mithilfe der Funktion `lrtest` ist identisch:

```
> lrtest(logitpoly)
# weights:  8 (3 variable)
initial  value 259.237046
final  value 253.837736
converged
# weights:  8 (3 variable)
initial  value 230.124864
final  value 225.713696
converged
Likelihood ratio test

Model 1: INCOMEGROUP ~ DEMOCRATIC + URBAN
Model 2: INCOMEGROUP ~ 1
  #Df  LogLik Df  Chisq Pr(>Chisq)
1   9 -163.11
```

```
2    3 -225.71 -6 125.21  < 2.2e-16 ***
---
Signif. codes:  0 '***' 0.001 '**' 0.01 '*' 0.05 '.' 0.1 ' ' 1
```

Wie Sie sehen, kann die Nullhypothese, dass die Koeffizienten des Modells *keinen* Beitrag zur Erklärung von INCOMEGROUP leisten, deutlich zurückgewiesen werden.

Modelle mit ordinalen abhängigen Variablen

Bislang haben wir den Umstand, dass sich die unterschiedlichen Ausprägungen der unabhängigen Variablen, das heißt die Levels unseres Faktors INCOMEGROUP, in eine Reihenfolge bringen lassen, für die Schätzung nicht genutzt. Anders als »echte« *nominale* Variablen, wie zum Beispiel die Haarfarbe, deren Ausprägungen keine natürliche Reihenfolge besitzen, könnte man die Levels von INCOMEGROUP sehr wohl auf- oder absteigend sortieren. Das haben wir im vorangegangenen Abschnitt nicht getan, stattdessen INCOMEGROUP wie eine nominale Variable behandelt und dementsprechend ein *multinomiales* Modell geschätzt. Modelle, deren abhängige Variable *ordinal*, das heißt so beschaffen ist, dass sich ihre Ausprägungen in eine natürliche Reihenfolge bringen lassen, nennt man *geordnete* Logit-Modelle bzw. *geordnete* Probit-Modelle, wenn sie auf einer Normalverteilung basieren. Diese wollen wir uns zum Abschluss unserer Beschäftigung mit kategorialen abhängigen Variablen noch anschauen.

In R lassen sich solche Modelle mit der Funktion polr aus dem Package MASS schätzen. Um deren Anwendung zu demonstrieren, schätzen wir das Modell INCOMEGROUP ~ POPSENIORS + URBAN, das wir bereits im vorangegangenen Abschnitt betrachtet haben, noch einmal mit polr. Zuvor werfen wir aber noch mal einen kurzen Blick auf unsere abhängige Faktorvariable INCOMEGROUP:

```
> levels(x$INCOMEGROUP)
[1] "High income" "Low income" "Lower middle income" "Upper middle income"
```

Zwar ist die Variable INCOMEGROUP grundsätzlich ordinal, ihre Levels also in geeigneter Weise »aufsteigend« oder »absteigend« sortierbar, aber sind sie bereits so sortiert? Nein. Die Reihenfolge ist tatsächlich kunterbunt. Und R kann ja nicht wissen, in welcher Reihenfolge die Levels des Faktors stehen sollen, denn R versteht die Bedeutung der Levels nicht. Also müssen wir R zunächst mitteilen, in welcher Reihenfolge die Levels zueinander stehen sollen. Das geschieht mit der Funktion ordered:

```
> x$INCOMEGROUP2 <- ordered(x$INCOMEGROUP, c("High income",
  "Upper middle income", "Lower middle income", "Low income"))
```

Der Funktion ordered übergeben wir als Argument die Faktorvariable, deren Level-Reihenfolge wir ändern wollen, und dann einen Vektor, der die neue Reihenfolge der Levels beinhaltet.

Verschreiben Sie sich hier nicht! Wenn Sie ein Level nicht exakt so schreiben, wie es auch in der Faktorvariablen geschrieben wird (einschließlich Groß- und Kleinschreibung!), gibt R keine Fehlermeldung aus, sondern setzt die Faktorvariable überall dort, wo sie das fehlende Level hat, auf `NA`. Angenommen, Sie schreiben `Low income` irrtümlich als `Low income`, das heißt mit großem »I«, erzeugt R in Ihrer Faktorvariablen überall dort, wo das eigentliche Level `Low income` steht, ein Missing, weil dieses Level in Ihrer neuen Level-Reihenfolge nicht mehr vorkommt.

Wenn wir alles richtig geschrieben haben, können wir uns leicht davon überzeugen, dass R die Reihenfolge der Levels geändert hat:

```
> levels(x$INCOMEGROUP2)
[1] "High income" "Low income" "Lower middle income" "Upper middle income"
```

Nachdem wir `INCOMEGROUP2` präpariert haben, können wir nun auch unser Modell schätzen lassen:

```
> logitorder <- polr(INCOMEGROUP2 ~ POPSENIORS + URBAN, data = x,
  method = "logistic")
> summary(logitorder)

Re-fitting to get Hessian

Call:
polr(formula = INCOMEGROUP2 ~ POPSENIORS + URBAN, data = x, method = "logistic")

Coefficients:
              Value Std. Error t value
POPSENIORS -0.29756   0.046514  -6.397
URBAN      -0.07172   0.009728  -7.372

Intercepts:
                                         Value    Std. Error t value
High income|Upper middle income          -7.9505   0.7742    -10.2687
Upper middle income|Lower middle income-5.4532   0.6026     -9.0500
Lower middle income|Low income            2.8558   0.4656     -6.1341

Residual Deviance: 306.7812
AIC: 316.7812
(8 observations deleted due to missingness)
```

Die Ergebnisse unterscheiden sich bereits auf den ersten Blick deutlich von denen des multinomialen Modells, das wir zuvor mit `multinom` geschätzt haben: Für jede unabhängige Variable gibt es nur einen Koeffizienten – anders beim multinomialen Modell: Dort gab es einen Koeffizienten pro erklärende Variable und *Kategorie der abhängigen Variablen*! Dafür zeigt der Output von `polr` eine Reihe von »Intercepts« an.

Wir wollen hier nicht in die Mathematik hinter den geordneten Logit-Modellen einsteigen. Aber bereits die Grundidee genügt, um die »Intercepts« zu verstehen: Das geordnete Logit-Modell nimmt das Vorhandensein einer nicht beobachteten sogenannten *latenten* Variablen an. Der Wertebereich dieser latenten Variablen wird gedanklich in Abschnitte unterteilt. Je nachdem, in welchen Abschnitt der Wert der latenten Variablen für eine Beobachtung unserer Stichprobe fällt, gehört diese Beobachtung der einen oder der anderen Kategorie der ordinalen abhängigen Variablen an. Das geordnete Logit-Modell nimmt also einen Mechanismus an, wie die konkreten Werte der abhängigen kategorialen Variablen zustande kommen, und zwar auf Basis einer gedachten metrischen Variablen.

Sie erinnern sich sicher an das Logit-Modell mit einer dichotomen abhängigen Variablen. Dort ergab sich, dass der Logarithmus des Chancenverhältnisses, der sogenannte Logit, einen linearen Zusammenhang mit den unabhängigen Variablen des Modells aufwies (im Beispiel in einem Modell mit einer unabhängigen Variablen *X*):

$$\ln\left(OR(X)\right) = \ln\left(\frac{\pi(X)}{1-\pi(X)}\right) = \beta_0 + \beta_1 X$$

Ein ganz ähnlicher Zusammenhang ergibt sich auch im geordneten Logit-Modell, hier ebenfalls für den Fall einer einzigen unabhängigen Variablen dargestellt. Er lautet:

$$\ln\left(OR_j(X)\right) = \ln\left(\frac{\mathrm{P}(\mathrm{Y} > j)}{\mathrm{P}(\mathrm{Y} \leq \mathrm{j})}\right) = (\beta_0 + \beta_1 X) - \pm_j$$

j ist dabei die Nummer der Kategorie der abhängigen Variablen. Der Ausdruck besagt also: Der Logarithmus der Wahrscheinlichkeit, dass die unabhängige kategoriale Variable *Y* in eine Kategorie fällt, deren Rangnummer größer als *j* ist, geteilt durch die Gegenwahrscheinlichkeit, dass nämlich *Y* in eine Kategorie mit einer Rangnummer kleiner oder gleich *j* fällt, ist das lineare Modell abzüglich einer Konstanten. Diese Konstante α_j ist dabei nicht *irgendeine* Konstante. Sie ist die obere Grenze eines bestimmten Bereichs der latenten Variablen. Wenn der Wert der latenten Variablen in diesen Bereich fällt, nimmt die kategoriale abhängige Variable unseres Modells die Ausprägung *j* an. Das ist der angenommene Mechanismus, wie die Werte der abhängigen Variablen zustande kommen.

Was passiert, wenn sich nun der Wert der erklärenden Variablen *X* verändert? Genauso wie im Fall des im vorangegangenen Abschnitt betrachteten Modells mit einer abhängigen Variablen, die nur zwei Ausprägungen besitzt, hat eine Änderung von *X* einen multiplikativen Effekt auf das Chancenverhältnis für die Kategorie *j*:

$$\frac{OR_j(X+1)}{OR_j(\mathrm{X})} = \frac{e^{\beta_0}\left(e^{\beta_1}\right)^{\mathrm{X}+1} e^{-\alpha_j}}{e^{\beta_0}\left(e^{\beta_1}\right)^{\mathrm{X}} e^{-\alpha_j}} = e^{\beta_1}$$

Das Chancenverhältnis ändert sich also um einen Faktor. Wie Sie an der Herleitung sofort sehen, ist dieser Faktor für alle Kategorien *j* identisch. Diese Eigenschaft bezeichnet man als *Proportional Odds* und geordnete Logit-Modelle dieser Art deshalb auch als *Proportional-Odds-Modelle*. Ihr ist zu verdanken, dass es nur jeweils einen Koeffizienten pro unabhängige Variable gibt.

Beim Schätzen des geordneten Logit-Modells werden nun nicht nur die Parameter $\beta_0, \beta_1, \ldots, \beta_K$ geschätzt, sondern auch die Intervallgrenzen der latenten Variablen. Bei einer kategorialen abhängigen Variablen mit M Ausprägungen gibt es $M-1$ solcher Obergrenzen. In unserem Beispiel oben hat die abhängige Variable vier Kategorien (`High income`, `Upper middle income`, `Lower middle income`, `Low income`), also haben wir drei Intervallgrenzen für die latente Variable. Diese Grenzen spielen üblicherweise für die Interpretation der Schätzergebnisse aber keine Rolle und werden meist ignoriert.

Ähnlich wie beim Logit-Modell mit einer nominalen abhängigen Variablen können Sie auch hier mit

```
> logitorder$fitted.values
   High income Upper middle income Lower middle income  Low income
1  2.105800e-07     0.03389736          0.33905051     0.627051912
2  4.533298e-05     0.88304681          0.10915861     0.007749250
3  1.307366e-05     0.68535996          0.28825973     0.026367241
4  5.999756e-07     0.09088226          0.53800152     0.371115623
7  6.768800e-05     0.91849225          0.07623692     0.005203141
10 5.600759e-06     0.48271903          0.45781855     0.059456817
```

aus dem Rückgabeobjekt der Funktion `polr` die geschätzten Wahrscheinlichkeiten für die einzelnen Kategorien der abhängigen Variablen ausrechnen lassen, die sich pro Beobachtung natürlich zu 1 summieren. Des begrenzten Platzes wegen sind die geschätzten Wahrscheinlichkeiten hier lediglich für die ersten Beobachtungen, die in das Logit-Modell eingegangen sind, dargestellt.

Ebenso können Sie wiederum mithilfe von `predict` für neue Werte (Argument `newdata`) der unabhängigen Variablen die Wahrscheinlichkeit für die Kategorien der abhängigen Variablen (Argument `type="probs"`) oder die erwartete Kategorie selbst (`type="class"`) vorhersagen.

Auch die p-Werte der Koeffizienten müssen Sie sich – genauso wie im Fall von `multinom` – wieder selbst berechnen. Der hier vorgestellte Ansatz gilt streng genommen nur für große Stichproben:

```
> z <- summary(logitorder)$coefficients[,"t value"]
> p <- pnorm(abs(z), lower.tail = FALSE) * 2
> p
  POPSENIORS                       URBAN
  2.024771e-04                1.961764e-07
```

Dieses Mal finden wir zumindest die Teststatistiken der Koeffizienten bereits vor und können diese aus dem Rückgabeobjekt von `summary`, das heißt aus der Spalte `t value` der Matrix `$coefficients`, abfragen. Da auch die bereits oben erwähnten geschätzten Intervallgrenzen der latenten Variablen Koeffizienten sind, sind diese in der `$coefficients`-Matrix ebenfalls enthalten. Es werden dementsprechend auch für die Intervallgrenzen p-Werte berechnet, auf deren Darstellung wir hier aber verzichtet haben.

KAPITEL 8

Ergebnisse präsentieren

In diesem Kapitel werden wir uns damit beschäftigen, wie Sie die Ergebnisse Ihrer statistischen Analysen geschickt präsentieren. Die Präsentation von Ergebnissen kommt bekanntlich in drei Formen daher: als Tabellen, als Grafiken und als Texte.

Tabellen und Grafiken sind Gegenstand dieses Kapitels. Darüber hinaus sollten Sie Ihre Ergebnisse natürlich auch verbal interpretieren. Dabei orientieren Sie sich unter anderem an folgenden Fragen:

- Was bedeuten die Ergebnisse für die Ausgangshypothese, die Sie untersucht haben?
- Welche zunächst unerwarteten Effekte haben Sie gefunden? Gibt es für sie eine plausible Erklärung?
- Welche Probleme schränken möglicherweise die Interpretierbarkeit der Ergebnisse oder ihre Verallgemeinerbarkeit ein (zum Beispiel Verletzungen der Annahmen des Regressionsmodells, kleiner Stichprobenumfang, Art und Auswahl der Stichprobe, Datenverfügbarkeit, Spezifikation des Modells)?
- Wie lassen sich Ihre Ergebnisse in die Literatur, die es zu dem von Ihnen untersuchten Thema bereits gibt, einordnen?
- Welche neuen Fragestellungen erscheinen auf Basis Ihrer Untersuchung interessant und sollten zukünftig einer empirischen Prüfung unterzogen werden?

In den nächsten beiden Abschnitten wollen wir die verbale Interpretation nicht weiter vertiefen und uns stattdessen eingehender mit der Darstellung von Ergebnissen in Form von Tabellen und Grafiken beschäftigen.

Tabellen mit R

In diesem Abschnitt erfahren Sie,

- welche Informationen typischerweise in Ergebnistabellen von Regressionen gezeigt werden,

- wie Sie im Handumdrehen Ergebnistabellen in R erzeugen und an Ihre Bedürfnisse anpassen können,
- wie Sie die so erzeugten Tabellen in Ihre Textverarbeitung exportieren können, um sie dort weiterzuverarbeiten.

Folgende R-Funktion wird in diesem Abschnitt behandelt:

- **`stargazer()`** {Package `stargazer`}: Erzeugt Tabellen im Text-, HTML- oder LaTeX-Format, die die Ergebnisse der Schätzung von Regressionsmodellen oder deskriptive Statistiken für eine oder mehrere Variablen zeigen.

Bevor wir uns genauer anschauen, *wie* Sie Tabellen aus R heraus erzeugen können, lassen Sie uns zunächst einen Blick auf die *Inhalte* werfen, die Sie typischerweise in Tabellen darstellen werden, wenn Sie Regressionsergebnisse präsentieren. Regelmäßig finden Sie in Ergebnistabellen wenigstens die folgenden Informationen:

- Die geschätzten Werte der Koeffizienten.
- Die geschätzten Standardfehler der Koeffizienten, ihre t-Werte oder die p-Werte des Tests auf Signifikanz. Selten werden alle drei Größen zugleich berichtet, normalerweise entscheidet man sich für eine der drei. Wie Sie wissen, stehen die drei Werte untereinander in engem Zusammenhang und lassen sich, wenn man die Zahl der Freiheitsgrade (das heißt die Zahl der Beobachtungen und Modellparameter) sowie die Koeffizientenschätzer kennt, aus jeder anderen der drei Größen herleiten.
- Eine visuell leicht wahrnehmbare Markierung der Koeffizienten, die signifikant von null verschieden sind, sei es durch fette Schrift oder durch kleine Sternchen hinter dem Koeffizientenwert, deren Zahl das Signifikanzniveau andeutet (zum Beispiel bedeutet ein Stern signifikant zum Niveau 10 %, zwei Sterne signifikant zum Niveau 5 % und drei Sterne signifikant zum Niveau 1 %).
- Die Zahl der Beobachtungen, die in die Schätzung des Modells eingegangen sind. Wenn Sie die Ergebnisse mehrerer Modelle in einer Tabelle zusammenfassen, werden Sie hier typischerweise unterschiedliche Zahlen pro Modell haben.
- Ein Maß für die Güte der Schätzung, typischerweise R^2 oder das korrigierte R^2.
- Gegebenenfalls die Ergebnisse modelldiagnostischer Tests, wie zum Beispiel des Durbin-Watson-Tests auf Autokorrelation, des RESET-Tests auf Fehlspezifikation durch ausgelassene Variablen oder des Jarque-Bera-Tests auf Nicht-Normalverteilung der Residuen (die letzten beiden Tests sind erfahrungsgemäß eher selten anzutreffen).
- Das Ergebnis des F-Tests auf Signifikanz des Gesamtmodells, ob also die Hypothese, dass alle Koeffizienten zugleich 0 sind, zurückgewiesen werden kann. Dabei wird typischerweise der p-Wert angegeben, mitunter auch die FqTeststatistik selbst.

- Ein verbaler Hinweis, falls heteroskedastizitäts- und autokorrelationskonsistente Standardfehler für die Hypothesentests verwendet wurden.
- Eine Legende, die etwaige Symbole erläutert, wie zum Beispiel die Sternchen, die das Signifikanzniveau anzeigen.

Ein Beispiel für eine solche Tabelle finden Sie in Abbildung 8-2. Sie stammt aus dem Artikel »Does organizational design of supreme audit institutions matter? A cross-country assessment« von Lorenz Blume und Stefan Voigt (*European Journal of Political Economy*, Jahrgang 27, Heft 2, Seiten 215–229).

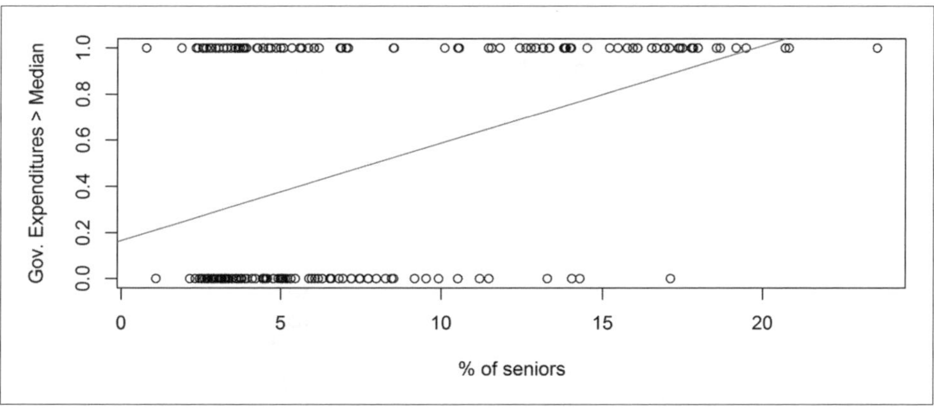

Abbildung 8-1: Beispiel der Ergebnistabelle aus der Literatur

Solche Ergebnistabellen können Sie natürlich in der Textverarbeitung, mit der Sie Ihre Arbeit verfassen, manuell anlegen und befüllen. Dazu müssen Sie sich eine Tabellenstruktur überlegen, diese in der Textverarbeitung erzeugen und dann mit den Daten befüllen, die Sie in R generiert haben. Einerseits erlaubt Ihnen dieses Vorgehen natürlich, die Tabelle exakt an Ihre Wünsche anzupassen. Andererseits kostet es Sie auch einiges an Mühe, die Daten von Hand aus R zu übertragen und dabei keine Fehler zu machen.

Praktischerweise gibt es auch R-Packages, mit deren Hilfe Sie Tabellen leicht erzeugen können. Ein solches Package ist `stargazer` von Marek Hlavac. Um einen ersten Eindruck davon zu gewinnen, wie leicht es mit der im Package enthaltenen gleichnamigen Funktion ist, Ihre Regressionsergebnisse darzustellen, betrachten Sie das folgende Beispiel. Bevor Sie es in R nachvollziehen, müssen Sie natürlich wie üblich das Package `stargazer` mit `install.packages("stargazer", dependencies=TRUE)` installieren und mit `library(stargazer)` laden. Dann können Sie es direkt einmal ausprobieren:

```
> m1 <- lm(EXPEND ~ UNEMPLOY + POPSENIORS + POPCHILDREN +
  DEMOCRATIC, data = x)
> m2 <- lm(EXPEND ~ GROWTH + POPSENIORS + DEMOCRATIC, data = x)
> stargazer(m1, m2, type = "text")
```

```
===============================================================
                              Dependent variable:
                    -------------------------------------------
                                      EXPEND
                            (1)                     (2)
---------------------------------------------------------------
UNEMPLOY                   0.036
                          (0.157)

GROWTH                                            -0.497*
                                                  (0.267)

POPSENIORS                1.409***                1.108***
                          (0.276)                 (0.156)

POPCHILDREN                0.001
                          (0.197)

DEMOCRATIC                -3.273                 -4.660***
                          (2.438)                 (1.768)

Constant                 22.704***               29.149***
                          (6.911)                 (2.207)

---------------------------------------------------------------
Observations                102                     166
R2                         0.497                   0.399
Adjusted R2                0.476                   0.388
Residual Std. Error    7.561 (df = 97)        8.349 (df = 162)
F Statistic         23.973*** (df = 4; 97) 35.806*** (df = 3; 162)
===============================================================
Note:                                 *p<0.1; **p<0.05; ***p<0.01
```

Im Handumdrehen haben wir eine passabel aussehende Ergebnistabelle erzeugt, die viele relevante Informationen enthält (vergleichen Sie sie einmal mit der Liste oben!) und die wir ohne Weiteres aus R herauskopieren können. Lassen Sie uns auf genau diesen Punkt noch etwas genauer eingehen, bevor wir uns einigen der vielen Möglichkeiten widmen, die `stargazer` bietet, um das Aussehen der Tabellen zu beeinflussen.

Sie werden vielleicht bemängeln, dass der Output von `stargazer` ein wenig so aussieht wie alte Journalartikel oder Bücher, denen noch deutlich anzusehen war, dass das Manuskript einst mit einer Schreibmaschine verfasst worden war. Das liegt daran, dass wir beim Aufruf der Funktion `stargazer` die Option `type` auf `text` gesetzt haben. Dadurch wird der Output ausschließlich in ASCII-Zeichen, also in normalen Buchstaben und einigen wenigen speziellen Zeichen, generiert. Auch Linien werden deshalb durch Bindestriche und doppelte Linien durch Gleichheitszeichen erzeugt. `stargazer` beherrscht aber noch zwei weitere Ausgabemodi, `latex` und `html`.

Mit der Option `latex`, die übrigens der Standardwert für das Argument `type` ist, wird ein Output in *LaTeX* (gesprochen: *Latech*) erzeugt, einem Textsatzsystem, das im wissenschaftlichen Bereich sehr populär ist, nicht zuletzt weil sich mit ihm optisch sehr ansprechende Ergebnisse erzielen lassen, auch und insbesondere für die Darstellung von Formeln. Es ist allerdings mit dem Nachteil verbunden, dass seine Benutzung die Kenntnis einer speziellen Markup-Sprache erfordert. Anders als beispielsweise in Microsoft Word, das nach dem Prinzip *What You See Is What You Get* (*WYSIWYG*) funktioniert, müssen Sie in LaTeX Formatierungen, Dokumentgliederungen, Tabellen, Formeln und vieles mehr in einer besonderen Beschreibungssprache definieren. Wollen Sie zum Beispiel einen Textteil fett setzen, schreiben Sie in LaTeX `\textbf{Ihr Text}`. Das `\textbf` steht für *bold face*, also *fett*, und ist eine der LaTeX-typischen Beschreibungsauszeichnungen. Formeln und Tabellen mit LaTeX zu bauen, bringt seine ganz eigenen Herausforderungen mit sich. Trotz zahlreicher Bücher und Internet-Tutorials ist LaTeX weder leicht zu lernen noch einfach in der Praxis erfolgreich einzusetzen. Sollen Sie aber ohnehin mit LaTeX arbeiten, serviert Ihnen `stargazer` den LaTeX-Code mundgerecht, Sie müssen ihn nur noch in Ihr Dokument einbauen.

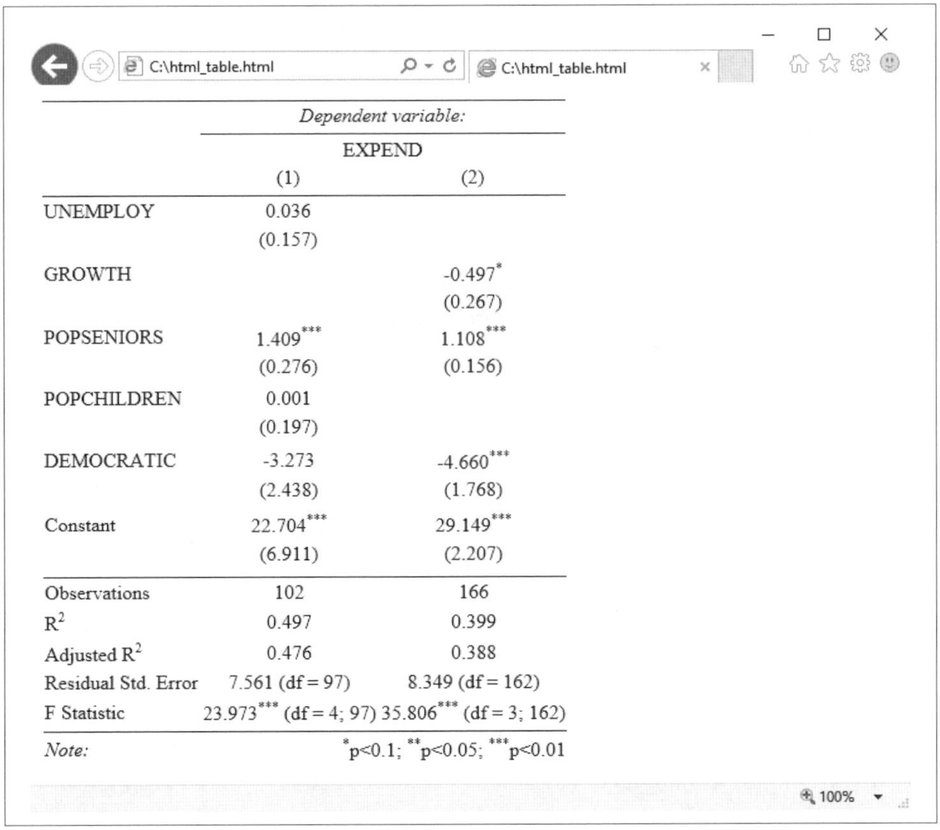

	Dependent variable:	
	EXPEND	
	(1)	(2)
UNEMPLOY	0.036	
	(0.157)	
GROWTH		-0.497*
		(0.267)
POPSENIORS	1.409***	1.108***
	(0.276)	(0.156)
POPCHILDREN	0.001	
	(0.197)	
DEMOCRATIC	-3.273	-4.660***
	(2.438)	(1.768)
Constant	22.704***	29.149***
	(6.911)	(2.207)
Observations	102	166
R^2	0.497	0.399
Adjusted R^2	0.476	0.388
Residual Std. Error	7.561 (df = 97)	8.349 (df = 162)
F Statistic	23.973*** (df = 4; 97)	35.806*** (df = 3; 162)
Note:		*p<0.1; **p<0.05; ***p<0.01

Abbildung 8-2: Mit stargazer erzeugte HTML-Tabelle im Browser

Für den Normalanwender interessanter ist da schon die type-Option `html`. Mit ihr lässt sich die Tabelle im HTML-Format ausgeben. Diese Ausgaben können Sie dann als HTML-Datei speichern. HTML-Dateien wiederum lassen sich mit vielen Textverarbeitungsprogrammen öffnen. Von dort aus können Sie die Tabelle dann in Ihr eigentliches Dokument kopieren. Mit ein paar Handgriffen (zum Beispiel Anpassung der Zeilenabstände bzw. Abstände vor und nach Absätzen) können Sie Ihre Tabelle nachbearbeiten und so optisch optimieren.

Sie fragen sich nun wahrscheinlich: Geht das nicht alles auch einfacher? Gibt es nicht etwas, womit man auf Knopfdruck eine attraktive Tabelle erzeugen kann, die sich ohne Weiteres in die Textverarbeitung kopieren lässt und dort von Anfang an perfekt aussieht? Die Antwort auf beide Fragen lautet leider: Soweit bekannt, nein. Zwar gibt es in der Tat eine Reihe von Packages (zum Beispiel `R2wd`, `R2DOCX` oder `rtf`), mit denen Sie bestimmte R-Objekte nach Microsoft Word exportieren können. Diese Objekte sind aber typischerweise Dataframes oder Matrizen und keineswegs so komplexe Objekte wie das `lm`-Rückgabeobjekt einer Regression.

Lassen Sie uns einen Blick auf einige wichtige Argumente von `stargazer` werfen. Die Betonung liegt hier auf *einige wichtige*, denn tatsächlich hat `stargazer` 84 (optionale) Argumente, mit denen Sie beinahe jeden Aspekt der Tabellendarstellung beeinflussen können. Daher an dieser Stelle bewusst nur eine subjektive Auswahl:

- `out`: Dateiname, unter dem die Tabelle gespeichert werden soll. Diese Option ist insbesondere dann interessant, wenn Sie die Tabelle im HTML-Format speichern wollen, um Sie dann in einer Textverarbeitung zu öffnen und weiterzubearbeiten.
- `style`: `stargazer` kann das Aussehen der Tabelle automatisch an den Tabellenstil einer ganzen Reihe von bekannten Journals anpassen. Wenn Sie also beabsichtigen, Ihre Arbeit zum Beispiel im *American Economic Review* (`style="aer"`) oder im *American Journal of Political Science* (`style="apsr"`) zu veröffentlichen, können Sie Ihre Tabelle direkt im richtigen Layout produzieren lassen.
- `title`: Der Titel der Tabelle.
- `dep.var.labels`: Der Name der abhängigen Variablen, wie er in der Tabelle angezeigt werden soll. In unserem Beispiel würde also `dep.var.labels= "Staatsausgabenquote"` gute Dienste leisten. Verzichtet man auf dieses Argument, zeigt `stargazer` den Namen an, wie er im Datensatz steht, in unserem Fall als `EXPEND`.
- `covariate.labels`: Ein Vektor mit den Namen der erklärenden Variablen, wie sie in der Tabelle angezeigt werden sollen. Damit haben Sie also – wie bereits zuvor bei den abhängigen Variablen – die Möglichkeit, den Variablen in der

Tabellendarstellung sprechendere Namen zu geben. Das könnte in unserem Beispiel dann so aussehen:

```
> stargazer(m1, m2, type = "text", summary = TRUE,
  covariate.labels = c("Arbeitslosigkeit", "Wachstum",
  "Anteil Senioren", "Anteil Jugendliche", "Demokratie",
  "Konstante"))
```

Wichtig ist, die Reihenfolge, in der die Variablen in der Tabelle gezeigt werden, bei der Namensvergabe einzuhalten. Zu diesem Zweck ist es am besten, die Tabelle erst einmal in der »Rohfassung« ohne modifizierte Namen anzeigen zu lassen und so die Reihenfolge zu ermitteln. Beachten Sie weiterhin, dass `covariate.labels` ein Vektor ist und deshalb die verschiedenen Namen mit `c()` zu einem Vektor zusammengefasst werden müssen.

- `model.names`: Nicht nur die Namen der Variablen, auch die Bezeichnungen der Modelle, die über den Spalten angezeigt werden, können Sie verändern. In unserem Beispiel kann das so aussehen:

```
> stargazer(m1, m2, type = "text", summary = TRUE,
  model.names = c("Basismodell", "Wachstumsmodell"))
```

- `digits`: Legt die Zahl der Nachkommastellen fest (üblich sind zwei oder drei).
- `notes`: Wenn Sie Ihrer Tabelle Anmerkungen hinzufügen wollen, zum Beispiel dass Sie heteroskedastizitätskonsistente Standardfehler verwendet haben, können Sie `stargazer` diesen Text über das Zeichenkettenargument `notes` übergeben. Auch die folgenden beiden Argumente beschäftigen sich mit dem Thema Anmerkungen.
- `notes.append`: Ein logischer Wert (`TRUE`/`FALSE`), der festlegt, ob die in `notes` übergebenen Anmerkungen zusätzlich zu den Standardanmerkungen des jeweiligen Tabellenstils (`TRUE`) angezeigt werden sollen oder aber diese komplett ersetzen sollen (`FALSE`). Standardmäßig wird als Anmerkung meist die Legende der Signifikanzlevels angezeigt. Die Standardanmerkungen vollständig zu ersetzen, könnte dann interessant sein, wenn Sie Ihre Tabelle in einer anderen Sprache als Englisch halten wollen.
- `notes.label`: In diesem Fall wird es für Sie auch interessant sein, die Standardbezeichnung der Anmerkungen zu ändern, zum Beispiel von »Notes« zu »Anmerkungen«. Das können Sie tun, indem Sie Ihre Wunschbezeichnung `stargazer` als Argument `notes.label` übergeben.
- `summary`: `stargazer` stellt nicht nur die Ergebnisse von Regressionsmodellen dar, sondern kann auch deskriptive Statistiken generieren und tabellarisch anzeigen. Ein Beispiel:

```
> stargazer(data.frame(x$EXPEND, x$UNEMPLOY),
  type = "text", summary = TRUE)

============================================
Statistic    N   Mean  St. Dev.  Min    Max
--------------------------------------------
```

```
x.EXPEND    189 33.056  12.175  13.631 86.495
x.UNEMPLOY 110 8.754   5.291   0.708  31.120
------------------------------------------
```

Beachten Sie dabei, dass stargazer in diesem Fall immer einen Dataframe erwartet, keine einzelnen Variablen. Wollen Sie die deskriptiven Statistiken nur für eine einzige Variable anzeigen, müssen Sie einen Dataframe erzeugen, der diese Variable beinhaltet. Für unsere Staatsausgabenquote EXPEND sieht das dann so aus:

```
> stargazer(data.frame(x$EXPEND), type = "text",
  summary = TRUE)
```

- summary.stat: Welche deskriptiven Statistiken bei Verwendung des Arguments summary tatsächlich angezeigt werden, können Sie mit dem Argument summary.stat steuern. summary.stat ist ein Zeichenkettenvektor, der Codes für jede der anzuzeigenden Kennzahlen enthält. Wenn wir nur Minimum, Maximum und arithmetischen Mittelwert anzeigen lassen wollten, würde der Aufruf so aussehen:

```
> stargazer(data.frame(x$EXPEND, x$UNEMPLOY), type =
  "text", summary = TRUE, summary.stat = c("min", "max",
  "mean"))

==============================
Statistic   Min    Max    Mean
------------------------------
x.EXPEND   13.631 86.495 33.056
x.UNEMPLOY 0.708  31.120 8.754
------------------------------
```

Wie Sie schon an diesen Beispielen sehen, lohnt es sich, vor Verwendung von stargazer die mögliche Einstellungsoptionen mit ?stargazer in der Hilfe genauer zu betrachten, denn so können Sie die Darstellung genau auf Ihre Bedürfnisse abstimmen.

Grafiken mit R

Es gibt mehrere Packages in R, mit denen Sie Grafiken erzeugen können. Standardmäßig bringt R bereits zwei Grafik-Packages mit: graphics und lattice (wobei Letzteres besonders stark ist, wenn es um Darstellungen mit mehreren Panels geht, also um mehrere Grafiken, die sich aus mehreren Diagrammen zusammensetzen). Daneben gibt es eine Reihe weiterer Packages wie zum Beispiel ggplot2, die von CRAN heruntergeladen werden können.

Wir werden uns hier mit den Grafikfunktionen des graphics-Packages beschäftigen. Mit diesen Funktionen lassen sich sehr ansehnliche Grafiken erzeugen, die sich mit vielen Einstellungen an die individuellen Bedürfnisse anpassen lassen.

Tatsächlich gibt es so viele Einstellungsmöglichkeiten, dass wir uns hier nur auf die wichtigsten beschränken können. Gleiches gilt für die Grafiktypen selbst.

Natürlich könnten Sie Ihre Grafiken auch mit anderen Werkzeugen als R erzeugen, zum Beispiel in Microsoft Excel (wobei sich über Qualität und optische Attraktivität solcherlei Grafiken vortrefflich streiten lässt). Wer aber ein wenig mit den Einstellungsmöglichkeiten, die R bietet, umzugehen weiß, erzeugt seine Grafiken in R schneller als mit Excel und besser auf die eigenen Darstellungswünsche angepasst. In den folgenden Abschnitten werden Sie Beispiele für die einzelnen Diagrammtypen sehen, die Sie mit wenigen Handgriffen auf Ihre eigene Arbeit übertragen können.

Grafiken, die Sie in R erzeugen, können Sie übrigens leicht als Bilddateien (zum Beispiel als Bitmap-, TIFF- oder Metafile-, das heißt Vektorgrafikdateien) speichern oder in die Zwischenablage kopieren. Es ist also überhaupt kein Problem, Ihre »Bildwerke« aus R in anderen Anwendungen weiterzuverarbeiten.

In den folgenden Abschnitten werden wir uns zunächst drei wichtige Typen von Grafiken etwas genauer betrachten: Histogramme, Scatterplots (Punktwolken) und Boxplots. In den weiteren drei Abschnitten werden Sie sehen, wie Sie die Einstellungen, die das Aussehen der Grafiken bestimmen, für mehrere Grafiken auf einmal ändern können, wie man mehrere Grafiken als Panels in einer einzigen Grafik kombiniert und wie sich grafische Elemente (etwa Linien oder Beschriftungen) zu einer bestehenden Grafik hinzufügen lassen.

Histogramme

In diesem Abschnitt erfahren Sie,

- wie Sie die Verteilung einer metrischen Variablen in Form eines Histogramms darstellen, das heißt den Wertebereich der Variablen in einzelne Abschnitte zerlegen und die Anzahl der Variablenwerte, die in jeden Abschnitt fallen, als Balkendiagramm anzeigen,
- wie Sie wesentliche Aspekte der Darstellung des Histogramms entsprechend Ihren Wünschen ändern.

Folgende R-Funktion wird in diesem Abschnitt behandelt:

- **hist**(): Erzeugt ein Histogramm.

Das Histogramm visualisiert die Verteilung der Werte einer Variablen. Es zeigt an, wie viele Datenpunkte in bestimmten Intervallen von Variablenwerten liegen. Beginnen wir mit einem einfachen Beispiel und betrachten wir die Verteilung unserer Staatsausgabenvariablen `EXPEND`:

```
> hist(x$EXPEND)
```

Das Ergebnis sehen Sie in Abbildung 8-3.

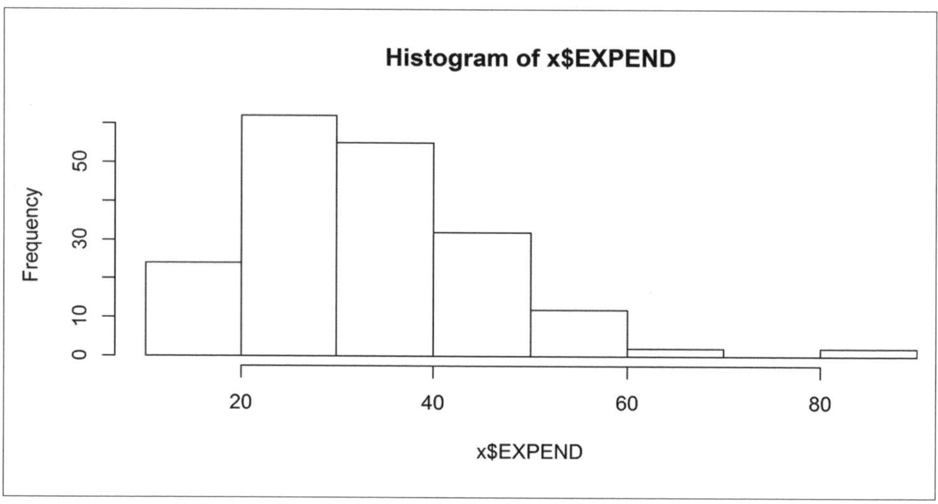

Abbildung 8-3: Einfaches Histogramm der Staatsausgaben

Anhand dieser Grafik erkennen Sie sofort, dass die meisten Länder Staatsausgaben von 20 bis 40 % des Bruttoinlandsprodukts haben. Trotzdem sind die Intervalle auf der x-Achse der Grafik noch recht breit. Mithilfe des Arguments `breaks` können Sie festlegen, wo genau die Intervallgrenzen bei `hist` liegen sollen. Sie können entweder die Zahl der Intervalle angeben und R die Berechnung der Intervallgrenzen überlassen. Zum Beispiel könnten wir festlegen, dass unser Histogramm 30 Intervalle haben soll:

```
> hist(x$EXPEND, breaks = 30)
```

Oder Sie legen die Intervallgrenzen selbst fest. Hier ein Beispiel, bei dem wir mithilfe der Funktion `seq` Intervallgrenzen zwischen 0 und 100 im Abstand von jeweils 5 Prozentpunkten generieren:

```
> hist(x$EXPEND, breaks = seq(0, 100, by = 5))
```

Dadurch wird die Granularität im Histogramm feiner, und wir erkennen besser, wo zum Beispiel genau das Maximum der Verteilung der Staatsausgabenquoten liegt.

So weit sieht unser Histogramm noch sehr rudimentär aus. Die Funktion `hist` besitzt aber eine Reihe von Argumenten, mit denen wir die optische Attraktivität des Diagramms noch erheblich nachbessern können. Einige wichtige dieser Argumente sind:

- `main`: Legt den Titel des Diagramms fest, zum Beispiel: `main="Government Expenditures"`.

- xlab: Legt den Titel fest, der an der x-Achse des Diagramms angezeigt wird, zum Beispiel: xlab="Expenditures as % of GDP".
- ylab: Legt den Titel fest, der an der y-Achse des Diagramms angezeigt wird, zum Beispiel: ylab="Number of countries".
- density: Ein numerischer Wert, der die Dichte der diagonalen Schraffierung beschreibt, mit der die Balken des Histogramms aufgefüllt werden (standardmäßig NULL, das heißt, die Balken sind nicht schraffiert), zum Beispiel: density=30.
- angle: Winkel, in dem die Schraffierung der Balken des Histogramms vorgenommen wird (standardmäßig 45°), zum Beispiel angle=90.
- axes: Ein logischer Wert, der angibt, ob Achsen dargestellt werden sollen oder nicht (Standardwert ist TRUE, das heißt, die Achsenlinien werden angezeigt).
- col: Die Farbe, mit der die Balken des Histogramms gefüllt sein sollen; wenn das Argument density verwendet wird, um die Balken zu schraffieren, legt col die Farbe der Schraffierung fest, ansonsten werden die Balken komplett mit der durch col spezifizierten Farbe ausgefüllt. Das Argument col ist eine Zeichenkette, die den Namen der Farbe festlegt. R kennt eine ganze Reihe von Farben mit teilweise sehr blumigen Namen, zum Beispiel cornflowerblue oder springgreen. Auf der Website zum Buch finden Sie den Link zu einer Seite, auf der die Farbpalette von R samt den dazugehörigen Farbnamen dargestellt ist. Wenn Ihnen die vordefinierten Farben nicht genügen, können Sie über Rot-Gelb-Grün-Werte (RGB) die Farben auch vollkommen frei definieren. Wie das geht, schauen wir uns im Abschnitt »Globale Grafikparameter einstellen« genauer an.

  Übrigens können Sie bei col auch einen ganzen Vektor von Farben definieren, eine für jeden Balken im Diagramm; damit heben Sie dann beispielsweise eine besondere Kategorie hervor. Ein Beispiel dafür sehen Sie im Abschnitt »Boxplots« – für Boxplots ist dieses Argument ebenfalls verfügbar.
- border: Die Farbe der Balkenrahmen, standardmäßig identisch mit col.
- ann: Hier ist das kein Frauenname, sondern eine Abkürzung für *Annotations*. Gibt an, ob Diagramm- und Achsentitel angezeigt werden sollen (TRUE) oder nicht (FALSE).

Ausgerüstet mit diesen Werkzeugen, können wir nun eine hübschere Darstellung unseres Diagramms zum Beispiel wie folgt erreichen:

```
> hist(x$EXPEND, breaks = seq(0, 100, by = 5), main = "Government
Expenditures", xlab = "Expenditures as % of GDP", ylab = "Number of countries",
density = 30, col = "gray")
```

Diese Aufbereitung des Histogramms sehen Sie in Abbildung 8-4.

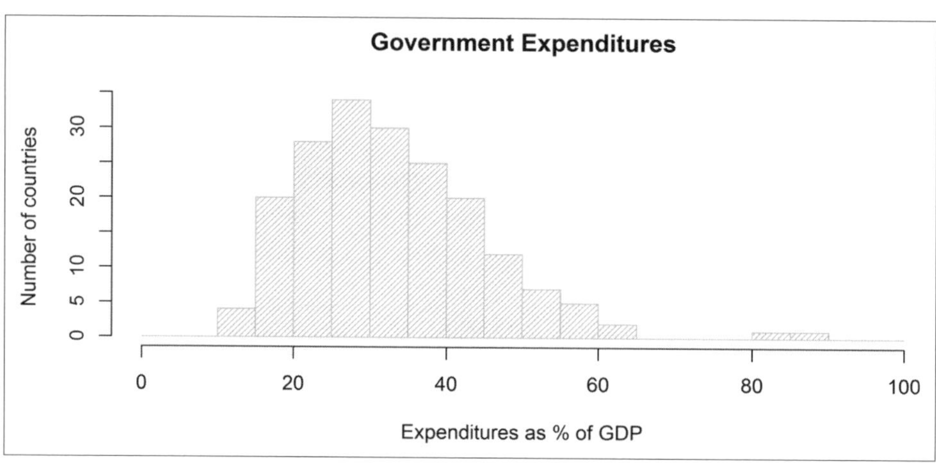

Abbildung 8-4: Verbesserte Darstellung des Histogramms

Neben diesen Einstellungsmöglichkeiten kennt R noch eine ganze Reihe weiterer Darstellungsoptionen, mit denen Sie etwa Schriftart und -größe, die Breite der Ränder des Diagramms oder die Hintergrundfarbe der Darstellung festlegen können. Diese Möglichkeiten betrachten wir im Abschnitt »Globale Grafikparameter einstellen« noch einmal etwas genauer.

Neben diesen Argumenten, die Ihnen helfen, Ihre Diagramme auch optisch zu einem Genuss zu machen, kennt `hist` noch einige weitere Einstellungen, die den Inhalt des Dargestellten betreffen:

- `freq`: Ein Wahrheitswert, der angibt, ob die Anzahl der Beobachtungen pro Intervall (`TRUE`) oder die Wahrscheinlichkeitsdichte (`FALSE`) dargestellt werden soll; Standardwert ist `TRUE`, sodass die Fallzahlen angezeigt werden (zumindest wenn die Intervallgrenzen in gleichem Abstand liegen).
- `right`: Legt fest, ob die Intervallgrenzen nach rechts geschlossen (also die Intervalle die Form *Untergrenze;Obergrenze* haben) oder nach rechts offen sind (und somit die Intervalle der Form *Untergrenze;Obergrenze* folgen). Im ersteren Fall ist `right=TRUE`, im letzteren gilt `right=FALSE`.
- `plot`: Ein Wahrheitswert, der angibt, ob das Histogramm wirklich dargestellt werden soll oder ob nur die wesentlichen Daten des Histogramms ausgegeben werden sollen. Standardwert ist `TRUE`, sodass das Diagramm auch tatsächlich gezeichnet wird. Ist `plot=FALSE`, gibt `hist` eine Liste von Vektoren zurück, die das Histogramm beschreiben. Wenn wir zum Beispiel mit `h<-hist(x$EXPEND, breaks=seq(0,100,by=5), plot=FALSE)` ein Histogramm berechnen lassen, ist `h$breaks` der Vektor der Intervallgrenzen, `h$mids` der Vektor der Intervallmittelpunkte, `h$counts` der Vektor der Fallzahlen in den einzelnen Intervallen und `h$density` der Vektor der Wahrscheinlichkeitsdichten in den Intervallen.

Scatterplots (Punktwolken)

In diesem Abschnitt erfahren Sie,

- wie Sie zwei Variablen in einem kartesischen Koordinatensystem als Punktwolke (Scatterplot) darstellen,
- wie Sie wesentliche Aspekte der Darstellung des Scatterplots entsprechend Ihren Wünschen ändern.

Folgende R-Funktion wird in diesem Abschnitt behandelt:

- **plot()**: Erzeugt einen Scatterplot.

Um sich einen ersten optischen Eindruck vom Zusammenhang zweier Variablen zu machen, sind Scatterplots besonders hilfreich. Sie zeigen jede Kombination (Tupel) der Werte der zwei Variablen als Punkt in einem kartesischen Koordinatensystem.

Wollen wir beispielsweise den Zusammenhang zwischen dem Anteil an Senioren (den unser Datensatz als Variable `POPSENIORS` enthält) und der Höhe der Staatsausgaben visualisieren, lässt sich leicht ein entsprechendes Diagramm erzeugen:

```
> plot(x$POPSENIORS, x$EXPEND)
```

Die Funktion `plot` trägt die als erstes Argument übergebene Variable auf der x-, die als zweites übergebene Variable auf der y-Achse ab, wie in Abbildung 8-5 dargestellt.

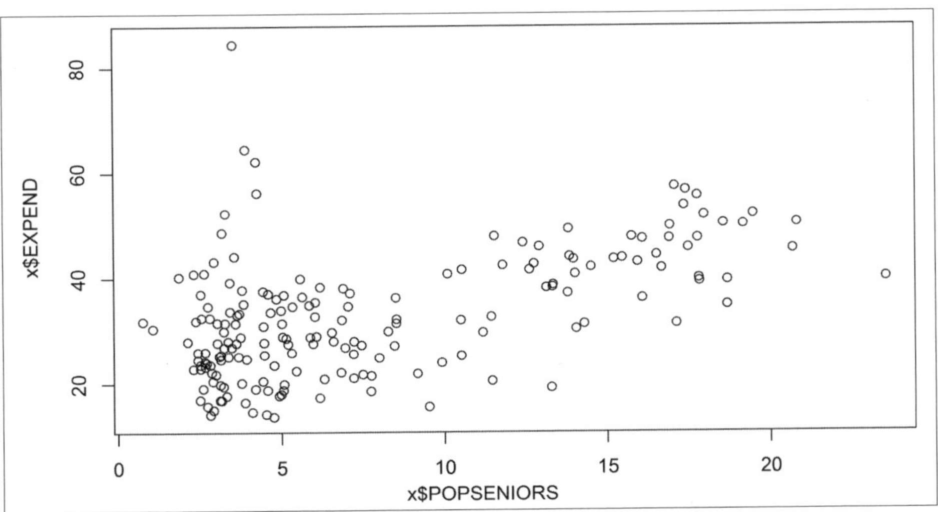

Abbildung 8-5: Der Scatterplot von Seniorenanteil und Staatsausgabenquote

Ein wichtiges Argument der Funktion `plot` ist `xlim`. Es legt das Intervall der Variablen auf der x-Achse fest, das im Diagramm dargestellt wird. Betrachten Sie dazu Abbildung 8-6.

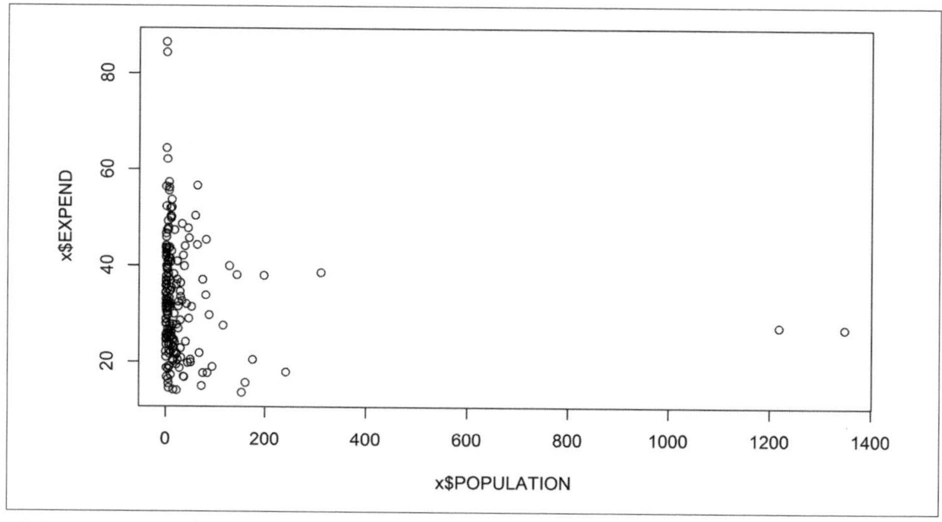

Abbildung 8-6: Zusammengedrückte Darstellung aufgrund von Ausreißern

Hier ist die Höhe der Staatsausgabenquote gegen die Bevölkerungszahl abgetragen. Durch die Bevölkerungsgiganten China und Indien konzentriert sich die überwiegende Zahl der Länder in einem sehr kleinen Bereich der x-Achse. Daher ist es sinnvoll, die beiden Ausreißer abzuschneiden, indem wir den Bereich der Bevölkerungsgröße, über dem das Diagramm aufgebaut wird, beschränken:

```
> plot(x$POPULATION, x$EXPEND, xlim = c(0,50))
```

Das Resultat dieser Beschränkung auf das Intervall 0,50 Millionen Einwohner sehen Sie in Abbildung 8-7.

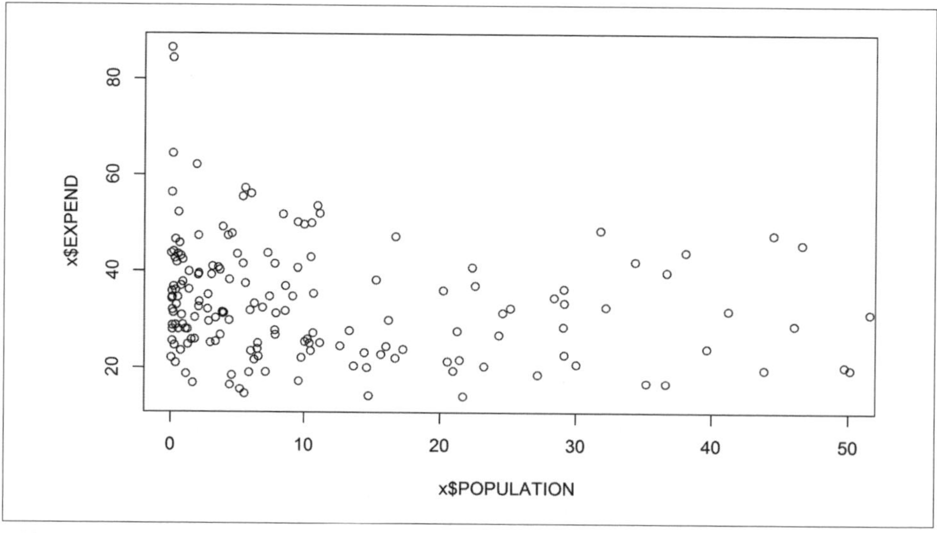

Abbildung 8-7: Verbesserte Darstellung durch den Einsatz des plot-Arguments xlim

Bisher machen unsere Scatterplots optisch noch keinen allzu attraktiven Eindruck. Zum Glück können Sie ebenso wie beim Histogramm in der Funktion `plot` die Argumente `main` (Titel des Diagramms), `xlab` (Titel der x-Achse), `ylab` (Titel der y-Achse), `ann` (Titel an- und abschalten), `axes` (Achsen an- und abschalten) und `col` (Farbe der Punkte) verwenden, um die Darstellung zum Positiven zu beeinflussen. Anders als beim Historgramm ist der Standardwert für den Diagrammtitel übrigens `NULL`, das heißt, es wird kein Titel angezeigt, wenn Sie nicht ausdrücklich einen definieren.

Auch wenn die Punktwolke im Scatterplot einen Gesamteindruck von den Daten vermittelt, werden Sie es ab und zu etwas genauer wissen wollen. Zum Beispiel wird Sie interessieren, welche die beiden Datenpunkte sind, die in Abbildung 8-6 so »weit draußen« auf der x-Achse liegen. Dafür wäre eine Beschriftung der Datenpunkte hilfreich. Das bewerkstelligt die Funktion `text`:

```
> plot(x$POPSENIORS, x$EXPEND)
> text(x$POPSENIORS, x$EXPEND, labels = x$ISO, cex = 0.5,
  adj = c(0,-1))
```

Sie fügt dem aktuellen Diagramm einen Text hinzu, und zwar an den »Koordinaten«, die durch unsere Datenpunkte, und mithin durch die Variablen `POPSENIORS` und `EXPEND`, definiert sind. Der Text, der hinzugefügt wird, ist durch das Argument `labels` bestimmt, es handelt sich hier im Beispiel um die dreistelligen ISO-Codes der Länder (würden wir stattdessen die Ländernamen nutzen, würde das Diagramm wohl vollends unleserlich werden). Das um die ISO-Codes ergänzte Diagramm ist in Abbildung 8-8 zu sehen.

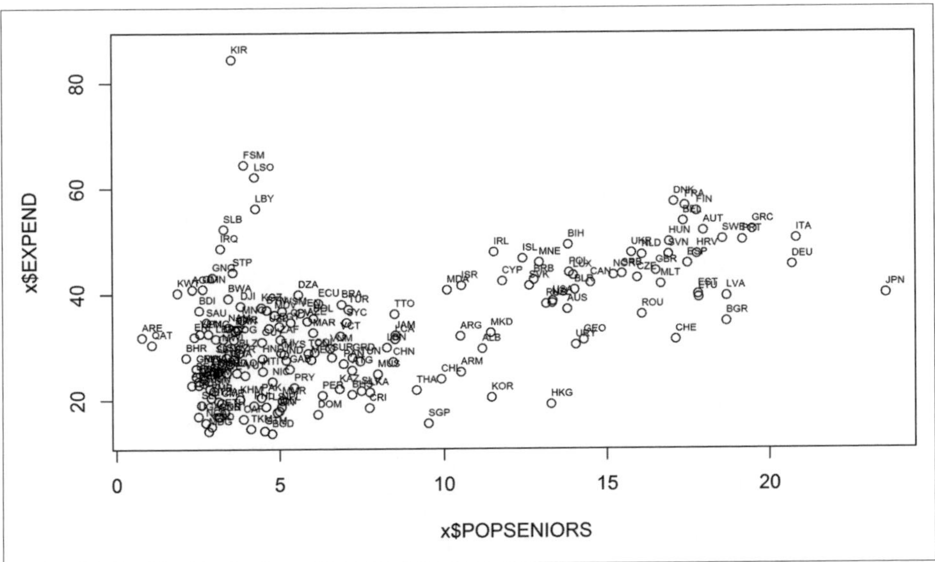

Abbildung 8-8: Scatterplot mit Datenbeschriftung

Wie Sie sehen, schreiben wir hier mit der Funktion text in ein bereits bestehendes Diagramm hinein. Es gibt eine Reihe weiterer Funktionen, die es erlauben, Diagramme um weitere Element zu ergänzen. Diese schauen wir uns im übernächsten Abschnitt genauer an.

Der Parameter cex legt die Schriftgröße relativ zur Standardschriftgröße fest. Wir verringern die Schriftgröße hier auf die Hälfte der normalen Größe, um Überlappungen der Beschriftungen zu reduzieren. Mit dem Argument adj platzieren wir die Textbeschriftung rechts (erstes Element des Vektors adj gleich 0, das heißt linksbündig an die angegebenen Koordinaten) und etwas oberhalb (zweites Element des Vektors adj gleich –1) vom Datenpunkt. Mehr zu diesen Argumenten gibt es ebenfalls in Kürze im Abschnitt »Globale Grafikparameter einstellen«.

Manchmal wollen Sie wissen, welche Daten denn genau hinter einem Datenpunkt im Diagramm liegen. R bietet hierfür ein praktisches Feature in Form der Funktion locator. Erzeugen Sie ein Diagramm und geben Sie dann

```
> locator(1)
```

in die R-Konsole ein. Danach klicken Sie mit der Maus auf den Punkt im Diagramm, dessen Daten Sie bestimmen wollen. R zeigt Ihnen sodann in der Konsole die x- und die y-Koordinate des Punkts an. Wenn Sie der Funktion locator statt 1 eine höhere Zahl übergeben, können Sie entsprechend mehr Diagrammpunkte hintereinander anklicken und so deren Datengrundlage ermitteln.

Bisher haben wir Scatterplots mit metrischen Daten erstellt. Was aber passiert, wenn wir statt einer metrischen eine kategoriale Variable auf die x-Achse setzen? Testen Sie einmal folgendes Diagramm:

```
> plot(x$INCOMEGROUP, x$EXPEND)
```

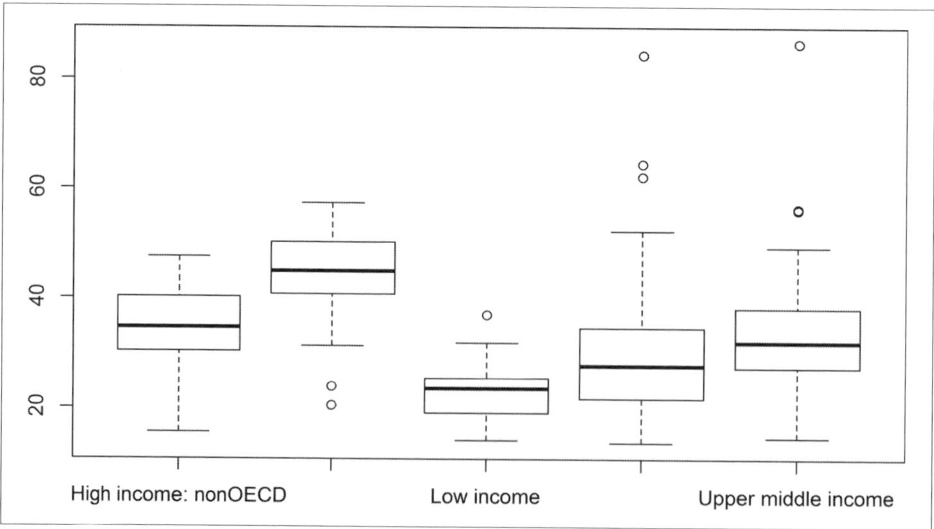

Abbildung 8-9: Ein erster Boxplot

Das Ergebnis zeigt Abbildung 8-9. Dieses Diagramm, das vollkommen anders aussieht als die Scatterplots, die wir bislang erzeugt haben, ist ein sogenannter *Boxplot*. Diesen Grafiktyp schauen wir uns im folgenden Abschnitt genauer an.

Boxplots

In diesem Abschnitt erfahren Sie,

- wie Sie die Verteilung einer Variablen in einem Boxplot visualisieren, aus dem sehr leicht die wichtigsten Informationen zur zentralen Tendenz und Streuung der Variablen ablesbar sind,
- wie Sie für eine Variable eine Boxplotdarstellung nach Kategorien generieren, das heißt eine Boxplotdarstellung für jeweils einen separaten Boxplot für alle Elemente der Variablen, die zu einer bestimmten (durch eine Faktorvariable beschriebenen) Kategorie gehören,
- wie Sie wesentliche Aspekte der Darstellung des Boxplots entsprechend Ihren Wünschen ändern.

Folgende R-Funktion wird in diesem Abschnitt behandelt:

- **`boxplot()`**: Erzeugt einen Boxplot.

Ein Boxplot stellt wesentliche Informationen über die Verteilung einer Variablen grafisch dar. In Abbildung 8-10 sehen Sie, was man aus einem Boxplot alles ablesen kann.

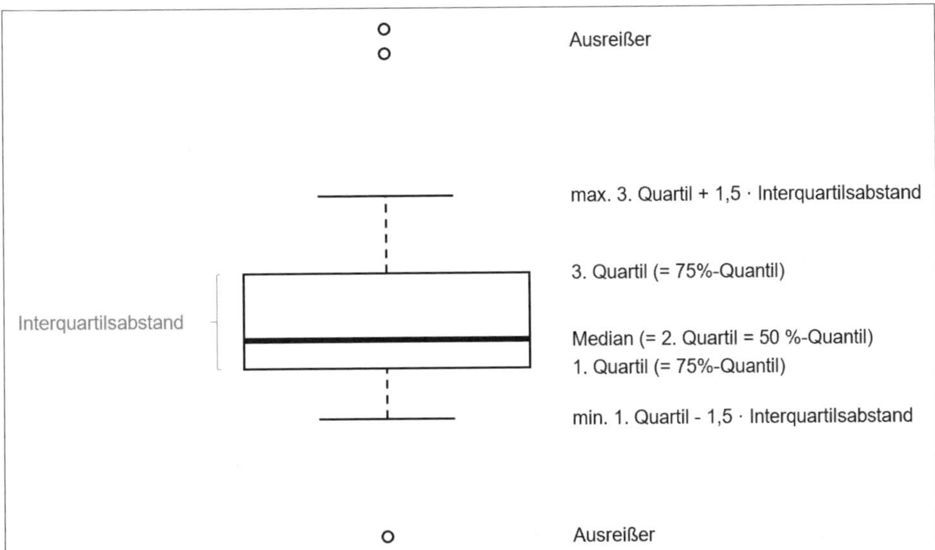

Abbildung 8-10: Aufbau eines Boxplots

Es fällt zunächst der »Kasten« auf, der im Zentrum des Boxplots steht und dem der Boxplot seinen Namen verdankt. Die oberen und unteren Kanten des Kastens markieren das dritte bzw. das erste *Quartil* (oder das 75 %- bzw. das 25 %-Quantil), das heißt jene Grenzen, die 75 % bzw. 25 % der Werte nicht überschreiten. Andersherum ausgedrückt: Die Hälfte aller Datenpunkte der Variablen liegt in dem Bereich, der durch den Kasten aufgespannt wird, 25 % liegen darunter, 25 % liegen darüber. In der Mitte des Kastens markiert ein dickerer Strich den Median, also jenen Wert, über und unter dem höchstens 50 % der Werte der Variablen liegen.

Über und unter dem Kasten sehen Sie zwei horizontale Striche, die durch gestrichelter Linien mit dem Kasten verbunden sind. Diese sogenannten *Whiskers* markieren weitere relevante Punkte der Verteilung. Standardmäßig setzt R sie so, dass der obere Whisker der größte Wert ist, der höchstens um das 1,5-Fache des Abstands zwischen drittem und erstem Quartil (sogenannter *Interquartilsabstand*, engl.: *Interquartile Range*) *größer* ist als das *dritte Quartil*. Der untere Whisker ist dementsprechend der kleinste Wert, der höchstens um den 1,5-fachen Interquartilsabstand *kleiner* ist als das *erste Quartil*. Alle Werte, die noch größer als der obere oder noch kleiner als der untere Whisker sind, werden als kleine Kreise separat dargestellt.

Mithilfe des Boxplots können wir uns einen guten Überblick darüber verschaffen, wie die Verteilung unserer Variablen aussieht. Insbesondere können wir unterschiedliche Verteilungen miteinander vergleichen, wie im Beispiel aus Abbildung 8-9 die Verteilungen der Staatsausgabenquoten für unterschiedliche Einkommensklassifizierungen der Länder. Dem Boxplot können Sie sofort entnehmen, dass die Niedrigeinkommensländer nicht nur den geringsten Median der Staatsausgabenquote haben, sondern ihre Verteilung auch (im Vergleich zu den anderen Einkommenskategorien) relativ wenig um den Median streut, was an der geringen Höhe der Box und der geringen Auslage der Whiskers leicht ersichtlich ist. Das wäre bei einer Betrachtung allein der berechneten Mediane und Quartilswerte nicht ganz so leicht zu erkennen gewesen. Hier zeigt sich eindrücklich, wie nützlich eine grafische Darstellung bei der deskriptiven Untersuchung Ihrer Daten sein kann.

Im vorangegangenen Abschnitt haben wir einen Boxplot mit der allgemeinen `plot`-Funktion erzeugt:

```
> plot(x$INCOMEGROUP, x$EXPEND)
```

R bietet allerdings mit `boxplot` eine spezielle Funktion, die es besser als `plot` erlaubt, die Darstellungsform des Boxplots anzupassen. Den gleichen Boxplot wie zuvor zeichnen wir mit folgendem Aufruf:

```
> boxplot(x$EXPEND ~ x$INCOMEGROUP)
```

Das Argument dieser Funktion ist eine sogenannte *Formel* (engl. *Formula*). Auf der linken Seite des Tilde-Zeichens (~) steht eine Variable, in unserem Fall `EXPEND`, auf der rechten Seite eine andere Variable, von der die Variable linker Hand abhängig ist. Man könnte also x$EXPEND ~ x$INCOMEGROUP auch lesen als »x$EXPEND abhängig von x$INCOMEGROUP«. Und genau darum geht es, nämlich einen Boxplot zu erzeugen, der die Verteilung der Staatsausgaben abhängig von der Einkommensklassifizierung des Landes darstellt. Formeln, die im Übrigen ein eigener Objekttyp in R sind – genauso wie beispielsweise ein Dataframe –, werden uns später, wenn wir uns mit der linearen Regression beschäftigen, immer wieder begegnen.

Vielleicht erschien Ihnen eben die Diskussion der Whisker, deren Länge standardmäßig höchstens dem 1,5-Fachen des Interquartilsabstands entspricht, doch etwas mühsam, solche Whisker kommen Ihnen schwer zu interpretieren vor, und es würde genügen, einfach die Spannbreite der Verteilung darzustellen, das heißt die Whisker so zu setzen, dass sie die äußeren Extremwerte der Verteilung markieren. Das lässt sich mit dem Argument range leicht bewerkstelligen. Ist range (echt) positiv, definiert es ein Vielfaches des Interquartilsabstands (und dementsprechend ist sein Standardwert auch 1,5), ist es aber null oder negativ, werden die Whiskers einfach an den Extremwerten platziert, sodass der Boxplot die Spannweite der Verteilung darstellt:

```
> boxplot(x$EXPEND ~ x$INCOMEGROUP, range=0)
```

Standardmäßig ist der Boxplot senkrecht orientiert. Sie können ihn aber, indem Sie den Parameter horizontal auf TRUE setzen, auch waagerecht ausrichten. Zudem können Sie mithilfe des Arguments varwidth die Breite der Boxen proportional zur Zahl der Beobachtungen machen. Boxen, die mehr Datenpunkte repräsentieren, sind bei varwidth=TRUE breiter. Auch die Texte, die unter den einzelnen Boxplots angezeigt werden, können Sie ändern, indem Sie mit dem Argument names einen Vektor mit neuen Bezeichnungen übergeben. Dieser Vektor muss genauso viele (Zeichenketten-)Werte beinhalten, wie es Ausprägungen von INCOMEGROUP gibt, in unserem Beispiel also 6.

Mit den Argumenten col und border können Sie die Farbe der Boxen und die Farbe der Kastenrahmen und Whiskers setzen. Diese Argumente kennen Sie bereits von den Histogrammen und Scatterplots. Wenn Sie in diesen Argumenten nur eine Farbe angeben, werden alle Boxplots in dieser Farbe gezeichnet. Sie könnten stattdessen aber auch einen Vektor von Farben übergeben, zum Beispiel um eine bestimmte Ausprägung von INCOMEGROUP besonders hervorzuheben. Genauso wie bei Histogramm und Scatterplot können Sie darüber hinaus mit den Argumenten xlab und ylab die Bezeichnungen der x- und der y-Achse setzen (die beim Boxplot ohne explizite Angabe von xlab und ylab nicht beschriftet sind).

Einen Boxplot, dessen Whiskers die Extremwerte der Verteilungen markieren, der horizontal ausgerichtet ist, hellgraue Boxen und dunkelgraue Whisker hat, bei dem das INCOMEGROUP-Level »Low« hervorgehoben und die Breite der Boxen proportional zur Anzahl der Datenpunkte auf den einzelnen Levels von INCOMEGROUP ist, würden Sie demnach so erzeugen können:

```
> boxplot(x$EXPEND ~ x$INCOMEGROUP, range = 0, horizontal = TRUE,
varwidth = TRUE, names = c("OECD", "Other high", "Low","Low-mid", "Up-mid"),
```

```
col = c("gray84", "gray84", "gray84","gray84", "skyblue1", "gray84", "gray84",
"gray84"), border = "gray45", xlab = "Gov. expenditures in % of GDP",
ylab = "Income group", main = "Distribution of government expenditures")
```

Diesen Boxplot sehen Sie in Abbildung 8-11.

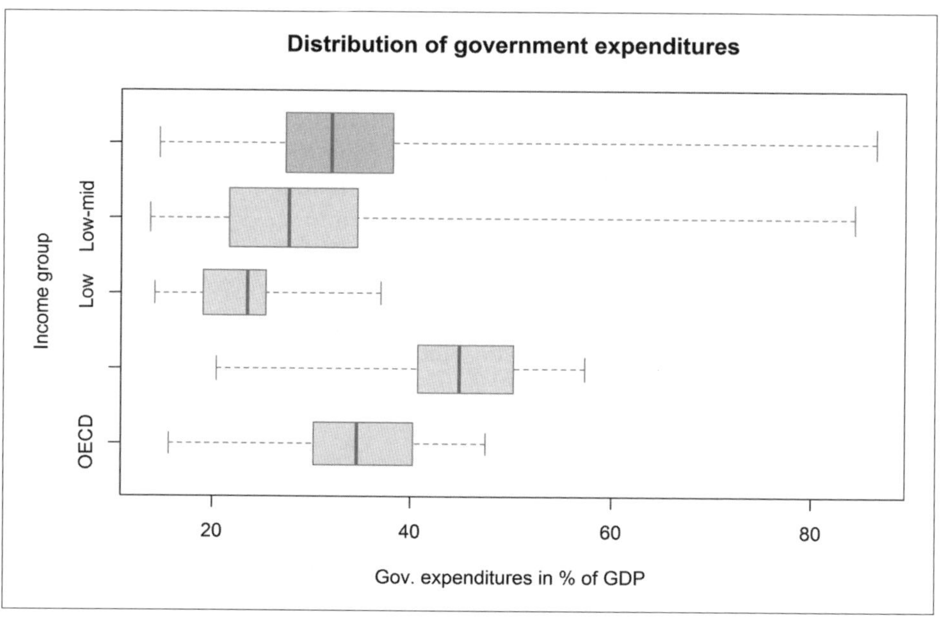

Abbildung 8-11: Ein Boxplot nach einigen manuellen Anpassungen

Globale Grafikparameter einstellen

In diesem Abschnitt erfahren Sie,

- wie Sie Eigenschaften von Grafiken nicht nur für eine einzelne Grafik, sondern global für alle Grafiken einstellen können.

Folgende R-Funktion wird in diesem Abschnitt behandelt:

- **par()**: Liest und ändert die globalen Grafikparameter, die für alle Grafiken gelten, die ab der Änderung erzeugt werden.

Bisher haben wir die Parameter von Grafiken, zum Beispiel ihre Farbe, durch Argumente eingestellt, die wir der jeweiligen Grafikfunktion übergeben haben. Sie können in R Parameter aber auch »global« einstellen – für alle Grafiken, die Sie ab dann erzeugen. Das hat den Vorteil, dass Sie nicht bei jedem Funktionsaufruf eine große Menge an Argumenten wiederholen müssen, die nur ablenken von dem, *was* Sie eigentlich darstellen wollen, sowie an denjenigen Argumenten, die wirklich spezifisch sind für den von Ihnen gewählten Typ von Grafik.

Wenn Sie mit den globalen Parametern »spielen«, empfiehlt es sich, zunächst eine Art Sicherungskopie der bestehenden Parameterwerte zu machen. Das können Sie sehr leicht mit der Funktion `par` bewerkstelligen:

```
> param.backup <- par()
> param.backup
$xlog
[1] FALSE

$ylog
[1] FALSE

$adj
[1] 0.5

$ann
[1] TRUE

$ask
[1] FALSE

$bg
[1] "white"
```

Wie Sie sehen, ist das Rückgabeobjekt der Funktion `par` eine Liste, und jedes Element der Liste ist ein Parameter, meist repräsentiert von einem Vektor mit einem Element. Diese Liste der Parameter, die wir jetzt in unserem Backup-Objekt `param.backup` gesichert haben, ist in Wirklichkeit noch viel länger. Sie wird hier nur gekürzt dargestellt, damit sie nicht die nächsten paar Seiten des Buchs füllt. Auf den Hilfeseiten zu `par` finden Sie die vollständige Liste aller Parameter.

Einige wichtige dieser Parameter sind die folgenden:

- `col`: Ändert die Farbe der Darstellung. Bei Scatterplots ändert sich dadurch die Farbe der Punkte, aber auch die der Achsen bzw. des Rahmens der Grafik! Möchte man nur die Farbe der Punkte ändert, ist es sinnvoller, das Argument `col` der Funktion `plot` direkt zu benutzen (das Sie bereits im Abschnitt »Scatterplots (Punktwolken)« kennengelernt haben), da dieses lediglich die Farbe der Punkte, nicht aber die der Achsen beeinflusst.

  Neben dem allgemeinen Parameter `col` gibt es eine Reihe spezieller Parameter für verschiedene Aspekte der Grafik, darunter `col.lab` für die Achsenbeschriftung und `col.main` für den Diagrammtitel.

  Als Farbwerte können Sie bereits die im Abschnitt »Histogramme« angesprochenen Zeichenkettenkonstanten verwenden. So stellen Sie zum Beispiel mit `col.main= "blue"` die Schriftfarbe für den Diagrammtitel auf Blau. Den Link zu einer Liste dieser Konstanten finden Sie auf einer Website zum Buch. Alternativ können Sie mit RGB-Werten arbeiten (Rot-Gelb-Blau). Das hat den Vorteil, dass Sie über die (allerdings recht zahlreichen) Konstanten hinaus ganz beliebige Farben einsetzen können. Jedoch müssen Sie diese Zahlen etwas umständlich angeben, nämlich als Hexadezimalzahlen im Format `#RRGGBB`. Um also die Farbe der Haupttitel wieder auf Blau umzustellen, können Sie auch mit der Anweisung `col.main= "#0000FF"` arbeiten, denn Blau hat im RGB-Schema den Farbwert (Rot = 0, Grün = 0, Blau = 255), und 255 ist im hexadezimalen Zahlensystem FF. Umrechner von Dezimal- auf Hexadezimalsystem finden Sie sehr zahlreich im Internet (zum Beispiel hier: *https://www.w3schools.com/colors/colors_picker.asp*).

In der Ausgangssituation sind alle diese Farben auf Schwarz eingestellt.

- `ann`: Indem Sie diesen logischen Parameter auf `FALSE` setzen, schalten Sie Diagrammtitel, Legenden und Achsentitel ab. Nur die Skalenbeschriftungen an den Achsen bleiben stehen.
- `family`: Die Schriftfamilie, die für alle Arten von Text im Diagramm genutzt werden soll. Typische Ausprägungen sind `serif` (für eine Serifenschrift wie Times New Roman) und `sans` (für eine serifenlose Schrift wie Arial).
- `font.main`, `font.axis`, `font.lab`: Der in den Grafiken verwendete Schriftstil für den Haupttitel des Diagramms, die Skalenbeschriftungen und die Achsentitel. Dabei steht 1 für normale Schrift (der Standardwert für Achsentitel und Skalenbeschriftungen), 2 für fette Schrift (der Standardwert für den Haupttitel), 3 für kursive Schrift und 4 für fette und kursive Schrift.
- `ps`: Die Schriftgröße in Punkten, wie Sie es auch aus Ihrer Textverarbeitung kennen. Der Standardwert ist 12 Punkte.
- `lwd`: Die verwendete Linienstärke. Die Ausgangsgröße ist hier 1.
- `cex`: Die Textgröße relativ zum Standard (der mit 1 bemessen ist). Während `cex` sich auf alle Textelemente auswirkt, können Sie mit verschiedenen speziellen `cex`-Parametern wie `cex.axis` für die Skalenbeschriftungen, `cex.lab` für die Achsentitel und `cex.main` für den Diagrammtitel die Schriftgröße einzelner Textelemente relativ zu dem durch `cex` eingestellten Skalierungsfaktor nochmals anpassen.

Wie bereits erwähnt, benutzen Sie die Funktion `par` nicht nur dazu, die aktuellen Parameter auszulesen, sondern vor allem auch, um sie zu setzen. Wenn Sie zum Beispiel die Schriftgröße generell auf 10 Punkte zu reduzieren (Standard ist ja 12 Punkte), den Haupttitel der Grafik aber um 40 % größer und in blauer, fetter Schrift darstellen wollen, ändern Sie die Grafikparameter mit folgender Anweisung:

```
> par(ps = 10, cex.main = 1.4, col.main = "#0000FF",
  font.main = 2)
```

Die meisten globalen Grafikparameter, die Sie mit `par` beeinflussen können, können Sie ebenso gut direkt denjenigen Funktionen als Argumente übergeben, mit denen Sie die Grafiken selbst erzeugen. So generiert zum Beispiel

```
> plot(x$POPSENIORS, x$EXPEND, main = "Staatsausgaben in
  Abhängigkeit vom Seniorenanteil", col.main = "green")
```

eine Grafik mit rotem Titel, und zwar unabhängig davon, was Sie zuvor mit par als Standard eingestellt haben (wir hatten Grün eingestellt). Das der individuellen Grafikfunktion übergebene Argument hat immer Vorrang vor den globalen Parametern! Wenn Sie in die Hilfe zu den jeweiligen Funktionen schauen, werden Sie viele der mit par einstellbaren Parameter dort gar nicht explizit aufgeführt sehen. Wie kann es sein, dass diese dennoch von Funktionen wie plot akzeptiert werden? Das liegt am letzten Argument der Funktionen, den drei Punkten (...). Diese stehen für *alle übrigen* Parameter, die die jeweilige Funktion neben den explizit aufgeführten auch noch übernehmen kann. Dazu gehören die meisten der Parameter, die auch über par beeinflusst werden können.

Wir hatten oben die Standardwerte der Parameter in einer Listenvariablen namens param.backup gesichert. Diese können wir natürlich jederzeit wiederherstellen und so die Auswirkungen unserer Experimente mit den globalen Grafikparametern rückgängig machen:

```
> par(param.backup)
```

Hierzu müssen Sie lediglich die Funktion par mit der Backup-Parameterliste als Argument aufrufen. Dabei gibt uns R ein paar Warnungen aus, weil einige Grafikparameter, deren Werte in param.backup gespeichert sind, schreibgeschützt sind und nicht einfach so durch uns geändert werden können. Die Funktion par versucht natürlich, die Werte aller Parameter, die in param.backup enthalten sind, zu setzen, was dann eben bei einigen wenigen fehlschlägt. Das macht aber nichts: Da diese Parameter ja schreibgeschützt sind, müssen wir sie auch nicht aus unserem Backup wiederherstellen, denn wir konnten sie ja überhaupt nicht verändern. Für sie war also eigentlich gar kein Backup notwendig.

Mehrere Grafiken kombinieren

Manchmal werden Sie mehrere Grafiken zu einem Gesamtbild zusammensetzen wollen. Dazu gibt es in R eine ganze Reihe verschiedener Möglichkeiten. Eine einfache Möglichkeit, eine solche Darstellung zu realisieren, bietet der globale Parameter mfcol, der, wie im vorangegangenen Abschni7tt erläutert, mit der Funktion par gesetzt werden kann. Es handelt sich um einen numerischen Vektor, der die Dimensionen (Zeilen, Spalten) der zu erzeugenden Grafikanordnung enthält.

Angenommen, wir wollten zwei Grafiken nebeneinanderstellen. Dazu bereiten wir R zunächst auf diese Anordnung vor:

```
> par(mfcol = c(1,2))
```

Damit erklären wir R, dass die folgenden Grafiken in einem rechteckigen Schema mit einer Zeile und zwei Spalten angeordnet werden sollen. Dann erzeugen wir die Grafiken:

```
> plot(x$POPCHILDREN, x$EXPEND, col = "red", xlab = "Anteil
  Jugendliche", ylab = "Staatsausgabenquote")
> plot(x$POPSENIORS, x$EXPEND, col = "blue", xlab = "Anteil
  Senioren", ylab = "Staatsausgabenquote")
```

R führt die Grafiken von links oben nach rechts unten in unser Schema ein.

Wenn wir nun noch einen Titel zentriert über beide Grafiken setzen wollen, müssen wir zunächst den äußeren Rand der Abbildung (engl. *Outer Margin*) definieren. Das geschieht – wie mittlerweile gewohnt – über einen globalen Parameter mithilfe der Funktion par. Der hier relevante Parameter mit dem lustigen Namen oma ist ein Vektor mit vier Werten, jeweils einem (in dieser Reihenfolge) für den unteren, den linken, den oberen und den rechten Rand. In unserem Beispiel wollen wir die Schrift etwas vom oberen Rand absetzen. Am besten experimentieren Sie ein wenig mit den Werten, bis Sie eine gute Position gefunden haben.

Der Titel wird standardmäßig zentriert dargestellt. Mit dem Parameter adj können Sie das aber bei Bedarf ändern. Der adj-Standardwert 0,5 führt zu einer zentrierten Darstellung, 0 zu einer linksbündigen, das heißt am linken äußeren Rand orientierten, und 1 zu einer rechtsbündigen, das heißt, am äußeren rechten Rand orientierten Darstellung. Wir belassen es hier bei der Standardeinstellung 0,5, also zentriert.

```
> par(oma = c(0,0,4,0))
> title("Staatsausgabenquote und Bevölkerungsstruktur",
  outer = TRUE)
```

Das Ergebnis sehen Sie in Abbildung 8-12.

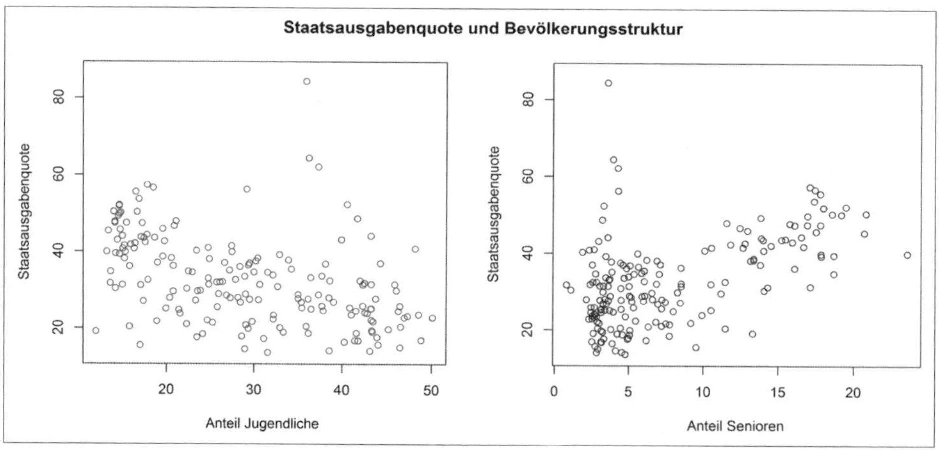

Abbildung 8-12: Beispiel einer Grafik mit zwei Diagrammen

Schließlich können wir mfcol wieder auf seinen Standardwert zurücksetzen:

```
> par(mfcol=c(1,1))
```

Elemente zu Grafiken hinzufügen

In diesem Abschnitt erfahren Sie,

- wie Sie einer Grafik Elemente hinzufügen (zum Beispiel eine Regressionsgerade in eine Punktwolke einzeichnen) können.

Folgende R-Funktionen werden in diesem Abschnitt behandelt:

- **lines**(): Zeichnet Liniensegmente zwischen Punkten, die als x-y-Koordinaten angegeben werden, in eine bestehende Grafik ein.
- **abline**(): Zeichnet eine Linie, die durch Achsenabschnitt und Steigungsparameter definiert ist, in eine bestehende Grafik ein.
- **curve**(): Zeichnet eine beliebige mathematische Funktion entweder in eine bestehende Grafik oder als neue Grafik.
- **points**(): Zeichnet Punkte, die als x-y-Koordinaten angegeben werden, in eine bestehende Grafik ein.
- **text**(): Fügt einer bestehenden Grafik an beliebiger Stelle Text hinzu.

Bisher haben wir stets eine Grafik mit einer einzigen Anweisung erzeugt. Durch diese wurde dann zum Beispiel ein Histogramm oder ein Scatterplot gezeichnet. Manchmal möchte man aber eine Grafik um zusätzliche Elemente ergänzen. Das beste Beispiel ist eine Regressionsgerade, die Sie gern durch eine Punktwolke legen würden. Angenommen, wir haben folgendes einfaches Regressionsmodell:

```
> m <- lm(EXPEND ~ POPSENIORS, data = x)
```

Mit

```
> plot(x$POPSENIORS, x$EXPEND)
```

zeichnen wir im Handumdrehen die Punktwolke der Staatsausgaben-Seniorenanteil-Kombinationen (beachten Sie dabei, dass die abhängige Variable, die wir auf der y-Achse darstellen wollen, der Funktion `plot` als *zweites* Argument übergeben wird!).

Um nun die durch das Modell `m` spezifizierte Regressionsgerade in die Punktwolke einzuzeichnen, haben wir mehre Möglichkeiten:

- Die Funktion `lines`: `lines` verbindet einfach eine Menge von Punkten durch Linien. Die x-Koordinaten werden der Funktion in Form eines Vektors als erstes Argument übergeben, die y-Koordinaten ebenfalls als Vektor also zweites Argument. Wenn wir eine Regressionsgerade einzeichnen wollen, sind die Punkte, die wir verbinden müssen, die Kombinationen aus den Werten unabhängiger Variablen, also in unserem Beispiel des Seniorenanteils, und den geschätzten Werten der abhängigen Variablen, also der Staatsausgabenquote. Die Regressionsgerade können Sie mit folgender Anweisung zeichnen:

```
> lines(x$POPSENIORS[as.integer(names(m$fitted.values))],
  m$fitted.values)
```

Beachten Sie dabei, dass jedem x-Wert auch ein y-Wert zugeordnet sein muss. Weil die erklärende Variable möglicherweise Missings aufweist, müssen wir sicherstellen, dass wir nun diejenigen Werte des Seniorenanteils `POPSENIORS` verwenden, die auch tatsächlich im Regressionsmodell berücksichtigt worden sind. Das wäre im Fall unseres einfachen bivariaten Regressionsmodells noch leicht zu bewerkstelligen, indem wir einfach die Variable `POPSENIORS` mithilfe der Funktion `is.na` auf Missings prüfen und die echten Werte (die nicht »Nicht-Missings«) mit `POPSENIORS[!is.na(POPSENIORS)]` selektieren. Wenn Sie aber ein multivariates Regressionsmodell vor sich haben, werden möglicherweise auch Werte von `POPSENIORS` aus dem Modell ausgeschlossen, die selbst gar nicht `NA` sind, und zwar bei den Beobachtungen, bei denen eine der anderen erklärenden Variablen ein Missing ist. Damit würde unser Selektionsmechanismus ins Leere greifen.

Wir müssen dementsprechend wieder auf den bereits zuvor verwendeten Ansatz zurückkommen, um die tatsächlich ins Regressionsmodell aufgenommenen Beobachtungen zu selektieren. Das geschieht, indem wir die Namen entweder der geschätzten Werte der abhängigen Variablen, `m$fitted.values`, oder aber die Namen der Residuen, `m$residuals`, mit `as.integer` in Zahlen verwenden und als Index benutzen, um die richtigen Beobachtungen zu greifen. Sie erinnern sich, dass die Vektoren `m$fitted.values` und `m$residuals` gleich lang und *named vectors* sind. Als Namen tragen ihre Elemente den Index der jeweiligen Beobachtung in der Gesamtstichprobe. Mithilfe dieses Index können wir nun die tatsächlich in das Modell einbezogenen Beobachtungen aus unserer Stichprobe selektieren.

- Die Funktion `abline`: Einfach geht es mit `abline`. Denn anders als `lines` erwartet diese Funktion keine Punktekombinationen, durch die sie dann Liniensegmente zieht. Stattdessen zeichnet sie eine Gerade auf Basis des Achsenabschnitts und des Steigungsparameters. Beides ist durch die Koeffizienten unseres Regressionsmodells gegeben. Folglich können wir unsere Gerade ganz einfach durch folgende Anweisung zeichnen:

```
> abline(a = m$coefficients[1], b = m$coefficients[2])
```

Das Argument `a` ist dabei der Achsenabschnitt, `b` der Steigungsparameter. Aber es geht sogar noch einfacher. Denn `abline` hat ein spezielles optionales Argument namens `coef`, das ein Vektor der Länge zwei ist und die beiden Geradenparameter darstellt. Da auch im Rückgabeobjekt der Regressionsfunktion `lm` die Koeffizienten in einem Vektor abgelegt sind, können wir `abline` auch einfach so aufrufen:

```
> abline(coef = m$coefficients)
```

Das geht aber natürlich nur, wenn `m` ein bivariates Regressionsmodell ist. Ansonsten hat `m$coefficients` zu viele Elemente.

Mit abline können Sie natürlich nicht nur Regressionsgeraden zeichnen, sondern zum Beispiel bei Bedarf auch einfach eine horizontale Linie durch Ihren Scatterplot:

```
> abline(a = 20,b = 0)
```

Das Ergebnis sehen Sie in Abbildung 8-13.

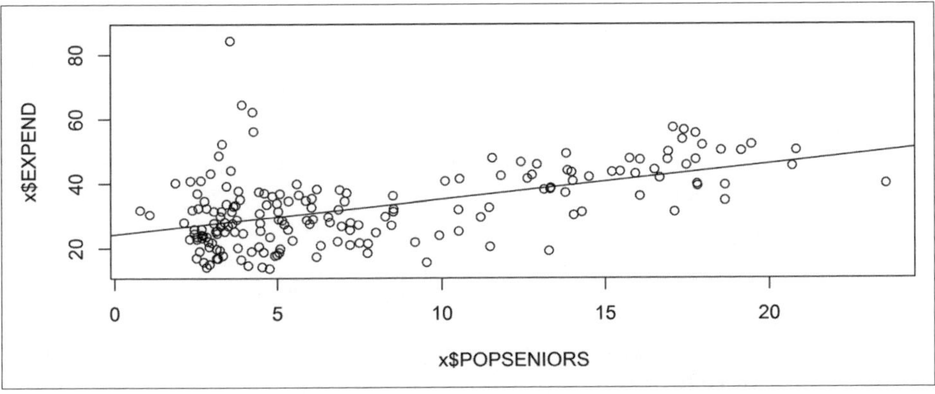

Abbildung 8-13: Zusätzliche Elemente in Grafiken: (Regressions-)Gerade

- Die Funktion curve: Eine weitere Möglichkeit, die Regressionsgerade einzuzeichnen, bietet die Funktion curve. Sie übernimmt als erstes Argument einen Ausdruck, der von einer Variablen x abhängt (also letztlich eine mathematische Funktion), und stellt diesen dar. Mit den zusätzlichen, aber optionalen Argumenten from und to legen Sie fest, in welchem Wertebereich von x die Funktion dargestellt werden soll. Unsere Regressionsgerade können wir damit so zeichnen:

  ```
  > curve(m$coefficients[1] + m$coefficients[2]*x,
    from = 0, to = 25, add = TRUE)
  ```

  Anders als die Funktionen lines und abline erzeugt curve standardmäßig eine neue Grafik. Wenn wir die Regressionsgerade in die bestehende Grafik einzeichnen wollen, muss das optionale Argument add auf TRUE gesetzt werden (Standardwert ist FALSE).

  curve kann natürlich, wie der Name schon verrät, noch viel mehr, als einfach nur *Geraden* zeichnen. Tatsächlich nämlich stellt curve ganz beliebige Funktionen dar. Probieren Sie einmal Folgendes aus:

  ```
  > curve(x^3, from = -10, to = 10)
  ```

  Mit curve kann man sich also sehr gut einen Überblick darüber verschaffen, wie ein komplexer mathematischer Zusammenhang grafisch aussieht.

Neben lines, abline und curve gibt es weitere Funktionen, mit denen Sie in bestehende Grafiken hineinzeichnen können. Zwei davon sind points und text:

- points: points zeichnet, wie der Name sagt, Punkte in eine Grafik ein. Auf diese Weise können Sie besonders interessante Punkte, zum Beispiel Ausreißer, hervorheben. Ebenso wie `lines` erwartet auch `points` zwei Vektoren mit den x- und y-Koordinaten der einzuzeichnenden Punkte als Argumente. Um nun zum Beispiel in den Scatterplot zwei blaue, besonders dicke Punkte einzuzeichnen, die bei den Koordinaten (20,60) und (30,25) liegen, geben Sie folgende Anweisung:

```
> points(x = c(20,30),y = c(60,25), col = "blue",
  lwd = 2)
```

Die Dicke der Punkte, genauer ihres Rands, wird über das Argument `lwd` (*line width*, Linienstärke) gesteuert, dessen Standardwert 1 ist.

Angenommen, Sie wollten auf diese Weise in unserem Scatterplot `plot(x$POPSENIORS, x$EXPEND)` den Punkt mit dem größten Wert der Staatsausgabenquote hervorheben. Das erreichen Sie so:

```
> points(x = x$POPSENIORS[x$EXPEND == max(x$EXPEND[!is.na
  (x$POPSENIORS)])],
  y = max(x$EXPEND[!is.na(x$POPSENIORS)]), col = "blue",
  lwd = 2)
```

In dieser etwas kompliziert anmutenden Anweisung legen wir fest, dass die x-Koordinate des einzuzeichnenden Punkts gerade derjenige Wert von `POPSENIORS` sein soll, für den die Variable `EXPEND` ihr Maximum hat. Dabei suchen wir das Maximum von `EXPEND` aber nur unter denjenigen Beobachtungen, bei denen `POPSENIORS` kein Missing ist. Wenn wir diese Nebenbedingung nicht berücksichtigen würden, könnte es sein, dass die Beobachtung mit dem größten Wert von `EXPEND` gerade keinen Wert für `POPSENIORS` aufweist. In diesem Fall hätte die x-Koordinate keinen Wert und `points` würde keinen Punkt darstellen.

- `text`: Mit der Funktion `text` lässt sich Text zu einer Grafik hinzufügen. Mit `points` hatten wir oben den Punkt eingezeichnet, der durch den höchsten Staatsausgabenwert gekennzeichnet ist. Dort fügen wir nun beispielhaft einen Text ein (Abbildung 8-14):

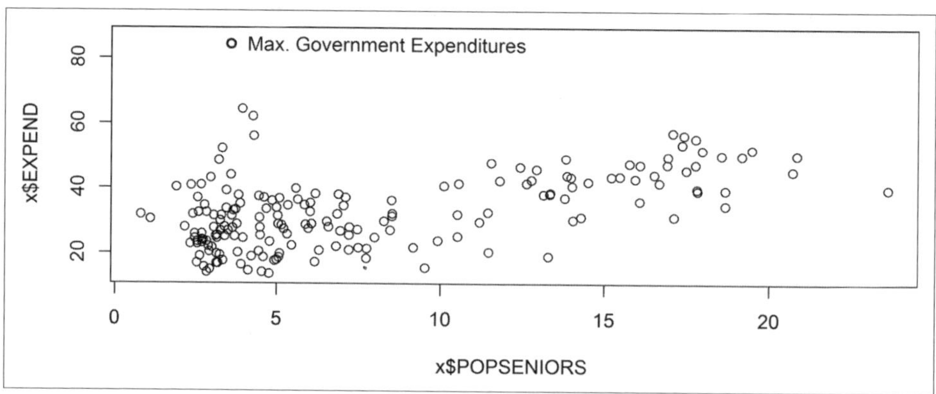

Abbildung 8-14: Zusätzliche Elemente in Grafiken: Punkt mit Beschriftung

```
> text(x = x$POPSENIORS[x$EXPEND ==
  max(x$EXPEND[!is.na(x$POPSENIORS)])]+0.5,y =
```

```
max(x$EXPEND[!is.na(x$POPSENIORS)]), labels = "Max.
Government Expenditures", col ="blue", adj = c(0,0.5))
```

Die ersten beiden Argumente sind die Koordinaten des Texts. Wir setzen den Text also ganz leicht rechts vom Punkt auf die gleiche Höhe. Das Argument `adj` legt fest, wie der Text ausgerichtet ist. Das erste Element des Vektors bestimmt dabei die horizontale Ausrichtung, das zweite die vertikale. Für die Werte von `adj` gelten die bereits bekannten Regeln: Der Wert 0 bedeutet für horizontale (vertikale) Ausrichtung linksbündig (oben ausgerichtet), 0,5 zentriert und 1 rechtsbündig (bzw. unten ausgerichtet). Man kann übrigens die Werte in beide Richtungen auch »überdehnen«: So bedeutet `adj=c(-1,2))` beispielsweise, dass wir den Text linksbündig haben wollen (das würden wir auch mit `adj=c(0,2)` erreichen), aber mit etwas Abstand zu den angegebenen Koordinaten. Analog das zweite Element des `adj`-Vektors: Die 2 bedeutet, dass wir den Text von den angegebenen Koordinaten aus nach unten ausgerichtet haben wollen, und zwar nicht direkt an den angegebenen Koordinaten (das würden wir auch mit `adj=c(-1,1)` erreichen), sondern noch etwas tiefer. Am besten probieren Sie einige Einstellungen aus, bis Sie eine finden, deren Ergebnis ansprechend aussieht.

KAPITEL 9

Programmieren mit R

Sie haben im Laufe dieses Buchs bereits eine ganze Reihe wichtiger R-Anweisungen kennengelernt. Als wir uns mit ihnen beschäftigten, lag der Fokus stets darauf, was die *einzelne* Anweisung bewirkt. Sie konnten diese Anweisungen in die R-Konsole eingeben, und R hat Ihnen sogleich das entsprechende Ergebnis angezeigt.

In diesem Kapitel werden wir uns anschauen, wie man in R ganze Programme schreibt, das heißt viele einzelne Anweisungen zusammenstellt, um Sie zusammen auszuführen.

Bevor wir aber beginnen, hier noch zwei gute Gründe, warum Sie auch das letzte Kapitel dieses Buchs durcharbeiten und sich nicht einfach mit dem bisher Erlernten zufriedengeben sollten: *Erstens*, es macht richtig Spaß! Das mögen Sie jetzt noch nicht glauben, aber warten Sie ab, bis Sie das erste Mal ein eigenes kleines Programm zum Laufen gebracht haben und es genau das tut, was Sie wollen. *Zweitens*, es ist unglaublich nützlich! Nicht nur, weil Sie dadurch den Horizont der Möglichkeiten dessen, was Sie mit R machen können, erheblich erweitern, sondern vor allem auch, weil Sie das hier Gelernte auf praktisch alle anderen Programmiersprachen anwenden können. Man sagt ja, die erste Fremdsprache sei die schwerste, die zweite sei schon erheblich leichter zu lernen und so weiter. Dieser Lerneffekt ist aber nichts, überhaupt gar nichts, im Vergleich zum Erlernen von Programmiersprachen. Die wichtigsten Grundideen sind in vielen Sprachen praktisch gleich. Die Konzepte heißen ein wenig anders und werden anders aufgeschrieben, aber die grundsätzliche Funktionsweise ist stets die gleiche. Hat man einmal verstanden, wie zum Beispiel Entscheidungen und Schleifen funktionieren, erkennt man diese Konzepte in anderen Sprachen sofort wieder. Sie werden überrascht sein, wie ähnlich sich Programmiersprachen in vielen ihrer grundlegenden Konzepte sind, so stark sie auch sonst voneinander differieren mögen.

Wenn Sie immer noch zweifeln, ob Sie wirklich weiterlesen sollten, blättern Sie noch einmal zurück zum Abschnitt »Keine Angst vorm Programmieren!« auf Seite 5 aus dem ersten Kapitel. Übrigens ist das eine bedingte Anweisung, eine Entscheidung: *Wenn* Sie zweifeln, gehen Sie noch mal zurück, *falls nicht*: Los geht's!

R-Skripte

Bereits im ersten Kapitel haben Sie gesehen, dass R-Anweisungen auch zu ganzen R-Skripten kombiniert werden können, die es Ihnen erlauben, mehrere Anweisungen in festgelegter Reihenfolge hintereinander auszuführen. Mit solchen Skripten können Sie Ihr Analysevorgehen dokumentieren und Ihre gesamte Analyse bei Bedarf noch einmal »abfahren«. Das sichert die Reproduzierbarkeit Ihrer Ergebnisse und dient zugleich als Dokumentation dazu, wie Sie genau zu diesen Ergebnissen gekommen sind.

R-Skripte bearbeiten und ausführen

R-Skripte sind letztlich einfache Textdateien, die den R-Code enthalten. Deshalb können Sie sie mit jedem Texteditor bearbeiten. Ausführen können Sie die Skripte dagegen natürlich nur mit R. Sowohl der Standard-R-Editor RGui als auch RStudio bieten (ebenso wie natürlich andere R-Benutzeroberflächen) die Möglichkeit, R-Skripte zu erstellen und auszuführen. In RGui kommt diese Funktionalität relativ rudimentär daher, wie Sie in Abbildung 9-1 erkennen können.

Table 2
SAIs and total government expenditures (OLS regressions).

Variables	(1)	(2)	(3)	(4)	(5)	(6)	(7)	(8)
	WBOECD	WBOECD	WBOECD	WBOECD	WBOECD	INTOSAI	INTOSAI	INTOSAI
LYP	−5.245*	−6.191*	−4.946(*)	−4.756(*)	−3.878	−2.415	−3.033(*)	−2.487
	(2.205)	(2.474)	(1.761)	(1.705)	(1.271)	(1.311)	(1.711)	(1.407)
TRADE	0.018	0.020	0.028	0.018	0.019	0.024	0.000	0.015
	(0.514)	(0.596)	(0.695)	(0.494)	(0.517)	(0.782)	(0.020)	(0.648)
PROP65	1.320**	1.252**	1.533**	1.438**	1.203**	0.855**	0.949**	0.884**
	(3.111)	(3.052)	(3.774)	(3.212)	(3.019)	(2.587)	(2.709)	(2.805)
GASTIL	−0.180	−0.367	0.352	0.154	0.594	−0.878)	−1.676	−0.847
	(0.089)	(0.187)	(0.164)	(0.068)	(0.252)	(0.602)	(1.046)	(0.607)
MAND		4.649						
		(1.157)						
TRAC			0.418					
			(0.137)					
ARR				−1.050				
				(0.170)				
SUBJ					−4.839			
					(0.901)			
FIND							−0.063	
							(0.286)	
MOD								−3.328
								(1.541)
Constant	60.440	65.109	47.328	54.305	42.828	44.236	54.196	48.666
$\bar{R}^2$	0.436	0.467	0.433	0.430	0.431	0.533	0.525	0.567
SER	5.209.	5.178	5.438	5.364	5.328	5.710	5.823	5.556
JB	1.592	1.115	0.985	1.790	1.753	2.120	1.922	1.823
N	33	33	29	32	31	40	39	40

The table shows the ß-coefficients of the regression, the numbers in parentheses are the absolute values of the estimated t-statistics, based on the White heteroscedasticity-consistent standard errors. **, * or (*) show that the estimated parameter is significantly different from zero on the 1, 5, or 10% level, respectively. SER is the standard error of the regression and JB the value of the Jarque–Bera-test on normality of the residuals.

Abbildung 9-1: R-Skripte bearbeiten und ausführen in RGui

Wenn Sie einen Teil Ihres R-Skripts markieren und dann *Strg+R* drücken oder die entsprechende Schaltfläche anklicken, wird der markierte Teil Ihres R-Skripts ausgeführt. Etwas komfortabler geht es mit RStudio, das Sie in Abbildung 9-2 sehen. RStudio unterstützt das sogenannte *Syntax-Highlighting*, eine Funktionalität, die automatisch dafür sorgt, dass unterschiedliche Teile Ihres R-Codes (zum Beispiel

Funktionen, Schlüsselwörter, Klammern) unterschiedlich eingefärbt werden. Das ist viel mehr als nur eine Spielerei, es macht Ihren R-Code deutlich übersichtlicher und leichter zu lesen.

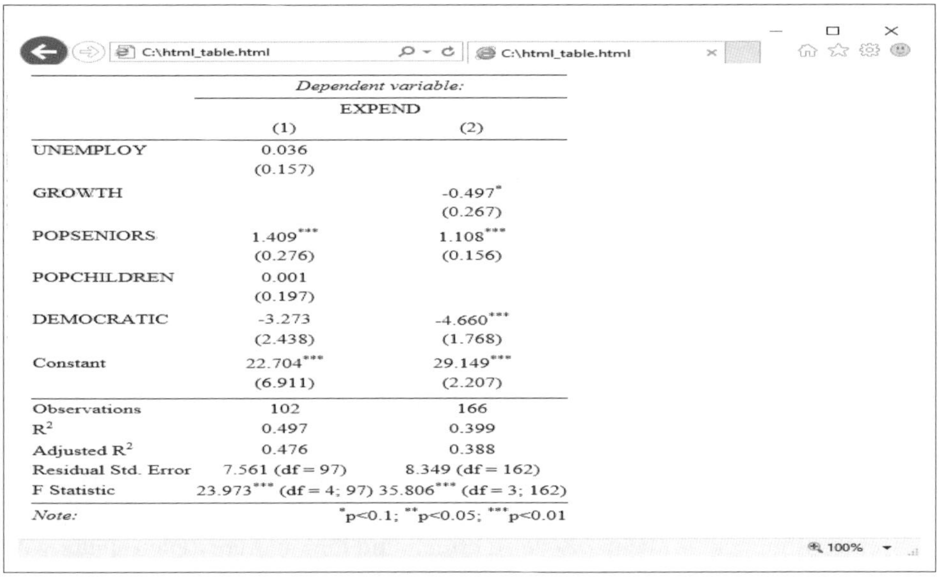

C:\html_table.html

	Dependent variable:	
	EXPEND	
	(1)	(2)
UNEMPLOY	0.036	
	(0.157)	
GROWTH		-0.497*
		(0.267)
POPSENIORS	1.409***	1.108***
	(0.276)	(0.156)
POPCHILDREN	0.001	
	(0.197)	
DEMOCRATIC	-3.273	-4.660***
	(2.438)	(1.768)
Constant	22.704***	29.149***
	(6.911)	(2.207)
Observations	102	166
R^2	0.497	0.399
Adjusted R^2	0.476	0.388
Residual Std. Error	7.561 (df = 97)	8.349 (df = 162)
F Statistic	23.973*** (df = 4; 97)	35.806*** (df = 3; 162)
Note:	*p<0.1; **p<0.05; ***p<0.01	

100%

Abbildung 9-2: R-Skripte bearbeiten und ausführen in RStudio

In RStudio können Sie Skripte ausführen, indem Sie den auszuführenden Teil markieren und dann die entsprechende Schaltfläche betätigen oder die Tastenkombination *Strg+Enter* drücken.

Skripte, die im Wesentlichen dazu dienen, die Analyseschritte noch einmal zu wiederholen, sind natürlich sehr auf den Einzelfall *Ihres* Datensatzes und *Ihrer* Analyse zugeschnitten. Vielfach möchte man aber vom Einzelfall abstrahieren und R-Anweisungen so zusammenstellen, dass man sie später in ganz anderen Situationen – zum Beispiel mit anderen Daten – wieder aufrufen kann. Das führt uns zur richtigen *R-Programmierung*, mit der wir uns in diesem Kapitel beschäftigen werden.

R-Code kommentieren

In diesem Abschnitt erfahren Sie,

- was Kommentare im R-Code sind,
- warum Kommentare wichtig sind und wie Sie sie bei Ihrer eigenen Arbeit einsetzen sollten.

Wenn Sie längere R-Skripte schreiben, ist es sehr zu empfehlem, Ihren R-Code gut zu *kommentieren*.

Kommentieren bedeutet in diesem Zusammenhang, dass Sie die Funktionsweise Ihres Skripts erläutern. Das ist zum einen hilfreich, wenn Sie mit jemandem zusammenarbeiten, der den Code, den Sie geschrieben haben, verstehen muss. Aber auch Sie selbst können sich eine Menge Verständnisschwierigkeiten ersparen, wenn Sie, einige Monate nachdem Sie das R-Skript geschrieben haben, einen gut kommentierten Code vorfinden.

Kommentare können Sie mit dem Schlüsselwort # in den R-Code einfügen. Ein einfaches Beispielskript verdeutlicht das:

```
# Einbinden des Datenaufbereitungsskripts
source("data_prep.r")
```

Hier kommentieren Sie den Befehl `source("data_prep.r")`. Alles, was hinter dem Kommentarschlüsselwort # bis zum Zeilenende folgt, wird vom R-Interpreter ignoriert. Dadurch können Sie hier schreiben, was Sie wollen, und müssen keine Rücksicht auf irgendeine spezielle Syntax nehmen.

Für Kenner anderer Programmiersprachen sei angemerkt, dass bei mehrzeiligen Kommentaren in R jede Zeile erneut mit # eingeleitet werden muss. Die Möglichkeit, einen Kommentar in einer Zeile zu öffnen und ihn mehrere Zeilen später wieder zu schließen, ohne zwischendurch jede Kommentarzeile mit einem speziellen Schlüsselwort zu versehen, existiert in R nicht.

Da R alles nach dem Kommentarschlüsselwort # bis zum Ende der Zeile ignoriert, ist zum Beispiel auch

```
### -------- Beginn Datenaufbereitung --------
```

ein zulässiger Kommentar. Diese Art von Kommentaren können Sie dazu verwenden, Ihr R-Skript in Abschnitte zu unterteilen und ihm so etwas mehr Struktur zu geben.

Die einfache Regel, dass alles vom Kommentarzeichen bis zum Zeilenende ignoriert wird, bedeutet auch, dass ein Kommentar nicht notwendigerweise am Zeilenanfang beginnen muss. So ist

```
source("data_prep.r") # Einbinden des Datenaufbereitungsskripts
```

ebenfalls eine gültige Kommentierung.

Manche R-Editoren, wie beispielsweise RStudio, heben Kommentare durch Syntax-Highlighting hervor, das heißt, sie stellen Kommentare in einer anderen Farbe dar, um sie vom Rest des Codes (also von den wirklich ausführbaren Anweisungen) zu unterscheiden. RStudio hilft Ihnen darüber hinaus noch zusätzlich, den Code zu strukturieren: Wenn Sie einen Kommentar mit (mindestens) vier Bindestrichen (`----`) einleiten, also zum Beispiel

```
# ---- Regressionsanalysen ----
```

oder

```
### -------- Regressionsanalysen
```

erscheint nehmen dem Kommentar ein kleiner Pfeil, mit dessen Hilfe Sie den gesamten Code bis zum nächsten Kommentar, der mit wenigstens vier Bindestrichen eingeleitet wird, ausblenden können. Auch das macht die Arbeit im Code übersichtlicher.

Die Gretchenfrage beim Kommentieren lautet natürlich: Was und wie viel soll ich kommentieren? Eine allgemeingültige Antwort auf diese Frage gibt es, wie kaum anders zu erwarten war, nicht. Trotzdem fährt nicht schlecht, wer den einfachen Tipp »So wenig wie möglich, so viel wie nötig« beherzigt. Einerseits bedeutet Kommentieren Arbeit. Zudem macht eine hohe Zahl an Kommentaren Ihren Code auch nicht unbedingt lesbarer, sie stören, wenn man so will, den Lesefluss. Andererseits helfen Kommentare, schwierige Codestellen später wieder zu verstehen. Nichts ist tragischer, als einen Code geschrieben zu haben, der zwar »irgendwie funktioniert«, den man aber nicht mehr richtig verstehen und daher auch nicht mehr sinnvoll modifizieren kann.

Kommentieren Sie also sparsam, aber wirksam. Konzentrieren Sie Ihre Kommentare auf Codestellen, die komplizierter sind und die Sie ohne Kommentierung später möglicherweise nicht mehr verstehen werden. Und: Nutzen Sie Kommentare auch, um Ihren Code zu strukturieren.

Zum Abschluss noch ein Wort zum Thema »Lesbarkeit des Codes«: Wie in vielen Programmiersprachen haben sich auch in R gewisse Standards dazu entwickelt, wie man Code »sauber« schreibt, so zum Beispiel *Google's R Style Guide* (Website: *https://google.github.io/styleguide/Rguide.xml*). Dabei geht es unter anderem darum, wie Variablen benannt werden – etwa um die Groß- und Kleinschreibung sowie den Punkt als Strukturierungszeichen (ob Sie beispielsweise `meine.variable` oder `MeineVariable` schreiben sollten) –, wo Einrückungen und Zeilenumbrüche angebracht sind und wo Klammern gesetzt werden sollten. Obgleich ein »sauberer« Code erheblich zur Lesbarkeit und Verständlichkeit beiträgt, sollten Sie dennoch auch pragmatisch vorgehen: »So wenig wie möglich, so viel wie nötig.« Sie werden mit der Zeit ohnehin automatisch einen eigenen Stil herausbilden; inwieweit sich dieser dann an Guidelines wie den oben erwähnten orientiert, ist unerheblich.

Sich explizit mit Fragen der Namenskonventionen für Variablen oder der Formatierung von R-Code zu beschäftigen, ergibt allerdings dann Sinn, wenn Sie mit anderen gemeinsam Code entwickeln. Dann ist es natürlich sehr wohl wichtig, dass der Code »wie aus einem Guss« aussieht und für alle Beteiligten gleichermaßen verständlich ist. Auch wenn Sie R-Skripte zwar nicht *mit* anderen, aber *für* andere entwickeln, wenn Sie also zum Beispiel eigene Packages schreiben und sie via CRAN mit der R-Community teilen wollen, sollten Sie auf eine »saubere« Abfassung Ihres Quelltexts Wert legen. Denn natürlich sollte sichergestellt sein, dass die Benutzer der Packages verstehen können, was die darin enthaltenen Funktionen genau tun, und gegebenenfalls auch in der Lage sein, sie an ihre Bedürfnisse anzupassen. Dazu ist ein konsistent durchgehaltener »Schreibstil« und eine möglichst klare, das Lesen und Verstehen unterstützende Formatierung äußerst nützlich. Sehr zur Verständlichkeit Ihres R-Codes trägt natürlich auch die Zerlegung komplizierter Anweisungen in mehrere Teilanweisungen bei. Sie erleichtert zugleich das Auffinden und Beseitigen von Fehlern erheblich.

R-Code modularisieren

In diesem Abschnitt erfahren Sie,

- wie Sie Ihren R-Code auf mehrere Dateien verteilen können, um Ihre zentrale Arbeitsdatei übersichtlich zu halten.

Folgende R-Funktion wird in diesem Abschnitt behandelt:

- **source()**: Führt an der Stelle, an der source steht, ein R-Skript aus, das in einer anderen Datei liegt.

Sie werden bei der Arbeit erstaunt sein, wie schnell der Umfang Ihres R-Skripts anwächst. Irgendwann fangen – auch bei guter Kommentierung – Ihre R-Skripte an, unübersichtlich zu werden. Deshalb kann es Sinn ergeben, den Code auf mehrere Dateien zu verteilen. So können Sie zum Beispiel das Laden und die Aufbereitung der Dateien von der eigentlichen Analyse trennen, sodass Ihr Analyseskript aufgeräumt und übersichtlich bleibt. Diese Modularisierung von R-Code ist auch dann hilfreich, wenn Sie nicht allein arbeiten, sondern zusammen mit einem Kommilitonen oder Kollegen. In diesem Fall können Sie die Arbeitsteilung zwischen Ihnen sehr leicht durch Modularisierung organisieren.

In R werden andere R-Skripte mit dem Befehl source eingebunden. Angenommen, Sie wollen aus Ihrem Hauptskript heraus ein anderes R-Skript einbinden, in dem das Laden und die Aufbereitung Ihrer Daten vorgenommen wird. Mit

```
source("data_prep.r")
```

wird das R-Skript *data_prep.r* in Ihre Hauptdatei eingebunden, und zwar genau an der Stelle, an der der source-Befehl steht. Das heißt, bevor der erste Befehl hinter dem source-Befehl in Ihrer Hauptdatei ausgeführt wird, werden zunächst alle Befehle Ihres »Nebenskripts« *data_prep.r* ausgeführt.

Der R-Interpreter sucht die Datei *data_prep.r* entweder im gleichen Verzeichnis, in dem auch Ihre Hauptdatei liegt, oder im (davon abweichenden) Arbeitsverzeichnis, wenn Sie zuvor mit setwd eines angegeben haben. Natürlich können Sie alternativ den Pfad, an dem die Datei *data_prep.r* zu finden ist, auch direkt angeben, zum Beispiel durch

```
source("c:/users/mustermann/Masterarbeit/400  R-Skripte/data_prep.r")
```

Bitte beachten Sie auch hier wieder, dass R Ihre Pfadangabe nur dann richtig versteht, wenn Sie den normalen Schrägstrich (/) verwenden und nicht den Backslash (\), den Sie vielleicht von Windows gewohnt sind.

Dem aufmerksamen Leser mag aufgefallen sein, dass der `source`-Befehl ohne den typischen R-Prompt (>) dargestellt ist, mit dem R Sie im interaktiven Modus zu einer Eingabe auffordert. Normalerweise wird man den `source`-Befehl dazu nutzen, um von einem R-Skript aus ein anderes Skript einzubeziehen. Dennoch kann `source` auch direkt im interaktiven Modus in die Konsole eingegeben werden mit exakt der gleichen Wirkung wie beim Aufruf aus einem Skript: Alle in der eingebundenen Datei enthaltenen Befehle werden augenblicklich ausgeführt.

Das Ausführen des mit `source` eingebundenen R-Skripts erfolgt normalerweise ohne weitere Ausgaben, es sei denn, bei der Ausführung träte ein Fehler auf. Sie können R allerdings mithilfe der Option `echo` dazu zwingen, den Code des eingebundenen Skripts und Ergebnisse, die dieses Skript, wenn Sie es direkt ausführten, anzeigen würde, auf dem Bildschirm auszugeben:

```
source("data_prep.r", echo = TRUE)
```

Grundlegende Konzepte der Programmierung in R

Zwei Konzepte sind für die R-Programmierung von besonderer Bedeutung. Zum einen sind das die *Funktionen*. Funktionen haben Sie bereits zuvor kennengelernt. Praktisch alle R-Anweisungen, die wir im Laufe des Buchs verwendet haben, sind Funktionen. Sie kapseln eine bestimmte Funktionalität, die Sie immer wieder aufrufen können – gern auch mit unterschiedlichen Daten. Das zweite Konzept sind die *Kontrollstrukturen*. Diese sind uns bisher noch nicht begegnet. Kontrollstrukturen steuern den Ablauf von Programmen. Mit ihnen können Programme zum Beispiel in Abhängigkeit von bestimmten Ereignissen verzweigen, sodass ein bestimmter Programmteil nur dann ausgeführt wird, wenn eine gewisse Bedingung erfüllt ist. Kontrollstrukturen erlauben es auch, Anweisungen zu wiederholen. Wenn Sie zum Beispiel etwas Bestimmtes mit allen Variablen eines Dataframes machen wollen, können Sie natürlich für jede Variable des Dataframes eine einzelne Anweisung schreiben. Das funktioniert gut, solange Sie sich wieder im Einzelfall *Ihres speziellen Datensatzes* bewegen. Wenn Sie aber mit *beliebigen Datensätzen* arbeiten wollen, können Sie ja im Vorhinein noch gar nicht wissen, wie viele Variablen der Datensatz wohl haben mag. Folglich benötigen Sie einen Mechanismus, der es Ihnen erlaubt, Dataframes von beliebiger Größe zu durchlaufen. Genau diesen Mechanismus bieten Schleifen – neben Wenn-Dann-Entscheidungen, die für die Verzweigung im Programmablauf sorgen, die zweite wichtige Art von Kontrollstrukturen.

Mit beiden Konzepten, Funktionen und Kontrollstrukturen, werden wir uns in den folgenden Abschnitten eingehender beschäftigen. Wie gewohnt, tun wir das natürlich anhand praktischer Beispiele.

Funktionen

Funktionen haben Sie bereits in Kapitel 2 dieses Buchs kennengelernt. Und nicht nur das: Sie haben auch schon gesehen, wie man selbst welche schreibt. Im Abschnitt »Streuungsmaße in R« auf Seite 113 hatten wir folgende Funktion definiert, die die mittlere absolute Abweichung vom Mittelwert berechnet:

```
> maa <- function(w) { return(sum(abs(w - mean(w))) / length(w)) }
```

Weil unsere Funktionen in diesem Kapitel etwas umfangreicher werden als `maa`, werden wir die einzelnen Anweisungen zukünftig untereinanderschreiben:

```
maa <- function(w)
{
  return(sum(abs(w - mean(w))) / length(w))
}
```

Auch lassen wir das Promptsymbol > weg, denn wir gehen ab jetzt davon aus, dass wir den R-Code als Skript schreiben. Der interaktive Modus, das heißt die Arbeit in der R-Konsole, erlaubt keine Zeilenumbrüche, denn nach dem Drücken der *Enter*-Taste wird dort die eingegebene Anweisung sofort ausgeführt (sofern sie syntaktisch vollständig ist; anderenfalls wartet R darauf, dass Sie die Anweisung vervollständigen, und führt sie dann aus). Ihre Funktion in Ruhe entwickeln können Sie also am besten, indem Sie ein neues R-Skript anlegen und den Code dort hineinschreiben.

Wenn Sie Erfahrung mit anderen Programmiersprachen haben, wissen Sie vielleicht, dass in manchen Sprachen eine Anweisung durch ein spezielles Symbol abgeschlossen werden muss, oft ein Semikolon. Das ist in R nicht der Fall. Hier begrenzt der Zeilenumbruch eine Anweisung. Einrückungen durch Leerzeichen oder Tabulatorsprünge machen den R-Code übersichtlicher, haben aber inhaltlich keinerlei Bedeutung, sie werden von R beim Ausführen Ihres Skripts ignoriert. Das gilt natürlich nur, wenn Leerzeichen und Tabulatorsprünge den Code inhaltlich nicht verändern. Das folgende Gegenbeispiel verdeutlicht das. Die Zuweisung

```
a <- 1
```

ist natürlich etwas anderes als der Vergleich

```
a < -1
```

obwohl sich beide nur durch ein Leerzeichen unterscheiden.

Wie genau Sie Zeilenumbrüche und Einrückungen setzen, bleibt Ihnen überlassen. Im Zusammenhang mit R werden Sie häufig Programmcode sehen, der so formatiert ist:

```
maa <- function(w) {
  return(sum(abs(w - mean(w))) / length(w))
}
```

Diese Notation ist allerdings, obwohl häufig verwendet, etwas unübersichtlich. Deshalb werden wir in diesem Kapitel neue Anweisungen und Schlüsselsymbole wie die geschweiften Klammern, die einen Block von Anweisungen begrenzen, stets in eine neue Zeile schreiben und die Anweisungen innerhalb des Blocks um einen Tabulator einrücken. Wie Sie Ihren Code formatieren, stellt Ihnen R aber vollkommen frei, und wir wollen an dieser Stelle auch keine Wissenschaft daraus machen, obgleich es an Vorschlägen, wie »guter« Programmcode formatiert zu sein hat, nicht mangelt.

Funktionen wie `maa` werden, so viel wissen Sie bereits, typischerweise mit bestimmten Inputs aufgerufen, den sogenannten Argumenten, und transformieren diese Inputs in einen Output, den sie zurückgeben. In unserem Beispiel übernimmt die Funktion `maa` einen Vektor `w` und berechnet daraus die mittlere absolute Abweichung der einzelnen Elemente des Vektors von ihrem Mittelwert.

Wenn Sie beim Aufruf der Funktion das Argument und die es umschließenden Klammern weglassen, wird Ihnen stattdessen der Quelltext angezeigt:

```
> maa(c(-1,3,9,24))
[1] 7.75
> maa
function(w)
{
    return(sum(abs(w - mean(w))) / length(w))
}
```

Das erlaubt Ihnen, bei vielen R-Funktionen (allerdings nicht bei einigen der »fest eingebauten« Funktionen) anzuschauen, wie sie »unter der Haube« genau funktionieren. Die runden Klammern dürfen beim Aufruf der Funktion auch dann nicht weggelassen werden, wenn die Funktion gar keine Argumente besitzt. Betrachten Sie dazu das folgende Beispiel:

```
gruessmich <- function()
{
  return("Hallo Welt")
}
```

Schon bei der *Definition der Funktion* müssen die runden Klammern angegeben werden. Anderenfalls erhalten Sie beim Ausführen des R-Codes, der die Funktion definiert, folgende Fehlermeldung:

```
> gruessmich <- function
+ {
Error: unexpected '{' in:
"gruessmich<-function
{"
> return("Hallo Welt")
Error: no function to return from, jumping to top level
> }
Error: unexpected '}' in "}"
```

Ebenso müssen beim *Aufruf der Funktion* die runden Klammern angegeben werden, auch wenn sie gar kein Argument beinhalten. Hier sehen Sie den Unterschied:

```
> gruessmich
function()
{
  return("Hallo Welt")
}
> gruessmich()
[1] "Hallo Welt"
```

Damit sind wir direkt bei einem weiteren wichtigen Punkt. Um eine Funktion aus der R-Konsole oder aus einem R-Skript heraus aufrufen zu können, müssen Sie zunächst ihre Definition, also den gesamten R-Code der Funktion, *ausgeführt* haben, also gewissermaßen R die Funktion bekannt gemacht haben. Hier liegt eine typische Fehlerquelle: Normalerweise wird der erste Versuch Ihrer Funktion noch nicht direkt die Ergebnisse bringen, die Sie haben möchten. Sie werden also am Code Ihrer Funktion feilen, sie wieder testen, wieder nachbearbeiten und so weiter. Nach jeder Änderung des Codes Ihrer Funktion müssen Sie den Code neu ausführen, damit er wirksam wird. Ansonsten hat R noch den Code im Speicher, wie er vor der Änderung aussah. Dann arbeiten Sie mit der alten Version Ihrer Funktion und wundern sich, warum diese noch immer nicht das tut, was sie soll. Daher merken: vor jedem Test der Funktion den Funktionscode noch einmal ausführen!

Schauen wir uns die Funktion `maa`, die inhaltlich ein wenig mehr Sinn ergibt als `gruessmich`, noch mal etwas genauer an: Die erste Zeile, `maa<-function(w)`, sieht aus, als würde hier einer Variablen namens `maa` etwas zugewiesen werden, und zwar das, was rechts vom Zuweisungsoperator `<-` steht, nämlich `function(w)`. Tatsächlich sieht es nicht nur so aus. Denn auch Funktionen sind in R Objekte. Sie haben bereits eine ganze Reihe unterschiedlicher Arten von Objekten kennengelernt: Vektoren, Dataframes, Listen und Formeln. Wie bei allen Objekten in R lässt sich auch der Typ des Objekts `maa` mithilfe von `class` leicht bestimmen:

```
> class(maa)
[1] "function"
```

Wir wollen es an dieser Stelle nicht zu weit treiben, aber dennoch kurz darauf hingewiesen, dass die vielfältige Welt der Objekte in R kein Zufall ist. Denn eigentlich ist alles in R ein Objekt. Sogar Operatoren wie der Zuweisungsoperator `<-` sind Objekte, genauer: Funktionen. Das folgende Beispiel verdeutlicht das:

```
> '<-'(v, 2)
> v
[1] 2
```

Hier rufen wir eine merkwürdige Funktion namens `'<-'` auf. Sie erkennen leicht, dass eine Zuweisung vorgenommen wird: Der Variablen, die ihr als erstes Argument übergeben wird, wird der Wert des zweiten Arguments zugewiesen. Jedes Mal, wenn Sie eine Zuweisung ausführen, zum Beispiel `v<-2`, ruft R im Hintergrund `'<-'` auf, um die Zuweisung durchzuführen.

Bei diesem kurzen Einblick in das Sprachkonzept von R wollen wir es auch belassen. Wer sich intensiver mit dem Aufbau der Sprache und den grundlegenden Konzepten beschäftigen möchte, sei zum Beispiel auf Joseph Adlers *R in a Nutshell* (O'Reilly 2010) verwiesen.

Betrachten wir die Definition einer Funktion etwas genauer. Dazu erweitern wir unsere Funktion maa um die Möglichkeit, genauer zu bestimmen, wie mit Missings umgegangen werden soll. Zu diesem Zweck führen wir ein logisches Argument ohne.na ein, das angibt, ob aus dem Vektor w, auf Basis dessen maa die mittlere absolute Abweichung ermittelt, zunächst die Missings entfernt werden sollen oder nicht:

```
maa <- function(w, ohne.na)
{
  abw <- w[!is.na(w)] - mean(w, na.rm = ohne.na)
  N <- sum(!is.na(w))
  res <- sum(abs(abw)) / N
  return(res)
}
```

Wenn nun in w ein Missing (NA) vorkommt und ohne.na=TRUE ist, werden die Missings ausgeschlossen, und die mittlere absolute Abweichung der übrigen Elemente des Vektors w wird als Ergebnis zurückgegeben:

```
> z <- c(2,3,4,NA,9)
> maa(z, TRUE)
[1] 2.25
```

Wird maa aber mit dem Wert FALSE für ohne.na aufgerufen, gibt die Funktion mean, die aus maa heraus aufgerufen wird, ein Missing zurück, und alle darauf basierenden Berechnungen ergeben ebenfalls NA:

```
> maa(z, FALSE)
[1] NA
```

Neben der Einführung des Arguments ohne.na wurde der besseren Übersichtlichkeit wegen die Berechnung der mittleren absoluten Abweichung in mehrere Schritte zerlegt.

Am Beispiel von maa können Sie nun sehr schön sehen, wie eine Funktion aufgebaut ist. Die erste Zeile der Funktionsdefinition wird als *Funktionskopf* (engl. *Header*) bezeichnet, der Block in den geschweiften Klammern als *Funktionsrumpf* (engl. *Body*).

Der Funktionskopf

Der *Funktionskopf* beginnt mit dem Schlüsselwort function gefolgt von einer Klammer mit den *Argumenten* der Funktion. Die Argumente besitzen Namen, unter denen sie angesprochen werden können, wie wir es im Verlauf des Buchs bereits oft getan haben. So können wir die Funktion maa mit dem Vektor (1,2,3) und dem Ausschluss der Missings aus der Berechnung (das heißt ohne.na=TRUE) sowohl aufrufen als

```
maa(c(1,2,3), TRUE)
```

als auch als

```
maa(w = c(1,2,3), ohne.na = TRUE)
```

Wenn die Argumente mit Namen angesprochen werden, ist die Reihenfolge, in der die Argumente der Funktion beim Aufruf übergeben werden, egal. R kann dann ja sehr einfach anhand des Namens ermitteln, welcher Wert zu welchem Argument gehört. Wenn die Argumente nicht mit Namen übergeben werden, ist die Reihenfolge entscheidend, wie Sie am folgenden (falschen!) Beispiel gut erkennen können:

```
> maa(TRUE, c(1,2,3))
[1] 0
Warning message:
In if (na.rm) x <- x[!is.na(x)] :
  the condition has length > 1 and only the first element will be used
```

Werden die Argumente dagegen mit Namen angesprochen, gelingt der Funktionsaufruf mit vertauschter Argumentenreihenfolge einwandfrei:

```
> maa(ohne.na = TRUE, w = c(1,2,3))
[1] 0.6666667
```

Die Argumente einer Funktion können beliebige Objekte sein. Weil Funktionen, wie Sie eben gesehen haben, ja selbst Objekte sind, können sie sogar selbst als Argumente anderer Funktionen verwendet werden. Ein solches Beispiel haben Sie bereits kennengelernt, nämlich die Funktion tapply, die eine Funktion auf Daten anwendet, nachdem diese anhand eines Faktors gruppiert worden sind:

```
> tapply(x$EXPEND, INDEX = x$INCOMEGROUP, FUN = mean)
High income: nonOECD   High income: OECD    Low income
       33.87137            44.40194           23.27163
Lower middle income   Upper middle income
       30.70618            33.67919
```

In diesem Beispiel berechnet tapply das arithmetische Mittel unserer Staatsausgabenvariablen EXPEND, gruppiert nach dem Faktor INCOMEGROUP. Als Argument FUN wird tapply diejenige Funktion (das heißt das Funktionsobjekt) übergeben, die auf die Daten angewendet werden soll.

Anders als in vielen anderen Sprachen müssen Sie R nicht explizit sagen, welchen Typ die Argumente der Funktion haben sollen. R versucht, die Argumente, die der Funktion auf Aufruf tatsächlich übergeben werden, in einen Typ zu konvertieren, der »passt«, das heißt, der die Operationen, die mit den Argumenten in der Funktion durchgeführt werden, zulässt. Diesen Mechanismus nennt man *Coercion* (wörtlich übersetzt »Erzwingung«). Unter Umständen ist aber keine Coercion möglich, und der Funktionsaufruf mit dem Argument vom falschen Typ führt zu einer Fehlermeldung. Wir verzichten an dieser Stelle darauf, in unseren Funktionen den Typ der ihnen übergebenen Argumente stets zu prüfen und – sollte sich dieser als nicht verarbeitbar erweisen – eine entsprechende Fehlermeldung auszugeben. Wenn Sie Funktionen schreiben, die von anderen benutzt werden sollen (etwa wenn Sie ein eigenes Package entwickeln), empfiehlt es sich aber, die Typen der Argumente in Ihrer Funktion zu prüfen und dem Anwender bei Bedarf eine entsprechende Rückmeldung zu geben. Das ist besser, als ihn mit einer kryptischen R-Fehlermeldung, die irgendeine in Ihrer Funktion enthaltene Anweisung aufgrund des fehlerhaften Argumententyps verursacht, alleine zu lassen. Am Ende dieses Kapitels entwickeln wir ein ausführliches Beispiel einer größeren Funktion. Dort werden Sie sehen, wie Sie eine entsprechende Fehlerbehandlung in Ihre Funktion einbauen können.

Manchmal will man dem Benutzer zwar die Möglichkeit geben, einer Funktion ein Argument zu übergeben, aber mit hoher Wahrscheinlichkeit kennt man den Wert des Arguments bereits. Im Beispiel unserer Funktion `maa` können wir davon ausgehen, dass der Benutzer wohl die Missings ausschließen möchte und deshalb das Argument `ohne.na` auf `TRUE` setzen wird. In solchen Fällen kann ein *Standardwert* für das Argument definiert werden. Der Funktionskopf

```
maa <- function(w, ohne.na = TRUE)
```

führt dazu, dass dem Argument `ohne.na` automatisch der Wert `TRUE` zugewiesen wird, wenn der Benutzer es nicht beim Aufruf der Funktion ausdrücklich angibt. Das Argument ist deshalb *optional*. Daher ist

```
> maa(c(1,2,3))
```

ein gültiger Funktionsaufruf. Haben wir, wie in der originalen Definition der Funktion, dem Argument aber keinen Standardwert zugeordnet, erhalten wir eine Fehlermeldung, wenn wir versuchen, die Funktion ohne Angabe des Arguments aufzurufen:

```
> maa(c(1,2,3))
Error in mean.default(w, na.rm = ohne.na) : argument "ohne.na" is missing, with no
default
```

Der Funktionsrumpf

Der *Funktionsrumpf* enthält die eigentlichen Anweisungen. Er steht in geschweiften Klammern, die aber auch weggelassen werden können, wenn nur eine einzige Anweisung folgt. Aus Gründen der Lesbarkeit des Codes ist es jedoch empfehlenswert, die geschweiften Klammern immer zu setzen.

Innerhalb des Funktionsrumpfs steht das, was die Funktion eigentlich tut. Meist werden das irgendwelche Berechnungen sein. Manchmal wollen Sie aber vielleicht auch etwas anzeigen. Sie erinnern sich zum Beispiel an die Funktion `lm`, die beim Schätzen eines linearen Regressionsmodells eine ganze Reihe von Informationen anzeigt. Das können Sie auch in Ihren selbst geschriebenen Funktionen ganz einfach bewerkstelligen, zum Beispiel mithilfe der Funktion cat. Diese Funktion gibt einfach die ihr übergebenen Argumente hintereinander auf dem Bildschirm aus, separiert durch ein Trennzeichen, das man über das Zeichenkettenargument sep einstellen kann. Das Trennzeichen sep ist ein optionales Argument von cat, sein Standardwert ist ein Leerzeichen:

```
> cat("Hallo", "Welt")
Hallo Welt
> cat("Hallo", "Welt", sep = "|")
Hallo|Welt
```

Natürlich können mit cat nicht nur Zeichenketten, sondern auch Zahlen und logische Werte (Wahrheitswerte) ausgegeben werden. So könnten wir zum Beispiel in unserer Funktion maa anzeigen, wie viele Missings der zu verarbeitende Vektor w beinhaltet und welcher Modus für die Behandlung der Missings gewählt worden ist:

```
maa <- function(w, ohne.na = TRUE)
{
  mbw <- w[!is.na(w)] - mean(w, na.rm = ohne.na)
  N <- sum(!is.na(w))
  res <- sum(abs(abw)) / N
  cat("Missings entfernen: ", ohne.na, "\n", "Anzahl Missings: ",
     sum(is.na(w)), "\n", "MAA: ", res, "\n\n", sep = "")
  return(res)
}
```

Hier sehen Sie, dass wir innerhalb des Funktionsrumpfs eine Ausgabe mit cat vornehmen. Aufgefallen sind Ihnen dabei wahrscheinlich die Zeichenketten, die \n beinhalten. Das sind sogenannte *Escape-Sequenzen*, die die Ausgabe steuern. Sie werden nicht auf dem Bildschirm ausgegeben, sondern veranlassen R dazu, an dieser Stelle etwas einzufügen. Im Fall von \n fügt R einen Zeilenumbruch ein, bei \t, einer weiteren Escape-Sequenz, einen Tabulatorsprung. Die Escape-Sequenzen erlauben uns, die Ausgabe etwas hübscher zu machen. Nach den obigen Modifikationen führt ein Aufruf von maa nun zu folgender Ausgabe:

```
> z <- maa(c(1,NA,3,4))
Missings entfernen: TRUE
Anzahl Missings: 1
```

Typischerweise gibt eine Funktion am Ende einen Wert zurück. Das geschieht mithilfe der Funktion return, deren Aufruf Sie auch in unserer Funktion maa als letzte Anweisung des Funktionsrumpfs sehen. Zurückgegeben werden können beliebige Objekte, allerdings jeweils nur eines. Deshalb geben komplexere Funktionen, wie beispielsweise lm, oft Listen zurück, die es erlauben, mehrere andere Objekte zu kombinieren. Angenommen, wir hielten es für wichtig, dass der Benutzer in unserer Funktion maa noch mal mitgeteilt bekommt, mit welcher Behandlung der Missings (also welchem Wert des Arguments ohne.na) die Funktion gearbeitet hat. Dann könnten wir das ohne.na und die berechnete mittlere absolute Abweichung zu einer Liste kombinieren und diese zurückgeben:

```
maa <- function(w, ohne.na = TRUE)
{
  abw <- w[!is.na(w)] - mean(w, na.rm = ohne.na)
  N <- sum(!is.na(w))
  Res <- sum(abs(abw)) / N
  cat("Missings entfernen: ", ohne.na, "\n", "Anzahl Missings: ",
     sum(is.na(w)), "\n", "MAA: ", res, "\n\n", sep = "")
  ergebnis <- list(MAA = res, Missings = ohne.na)
  return(ergebnis)
}
```

Hier erzeugen wir am Ende eine Liste namens ergebnis, die anschließend zurückgegeben wird. Beim Erzeugen der Liste mit der Funktion list haben wir die Elemente der Liste ebenfalls gleich benannt, nämlich MAA und Missings. Darauf können Sie zwar auch verzichten, aber es empfiehlt sich, die Namen zu bestimmen. So wissen Sie später beim Aufruf der Funktion direkt, welches Element des Rückgabeobjekts welche Komponente des Ergebnisses beinhaltet.

```
> z <- maa(c(1,2,3))
Missings entfernen: TRUE
Anzahl Missings: 0
> class(z)
[1] "list"
> z
$MAA
[1] 0.6666667

$Missings
[1] TRUE
```

Hier sehen Sie, dass das von maa zurückgegebene Objekt tatsächlich eine Liste ist. Deren Elemente können wir natürlich wie gewohnt über ihre Namen ansprechen:

```
> z$MAA
[1] 0.6666667
```

Wie Sie an folgendem Funktionsaufruf sehr schön sehen können, gibt return das zurückgegebene Objekt auch auf dem Bildschirm aus, wenn der Rückgabewert nicht durch eine Zuweisung »aufgefangen« wird (wie in den obigen Aufrufen an die Variable z):

```
> maa(c(1,2,3))
Missings entfernen: TRUE
Anzahl Missings: 0
MAA: 0.6666667


$MAA
[1] 0.6666667

$Missings
```

```
[1] TRUE
```

Das ist oft unerwünscht, zum Beispiel wenn lange Vektoren zurückgegeben werden. Denken Sie an die Funktion `lm`, die ein Listenobjekt zurückgibt, das unter anderem auch den Vektor aller Residuen enthält. Diesen Vektor wollen Sie sicherlich nicht bei jedem Aufruf von `lm` auf dem Bildschirm sehen! Deshalb können Sie Werte nicht nur mit `return`, sondern auch mithilfe der Funktion `invisible` zurückgeben. Diese Funktion verzichtet auf die Ausgabe des Rückgabewerts. So lautet die Definition unserer Funktion `maa` jetzt:

```
maa <- function(w, ohne.na = TRUE)
{
  abw <- w[!is.na(w)] - mean(w, na.rm = ohne.na)
  N <- sum(!is.na(w))
  res <- sum(abs(abw)) / N
  cat("Missings entfernen: ", ohne.na, "\n", "Anzahl Missings: ",
     sum(is.na(w)), "\n", "MAA: ", res, "\n\n", sep = "")
  ergebnis <- list(MAA = res, Missings = ohne.na)
  invisible(ergebnis)
}
```

Damit führt ein Aufruf ohne Zuweisung des Ergebnisses an eine Variable nun zu:

```
> maa(c(1,2,3))
Missings entfernen: TRUE
Anzahl Missings: 0
MAA: 0.6666667
```

Bisher haben wir unserer Funktion immer eine festgelegte Anzahl von Argumenten übergeben. Manchmal allerdings weiß man im Vorfeld noch nicht, wie viele Argumente schließlich tatsächlich übergeben werden. Beispiele dafür sind die eben kennengelernten Funktionen `c`, `cat` und `list`, die eine variable Anzahl von Argumenten zu verarbeiten in der Lage sind. Diese Funktionen haben alle ein spezielles Argument `...`, das nichts weiter als ein Platzhalter für eine beliebige Anzahl von Argumenten ist. Vielleicht ist Ihnen `...` schon einmal im Hilfetext zu einer Funktion aufgefallen. So steht zum Beispiel in der Hilfe zu `sum` folgende Definition des Funktionskopfs: `sum(..., na.rm = FALSE)`. Das bedeutet, es können beliebig viele Objekte als Argumente an die Funktion `sum` übergeben werden. Daneben gibt es noch das Argument `na.rm`. Wenn dieses verwendet werden soll, muss es natürlich mit Namen angesprochen werden, denn R kann ja sonst nicht wissen, ob das letzte Argument noch zu `...` gehört oder bereits `na.rm` ist.

Wie kann man `...` nun in eigenen Funktionen verwenden? Betrachten Sie dazu das folgende einfache Beispiel:

```
zeige.2 <- function(...)
{
  args <- list(...)
  cat("Anzahl der Argumente: ", length(args), "\n")
  cat("Zweites Argument: ", args[[2]])
}
```

Die (zugegeben nicht gerade sehr nützliche) Funktion `zeige.2` übernimmt eine Reihe von Argumenten, deren Anzahl im Vorhinein noch nicht bekannt ist. Mit der Anweisung `args<-list(...)` wandeln wir die Argumente, die in `...` gespeichert sind, in eine Liste um. Danach können wir mit dieser Liste wie mit jeder anderen Liste arbeiten. In unserem Beispiel zeigen wir zunächst die Länge der Liste, gefolgt von einem Zeilenumbruch (`\n`) an. Danach geben wir das zweite Element der Liste, also das zweite Argument, das der Funktion `zeige.2` beim Aufruf übergeben worden ist, aus.

Beachten Sie dabei die doppelten eckigen Klammern, wenn wir auf das zweite Element der Liste zugreifen. Hätten wir den Zugriff stattdessen mit `args[2]` versucht, hätten wir eine Fehlermeldung erhalten, denn `args[2]` ist selbst eine Liste, die aufgrund ihres Typs mit `cat` nicht ausgegeben werden kann. Erst durch `args[[2]]` kommen wir wirklich an den Inhalt des zweiten Listenelements heran. Diese Notation ist Ihnen bislang noch nicht begegnet, da die Elemente der Listen, mit denen wir es bisher zu tun hatten, stets Namen trugen und wir deshalb mit der Notation `liste$element` auf ein bestimmtes Element zugreifen konnten. Die Elemente der Argumentenliste `...` besitzen aber keine Namen, deshalb können wir auf ein Element der Liste nur über seine Position innerhalb der Liste zugreifen.

Kontrollstrukturen

Jetzt wissen Sie schon alles, um selbst Funktionen in R zu schreiben! Richtig spannend werden Funktionen aber erst, wenn Sie *Wenn-Dann-Entscheidungen* (Verzweigungen) und *Schleifen* beinhalten.

Vielfach möchte man, dass eine Funktion zum Beispiel auf ihre Argumente reagiert, und je nachdem, wie diese Argumente ausfallen, das eine oder andere tut. Die Funktion verzweigt also im Code und nimmt den einen Pfad, *wenn* eine bestimmte Bedingung erfüllt ist, *ansonsten* einen anderen. Ein einfaches Beispiel ist die Quadratwurzelfunktion. Es ist durchaus sinnvoll, zu prüfen, ob das Argument, das der Funktion übergeben worden ist, negativ ist, denn dann könnte die Quadratwurzel nicht gezogen werden. Diese unzulässige Eingabe können wir in der Funktion abfangen und mit einer Fehlermeldung quittieren. Wenn das Argument aber zulässig ist, soll natürlich die Quadratwurzel gezogen und als Ergebnis zurückgegeben werden. Solcherlei Verzweigungen bewerkstelligt man in R mit dem `if`-Konstrukt, das wir uns im nächsten Abschnitt anschauen werden.

Manchmal möchte man auch bestimmte Anweisungen wiederholen, das heißt mehrfach hintereinander ausführen. Wenn zum Beispiel eine bestimmte Anweisung oder ein Block von Anweisungen auf jedes der Argumente der Funktion angewendet werden soll, könnten wir den Block natürlich x-mal hintereinanderschreiben. Doch das wäre bestenfalls unübersichtlich, wenn es nämlich sehr viele Argumente gibt. Auch Änderungen müssten an jedem der vielen Anweisungsblöcke separat vorgenommen werden. Schlimmstenfalls aber wäre ein solches Vorgehen gar unmöglich, wenn nämlich im Vorhinein noch gar nicht klar ist, wie oft eigentlich die Anweisung bzw. der Anweisungsblock ausgeführt werden soll (denken Sie an unsere Argumentenliste ... von unbestimmter Länge aus dem vorherigen Abschnitt). Wir kommen mit Wiederholungen des Codes also nicht mehr weiter und brauchen ein anderes Hilfsmittel: die sogenannten Schleifen. Zwei davon werden wir weiter unten genauer betrachten: die `for`-Schleife und die `while`-Schleife.

Wenn-Dann-Entscheidungen (if-Konstrukte)

Lassen Sie uns das Beispiel von eben aufgreifen: Sie wollen eine Funktion schreiben, die aus einer ihr als Argument übergebenen Zahl die Quadratwurzel zieht, aber auch nur dann, wenn die Zahl größer oder gleich 0 ist. Ist das Argument dagegen kleiner als 0, soll mit einer Fehlermeldung abgebrochen werden. Diese einfache Funktion sieht in R folgendermaßen aus:

```
qwurzel <- function(x)
{
  if(x >= 0)
  {
    return(sqrt(x))
  }
  else
  {
    cat("Fehler: Der Wert", x, "ist kleiner als null. Daher kann
       keine Quadratwurzel bestimmt werden.")
  }
}
```

Neu an dieser Funktion ist im Vergleich zu den Funktionen, die wir zuvor behandelt haben, dass sie ein `if`-Konstrukt beinhaltet. Es dient der Verzweigung im Programmcode und hat einen einfachen Aufbau:

```
if BEDINGUNG { ANWEISUNGEN 1 } else { ANWEISUNGEN 2}
```

`BEDINGUNG` ist dabei ein logischer Ausdruck, also eine Anweisung, die letztlich einen Wahrheitswert zurückgibt; `x>=0` ist eine solche Anweisung. Wenn diese `BEDINGUNG` gegeben ist, also den Wert `TRUE` annimmt, werden die `ANWEISUNGEN 1` im folgenden Anweisungsblock, der durch geschweifte Klammern begrenzt ist, ausgeführt. Ist die `BEDINGUNG` jedoch nicht erfüllt, werden nicht die `ANWEISUNGEN 1` ausgeführt, sondern die `ANWEISUNGEN 2`, die im Anweisungsblock hinter dem Schlüsselwort else (»anderenfalls«) stehen. Zwei Beispielaufrufe der Funktion verdeutlichen das:

```
> qwurzel(3)
[1] 1.732051
> qwurzel(-3)
Fehler: Der Wert -3 ist kleiner als null. Daher kann keine Quadratwurzel bestimmt
werden.
```

Sie sehen also, dass nicht alle Anweisungen der Funktion *immer* ausgeführt werden, sondern die Ausführung bestimmter Teile von der Erfüllung präzise formulierter Bedingungen abhängt. Diese Bedingungen müssen natürlich keineswegs so einfach formuliert sein wie in unserem Beispiel. Mit den logischen Operatoren UND (in R: &) und ODER (in R: |) lassen sich auch komplexere Bedingungen zusammensetzen, zum Beispiel:

```
if ((x >= 0) & (x < 50))
```

Manchmal wollen Sie aber Bedingungen nicht *gleichzeitig* prüfen, sondern *hintereinander*. Dazu lassen sich if-Konstrukte beliebig verschachteln. Die folgende Abwandlung von qwurzel prüft zunächst, ob der als Argument übergebene Wert x ein Missing ist. In diesem Fall tut die Funktion überhaupt nichts, ansonsten prüft sie, ob aus dem Wert eine Quadratwurzel gezogen werden kann, und tut das, falls möglich, bzw. bricht anderenfalls mit der bekannten Fehlermeldung ab:

```
qwurzel <- function(x)
{
  if (!is.na(x))
  {
    if(x >= 0)
    {
      return(sqrt(x))
    }
    else
    {
      cat("Fehler: Der Wert", x, "ist kleiner als null. Daher kann
         keine Quadratwurzel bestimmt werden.")
    }
  }
}
```

Hier haben wir zunächst ein *äußeres* if-Konstrukt, dessen geschweifte Anweisungsblockklammern wir hier – entgegen unserer üblichen Notation – der besseren Übersichtlichkeit wegen ausnahmsweise fett hervorgehoben haben. Dieses äußeres if-Konstrukt hat keinen else-Zweig. Wenn diese äußere Bedingung nicht erfüllt ist, tut die Funktion überhaupt nichts. Wenn die Bedingung aber doch erfüllt ist, der als Argument übergebene Wert x also kein Missing ist, wird die nächste Bedingung, die *innere* Bedingung, geprüft, nämlich, ob x größer oder gleich 0 ist.

Wie Sie sehen, ist es gar nicht schwer, solche Wenn-Dann-Entscheidungen in Ihre Funktionen einzubauen. Die Möglichkeiten dessen, was Sie mit eigenen Funktionen bewerkstelligen können, vergrößern sich damit bereits erheblich. Denn jetzt können Sie zum Beispiel fehlerhafte Eingaben oder Werte abfangen, wie wir es soeben getan haben, oder auf bestimmte Situationen mit einer darauf angepassten speziellen Lösung reagieren.

Übrigens: Wenn hinter einem if oder einem else nur eine einzige Anweisung folgt, können die geschweiften Klammern, die den Anweisungsblock umschließen, auch weggelassen werden. Die obige Funktion könnten wir daher etwas kompakter so schreiben:

```
qwurzel <- function(x)
{
  if (!is.na(x))
  {
    if(x >= 0) return(sqrt(x))
    else cat("Fehler: Der Wert", x, "ist kleiner als null. Daher
             kann keine Quadratwurzel bestimmt werden.")
  }
}
```

Auf eine Besonderheit sei zum Abschluss noch hingewiesen. Betrachten Sie dazu den folgenden Aufruf unserer Funktion qwurzel:

```
> qwurzel(c(4,-4))
[1]   2 NaN
Warning messages:
1: In if (!is.na(x)) { :
  the condition has length > 1 and only the first element will be used
2: In if (x >= 0) { :
  the condition has length > 1 and only the first element will be used
3: In sqrt(x) : NaNs produced
```

Hier rufen wir qwurzel mit einem Vektor auf. Dessen erstes Element ist 4, das zweite aber -4. Wie Sie im R-Output erkennen, gibt die Funktion einen Vektor mit zwei Elementen zurück, 2 und NaN. NaN steht für *Not a Number* und ist ebenso wie NA ein fest in R eingebauter Wert, der anzeigt, dass eine Berechnung durchgeführt worden ist, die nicht zulässig ist. Der Vollständigkeit halber sei darauf hingewiesen, dass es noch drei weitere solcher fest eingebauten Werte in R gibt, nämlich Inf bzw. -Inf (engl. *infinity* – unendlich) sowie NULL, den wir hier aber vernachlässigen wollen. Inf als Wert erhalten Sie zum Beispiel, wenn Sie in R 1 durch 0 teilen.

Aber zurück zu unserem Funktionsaufruf: Da unsere Funktion ein Ergebnis zurückgibt, waren offensichtlich unsere äußere Bedingung !is.na(x) *und* unsere innere Bedingung x>=0 erfüllt. Und genau so ist es. Der Grund liegt darin, dass R bei if-Bedingungen, die auf Vektoren angewendet werden, immer nur das erste Element des Vektors auswertet. Das war in unserem Fall 4, also war die Bedingung erfüllt. Dass das zweite Element ein Missing war, hat die if-Bedingung dann nicht mehr gestört. Mit den Warnungen 1 und 2 im Output weist R uns auf genau diesen Umstand hin. Die Frage ist nun konsequenterweise: Können wir die Bedingungen irgendwie umformulieren, sodass sie auf alle Elemente des Vektors angewendet werden? Das geht natürlich, wobei die Ausgestaltung danach variiert, was man erreichen möchte. Wir bauen die Funktion im Folgenden so um, dass sie sich weigert, ein Ergebnis anzuzeigen, wenn *irgendein* Element des als Argument übergebenen Vektors x ein Missing ist. Außerdem zählt unsere modifizierte Funktion qwurzel die Fälle, in denen ein Element von x negativ war und deshalb keine

Quadratwurzel berechnet werden konnte. In diesen Fällen wird dann ein NA (und kein NaN!) im Ergebnis ausgegeben:

```
qwurzel <- function(x)
{
  if (sum(is.na(x)) == 0)
  {
    res <- sqrt(x)
    res[is.nan(res)] <- NA

    cat("Ergebnis: ", res, "\n")
    if(sum(is.na(res)) != 0)
    {
      cat("Warnung: Der Vektor x enthält", sum(is.na(res)),
         "Element(e) kleiner null.")
    }
    invisible(res)
  }
}
```

Die Funktion macht sich in der äußeren Bedingung den Umstand zunutze, dass is.na einen Vektor von logischen Werten zurückgibt und der Wert TRUE in R mit 1 und der Wert FALSE entsprechend mit 0 codiert sind. Summiert man also alle Elemente des Rückgabevektors von is.na auf, weiß man, wie viele Elemente der Vektor x enthält, für die is.na TRUE ist und die daher Missings sind. Danach wird mit res<-sqrt(x) zunächst die Quadratwurzel errechnet, die dann für alle Elemente von x, die kleiner 0 sind, NaN zurückgibt. Im nächsten Schritt ersetzen wir die NaN durch Missings. Um die Elemente von x, die NaN sind, zu identifizieren, nutzen wir eine Funktion namens is.nan, die genauso funktioniert wie die Ihnen mittlerweile bestens bekannte Funktion is.na. An den Elementpositionen, an denen unser Ergebnisvektor ein NaN hat, also is.nan den Wert TRUE annimmt, ersetzen wir den Wert durch ein Missing. Danach wird das Ergebnis ausgegeben, und der Anwender wird darüber informiert, wie viele Elemente kleiner als 0 waren, falls das auf mindestens ein Element zutrifft. Vielleicht fragen Sie sich jetzt, wie wir aus dem Umstand, dass ein Element des Ergebnisvektors ein NA ist, schlussfolgern können, dass das an der gleichen Position befindliche Element des Argumentvektors x ein Wert kleiner null war. Könnte es nicht auch einfach sein, dass schon im Vektor x an dieser Stelle ein NA stand? Die Antwort ist nein. Denn hätte dort ein NA gestanden, wäre unser Programm gar nicht mehr in den Teil verzweigt, in dem die Warnung und mit ihr die Zahl der Elemente von x, die kleiner als 0 sind, angezeigt wird. Das verhindert die äußere if-Bedingung.

Abgezählte Schleifen (for)

Oftmals muss man einzelne Anweisungen oder Blöcke von Anweisungen wiederholen. Betrachten Sie dazu das folgende Beispiel: Wir wollen eine Funktion schreiben, die einen Vektor als Argument übergeben bekommt, seine Elemente aufsummiert und nach jedem Element die »aktuelle Summe« anzeigt. Nennen wir den Vektor v. Wir könnten uns dem Problem nun mit folgendem Code nähern:

```
summe.kumulativ <- function(v)
{
s <- v[1]
cat("Summe nach 1. Element: ", s, "\n", sep = "")
s <- s + v[2]
cat("Summe nach 2. Element: ", s, "\n", sep = "")
s <- s + v[3]
cat("Summe nach 3. Element: ", s, "\n", sep = "")
s <- s + v[4]
cat("Summe nach 4. Element: ", s, "\n", sep = "")
invisible(s)
}
```

Das würde funktionieren. Nur: Was, wenn der Vektor *mehr* als vier Elemente hat? Dann würden wir trotzdem nur bis zum vierten Element summieren und die übrigen Elemente ignorieren. Noch schlimmer wird es, wenn der Vektor v *weniger* als vier Elemente hätte. Dann würden wir nämlich auf Elemente zugreifen, die es gar nicht gibt, und entsprechend eine Fehlermeldung von R erhalten. Wir müssen also unseren Code irgendwie flexibler machen, sodass er besser auf unterschiedliche Vektorlängen reagieren kann.

Ein sehr effizienter Weg dorthin besteht darin, eine sogenannte for-Schleife zu verwenden. Diese wiederholt eine Anweisung oder einen Block von Anweisungen. Mit einer solchen Schleife sähe unsere Funktion summe.kumulativ dann so aus:

```
summe.kumulativ <- function(v)
{
  s <- 0
  for(i in 1:length(v))
  {
    s <- s + v[i]
    cat("Summe nach ",i ,". Element: ", s, "\n", sep = "")
  }
  invisible(s)
}
```

Die Schleife besteht aus der *Laufanweisung* for(i in 1:length(v)) und dem daran angeschlossenen durch geschweifte Klammern begrenzten Block von Anweisungen, der wiederholt werden soll. Betrachten wir die Laufanweisung etwas genauer. Sie hat hier die Form:

```
for(LAUFVARIABLE in VON:BIS)
```

Hinter dem Schlüsselwort for folgt in Klammern zunächst die sogenannte Laufvariable. Sie verdankt ihren Namen dem Umstand, dass sie »mitläuft«, denn sie wird bei jedem Schleifendurchlauf um 1 erhöht. Das heißt, wann immer wir wissen müssen, in welchem Schleifendurchlauf wir uns gerade befinden, schauen wir einfach auf den aktuellen Wert der Laufvariablen. Der Umstand, dass die Laufvariable bei jedem Schleifendurchlauf ohne unser Zutun automatisch um 1 hochgezählt wird, nutzen wir in den Anweisungen, die in dem auf die Laufanweisung folgenden Anweisungsblock stehen: Mit `v[i]` greifen wir auf das Vektorelement zu, dessen Index gerade dem Wert der Laufvariablen entspricht. Da diese bei jedem Schleifendurchlauf hochgezählt wird, gehen wir auf diese Weise ein Vektorelement nach dem anderen durch. Jetzt müssen wir nur noch festlegen, wie oft die Schleife durchlaufen soll. Das bestimmen `VON` und `BIS` in der Laufanweisung. Damit können wir den Wert der Laufvariablen beim ersten (`VON`) und beim letzten Schleifendurchlauf (`BIS`) festlegen. In unserem Beispiel ist der Startwert natürlich 1, denn wir wollen ja alle Elemente des Vektors `v` durchlaufen, beginnend beim ersten. Der Endwert ist die Länge des Vektors, `length(v)`. Wenn die Schleife läuft, wird in der Anweisung `s<-s+v[i]` zum derzeitigen Wert der Summe `s` (der sich aus dem letzten Schleifendurchlauf ergeben hat) jeweils das aktuelle Element des Vektors hinzuaddiert. Das Ganze wird dann mithilfe von `cat` ausgegeben, wobei wir wiederum von der Laufvariablen Gebrauch machen, um anzuzeigen, wo wir uns im Moment beim Durchlaufen des Vektors befinden.

Die `for`-Schleife lässt sich allerdings noch allgemeiner einsetzen, als wir es im obigen Beispiel getan haben. Ihnen ist wahrscheinlich aufgefallen, dass der Ausdruck `VON:BIS` in R nichts weiter als eine Reihe geordneter Werte ist. Ein einfaches Beispiel verdeutlicht das:

```
> 2:5
[1] 2 3 4 5
```

Die Laufvariable nimmt nacheinander jeden Wert dieser Werteliste an. Auch

```
> seq(from = 3, to = 27, by = 3)
[1]  3  6  9 12 15 18 21 24 27
```

oder

```
> c(19, 89, 107)
[1]  19  89 107
```

sind solche Wertereihen. Dementsprechend können sie in `for`-Laufanweisungen verwendet werden, die in diesen beiden Fällen so lauten würden:

```
for(i in seq(from = 3, to = 27, by = 3))
```

und

```
for(i in c(19, 89, 107))
```

Ganz allgemein gefasst, hat eine `for`-Laufanweisung also die Form:

```
for(LAUFVARIABLE in WERTELISTE)
```

In diesen Fällen wird die Laufvariable nicht notwendigerweise um 1 hochgezählt, wie im obigen Beispiel, sondern sie nimmt einfach den nächsten Wert der Werteliste an. Wollten wir zum Beispiel alle Elemente eines numerischen Vektors `v` aufsummieren, könnten wir dazu auch folgende `for`-Schleife einsetzen:

```
s <- 0
for(elem in v)
```

```
{
  s <- s + elem
}
```

Hier nimmt die Laufvariable `elem` bei jedem Durchlauf der `for`-Schleife der Reihe nach den Wert eines anderen Elements von `v` an.

Wie gesehen, ermöglicht es die `for`-Schleife, Anweisungen zu wiederholen. Beachten Sie, dass wir dabei zu Beginn der Schleife festlegen, wie oft die Schleife durchlaufen wird. Diese Festlegung ist aber weniger schlimm, als sie zunächst klingen mag, denn zum einen können wir ja mit Variablen arbeiten, wie wir es auch im Beispiel oben getan haben (`length(v)`). Zum anderen können Sie eine `for`-Schleife stets mit der Anweisung `break` verlassen. Ein stilisiertes Beispiel:

```
v <- c(1, 3, 9, NA, 4, 6)
z <- 0
for (elem in v)
{
  if(!is.na(elem)) z <- z+1
  else break
}
cat(z)
```

Hier haben wir eine `for`-Schleife, die einen Vektor `v` durchläuft und dabei jeweils einen Zähler `z` um 1 hochzählt, wenn das aktuelle Element von `v` kein Missing ist. Gelangt die Schleife aber an das erste Missing (in unserem Beispielvektor `v` an Position 4), wird sie mit `break` verlassen, auch wenn sie noch nicht bis zum Ende des Vektors durchgelaufen ist. Eine solche Konstruktion ist zum Beispiel dann hilfreich, wenn die Ausführung der Schleife sehr viel Zeit in Anspruch nehmen würde, ließe man sie immer bis zum Ende durchlaufen. Kommt man dann in eine Situation, in der man die Schleife vorzeitig verlassen kann, sollte man das tun, denn so spart man Zeit bei der Ausführung des R-Skripts.

Manchmal möchte man eine Schleife nicht vollständig verlassen, sondern einfach nur mit dem nächsten Schleifendurchlauf weitermachen. Das gelingt in R mit der `next`-Anweisung. Betrachten Sie dazu das folgende stilisierte Beispiel:

```
for (i in 1:10)
{
  if(i %% 2 == 0) next
  cat(i, "\n")
}
```

Hier nimmt unsere Laufvariable `i` der Reihe nach die ganzzahligen Werte von 1 bis 10 an. Innerhalb der Schleife prüfen wir mithilfe des sogenannten *Modulo-Operators*, der in R als `%%` geschrieben wird, ob der aktuelle Wert der Laufvariablen glatt durch 2 teilbar ist (ob also die Division durch 2 den Rest 0 ergibt). Ist das der Fall, wird die Anweisung `next` ausgeführt, und der nächste Schleifendurchlauf (mit einem dann wieder ungeraden Wert der Laufvariablen) startet. Die hinter `next` stehenden Anweisungen innerhalb der Schleife werden dann (zumindest in diesem Schleifendurchlauf) nicht mehr »erreicht«. Die Ausführung dieser Schleife zeigt also die Werte 1, 3, 5, 7 und 9 (wegen der Escape-Sequenz `\n` in jeweils eigenen Zeilen) an.

Da Sie gerade den Modulo-Operator in R kennengelernt haben, hier noch ein kleiner Tipp: Möchten Sie die Hilfe zu einem Operator aufrufen, liefert Ihnen `?%%` eine Fehlermeldung. Zum Ziel führen Sie dagegen Anführungszeichen: `? "%% "`.

Der Vorteil des Einsatzes von Schleifen besteht darin, dass der Programmcode deutlich leichter zu pflegen ist. Wollen Sie zum Beispiel etwas an der Art ändern, wie die Zwischenergebnisse ausgegeben werden, müssen Sie das nur einmal tun, und zwar im Anweisungsblock der `for`-Schleife. Bei der »manuellen« Lösung, die wir uns zuvor angeschaut hatten, müssen Sie den Code so oft ändern, wie er wiederholt wird.

Flexibilität in der Anzahl der Ausführungen der Schleife, ein kompakter, eleganter und leichter lesbarer Code und die damit einhergehende höhere Pflegbarkeit Ihre Programmierung sind also die Vorteile der `for`-Schleife. Das gilt auch für andere Schleifentypen. Noch etwas weiter vorne in puncto Flexibilität ist die `while`-Schleife, die wir uns im folgenden Abschnitt anschauen.

Bedingte Schleifen (while)

Sie haben im vorangegangenen Abschnitt gesehen, dass bei `for`-Schleifen von Anfang an schon klar ist, wie oft eine Schleife durchlaufen wird. Zwar kann die Werteliste, die die Laufvariable der `for`-Schleife durchläuft, selbst von variablen Parametern abhängen, wie auch im obigen Beispiel, in dem der höchste Wert der Werteliste die Länge des der Funktion als Argument übergebenen Vektors ist. Aber wenn die Variable einen bestimmten Wert annimmt, das heißt im obigen Beispiel, wenn die Funktion mit einem konkreten Vektor als Argument aufgerufen wird, lässt sich sehr einfach ausrechnen, wie oft die Schleife durchlaufen wird. Man zählt dazu einfach die Werte, die in der Werteliste vorkommen.

Das ist anders bei dem Schleifentyp, den wir uns in diesem Abschnitt anschauen: Bei den `while`-Schleifen definiert eine Bedingung, ob die Schleife noch ein weiteres Mal durchlaufen werden soll oder nicht. Solange die Bedingung erfüllt ist, läuft die Schleife ein um das andere Mal. Sobald die Bedingung nicht mehr erfüllt ist, wird die Schleife nicht mehr durchlaufen, und der R-Code hinter der Schleife wird ausgeführt.

Die Funktionsweise der `while`-Schleife lässt sich an einem einfachen Beispiel gut verdeutlichen. Angenommen, Sie wollten eine Funktion schreiben, die einen Vektor durchgeht und stoppt, sobald sie das erste Element findet, das ein Missing (`NA`) ist. Der Code einer Funktion, die das leistet, könnte so aussehen:

```
finde.NA <- function(v)
{
  i <- 1
  while(is.na(v[i]) == FALSE & i <= length(v))
```

```
    {
      i <- i + 1
    }
    if(i == length(v) + 1)
    {
      cat("Es wurde kein Missing gefunden.")
    }
    else
    {
      cat("Das erste Missing steht an Position ", i, ".", sep = "")
    }
  }
```

Im oberen Teil der Funktion sehen Sie zunächst die while-Schleife. Diese ähnelt im Grundaufbau sehr der for-Schleife: Es gibt eine Laufbedingung und einen Block von Anweisungen, der jedes Mal ausgeführt wird, wenn die Schleife durchlaufen wird.

Die Laufbedingung der while-Schleife hat ganz allgemein die Form:

```
while(BEDINGUNG)
```

Dabei ist BEDINGUNG ein logischer Ausdruck, also eine Aussage, die entweder wahr oder falsch ist. Ist sie wahr, wird die Schleife ein weiteres Mal durchlaufen, ist sie falsch, wird die Verarbeitung des R-Codes hinter der Schleife fortgesetzt.

In unserem Beispiel lautet die Bedingung is.na(v[i])==FALSE & i<=length(v). Dieser logische Ausdruck ist dann wahr, wenn sowohl das aktuelle Element v[i] des Vektors v kein Missing ist und zugleich i höchstens so groß wie der Vektor lang ist. Die erste Teilbedingung sorgt dafür, dass wir erst dann mit dem Durchlaufen des Vektors v aufhören, wenn wir ein Missing gefunden haben. Die zweite Teilbedingung verhindert, dass wir am Ende über das Ziel hinausschießen, also auf Elemente des Vektors zugreifen, die es gar nicht mehr gibt.

Streng genommen bräuchten wir in diesem Beispiel die zweite Teilbedingung gar nicht, denn sobald die Laufvariable i größer ist als die Länge des Vektors v, gibt der Zugriff v[i] ohnehin ein NA zurück, und die Schleife würde wegen der ersten Teilbedingung, is.na(v[i])==FALSE, abgebrochen werden. Würden wir aber mit unserer Funktion, und damit in der ersten Teilbedingung, nach einem anderen Wert als NA suchen wollen, zum Beispiel nach dem Wert 3, wäre die zweite Teilbedingung auf jeden Fall notwendig, um sicherzustellen, dass die Schleife irgendwann ohne Fehler abbricht. Denn unsere erste Teilbedingung, jetzt also v[i]!=3, würde, sobald sie auf ein NA stößt (und das würde sie auf jeden Fall, wenn i größer als die Länge des Vektors v wird), selbst NA als Ergebnis haben. Die while-Schleife erwartet aber einen logischen Wert, der ihr sagt, ob sie weiterlaufen soll oder nicht. Mit einem NA kann sie nicht umgehen und würde mit einer Fehlermeldung abbrechen. Nun kann natürlich ein NA ebenfalls im Vektor v vorkommen. Auch an dieser Stelle würde die while-Schleife mit einem Fehler abbrechen, weil die Bedingung v[i]!=3 hier ein NA ergäbe und kein logischer Wert wäre, der die while-Schleife weiterlaufen lässt oder stoppt. Also müssten wir, wenn wir das erste Vorkommnis des Werts 3 suchen wollten, auch eine Vorkehrung für den Fall treffen, dass in unserem Vektor ein `NA` auftritt.

Aber zurück zu unserem Ausgangsbeispiel, in dem wir das erste Auftreten eines Missings im Vektor `v` finden wollen.

Der Variablen `i` kommt im Konstrukt unserer `while`-Schleife eine wichtige Rolle zu. Wir belegen sie vor der Schleife mit dem Wert 1. Das erste Mal, wenn in der `while`-Laufanweisung geprüft wird, ob die Bedingung `is.na(v[i])==FALSE & i<=length(v)` erfüllt ist, wird also tatsächlich die Bedingung `is.na(v[1])==FALSE & 1<=length(v)` ausgewertet: Wir schauen uns mal das erste Element des Vektors an. Wenn das kein `NA` ist, steigen wir in den Anweisungsblock der Schleife ein. Der ist hier recht dürftig, aber enorm wichtig. Er zählt unsere Variable `i` hoch. Das sorgt dafür, dass bei der nächsten Prüfung, ob die Laufbedingung der `while`-Schleife erfüllt ist, nicht mehr `v[1]`, sondern das zweite Element von `v`, `v[2]`, untersucht wird. Würden wir die Anweisungen `i<-i+1` weglassen, würde beim nächsten Mal, wenn die `while`-Schleife prüft, ob sie noch einmal durchlaufen werden soll, immer noch das erste Element des Vektors `v` geprüft! Das ist aber schon beim letzten Durchlauf untersucht worden. Mit anderen Worten: Wir würden gewissermaßen auf der Stelle treten, die Schleife würde nie weiterkommen und daher auch niemals enden. Eine Endlosschleife!

Da die Frage, ob eine `while`-Schleife ein weiteres Mal durchlaufen wird oder R die Schleife nicht mehr durchläuft und stattdessen mit der Ausführung des Programmcodes hinter der Schleife fortfährt, letztlich nur von der Bedingung der `while`-Laufanweisung abhängt, ist es ungemein wichtig, dass Sie sich davon überzeugen, dass diese Bedingung auch irgendwann einmal nicht mehr erfüllt sein wird (oder irgendwann eine `break`-Anweisung greift) und die Schleife damit abbricht. Ansonsten können Sie Ihrem Programm bis in alle Ewigkeit zuschauen, ohne je zu dem von Ihnen gewünschten Ergebnis zu gelangen.

Ein einfaches Beispiel für eine Endlosschleife ist die folgende Anweisung:

```
x <- 2
while(x < 10)
{
  cat(x, "\n")
}
```

Die Variable `x` wird vor der `while`-Schleife auf den Wert 2 gesetzt. Die Schleife läuft nun so lange, wie `x` kleiner als 10 ist. Allerdings wurde vergessen, `x` in der Schleife zu verändern, es behält dadurch bei jedem Schleifendurchlauf seinen Wert 2, und die Bedingung `x<10` ist immer erfüllt, sodass die Schleife niemals beendet wird. Wenn Ihnen so etwas aus Versehen passiert, können Sie sich übrigens in der Regel durch Drücken der *Esc*-Taste »retten«.

Aber zurück zu unserer Funktion `finde.NA`. Wird im Vektor ein `NA` gefunden, wird die Schleife kein weiteres Mal durchlaufen, denn die Teilbedingung `is.na(v[i]) ==FALSE` der `while`-Laufanweisung ist dann nicht mehr erfüllt. Gleiches gilt, wenn die Variable `i` so weit hochgezählt worden ist, dass jetzt `i=length(v)+1` ist. Dann ist die Teilbedingung `i<=length(v)` nicht länger erfüllt, und es wurde im ganzen Vektor kein Missing gefunden.

Dementsprechend wird die Verarbeitung des R-Codes hinter der Schleife fortgesetzt. Dort wird geprüft, ob ein Missing gefunden worden ist, und dann eine entsprechende Meldung ausgegeben. Um festzustellen, ob ein Missing gefunden worden ist oder nicht, wird der Wert der Variablen `i` ausgewertet, die in der `while`-Schleife bei jedem Schleifendurchlauf um 1 hochgezählt wird und uns als Index für den Zugriff auf die einzelnen Elemente des Vektors `v` dient. Wenn auch das letzte Element des Vektors kein Missing enthält, wird die Schleife ein letztes Mal durchlaufen. Zu Beginn des Schleifendurchlaufs hat `i` den Wert `length(v)`. In der Schleife selbst aber wird `i` dann nochmals hochgezählt. Dementsprechend besitzt es am Ende des letzten Schleifendurchlaufs den Wert `length(v)+1`. Wäre dagegen das letzte Element ein `NA`, würde die Schleife kein weiteres Mal durchlaufen werden, und `i` würde bei `length(v)` »stehen bleiben«. Deshalb können wir nach der Schleife sehr einfach feststellen, ob der Vektor `v` tatsächlich ein Missing enthält, und die Ausgabe der Funktion entsprechend anpassen.

Wie Sie festgestellt haben werden, gibt diese Funktion keinen Wert zurück: Sie enthält weder eine `return`- noch eine `invisible`-Anweisung. Stattdessen erzeugt unsere Funktion `finde.NA` lediglich eine Ausgabe auf dem Bildschirm. Eine Funktion kann einen Wert zurückgeben, muss es aber nicht.

Zum Abschluss unserer Betrachtung der `while`-Schleife noch eine Bemerkung zum Verhältnis zwischen `while` und `for`: Auch wenn das Grundkonzept beider Schleifentypen verschieden ist – das Durchlaufen der `while`-Schleife ist an eine logische Bedingung geknüpft, die `for`-Schleife hat eine festgelegte, a priori zumindest theoretisch abzählbare Anzahl von Durchläufen –, so lässt sich dennoch in vielen (wenn auch nicht allen) Fällen der eine Schleifentyp mit dem jeweils anderen »nachbauen«. Angenommen, Sie wollten eine Schleife entwickeln, die die Zahlen von 2 bis 10 in Zweierschritten durchläuft. Der naheliegende Weg ist natürlich eine `for`-Schleife, denn dann ist im Vorhinein bereits klar, wie oft die Schleife durchlaufen werden wird:

```
for(z in seq(from = 2,to = 10, by = 2))
{
  # Weitere Anweisungen
}
```

Allerdings können Sie das Problem ebenso mit einer `while`-Schleife lösen:

```
z <- seq(from = 2, to = 10, by = 2)
summe <- 0
i <- 1
while (i <= length(z))
{
  summe <- summe + z[i]
  i <- i + 1
}
```

Hier gehen wir mithilfe der Laufvariablen `i` alle Elemente des Vektors `z` der Reihe nach durch und summieren sie auf. Die Laufvariable müssen wir dazu im Rumpf der `while`-Schleife natürlich manuell hochzählen – anders als im Fall der `for`-Schleife wird uns diese Arbeit von R hier nicht abgenommen.

Analog könnten Sie umgekehrt eine `while`-Schleife mithilfe einer `for`-Schleife »simulieren«, indem Sie im Inneren der `for`-Schleife eine Abbruchbedingung einbauen:

```
for(i in MENGE)
{
  if(BEDINGUNG) break
}
```

Das geht natürlich nur, solange prinzipiell die `MENGE` bestimmbar ist und ihre Elemente damit abzählbar sind. Die Abzählbarkeit ist ja gerade das Merkmal der `for`-Schleifen. Unsere Funktion `finde.NA` hätten wir auf diese Weise mit einer `for`-Schleife realisieren können. Lässt sich aber keine endlich große Menge festlegen, die die `for`-Schleife systematisch durchlaufen kann, ist die `while`-Schleife der Weg der Wahl.

Übrigens können Sie die Anweisungen `break` (Schleife abbrechen und Codeausführung hinter der Schleife fortsetzen) und `next` (aktuellen Schleifendurchlauf abbrechen und mit nächstem Schleifendurchlauf fortfahren), die Sie im vorangegangenen Abschnitt im Zusammenhang mit der `for`-Schleife kennengelernt haben, ebenso bei `while`-Schleifen einsetzen.

Ein ausführliches Beispiel

In diesem Abschnitt werden wir uns ein Beispiel ansehen, das die Techniken, die Sie bislang gelernt haben, vereint. Schritt für Schritt werden wir den R-Code durchgehen, der zudem für das Selbststudium auch kommentiert ist.

Wir wollen eine Funktion schreiben, die die Koeffizienten eines mithilfe der Funktion `lm` geschätzten Regressionsmodells auf Signifikanz testet, und zwar zu einem von uns vorgegebenen Signifikanzniveau. Darüber hinaus soll der Benutzer der Funktion wählen (oder die Funktion selbst entscheiden lassen) können, ob er »normale« OLS-Standardfehler für die Berechnung der t-Werte verwendet oder aber Whites heteroskedastizitätskonsistente (HC-)Standardfehler. Die Argumente der Funktion sind demnach:

- `m`: Das Regressionsmodell, dessen Koeffizienten getestet werden sollen.
- `level`: Das Signifikanzniveau, zu dem die Koeffizienten gegen die Nullhypothese, dass ihr Wert gleich 0 ist, getestet werden sollen (zum Beispiel 0,10 für 10 %).
- `hc`: Eine Einstellung, die angibt, ob heteroskedastizitätskonsistente Standardfehler verwendet werden; `hc` ist dabei eine Zeichenkette, die folgende Werte

annehmen kann: yes für HC-Standardfehler, no für »normale« OLS-Standardfehler sowie auto, wenn der Benutzer möchte, dass die Funktion selbst entscheidet, ob der Einsatz von HC-Standardfehlern angebracht ist.

Die Funktion, die wir signifikant nennen werden, soll ihre Ergebnisse auf dem Bildschirm anzeigen sowie einen (*named*) Vektor von logischen Werten zurückgeben, die für jeden Koeffizienten des Modells anzeigen, ob die Nullhypothese verworfen werden kann (TRUE) oder nicht (FALSE).

Eine solche Funktion könnte man so schreiben:

```
signifikant <- function(m, level = 0.05, hc = "auto")
{
  # Prüfen, ob die benötigten Packages geladen sind, und,
  # falls nicht, nachladen
  require("lmtest", quietly=TRUE)
  require("sandwich", quietly=TRUE)

  use.hc <- FALSE     # Statusvariable, die angibt, ob hetero-
                      # skedastizitätskonsistente Standardfehler
                      # verwendet wurden

  # Fehlercodes initialisieren
  err.1 <- FALSE
  err.2 <- FALSE
  err.3 <- FALSE

  # Fehlerbehandlung: je nach Fehler wird ein Fehlercode gesetzt
  if(class(m) != "lm") err.1 <- TRUE
  if(!is.numeric(level)) err.2 <- TRUE
  if(!(hc == "auto" | hc == "yes" | hc == "no")) err.3 <- TRUE

  # Der Kern der Funktion: senn kein Fehler aufgetreten ist ...
  if(!(err.1 | err.2 | err.3))
  {
    if(hc == "auto")
    {
      # Breusch-Pagan-Test auf Heteroskedastizität auswerten
      if(bptest(m)$p.value < level)
      {
        # Varianz-Kovarianz-Matrix auf Basis
        # heteroskedastizitätskonsistenter Standardfehler
        vcov.matrix <- vcovHC(m)
        use.hc <- TRUE # Statusvariable setzen
      }
      else
      {
        # Nicht korrigierte ("normale") Standardfehler berechnen
        vcov.matrix <- vcov(m)
      }
    }
    else
```

```
{
  if(hc == "yes")
  {
    # Varianz-Kovarianz-Matrix auf Basis
    # heteroskedastizitätskonsistenter Standardfehler
    vcov.matrix <- vcovHC(m)
    use.hc <- TRUE  # Statusvariable setzen
  }
  else vcov.matrix <- vcov(m)
}

# Koeffiziententest durchführen
ctest <- coeftest(m, .vcov = vcov.matrix)

# Ein paar Basisinformationen anzeigen
cat("\nSignifikanzlevel:", level, "\n")
if(use.hc == TRUE) cat("Test nutzt
                   heteroskedastizitätskonsistente
                   Standardfehler (HC3).\n")
cat("Nullhypothese: Koeffizient=0\n\n")
cat("Koeffizient\tSignifikant\n")

# Vektor als Rückgabewert erzeugen
val <- c()
# Alle Koeffizienten durchlaufen ...
for(i in 1:NROW(m$coefficients))
{
  if(ctest[i,4] < level) res <- "ja"
  else res <- "nein"
  # Ausgabe der Ergebnissse
  cat(names(m$coefficients)[i], "\t", res, "\n")

  # Rückgabewerte der Funktion vorbereiten (named vector)
  val[i] <- res == "ja"
  names(val)[i] <- names(m$coefficients)[i]
}
cat("\n")
# Funktionswert zurückgeben
invisible(val)
}
  # Wenn (mindestens) ein Fehler aufgetreten ist,
  # Fehlermeldung(en) anzeigen
else
{
  if(err.1) cat("Das Argument m muss ein lm-Objekt sein.\n")
  if(err.2) cat("Das Argument level muss numerisch sein (z.B.
                0.05 für 5 %).\n")
  if(err.3) cat("'", hc, "' ist kein zulässiger Wert für das
                Argument hc. Zulässig sind 'auto', 'yes',
                'no'.", sep = "")
}
}
```

Wie alle R-Skripte dieses Buchs können Sie auch diese Funktion von der Website zum Buch herunterladen.

Lassen Sie uns Schritt für Schritt den R-Code durchgehen:

Im *Funktionskopf* sehen Sie, dass wir den Argumenten `level` und `hc` einen Standardwert zuweisen und sie so zu optionalen Argumenten machen:

```
signifikant <- function(m, level = 0.05, hc = "auto")
```

Sollte der Benutzer also diese Argumente nicht spezifizieren, geht die Funktion von einem Signifikanzlevel von 5 % aus und entscheidet selbstständig, ob eine Korrektur der Standardfehler für Heteroskedastizität notwendig ist.

Bevor wir richtig in die Funktion einsteigen, stellen wir zunächst einmal sicher, dass die für unsere späteren statistischen Analysen benötigten R-Pakete geladen sind. Das übernimmt die Funktion `require`. Sie prüft, ob die Pakete bereits geladen sind, und holt es gegebenenfalls nach. Mit dem Argument `quietly` geben wir an, dass etwaige Meldungen von R und den Packages dabei nach Möglichkeit unterdrückt werden sollen:

```
# Prüfen, ob die benötigten Packages geladen sind, und,
# falls nicht, nachladen
require("lmtest", quietly=TRUE)
require("sandwich", quietly=TRUE)
```

Danach initialisieren wir eine Variable namens `use.hc`, die später anzeigen wird, ob tatsächlich heteroskedastizitätskonsistente Standardfehler verwendet worden sind:

```
use.hc <- FALSE # Statusvariable, die angibt, ob hetero-
                # skedastizitätskonsistente Standardfehler
                # verwendet wurden
```

Vom Wert dieser Variablen hängt später die Ausgabe der Funktion ab, denn wenn robuste Standardfehler zum Einsatz gekommen sind, wollen wir das dem Benutzer der Funktion auch anzeigen. Beachten Sie, dass diese Variable nicht einfach mit dem Argument `hc` der Funktion identisch ist, denn wenn `hc` gleich `auto` ist, entscheidet die Funktion später ja selbst, ob sie korrigierte Standardfehler anwendet oder nicht.

Hier sehen Sie übrigens auch sehr schön, dass sich Kommentare in R nicht notwendigerweise über eine ganze Zeile erstrecken müssen. Alles rechts von `#` ist Kommentar, alles links davon nicht.

Als Nächstes prüfen wir, ob die der Funktion übergebenen Argumente verarbeitet werden können. Drei mögliche Fehler könnten hier auftreten, die wir besser kontrolliert abfangen sollten, als zu riskieren, dass die Funktion unkontrolliert mit merkwürdigen Fehlermeldungen abbricht oder Ergebnisse liefert, die nicht erwünscht sind:

1. Das Argument m könnte kein lm-Modell, sondern von irgendeinem anderen Typ sein.
2. Das Argument level könnte etwas anderes als eine Zahl sein; streng genommen könnte man hier ebenfalls prüfen, ob level größer 0 und kleiner 1 ist.
3. Das Argument hc könnte einen nicht zulässigen Wert annehmen; nur auto, yes und no sind zulässige Ausprägungen dieses Arguments.

Für jeden dieser Fehler definieren wir eine logische Variable, die TRUE wird, wenn der Fehler auftritt. Später werden wir anhand der Werte der drei Fehlerstatusvariablen entsprechende Fehlermeldungen ausgeben.

```
# Fehlerstatus initialisieren
err.1 <- FALSE
err.2 <- FALSE
err.3 <- FALSE

# Fehlerbehandlung: je nach Fehler wird ein Fehlerstatus
# gesetzt
if(class(m) != "lm") err.1 <- TRUE
if(!is.numeric(level)) err.2 <- TRUE
if(!(hc == "auto" | hc == "yes" | hc == "no")) err.3 <- TRUE
```

Weiter geht es also nur, wenn keine der drei Fehlerstatusvariablen den Wert TRUE hat:

```
# Der Kern der Funktion: wenn kein Fehler aufgetreten ist ...
if(!(err.1 | err.2 | err.3))
```

Wenn das so ist, schauen wir uns als Nächstes den Wert des Arguments hc an. Lautet dieser auf auto, muss die Funktion selbstständig entscheiden, ob heteroskedastizitätskonsistente Standardfehler angebracht sind oder nicht. Diese Prüfung nehmen wir mit einem Breusch-Pagan-Test vor:

```
if(hc == "auto")
{
  # Breusch-Pagan-Test auf Heteroskedastizität auswerten
  if(bptest(m)$p.value < level)
  {
    # Varianz-Kovarianz-Matrix auf Basis
    # heteroskedastizitätskonsistenter Standardfehler
    vcov.matrix <- vcovHC(m)
    use.hc <- TRUE # Statusvariable setzen
  }
  else
  {
    # Nicht korrigierte ("normale") Standardfehler berechnen
    vcov.matrix <- vcov(m)
  }
}
```

Wir nehmen an, dass wir lieber HC-Standardfehler verwenden sollten, wenn der p-Wert dieses Tests kleiner ist als das vom Benutzer mit dem Argument level bestimmte Signifikanzniveau. Wir nutzen also dieses Signifikanzniveau nicht nur für den Test auf Signifikanz der Koeffizienten von m, der ja das eigentliche Ziel unserer Funktion ist, sondern auch für den Breusch-Pagan-Test auf Heteroskedastizität. Wie Sie sich erinnern werden, ist dessen Nullhypothese ja Homoskedastizität, also gleiche Residuenvarianzen, für alle Beobachtungen unserer Stichprobe. Ein kleiner p-Wert des Tests besagt also, dass diese Hypothese verworfen werden kann und wir dementsprechend von Heteroskedastizität ausgehen müssen. In diesem Fall berechnen wir uns mit der Funktion vcovHC die heteroskedastizitätskonsistente Varianz-Kovarianz-Matrix, die wir in der Variablen vcov.matrix speichern. Dann setzen wir use.hc auf TRUE, damit wir uns später daran erinnern, dass wir heteroskedastizitätskonsistente Standardfehler verwendet haben und das dem Benutzer auch entsprechend anzeigen können.

Sollte aber die Nullhypothese des Breusch-Pagan-Tests nicht verworfen werden können, treten wir in den else-Zweig ein. In diesem Fall verwenden wir die »normalen« OLS-Standardfehler, die wir mit der Funktion vcov für unser Modell m leicht berechnen können.

So weit haben wir uns damit befasst, was passiert, wenn der Benutzer unserer Funktion das Argument hc auf auto gesetzt hat (oder einfach das Argument gar nicht angegeben hat, sodass auto als Standardwert zum Tragen kommt) und damit die Funktion anweist, selbst zu entscheiden, ob heteroskedastizitätskonsistente Standardfehler verwendet werden sollen oder nicht. Jetzt müssen wir der Frage nachgehen, was passieren soll, wenn er unserer Funktion hc einen anderen Wert übergeben hat. Genau das tun wir hier:

```
else
{
  if(hc == "yes")
  {
    # Varianz-Kovarianz-Matrix auf Basis
    # heteroskedastizitätskonsistenter Standardfehler
    vcov.matrix <- vcovHC(m)
    use.hc <- TRUE  # Statusvariable setzen
  }
  else vcov.matrix <- vcov(m)
}
```

Wenn er hc als yes übergeben hat, soll die Funktion auf jeden Fall heteroskedastizitätskonsistente Standardfehler verwenden.

Als Letztes bleibt noch die Anweisung else vcov.matrix<-vcov(m) übrig. Sie ist der else-Zweig zu der Bedingung if(hc=="yes"). Wenn also hc weder den Wert auto annimmt (das hatten wir ja bereits oben geprüft) noch den Wert yes, sollen die normalen Standardfehler mithilfe der Funktion vcov berechnet werden.

Beachten Sie dabei die verschachtelte Struktur der Bedingungen: Nur wenn hc nicht gleich auto ist, wird überhaupt geprüft, ob es möglicherweise den Wert yes hat. Wenn auch das nicht der Fall ist, kann es ja nur noch den Wert no haben, und wir brauchen mit `if(hc=="no")` nicht noch einmal zu prüfen, ob das so ist. Woher wir wissen, dass dann nur noch `no` als möglicher Wert übrig bleibt? Weil wir bereits oben geprüft haben, ob das Argument `hc` einen der drei zulässigen Werte annimmt. Wäre das nicht der Fall, wäre oben der Fehlerstatus `err.3` auf `TRUE` gesetzt worden. Dann würde wegen der Bedingung `if(!(err.1 | err.2 | err.3))` der Programmteil, über den wir hier gerade sprechen, überhaupt gar nicht erst durchlaufen werden.

Ihnen wird aufgefallen sein, dass wir den Wert der Statusvariablen `use.hc` nur dann verändern, wenn wir heteroskedastizitätskonsistente Standardfehler verwenden. Das liegt daran, dass wir ganz oben im Funktionsrumpf den Wert von `use.hc` bereits auf `FALSE` zugewiesen haben. Das heißt, wir gehen davon aus, dass wir die »normalen« OLS-Standardfehler verwenden. Sollte das nicht der Fall sein, müssen wir den Wert von `use.hc` aktiv auf `TRUE` ändern, ansonsten können wir den Standardwert einfach beibehalten.

Als Nächstes führen wir den eigentlichen Koeffiziententest aus:

```
# Koeffiziententest durchführen
ctest <- coeftest(m, .vcov = vcov.matrix)
```

Wie Sie im Abschnitt »Heteroskedastizität« auf Seite 214 gesehen haben, machen wir das mit der Funktion `coeftest`, der wir zu diesem Zweck nicht nur das zu testende Modell übergeben, sondern auch als Argument `.vcov` die Varianz-Kovarianz-Matrix, die wir zuvor entweder mit `vcov` oder mit `vcovHC` bestimmt haben. Welche Art der Varianz-Kovarianz-Matrix (»normal« versus heteroskedastizitätskonsistent), spielt hier keine Rolle mehr. Durch unsere Statusvariable `use.hc` wissen wir aber noch, welche der beiden wir verwenden. Die Ergebnisse des Tests der Koeffizienten speichern wir in einer Variablen `ctest`. Diese ist dann vom Typ `coeftest`, also gleichen Namens wie die Funktion selbst, und ist eine Matrix mit Informationen zu den Tests jedes der Koeffizienten. Diese Informationen werden wir später auswerten und anzeigen bzw. als Funktionswert zurückgeben.

Jetzt beginnen wir mit der Ausgabe an den Benutzer: Zunächst zeigen wir einige Basisinformationen an: Wir wiederholen das Signifikanzniveau, zeigen eine entsprechende Meldung an, wenn heteroskedastizitätskonsistente Standardfehler verwendet worden sind (was wir anhand unserer Statusvariablen `use.hc` ja leicht feststellen können), geben zur Information des Anwenders noch mal die Nullhypothese unseres Tests an und schreiben die Überschrift für die nun folgenden Informationen zu den einzelnen Tests.

```
# Ein paar Basisinformationen anzeigen
cat("\nSignifikanzlevel:", level,"\n")
if(use.hc == TRUE) cat("Test nutzt
                   heteroskedastizitätskonsistente
                   Standardfehler (HC3).\n")
cat("Nullhypothese: Koeffizient=0\n\n")
cat("Koeffizient\tSignifikant\n")
```

Jetzt kann es mit der Ausgabe der Ergebnisse richtig losgehen! Dazu erzeugen wir zunächst einen Vektor val, der später der Rückgabewert der Funktion werden wird:

```
val <- c()
```

Dann gehen wir alle Koeffizienten durch. Dazu nutzen wir eine for-Schleife, die von 1 bis zur Anzahl der Elemente des Koeffizientenvektors unseres lm-Objekts m läuft:

```
    # Alle Koeffizienten durchlaufen ...
    for(i in 1:NROW(m$coefficients))
    {
      if(ctest[i,4] < level) res <- "ja"
      else res <- "nein"
      # Ausgabe der Ergebnissse
      cat(names(m$coefficients)[i], "\t", res, "\n")

      # Rückgabewerte der Funktion vorbereiten (named vector)
      val[i] <- res == "ja"
      names(val)[i] <- names(m$coefficients)[i]
    }
    cat("\n")
    # Funktionswert zurückgeben
    invisible(val)
}
```

Innerhalb der Schleife prüfen wir die Bedingung ctest[i,4]<level. Die Variable ctest nimmt das Rückgabeobjekt der Funktion coeftest auf. Es handelt sich dabei um eine Matrix, die für jeden Koeffizienten eine Zeile hat. In den vier Spalten stehen der Reihe nach: der Wert des Koeffizienten, sein Standardfehler, sein t-Wert (also erste Spalte geteilt durch zweite Spalte) und schließlich der p-Wert des Tests gegen die Nullhypothese, dass der Koeffizient gleich 0 ist. Mit ctest[i,4] greifen wir also die i-te Zeile und die vierte Spalte der Matrix heraus. Ist dieser Wert kleiner als das Argument level, ist der Koeffizient zum Niveau level signifikant, und wir setzen eine Variable namens res, die wir dann zur Ausgabe des Ergebnisses verwenden. Dabei wollen wir auch den Namen des Koeffizienten anzeigen. Den erhalten wir aus dem Vektor coefficients des lm-Objekts m. Denn dieser Vektor ist ein *named vector*, seine Elemente tragen die Namen der Koeffizienten. An die Namen kommen wir bekanntlich mithilfe der Funktion names, die den Vektor der Namen zurückgibt. Wir betrachten im aktuellen Schleifendurchlauf den i-ten Koeffizienten und greifen deshalb mit names(m$coefficients)[i] das i-te Element des Namensvektors names(m$coefficients) heraus. Das zeigen wir dann gemeinsam mit unserem verbalen Ergebnis res an. Dabei trennen wir den Namen und das verbale Ergebnis durch einen Tabulatorsprung, den wir in der Funktion cat mit der Escape-Sequenz \t erzeugen.

Aber wir wollen das Ergebnis ja nicht nur auf dem Bildschirm anzeigen, sondern auch einen Rückgabewert für unsere Funktion erzeugen. Dazu hatten wir weiter oben bereits den (bislang noch leeren Vektor) val angelegt. Dessen i-tes Element füllen wir nun mit unserem verbalen Ergebnis. Damit man weiß, zu welchem Koeffizienten dieses `i`-te Element gehört, weisen wir diesem Element einen Namen zu, und zwar den Namen des Koeffizienten, wie er im Namensvektor von `m$coefficients` steht:

```
val[i] <- res == "ja"
names(val)[i] <- names(m$coefficients)[i]
```

Unser Rückgabewert ist also auch ein *named vector*.

Wenn unsere `for`-Schleife alle Koeffizienten durchgelaufen hat, erzeugen wir noch einen Zeilenumbruch in der Ausgabe, damit der nächste R-Prompt (>) nicht direkt an unserer Ausgabe hängt, und geben schließlich mithilfe von `invisible` den Rückgabewert `val` zurück, den wir mit jedem Schleifendurchlauf weiter aufgebaut haben:

Wie Sie mittlerweile wissen, bewirkt die Rückgabe mittels `invisible`, dass der Rückgabewert nicht auf dem Bildschirm ausgegeben wird. Das brauchen wir auch nicht, schließlich erzeugt unsere Funktion ja bereits eine entsprechende Ausgabe.

Alle diese Anweisungen, die wir jetzt besprochen haben, werden nur ausgeführt, wenn keine unserer drei Fehlerstatusvariablen `err.1`, `err.2` und `err.3` den Wert `TRUE` hat, denn das testen wir in der Bedingung, die diesen großen Anweisungsblock umschließt:

```
if(!(err.1 | err.2 | err.3))
```

Was aber, wenn doch (mindestens) eine der drei Statusvariablen den Wert `TRUE` hat, weil der Benutzer beim Aufruf der Funktion einen Fehler gemacht hat?

Dann geben wir eine Fehlermeldung aus, die jeweils zur Art des Fehlers passt (und etwas weniger kryptisch klingt als viele andere R-Standardfehlermeldungen):

```
# Wenn (mindestens) ein Fehler aufgetreten ist,
# Fehlermeldung(en) anzeigen
else
{
  if(err.1) cat("Das Argument m muss ein lm-Objekt sein.\n")
  if(err.2) cat("Das Argument level muss numerisch sein (z.B.
              0.05 für 5 %).\n")
  if(err.3) cat("'", hc, "' ist kein zulässiger Wert für das
              Argument hc. Zulässig sind 'auto', 'yes',
              'no'.", sep = "")
}
```

Damit wären wir fertig. Jetzt können wir unsere selbst geschriebene Funktion erstmals testen:

```
> m <- lm(EXPEND ~ UNEMPLOY + POPSENIORS + POPCHILDREN +
  DEMOCRATIC, data = x)
> erg <- signifikant(m, 0.01, "auto")

Signifikanzlevel: 0.01
Nullhypothese: Koeffizient=0
```

```
Koeffizient    Signifikant
(Intercept)    ja
UNEMPLOY       nein
POPSENIORS     ja
POPCHILDREN    nein
DEMOCRATICTRUE nein

> erg
   (Intercept)       UNEMPLOY     POPSENIORS    POPCHILDREN
          TRUE          FALSE           TRUE          FALSE
DEMOCRATICTRUE
         FALSE
```

Die Funktion signifikant ist am Ende ein recht umfangreiches und auf den ersten Blick gar nicht so leicht durchschaubares Gebilde geworden. In den begleitenden R-Skripten zum Buch sehen Sie, wie Sie die Funktion signifikant vereinfachen können, indem Sie die Teile für die Berechnung der statistischen Ergebnisse und deren Anzeige in eigene Funktionen (namens berechnung.ergebnis und anzeige.ergebnis) auslagern, die dann von signifikant aus aufgerufen werden. So wird die »Hauptfunktion« signifikant schlanker und leichter verständlich.

Index

Symbole

A

B

C

D

E

F

G

H

I

J

K

L

T

U

V

W

Z

Über den Autor

Joachim Zuckarelli hat Volkswirtschaftslehre und Politikwissenschaft an der Universität Mannheim studiert und ist Diplom-Volkswirt. Bereits im Studium hat er sich mit R beschäftigt. Er lebt und arbeitet in München.

Kolophon

Das Tier auf dem Cover von *Statistik mit R* ist eine Tasmankrähe (*Corvus tasmanicus*). Die Tasmankrähe gehört zu den Rabenvögeln und lebt endemisch auf der Insel Tasmanien und in einigen begrenzten Regionen Südaustraliens. Diese Art gehört zu den größten Rabenvögeln der Welt mit durchschnittlich 52 Zentimeter Kopf-Rumpf-Länge. Das schwarze Gefieder und der schwarze Schnabel stehen in starkem Gegensatz zur weißen Iris. Der Schnabel ist leicht gebogen mit einem deutlichen Haken an der Spitze. Die Beine sind stark befiedert. Der Schwanz hingegen ist nicht besonders ausgeprägt.

Der einzelgängerisch lebende Vogel stellt keine hohen Ansprüche an das Habitat – er ist sowohl in den Bergregionen Tasmaniens zu finden als auch in den flachen Küstengebieten und Wäldern der Insel. Auch in von Menschen besiedelten Gebieten, in Obstgärten und Plantagen ist er beheimatet. Als Allesfresser ernährt er sich von Aas, Insekten und kleinen Vögeln sowie von Früchten und Obst.

Über die Aufzucht der Jungvögel ist relativ wenig bekannt. Weit oben in den Wipfeln der Bäume bauen die Paare ein großes Nest aus Stöcken und Zweigen. Das Weibchen brütet alleine, bekommt aber bei der Fütterung der Jungen Hilfe durch das Männchen. Die Nestlinge sind blind und nackt und brauchen mehrere Wochen, bis sie flügge sind.

Die Tasmankrähe steht nicht unter Artenschutz und wird nach wie vor von Landwirten geschossen, da der Verdacht besteht, dass Geflügel und junge Lämmer zu ihrer Beute gehören. Studien haben längst das Gegenteil bewiesen – Tasmankrähen sind sogar eher nützlich, da sie Aas und Insekten tilgen –, doch halten sich die Vorurteile hartnäckig.

Viele der Tiere auf den O'Reilly-Covern sind vom Aussterben bedroht. Doch jedes einzelne von ihnen ist für den Erhalt unserer Erde wichtig. Wie man bedrohten Arten helfen kann, erfahren Sie auf *animals.oreilly.com*.

Der Umschlagsentwurf dieses Buchs basiert auf dem Reihenlayout von Edie Freedman und stammt von Karen Montgomery und Michael Oreal, die hierfür einen Stich aus *British Birds* verwendet haben. Auf dem Cover verwenden wir die Schriften URW Typewriter und Guardian Sans, als Textschrift die Linotype Birka, die Überschriftenschrift ist die Adobe Myriad Condensed, und die Nichtproportionalschrift für Codes ist LucasFonts TheSans Mono Condensed. Das Kolophon hat Geesche Kieckbusch geschrieben.